KIELER GEOGRAPHISCHE SCHRIFTEN

Begründet von Oskar Schmieder

Herausgegeben vom Geographischen Institut der Universität Kiel
durch J. Bähr, H. Klug und R. Stewig

Schriftleitung: S. Busch

Band 101

FLORIAN DÜNCKMANN

Naturschutz und kleinbäuerliche Landnutzung im Rahmen Nachhaltiger Entwicklung

Untersuchungen zu regionalen und lokalen Auswirkungen von umweltpolitischen Maßnahmen im Vale do Ribeira, Brasilien

KIEL 1999

IM SELBSTVERLAG DES GEOGRAPHISCHEN INSTITUTS
DER UNIVERSITÄT KIEL

ISSN 0723 - 9874

ISBN 3-923887- 43- 4

Die Deutsche Bibliothek — CIP - Einheitsaufnahme

Dünckmann, Florian:
Naturschutz und kleinbäuerliche Landnutzung im Rahmen
Nachhaltiger Entwicklung : Untersuchungen zu regionalen und lokalen
Auswirkungen von umweltpolitischen Maßnahmen im Vale do
Ribeira, Brasilien / vorgelegt von Florian Dünckmann. - Kiel :
Geographisches Inst., 1999
   (Kieler geographische Schriften ; Bd. 101)
   Zugl.: Kiel, Univ., Diss., 1999
   ISBN 3-923887-43-4

Gedruckt mit Unterstützung des Rektorats der Christian-Albrechts-Universität zu Kiel
und dem Ministerium für Bildung, Wissenschaft, Forschung und Kultur
des Landes Schleswig-Holstein

Vorwort

Diese Studie ist das Ergebnis einer langjährigen Beschäftigung mit den Problemen des Naturschutzes in Brasilien. Den ersten Anstoß hierzu erhielt ich 1992 im Rahmen eines Praktikums am Instituto Forestal in São Paulo. Ich hatte seit diesen Tagen immer wieder das Glück, auf die Unterstützung von vielen interessierten und hilfsbereiten Menschen bauen zu können, die auf diesem Wege einen großen Teil zur Entstehung dieser Arbeit beigetragen haben. Den wichtigsten von ihnen möchte ich an dieser Stelle danken, wobei ich mir bewußt bin, daß ich dabei allein aus Platzgründen nicht allen, denen mein Dank gebührt, diesen hier auch zukommen lassen kann.

Zu großem Dank verpflichtet bin ich Herrn Professor Dr. Jürgen Bähr, der meine Promotion von Beginn an betreute und in vielfältiger Weise unterstützte. Einen ganz besonderen Beitrag zu der vorliegenden Arbeit leistete Herr Dr. Rainer Wehrhahn: Er brachte mir das Thema nahe und war ein kenntnisreiches, interessiertes und kritisches Gegenüber in fruchtbaren Diskussionen. Auch konnte mich auf seine stetige Unterstützung bei vielen Problemen verlassen.

Die große Hilfsbereitschaft, die mir in Brasilien von Vertretern von Institutionen entgegengebracht wurde, hat mich nicht nur immer wieder überrascht, sie war auch sehr wichtig für mein „Überleben im Behördendschungel". Besonderer Dank gilt an dieser Stelle den Mitarbeitern der Abteilung Litoral Sul und der Abteilung Vale do Ribeira des Instituto Florestal. Für die freundliche Unterstützung in organisatorischen Fragen sei vor allem Prof. Felisberto Cavalheiro von der Universidade São Paulo herzlich gedankt.

Das offene Entgegenkommen und die Gastfreundschaft der von mir interviewten Familien vor Ort machten die empirische Erhebung zu einem sehr positiven Erlebnis für mich, und angesichts dieser Erfahrungen stellen diese Menschen heute mehr für mich dar, als allein Untersuchungsobjekte meiner Studie.

Herrn Axel Kleinefenn möchte ich für die Erstellung der Karten und Diagramme und Frau Gabi Erhardt für die Auswertung der Satellitenbilder danken. Für das kritische und teilnehmende Korrekturlesen sei gedankt: Herrn Dr. Rainer Wehrhahn, Frau Hella Sandberg, Herrn Martin Dünckmann, Frau Verena Sandner und Frau Anke Huss. Für alle Fehler, die sich noch immer in der Arbeit befinden mögen, ist selbstverständlich der Autor alleine verantwortlich.

Die vorliegende Arbeit wurde im Rahmen eines Forschungsprojektes am Geographischen Institut der Universität Kiel angefertigt. Dieses Projekt war Teil des interdisziplinären Schwerpunktprogramms der Deutschen Forschungsgemeinschaft „Mensch und globale Umweltveränderungen". Ohne die finanzielle Unterstützung der DFG und ohne die im Schwerpunktprogramm geschaffenen Möglichkeiten zum intra- und interdisziplinären Gedankenaustausch hätte diese Publikation in dieser Form nicht zustande kommen können.

Naturschutz und kleinbäuerliche Landnutzung
im Rahmen Nachhaltiger Entwicklung
Untersuchungen zu regionalen und lokalen Auswirkungen von
umweltpolitischen Maßnahmen im Vale do Ribeira, Brasilien

Seite

1. Einleitung   1

2. Theorien und Konzepte
Die Vernichtung tropischer Regenwälder: Sozioökonomische Ursachen und
Schwierigkeiten der Gegensteuerung

2.1 Die Leitidee der Nachhaltigen Entwicklung und ihre räumlichen
Bezugsebenen   4

     2.1.1 Die Geschichte des Begriffs   4
     2.1.2 Prinzipien der Nachhaltigkeit   6
     2.1.3 Räumliche Bezugsebenen   8

2.2 Die Suche nach den sozioökonomischen Ursachen der
Tropenwaldvernichtung   13

     2.2.1 Die Tragfähigkeits-These   14
     2.2.2 Die Armuts-These   16
     2.2.3 Thesen der Umweltökonomie   18
     2.2.4 Die Ansätze der Politischen Ökologie   23
     2.2.5 Folgerungen für die Politik   29

2.3 Naturschutzkonzepte in der Dritten Welt   30

     2.3.1 Konservative Naturschutzideologie und neue Leitbilder   31
     2.3.2 Naturschutzbiologische und technische Kriterien   34
     2.3.3 Begleitende Entwicklungsprojekte   36
     2.3.4 Partizipation   39
     2.3.5 Indigene Bevölkerung   42
     2.3.6 Grundsätzliche Kritik am derzeitigen Leitbild des Naturschutzes   45

3. Nationale Ebene
Auswirkungen von entwicklungs- und umweltpolitischen Maßnahmen und
Konzepten in Brasilien

3.1 Der brasilianische Entwicklungsstil: Nachholende Entwicklung,
Umweltzerstörung und soziale Disparitäten   49

     3.1.1 Modernisierung   51
     3.1.2 Migration   53
     3.1.3 Bodenspekulation   54

3.1.4 Fazit   58

3.2 Der atlantische Küstenregenwald als gefährdete Vegetationsform   60

3.3 Die Entwicklung der brasilianischen Umweltpolitik   64

3.4 Naturschutz in Brasilien: Probleme, Konzepte und aktuelle Diskussion   71

    3.4.1 Konzeptionelle Schwierigkeiten   71
    3.4.2 Das Schutzgebietssystem *Sistema Nacional das Unidades de*
        Conservação (SNUC)   73
    3.4.3 Umsetzungsprobleme im Flächenschutz   80

4. Die Region
Naturschutz in einer wirtschaftlich unterentwickelten Region: Vale do Ribeira

4.1 Charakterisierung der Region   86

    4.1.1 Der Naturraum   86
    4.1.2 Geschichtliche Entwicklung.   90
    4.1.3 Aktuelle Problembereiche im ländlichen Raum   104

4.2 Naturschutzpolitische Maßnahmen in der Region   115

    4.2.1 Flächenschutz   115
    4.2.2 Sektorale Naturschutzbestimmungen   127

4.3 Naturschutz als regionales Problemfeld   134

    4.3.1 Umsetzungsprobleme und konzeptionelle Mängel 134
    4.3.2 Palmherzextraktivismus: Problem oder Lösung? 146
    4.3.3 Der Stand der derzeitigen Diskussion zwischen Naturschutz
        und Landnutzern   161
    4.3.4 "Traditionelle Bevölkerung" als Verbündeter des Naturschutzes
        im Vale do Ribeira?   168

5. Die Fallstudien
Die Auswirkungen der Naturschutzpolitik auf sozioökonomische Prozesse,
Haushaltsstrategien und Lebenswelten im ländlichen Raum

5.1 Ziel und methodischer Aufbau der Untersuchung   180

5.2 André Lopes: Auflösung der traditionellen Lebensweise   184

    5.2.1 Allgemeine Charakteristik und Geschichte   184
    5.2.2 Bevölkerung und Migration   187

5.2.1 Wirtschaftsstruktur und Überlebensstrategien 190
5.2.2 Einfluß umweltpolitischer Maßnahmen 194

5.3 Bela Vista: Pionierfront innerhalb eines Naturschutzgebietes 199

5.3.1 Allgemeine Charakteristik und Geschichte 199
5.3.1 Bevölkerung und Migration 200
5.3.2 Wirtschaftsstruktur und Überlebensstrategien 205
5.3.3 Einfluß umweltpolitischer Maßnahmen 208

5.4 Barro Branco: Tourismus und Hausverwalter 215

5.4.1 Allgemeine Charakteristik und Geschichte 215
5.4.2 Bevölkerung und Migration 216
5.4.3 Wirtschaftsstruktur und Überlebensstrategien 218
5.4.4 Einfluß umweltpolitischer Maßnahmen 220

5.5 Dois Irmãos: Gescheitertes Siedlungsprojekt der Agrarreform 225

5.5.1 Allgemeine Charakteristik und Geschichte 225
5.5.2 Bevölkerung und Migration 227
5.5.3 Wirtschaftsstruktur und Überlebensstrategien 229
5.5.4 Einfluß umweltpolitischer Maßnahmen 232

5.6 Ribeirão da Motta: Stadt-Land-Wanderung 238

5.6.1 Allgemeine Charakteristik und Geschichte 238
5.6.2 Bevölkerung und Migration 239
5.6.3 Wirtschaftsstruktur und Überlebensstrategien 241
5.6.4 Einfluß umweltpolitischer Maßnahmen 244

6. Diskussion und Fazit
Naturschutz als Beitrag zu einer nachhaltigen Entwicklung der Region?

6.1 Diskussion der Fallstudien 247

6.1.1 Typisierung der *bairros* 247
6.1.2 Naturschutz gegen "lokale Bevölkerung"? 250
6.1.3 Der Faktor Erreichbarkeit 252
6.1.4 Landbewirtschaftung, Spekulation und Grundbesitzsicherheit 253
6.1.2 Erklärungskraft der Thesen zur Tropenwaldvernichtung 256

6.2 Naturschutz im Vale do Ribeira 259

6.2.1 Die regionale Problemlage 259
6.2.2 Umsetzungsprobleme oder konzeptionelle Mängel
im Naturschutz? 260
6.2.3 Regionale Lösungsansätze 262

Seite

6.3 Notwendiger Wandel der nationalen Rahmenbedingungen   265

7. Zusammenfassung   268

8. Literatur   274

Tabellen:

Seite

Tabelle 1: Regionale Verteilung der staatlichen Kredite im Jahr 1975:
Regionen des Südliche Küstenraumes (Apiaí und Baixada do Ribeira)
und Bundesstaat São Paulo   101

Tabelle 2: Anteile der Beschäftigten pro Wirtschaftssektor in den Munizipien
des Vale do Ribeira   104

Tabelle 3: Einkommenssituation der in der Landwirtschaft beschäftigten
Bevölkerung im südlichen Küstenraum und im Bundesstaat São Paulo   106

Tabelle 4: Absolute Bevölkerung und Migrationssalden (1970 bis 1990) der
Munizipien im Vale do Ribeira   107

Tabelle 5: Strenge Schutzgebiete im Vale do Ribeira: Größe, Alter
und Problemsituation   119

Tabelle 6: Anteile des Flächenschutzes an den Munizipflächen
im Vale do Ribeira   124

Tabelle 7: Sukzessionsstadien des Atlantischen Küstenregenwaldes
nach Decreto 750/93   131

Tabelle 8: Höhe der Bußgelder für die Rodung verschiedener
Vegetationstypen in Reais   137

Tabelle 9: Ankunftsjahr der Familien in Bela Vista   201

Tabelle 10: Charakterisierung der Fallstudien   248

Abbildungen:

Seite

Abbildung 1: Entwicklung der Zahl der Schutzgebiete und geschützte Fläche in
Brasilien von 1965   72

Abbildung 2: Zahl der strengen Schutzgebiete und streng geschützten Fläche
in den brasilianischen Großregionen   81

Abbildung 3: Verteilung der Einkommensklassen und Summenkurven vom
Summenkurven vom Vale do Ribeira und Bundesstaat São Paulo
im Vergleich   105

Abbildung 4: Grundbesitzstruktur im Vale do Ribeira 1960 und 1996
im Vergleich   110

Abbildung 5: Einflußmöglichkeiten sektoraler Naturschutzmaßnahmen auf
determinierende Faktoren der Landnutzung   140

Abbildung 6: Einflußmöglichkeiten des Flächenschutzes auf
determinierende Faktoren der Landnutzung   140

Abbildung 7: Zusammenhänge zwischen Nutzungsrestriktionen,
Haushaltsstrategien und Degradation der Umwelt in der EEJI   167

Abbildung 8: Altersstruktur der Bewohner von Andre Lopes 1996   187

Abbildung 9: Haupteinkommensquellen der Haushalte in Andre Lopes 1996   190

Abbildung 10: Altersstruktur der Bewohner von Bela Vista 1996   201

Abbildung 11: Haupteinkommensquellen der Haushalte in Bela Vista 1996   206

Abbildung 12: Altersstruktur der Bewohner von Barro Branco 1997   216

Abbildung 13: Haupteinkommensquellen der Haushalte in Barro Branco 1997   219

Abbildung 14: Altersstruktur der Bewohner von Dois Irmãos 1996   227

Abbildung 15: Haupteinkommensquellen der Haushalte in Dois Irmãos 1996   230

Abbildung 16: Haupteinkommensquellen der Haushalte
in Ribeirão da Motta 1997   242

Karten:

Seite

Karte 1: Ausdehnung des Atlantischen Küstenregenwaldes und Lage des
    Untersuchungsgebietes   61

Karte 2: Überblickskarte des Vale do Ribeira   87

Karte 3: Raumstrukturen im Vale do Ribeira um die Jahrhundertwende   95

Karte 4: Landnutzung im Vale do Ribeira 1982   Einlagekarte nach S. 116

Karte 5: Lage der Schutzgebiete und der Fallstudien im Vale do Ribeira   118

Karte 6: Flächennutzung im Parque Estadual Jacupiranga   120

Karte 7: Landnutzungsmuster in Bela Vista 1994   209

Karte 8: Landnutzungsmuster in Dois Irmãos 1994   226

Karte 9: Landnutzungsmuster in Ribeirão da Motta 1994   239

1. Einleitung

Wie können die Tropenwälder vor weiterer Zerstörung bewahrt werden? Diese Frage hat nichts von ihrer Aktualität eingebüßt, seitdem die Regenwaldproblematik in den 80er Jahre massiv in das Blickfeld der internationalen Öffentlichkeit geraten ist. Bei der Erarbeitung von Maßnahmen zum Schutz der Tropenwälder muß allerdings den besonderen sozioökonomischen Rahmenbedingungen der Entwicklungsländer Rechnung getragen werden. Ohne Einbeziehung der betroffenen, meist ländlichen Bevölkerung, deren Haushaltsstrategien in der Regel direkt auf der Nutzung natürlicher Ressourcen basieren, ist kein wirksamer Schutz der Natur langfristig möglich. Diese Erkenntnis hat sich mittlerweile auch in der internationalen Naturschutzdiskussion durchgesetzt.

Auf welche Weise wird nun die lokale Bevölkerung mit den Naturschutzbestimmungen konfrontiert? Und wie reagiert sie darauf? Welche intendierten und nicht intendierten Folgen hat schließlich der Naturschutz sowohl für die Umweltsituation als auch für die sozioökonomische Struktur des ländlichen Raumes? Diesem Fragenkomplex widmet sich die vorliegende Arbeit. Im Mittelpunkt steht dabei die Region Vale do Ribeira im Bundesstaat São Paulo, Brasilien, die seit den 80er Jahren einen räumlichen Schwerpunkt bei den Bemühungen zum Schutz des hochgradig gefährdeten Atlantischen Küstenregenwaldes darstellt. Ausgangspunkt dieser Untersuchung ist das Bestreben, die konkrete Problemlage im Vale do Ribeira, wo Auseinandersetzungen zwischen Landnutzern und Naturschutzbehörden den ländlichen Raum nachhaltig prägen, besser in ihren Ursprüngen und Folgen zu verstehen und mögliche Wege zur Lösung der bestehenden Konflikte aufzuzeigen.

Obwohl die Arbeit im weitesten Sinne Formen der "Mensch-Umwelt-Beziehung" untersucht, sich also im Schnittbereich zwischen Natur- und Sozialwissenschaften befindet, soll der Schwerpunkt eindeutig auf der sozioökonomischen Dimension liegen. "Natürliche" Prozesse bilden bei einer solchen Perspektive allenfalls den Rahmen für menschliches Verhalten und Handeln, das im Zentrum der Untersuchung steht. Die gegenwärtige Umweltsituation ist nicht allein eine Folge von "Mensch-Umwelt-Beziehungen", sondern in noch größerem Maße von "Mensch-Mensch-Beziehungen". Dementsprechend sind die unterschiedlichen Interessen, Strategien und Wahrnehmungen der einzelnen Gruppen und Individuen ebenso wie die Geschichtlichkeit der Prozesse zu beachten.

Auch wenn der Naturschutz im Vale do Ribeira im Mittelpunkt des Forschungsinteresses steht, folgt der Aufbau der vorliegenden Studie einer anderen Logik: Ausgehend von Konzepten mit globalem Gültigkeitsanspruch wird der räumliche Betrachtungsmaßstab stufenweise vergrößert. Nach der Analyse der nationalen und regionalen Ebene gelangen dann einzelne Haushalte und Individuen in den lokalen Fallstudien in das Blickfeld. Der jeweils übergeordnete räumliche Untersuchungsrahmen bildet dabei den Kontext, der für das Verständnis der komplexen, heterogenen und oftmals auf den ersten Blick widersprüchlichen Detailzusammenhänge wichtig ist: Nationale Strukturen und Entscheidungen stellen das Umfeld für die regionale Entwicklung dar, die wiederum den Hintergrund für lokales Handeln und die daraus folgenden Prozesse bildet. Bei diesem Voranschreiten vom Abstrakten zum Besonderen sollen die allgemeinen Begriffe und Konzepte, die die allgemeine Diskussion über den Naturschutz prägen, anhand der de facto vorgefundenen Situation überprüft und die "lokale Wirklichkeit" deutlicher sichtbar gemacht werden.

Die grundsätzliche Einrahmung der Studie wird in Kapitel 2 abgesteckt. Als normativer Orientierungspunkt, anhand dessen die gewonnenen Erkenntnisse bewertet werden können, untersucht Kapitel 2.1 die Leitidee der Nachhaltigen Entwicklung auf ihre Bedeutungsinhalte und räumlichen Bezugsebenen hin. In diesem Zusammenhang werden zwei unterschiedliche Sichtweisen von Nachhaltiger Entwicklung herausgearbeitet, die "globalistische" und die "lokalistische", die in ihren Argumentationslinien die Naturschutzdiskussion bis in die lokale Auseinandersetzung hinein formen.

Um Konzepte zum Schutz der tropischen Regenwälder erarbeiten und in ihrer Effektivität beurteilen zu können, müssen die sozioökonomischen Ursachen der Tropenwaldzerstörung erkannt werden. Kapitel 2.2 widmet sich der Darstellung von vier unterschiedlichen Erklärungsschemata, aus denen sich jeweils andere Empfehlungen für eine Politik zum Schutz des Regenwaldes ableiten lassen. Kapitel 2.3 beleuchtet dann den Wandel, der sich in der internationalen Naturschutzdiskussion im Laufe der letzten 20 Jahre mit dem Aufkommen der Leitidee der Nachhaltigen Entwicklung vollzogen hat. Die nationale, regionale und lokale Debatte beruft sich auf viele Ansatzpunkte dieser neuen Ideen.

Die in Kapitel 2 vorgenommene Zweiteilung - Darstellung der für die Zerstörung der Regenwälder verantwortlichen sozioökonomischen Strukturen einerseits und Erläuterung der Strategien zum Schutz dieser Wälder andererseits - bleibt auch bei der Untersuchung der nationalen und regionalen Ebene erhalten. In Kapitel 3.1 wird der brasilianische Entwicklungsstil auf seine Implikationen für die Dynamik der Abholzung hin analysiert. Drei damit in Beziehung stehende, mittelbare Triebkräfte der Naturzerstörung sind in Brasilien zu identifizieren: Modernisierung, Migration und Spekulation. Da sich der weit überwiegende Teil der vorhandenen Literatur der Entwicklung im Amazonasgebiet widmet, wird in Kapitel 3.2 kurz auf den Zustand und die Bedrohung des Atlantischen Küstenregenwaldes eingegangen.

Das folgende Kapitel 3.3 beleuchtet die brasilianische Umweltpolitik, ihre dominanten Entwicklungslinien, ihre Rolle im Kontext des allgemeinen Politikstils und das Verhältnis zur "sozialen Frage". Detaillierter auf den Naturschutz geht Kapitel 3.4 ein: Die derzeit geführte Diskussion der brasilianischen "Naturschutzgemeinde" um die Erneuerung des nationalen Schutzgebietssystems bietet einen guten Ausgangspunkt für einen Überblick über die derzeitig verfolgten Konzepte und die Unterschiede einzelner Leitideen. Daneben sind es aber vor allem die im folgenden angeschnittenen Fragen der Umsetzung, die bei der Betrachtung der aktuellen Situation von Naturschutzgebieten relevant sind. Diese generellen Probleme brasilianischer Schutzgebiete lassen sich auch auf regionaler Ebene wiederfinden.

In Kapitel 4. steht das Vale do Ribeira im Vordergrund. Nach einem Überblick über den Naturraum (Kap. 4.1.1) soll eine Analyse des geschichtlichen Werdeganges in Kapitel 4.1.2 ein Verständnis für die Entstehung der derzeitigen Probleme liefern, die dann im folgenden Kapitel 4.1.3 im Hinblick auf den ländlichen Raum näher dargestellt werden. Dabei sollen Faktoren aufgezeigt werden, die für ein Verständnis der Konfliktsituation zwischen Naturschutz und Landnutzern entscheidend sind.

Eine Aufzählung und Erläuterung der umfangreichen staatlichen Naturschutzinitiativen in der Region bietet Kapitel 4.2. Es wird unterschieden zwischen dem Flächenschutz (Kap. 4.2.1) und sektoralen Bestimmungen, d.h. generell unabhängig von konkret ausgewiesenen Flächen gültigen Vorschriften zum Schutz von Arten, Vegetationsformen oder Reliefeinheiten (Kap. 4.2.2).

In Kapitel 4.3 sollen die Umsetzung und die Auswirkungen des Naturschutzes in der Region kritisch beleuchtet werden. Dabei stehen zunächst allgemeine institutionelle Mängel der Naturschutzplanung im Vordergrund (Kapitel 4.3.1). Der regional bedeutsame Wirtschaftszweig des Palmherzextraktivismus, der sich im Hinblick auf bestehende Naturschutzbestimmungen als äußerst konfliktreich darstellt, wird in Kapitel 4.3.2 behandelt. In den folgenden beiden Abschnitten geht es dann vor allem um konzeptionelle Fragen: Kapitel 4.3.3 stellt die Argumentationslinien der Naturschützer und der Interessenvertretung der Landnutzer gegenüber. Kapitel 4.3.4 beschäftigt sich mit der Frage, inwieweit die neue Leitlinie der Naturschutzplanung, die traditionelle Bevölkerung in die Strategie miteinzubeziehen und ihr Privilegien einzuräumen, umsetzbar und sinnvoll ist. Die vorliegende Arbeit stellt einen regionalen Beitrag zur Diskussion über die sozialen Schwierigkeiten des Naturschutzes in der Dritten Welt dar. Aus der Situation im Vale do Ribeira sollen sich aber auch Lehren ziehen lassen, die auf Räume mit ähnlicher Problemkonstellation übertragen werden können.

Die Ergebnisse der Untersuchungen der lokalen Ebene werden in Kapitel 5 vorgestellt. Räumlich begrenzte Fallstudien verdeutlichen, in welcher Form die zunächst ungegenständlichen Planungsvorgaben des Naturschutzes schließlich "in der Realität auftreffen", d.h. wie sie sich im Raum manifestieren. Daneben stehen die heterogenen Auswirkungen der Naturschutzbestimmungen auf die sozioökonomische Struktur in den einzelnen Fallstudien im Blickfeld. In diesem Zusammenhang kann der Naturschutz jedoch nicht isoliert betrachtet werden, sondern ist vielmehr aufzufassen als ein Element in einem jeweils spezifischen, komplexen Wirkungsgefüge verschiedener Faktoren (u.a. Haushaltsstrategien, Landnutzung, Grundbesitzstruktur, demographischer Aufbau, Migration). Zu diesem Zweck wurden in insgesamt fünf als Fallstudien ausgewählten Siedlungen detaillierte Befragungen durchgeführt.

Die sektoralen Naturschutzbestimmungen, die in Brasilien in den letzten Jahren stark an Zahl und Strenge zugenommen haben, sind hinsichtlich ihrer Umsetzung und Folgen bislang noch kaum Gegenstand systematischer Untersuchungen gewesen. In dieser Arbeit wird ein erster Schritt in diese Richtung unternommen, denn zwei Fallstudien sind außerhalb strenger Schutzgebiete angesiedelt. Anhand der fünf untersuchten Siedlungen, die aufgrund ihrer sozioökonomischen Struktur, ihres Schutzstatus sowie ihrer Konfliktlage ausgewählt wurden, sollen Vergleiche zwischen den Lebensverhältnissen innerhalb und außerhalb strenger Schutzgebiete ermöglicht werden.

Aufgrund der gewonnen Erkenntnisse der lokalen und regionalen Ebene wird in einem abschließenden Schritt der Naturschutz bezüglich seines Beitrags zur Nachhaltigen Entwicklung der Region beurteilt werden, woraus sich konkrete Verbesserungs- und Lösungsvorschläge ergeben. Daneben sind die sozioökonomischen Faktoren und Prozesse zu identifizieren, die für die Ausbildung der regional spezifischen Formen der "Mensch-Umwelt-Beziehung" entscheidend sind. Dabei sollte es bei der Naturschutzplanung in Entwicklungsländern primär darum gehen, "Mensch-Mensch-Beziehungen" zu schaffen, die nachhaltige "Mensch-Umwelt-Beziehungen" erst ermöglichen.

2. Theorien und Konzepte
Die Vernichtung tropischer Regenwälder: Sozioökonomische Ursachen und Schwierigkeiten der Gegensteuerung

2.1 Die Leitidee der Nachhaltigen Entwicklung und ihre räumlichen Bezugsebenen

Kein anderer Begriff hat die internationale Diskussion um den globalen Wandel in der letzten Dekade so dominiert wie "Nachhaltige Entwicklung"[1]. Die weite Auslegbarkeit dieses Schlagwortes trug dabei zwar zu ihrer Etablierung als allgemein anerkannte Konsensformel bei, birgt jedoch auch die Gefahr, daß sie zu einer inhaltsleeren, beliebig interpretierbaren Phrase verkommt. Bei aller mangelnden Deutlichkeit des Terminus läßt sein Erfolg immerhin offenkundig werden, daß gegenwärtig der gesellschaftliche Wandel von den meisten Beobachtern als nicht in die richtige Richtung verlaufend gesehen wird und daß ein grundsätzliches Umdenken notwendig geworden ist.

Die Entfaltung der Idee der Nachhaltigen Entwicklung steht dabei in einem engen Zusammenhang mit dem Wandel der Leitbilder des Naturschutzes. Zum einen sieht ADAMS (1990, S.16ff) im Natur- und Artenschutz den wesentlichen geschichtlichen Ursprung des Nachdenkens über Nachhaltigkeit. Zum anderen kommt dem Naturschutz in den maßgebenden globalen Strategievorschlägen (IUCN 1980; HAUFF 1987; IUCN 1991) eine entscheidende Rolle in einer nachhaltigen Gesellschaft zu.

In diesem Kapitel soll diese Leitidee auf ihre inhaltlichen und räumlichen Aspekte hin analysiert werden. Im Vordergrund steht dabei die Absicht, Folgerungen für die Gestaltung von Konzepten zum Schutz der Natur unter den sozioökonomischen Rahmenbedingungen von Entwicklungsländern abzuleiten. Es soll geprüft werden, ob das Ziel der Nachhaltigen Entwicklung als Bezugsrahmen dienen kann, mit dessen Hilfe die Ergebnisse der nachfolgenden Untersuchungen über Naturschutz und Überlebensstrategien im ländlichen Raum bewertet und Wege zur Lösung von bestehenden Konflikten aufgezeigt werden können.

2.1.1 Die Geschichte des Begriffs

Die erste "World Conservation Strategy" (IUCN 1980) gab den Anstoß für die globale Nachhaltigkeitsdiskussion. Hier wurde zum ersten Mal der Versuch unternommen, Umweltschutz und Entwicklung nicht als gegensätzliche Pole sondern als sich wechselseitig bedingende Ziele zu begreifen. Diese Vorstellung geht auf zwei unterschiedliche Denkansätze der 70er Jahre zurück. Als ein Ideenkomplex ist der Umweltschutz zu nennen, der in dieser Dekade allmählich an politischem Gewicht gewann. Die erste internationale Konferenz für Umweltfragen 1972 in Stockholm konnte noch keine konkreten Handlungsempfehlungen liefern, sondern diente in erster Linie als Plattform der Konfrontation zwischen den Industrieländern und Entwicklungsländern, die unter dem Schlagwort der "pollution of poverty" die Relevanz des Umweltschutzes für ihre nationale Entwicklung als sekundär darstellten. Dennoch wurde hier der Grundstein für das internationale Bewußtsein einer globalen Umweltkrise gelegt und verdeutlicht, daß dieses Thema nicht von der Problematik der Armut und

---

[1] Die englische Bezeichnung *sustainable development* wird in der Literatur auch manchmal mit "dauerhafter" oder "tragfähiger Entwicklung" übersetzt.

Unterentwicklung getrennt werden kann. (ADAMS 1990, S. 27ff).

Der zweite weiter Ansatz für die Idee der Nachhaltigen Entwicklung war die in den 70er Jahren an Popularität gewinnenden "Grundbedürfnisorientierten Entwicklungsstrategien", die eine Abkehr von den allein auf wirtschaftliches Wachstum ausgerichteten Modernisierungsstrategien der vorangegangenen Entwicklungsdekaden darstellen sollten (MENZEL 1992, S.140). Hierdurch wurden Begriffe wie Partizipation oder *self-reliance* populär, die auch heute eine wichtige Rolle bei der Formulierung von Strategien zur Nachhaltigen Entwicklung spielen.

Obwohl die Bedeutung der "World Conservation Strategy" bei der Bewußtseinsbildung bezüglich der wechselseitigen Durchdringung der Entwicklungs- und Umweltproblematik sicherlich nicht gering einzuschätzen ist, lassen sich doch einige Defizite erkennen. So meint ELLIOTT (1994, S. 11), daß sie noch zu sehr im Gedankengut des *"environmentalism"* der 70er Jahre verhaftet bleibe, d.h. zu viel Gewicht auf neo-malthusianische Argumentation, ökologischen Determinismus und Untergangsszenarios lege und darüber die sozialen und politischen Faktoren für die Umsetzung der Strategie vernachlässige. REDCLIFT (1987, S. 21), ADAMS (1990, S. 50f) und REED (1996, S.29) betonen darüber hinaus eine mangelnde Einsicht in den politischen Charakter von Entwicklung und ein naives Weltbild der Strategie, die den Umweltschutz als über aller Ideologie stehend verstehe, ohne die Bedeutung von gesellschaftlichen Strukturen sowie intra- und internationalen Disparitäten zu problematisieren.

Mit dem Bericht der Weltkommission für Umwelt und Entwicklung, dem sogenannten Brundtland-Bericht (HAUFF 1987), setzte sich "Nachhaltige Entwicklung" endgültig als allgemeingültige Formel in der internationalen Diskussion durch. In diesem Dokument wird besonders das Problem der Unterentwicklung und der armutsbedingten Umweltzerstörung hervorgehoben. Als strategische Ziele zur Armutsbekämpfung werden u.a. eine Belebung des globalen wirtschaftlichen Wachstums unter Beachtung der ökologischen Grenzen sowie eine Gewährleistung von wirtschaftlicher und sozialer Gerechtigkeit propagiert (HAUFF 1987, S. 53ff). Dieses Dokument wurde vor allem aufgrund seines ungebrochenen Vertrauens in die Heilkraft eines neuen wirtschaftlichen Wachstums und seiner mangelnden Konkretisierung, wie dieses Wachstum aussehen soll, kritisiert (ADAMS 1990, S. 59; LÉLÉ 1991, S. 618). Trotzdem stellt es noch heute, vor allem aufgrund seiner Wirkungsgeschichte, einen Standardtext zur Idee der Nachhaltigkeit dar. So gab der Bericht z.B. den Anstoß zur Einberufung der "Konferenz für Umwelt und Entwicklung" 1992 in Rio de Janeiro, auf der die Empfehlungen des Berichtes in konkrete politische Maßnahmen umgesetzt werden sollten (ENGELHARDT 1993, S. 108).

Hier findet sich auch die Definition von Nachhaltiger Entwicklung, die sich heute als allgemeingültig durchgesetzt hat und die im folgenden näher analysiert werden soll:

> "Dauerhafte Entwicklung ist Entwicklung, die die Bedürfnisse der Gegenwart befriedigt, ohne zu riskieren, daß künftige Generationen ihre eigenen Bedürfnisse nicht befriedigen können" (HAUFF 1987, S. 46).

2.1.2 Prinzipien der Nachhaltigkeit

Die Begriffsbestimmung des Brundtland-Berichtes kann als der normative Kern von Nachhaltiger Entwicklung gelten, von dem alle Versuche einer weiteren Inhaltsfüllung des Begriffs ausgehen müssen. Sie stellt für sich allein gleichwohl noch nicht einmal den Ansatz einer Strategie dar, sondern kann zunächst nur als grundsätzliches Ideal begriffen werden, wie Entwicklung zu gestalten ist. Wenn also, bildlich gesprochen, der Planet der Patient sowie Armut und Umweltzerstörung die Krankheiten darstellen, so kann das Bekenntnis zur Nachhaltigen Entwicklung nicht als Glaube an eine bestimmten Heilmethode angesehen werden, sondern allenfalls als hippokratischer Eid. Der Brundtland-Bericht ist in diesem Zusammenhang nur ein Versuch unter vielen, dieses Leitbild in ein mehr oder weniger konkretes Konzept mit globalem Horizont umzusetzen.

Obgleich der normative Grundgedanke von Nachhaltiger Entwicklung hier lediglich als eine allgemeine ethische Maxime verstanden wird, sind doch zwei auch für den Naturschutz unmittelbar wichtige Gedanken in ihm enthalten:

- Nachhaltige Entwicklung begründet sich aus anthropozentrischen Motiven. Dies bedeutet, daß alle Maßnahmen sich letztlich an ihrem Nutzen für die Menschheit messen lassen müssen. Es kann also nicht allein um rein ökologische Nachhaltig-keitskriterien gehen, wie z.B. Stabilität von Ökosystemen, ohne ihren Bezug zu menschlichen Interessen. Der Naturschutz kann sich nicht auf ein "Recht der Natur" berufen, sondern ist allein menschlichen Werten verpflichtet. HAMPIKE (1991, S. 81ff) zeigt in diesem Zusammenhang, daß anthropozentrische Begründungsansätze, obgleich sie zunächst von einem "Egoismus der menschlichen Art" zu zeugen scheinen, sehr weit auslegbar sind und nicht etwa einen weniger sicheren Schutz der Natur gewährleisten können als biozentrische Begründungen.

- Verantwortliches Handeln muß sich auf zwei Gruppen von Menschen beziehen: Das Wohl sowohl zukünftiger Generationen (diachrone Verantwortung) als auch aller heute lebenden Menschen (synchrone Verantwortung) ist der Maßstab des Handelns (TURNER & PEARCE 1993, S. 191f). Letztere wird bisweilen in der Literatur, die sich nicht explizit der Dritten Welt widmet, vernachlässigt. Nachhaltige Entwicklung beinhaltet das Ideal sozialer Gerechtigkeit, nicht nur zwischen Generationen oder Erster und Dritter Welt, sondern auch innerhalb von Staaten und Gemeinschaften.

Wie ist nun dieser gemeinsame Nenner darüber hinaus inhaltlich zu füllen? Was heißt "Entwicklung" in diesem Zusammenhang? Bei einer engen, "physischen" Auslegung wird Nachhaltige Entwicklung synonym mit "umweltverträglicher Ressourcennutzung" gebraucht. Entwicklung wird in diesem Zusammenhang als "Erhalt oder Vermehrung des Produktivkapitals einer Gesellschaft" (STENGEL 1995, S. 25) gesehen und Bedürfnisse vor allem als materieller Bedarf aufgefaßt. Von diesem Standpunkt aus sind die Ausführungen durchaus folgerichtig, wenn es heißt:

> "In Teilen der Literatur wurde der Begriff des 'sustainable develop-
> ment' mit normativen Unterzielen wie Selbstversorgung, sozialer Gerechtig-
> keit, kommunaler Selbstbestimmung, kultureller Vielfalt, Mitmenschlich-
> keit, Dezentralisierung und Demokratie belegt. Diese können ohne Zweifel
> Inhalt einer Wohlfahrtsfunktion sein, sollten aber nicht als Ziel nachhaltiger

6

Entwicklung selbst definiert werden, da sie durchaus umstritten sind" (STENGEL 1995, S. 25).

Dabei stellt sich jedoch die Frage, ob es nicht besser sei, anstelle eines so theoretischen und relativen Endzweckes wie "Wohlfahrtsvermehrung" gleich die Ziele anzustreben, die dieser Begriff beinhalten soll. Wenn diese allerdings nicht genauer definiert werden können, weil sie umstritten sind, wie kann dann Wohlfahrt erstrebt werden? Bei dieser bewußten Außerachtlassung der aufgeführten Unterziele, bleibt nur noch die Norm übrig, die sozusagen "durch die Hintertür" implizit mit dem Wohlfahrtsbegriff in den Zielkatalog eingeführt wurde, nämlich die Befriedigung materieller Bedürfnisse.

Das gewichtigste Argument gegen diese enge Interpretation, die allein wirtschaftliche Effizienz in den Vordergrund stellt, ist aber die Einsicht, daß Entwicklung als gelenkter Eingriff in vorhandene Strukturen nicht wertfrei gesehen werden kann. Er hat immer eine normative Bedeutung, da er bestimmt wird von den Wertvorstellungen der Eingreifenden (vgl. NOHLEN & NUSCHELER 1992, S. 56). Dabei sind soziale Faktoren von Wichtigkeit, denn

"This implies that development intervention is, above all, a process on, and subject to, power relations between competing interests. By acknowledging this, we heighten our awareness of the social basis of the development process. We also recognise a rich area for social conflicts originating in these power relations, exercised over the control and implementation of development agendas" (FURZE, DE LACY & BIRKHEAD 1996, S. 5).

Nachhaltige Entwicklung wird hier als ein multidimensionaler Begriff verstanden, der neben dem Bekenntnis zu ökologischer Tragfähigkeit und ökonomischer Effizienz auch maßgebende Aussagen zu Formen menschlichen Zusammenlebens und gesellschaftlicher Entscheidungsfindung beinhalten muß. In diesem Sinne seien hier einige soziale Kriterien Nachhaltiger Entwicklung aufgeführt:

– Die Bekämpfung der Armut stellt ein grundsätzliches soziales Ziel dar (OODIT & SIMONIS 1992, S. 238ff). Als Instrumente dazu kommen u.a. wirtschaftliches Wachstum oder Umverteilung in Frage.

– Gerechtigkeit und Gleichheit sollten für sich genommen erstrebenswerte soziale Ziele sein (REED 1996, S. 36).

– Nachhaltige Entwicklung sollte in allen Maßnahmeschritten (Entscheidungsfindung, Implementierung, Erlösverteilung und Evaluation) partizipatorisch sein (LÉLÉ 1991, S. 615; E. SILVA 1994, S. 699ff).

– Soziale Systeme müssen fähig sein, auf Veränderungen zu reagieren und sich diesen anzupassen (BARBIER, BURGESS & FOLKE 1994, S. 79).

– Kulturelle Diversität und Identität sind grundsätzlich erstrebenswert, da sie an sich wertvoll sind (DI CASTRI 1995, S. 2ff)[2].

---

[2] Daß diese Sichtweise im Gegensatz steht zu reinen neo-klassischen Effizienzkriterien, zeigt ein

Nachhaltige Entwicklung umfaßt demnach ökologische, ökonomische und soziale Kriterien. Wichtig ist, daß diese drei Bereiche in einem engen Zusammenhang, als unterschiedliche Facetten einer gemeinsamen Entwicklung aufgefaßt werden. Sie sind deshalb so wenig wie möglich nebeneinander oder nacheinander "abzuarbeiten", sondern jeweils als Ganzes anzugehen. Dies kann jedoch nicht heißen, daß es keine sektoralen Planungen mehr geben darf, vielmehr sollte dieser Anspruch im Idealfall durch eine institutionelle Struktur gewährleistet werden, die diese Einzelplanungen sinnvoll aufeinander abstimmt.

2.1.3 Räumliche Bezugsebenen

Die Unschärfe des Begriffes der Nachhaltigen Entwicklung rührt u.a. auch daher, daß die räumliche Bezugsebene, auf der die drei Dimensionen der Entwicklung zusammengeführt werden sollen, nicht geklärt ist. Beziehen sich die normativen und instrumentellen Unterziele Nachhaltiger Entwicklung letzlich immer auf den gesamten Planeten, oder ist es notwendig, die lokale Ebene vor allem in der Dritten Welt stärker zu betonen? Es ist offensichtlich, daß das allgemeine Leitbild je nach räumlichem Kontext eine grundsätzlich unterschiedliche Entwicklungsstrategie impliziert. In dieser Frage stehen sich "lokalistische" und "globalistische" Interpretationen gegenüber, die im folgenden gegenübergestellt werden sollen.

Als Gegenbewegung zu der "globalistischen" Problemsicht, die sich vor allem im Brundtland-Bericht niederschlägt und die eine weltumfassende Einheit und Solidarität beschwört, entwickelte sich eine Betrachtungsweise, die ein pluralistisches Konzept vertritt. Ausgangspunkt dieses "lokalistischen" Standpunktes ist die Überlegung, daß Nachhaltige Entwicklung nicht einfach eine Ergänzung des bisherigen Entwicklungsstils, der für die gegenwärtige öko-soziale Krise verantwortlich zu machen ist, um das Kriterium der Umweltverträglichkeit bedeuten kann, sondern daß eine grundsätzlich neue Art von Entwicklung gefordert werden muß. Die "Astronautenperspektive" der globalen Strategien und der Glaube an die technische Lösbarkeit der Probleme sind abzulehnen (W. SACHS 1993, S. 38; REDCLIFT 1994, S. 32). Vielmehr muß erkannt werden, daß die Wurzeln der gegenwärtigen öko-sozialen Krise sehr viel tiefer in sozialen Strukturen verankert sind, als daß diese allein durch Bemühungen im Umweltschutz zu bewältigen ist, denn:

> "The 'green' agenda is not simply about the environment outside human control; it is about the implications for social relations of bringing the environment within human control" (REDCLIFT 1992, S. 33).

BLAIKIE (1995a, S. 212) führt aus, daß es die "Umwelt" - und also auch die "Umweltprobleme" - im Sinne eines objektiven Realobjektes nicht gibt. Die Auffassung von Umwelt stellt vielmehr ein soziales Konstrukt dar, das durch unsere Kognition, Interpretation und Sinngebung gefiltert wird und somit direkt von den jeweiligen Interessen und dem kulturellen Hintergrund der unterschiedlichen Akteure geprägt ist. Gerade mit Blick auf die Dritte Welt ist dabei zu beachten, daß der Diskurs, in dem

---

Rückgriff auf die Arbeit von STENGEL (1995). Hier wird ausgeführt, daß sowohl kulturelle Diversität (S. 355f) als auch traditionelle Kulturen (S. 434) einer Nachhaltigen Entwicklung entgegenstünden, da sie die Kosten effektiver Planung erhöhten.

diese unterschiedlichen "Umwelt-Sichtweisen" stehen, entscheidend von vorhandenen Machtstrukturen beeinflußt wird (vgl. auch Kap. 2.2.1). Dies hat auch Folgen für die Leitidee der Nachhaltigen Entwicklung, die nicht mehr als objektive Weltsicht gelten kann, sondern sich ihrer Verwurzelung in europäischer Denktradition bewußt werden muß (REDCLIFT 1994, S. 18). Bei der Betonung globaler Zusammenhänge laufen jene "lokalen Realitäten" Gefahr, gegenüber der dominanten, vom Westen geprägten Weltsicht vergessen zu werden. Eine solche Entwicklung würde in erster Linie zur weiteren Entmündigung der Dritten Welt durch die Industrieländern beitragen (SHIVA 1993).

Eine Betonung der lokalen Ebene und eine Schaffung von möglichst dezentralen Entscheidungskompetenzen läßt sich ferner mit Verweis auf das Ziel der Partizipation untermauern. So schreibt MAX-NEEF (1991, S. 8):

> "Attaining the transformation of an object-person into a subject-person in the process of development is, among other things, a problem of scale. There is no possibility for the active participation of people in gigantic systems which are hierarchically organised and where decisions flow from the top to the bottom."

Bezüglich der ökologischen Tragfähigkeit stellen GHAI & VIVIAN (1992, S. 10ff) die Theorie auf, daß lokale Strategien der Ressourcennutzung von sich aus nachhaltige Systeme darstellen, da die unmittelbare Abhängigkeit von der Umwelt lokale Gruppen zu einer vorausschauenden Wirtschaftsweise zwingt. Erst mit dem steigenden Einfluß modernisierender Kräfte, die vor allem im Zuge der Kolonialisierung die traditionellen sozialen Systeme unterwanderten, gerieten diese aus dem Gleichgewicht, und zerstörerische Nutzungsformen, die unter anderem mit dem Anschluß der regionalen Landnutzung an den Weltmarkt zusammenhingen, gewannen die Oberhand. GEISER (1993) sieht daneben im Transfer westlicher Technologien in traditionelle Systeme der Ressourcennutzung einen wichtigen Grund für das Entstehen ökologischer Probleme. Diese Positionen spiegeln den Grundgedanke wider, der der "lokalistischen" Argumentation zugrundeliegt: Da lokale Gruppen immer ein vitales Interesse an dem Erhalt der von ihnen genutzten natürlichen Ressourcen haben, ist Umweltdegradation in der Regel von außen induziert. Lokalen Gruppen ist also die Verfügungsgewalt über ihre Ressourcen zurückzugeben, damit nachhaltige Nutzungssysteme wieder eingesetzt und weiterentwickelt werden können.

STAHL (1992, S. 470ff) referiert Gegenentwürfe zu dem Brundtland-Bericht, die von Nichtregierungsorganisationen der Dritten Welt erarbeitet wurden und die sich als Alternative zu dem dominanten "nördlichen" Wachstumsmodell verstehen. Leitmotive sind die Rückbesinnung auf das kulturelle Erbe und auf indigene Nutzungssysteme sowie die Verlagerung der Entwicklungsbemühungen auf kleine räumliche Einheiten, sogenannte Bio-Distrikte, die eine Selbstversorgung anstreben sollten. Diese Ideen erinnern dabei an wirtschaftliche Konzepte zur "Autozentrierten Regionalentwicklung", die seit längerer Zeit als Alternative zu der Strategie der Wachstumspole und zur Weltmarktintegration diskutiert werden. Hierbei soll eine bessere Befriedigung der Grundbedürfnisse der Bevölkerung mittels der gezielten Nutzung der lokalen Ressourcen und der Schaffung von räumlich möglichst begrenzten Wirtschaftskreisläufen verfolgt werden (FRIEDMANN & WEAVER 1979; STÖHR 1981; RAUCH & REDDER 1987). Das bereits in den 70er Jahren entwickelte Konzept des

"Ecodevelopment", das auch als ein Vorläufer des Leitbildes der Nachhaltigen Entwicklung gesehen werden kann, betont ebenfalls die kleinräumige Verwirklichung von autozentrierter (*self-reliance*) und selbstgenügender (*self-sufficiency*) Entwicklung (REDCLIFT 1987; I. SACHS 1992).

Obwohl der "lokalistische" Standpunkt sicherlich zu einer differenzierten Sicht des Leitbildes der Nachhaltigen Entwicklung beiträgt, läßt sich Kritik an dieser Sichweise üben. HEIN (1992, S. 7ff) hält ihr entgegen, daß sich angesichts von Globalisierungstendenzen und wachsenden globalen Interdependenzen Nachhaltige Entwicklung nur auf die globale Ebene beziehen kann. Außerdem ist eine Betonung von autarker Entwicklung mit Kosten verbunden, da Skalenvorteile in der Produktion nicht genutzt werden können. Ferner stellt die Konzentration der Landwirtschaft auf die Produktion von Grundnahrungsmittel, die sich aus dem Ziel der *self-reliance* ergibt, nicht in allen Fällen eine umweltverträglichere Landnutzungsform dar als z.B. der Anbau von Dauerkulturen für den Weltmarkt. Auch STENGEL (1995, S. 357ff) sieht in einer Integration in den Weltmarkt keinen Widerspruch zu dem Ziel der Nachhaltigen Entwicklung und meint außerdem, daß Dezentralisierung eher als eine Folge von (wirtschaftlicher) Entwicklung denn als ihre Voraussetzung gesehen werden muß.

STAHL (1992, S. 490ff) bemängelt, daß die "lokalistische" Sichtweise von Nachhaltigkeit einen verzerrten Blickwinkel zugunsten des ländlichen Raumes aufweist und der heutigen Realität der Entwicklungsländer nicht gerecht wird, die weniger von dörflichen Strukturen als vielmehr von Urbanisierungstendenzen und Migrationsströmen bestimmt ist. So ist z.B. unklar, wie die stetig wachsenden Städte mit Nahrungsmitteln versorgt werden sollen. Außerdem werde der Konflikt zwischen Interessen verschiedener Gebiete einerseits und unterschiedlicher räumlicher Ebenen andererseits nicht thematisiert.

Ein weiterer Kritikpunkt ist m.E. die diesem Standpunkt innewohnende implizite Gleichsetzung von räumlicher Nähe und Interessenkongruenz. Für viele soziale Gruppen mag lokale Identität sicherlich einen wichtigen Teil ihrer kulturellen Identität darstellen, jedoch sind diese beiden Begriffe nicht unbedingt gleichzusetzen. Gerade angesichts des auch die ländlichen Regionen der Dritten Welt erfassenden sozialen Wandels und der dadurch ausgelösten Wanderungsbewegungen können einerseits soziale Netzwerke oftmals über weite Entfernungen bestehen und ist die lokale Ebene andererseits häufig von internen Konflikten geprägt, in denen sich globale oder nationale Disparitäten widerspiegeln. Viele Widerstandsbewegungen z.B. gegen staatliche Planungsvorhaben berufen sich zwar auf lokale Interessen, artikulieren jedoch in erster Linie die Sichtweise einer bestimmten Gruppe.

Besonders in Hinblick auf die Dimension der ökologischen Nachhaltigkeit ist außerdem fraglich, ob die "lokalistischen" Strategien allein wirklich tragfähig sein können. So betont HÄGERSTRAND (1992, S. 16) die "Tyrannei der lokalen Entscheidungen", die für sich genommen vielleicht durchaus vernünftig sein mögen, in ihrer Summe jedoch zu globalen Problemen führen können. Zudem gibt es m.E. ökologische Güter und Werte, wie z.B. den Erhalt der Biodiversität, die auf lokaler Ebene wenig Gewicht haben und deshalb nur mit Blick auf den globalen Maßstab durchzusetzen und sinnvoll zu koordinieren sind.

Rückblickend erscheint die Debatte um "lokalistische" versus "globalistische"

Definitionen der Nachhaltigen Entwicklung als ein Element eines tiefergreifenden Dualismus, der die Entwicklungsdiskussion bereits seit mehreren Jahrzehnten mit Begriffspaaren wie "Dependenztheorie versus Modernisierungstheorie", "bottom-up versus top-down" oder "Pluralismus versus zentrale Lenkung" prägt. Die ökologische Dimension der Nachhaltigkeit, die im Zuge des Aufkommens von Nachhaltiger Entwicklung als Konsensformel an Bedeutung gewann, ist offenbar häufig nachträglich in das Muster bereits bestehender Entwicklungsideologien eingearbeitet worden. Anhänger dependenztheoretischer Sichtweisen sehen in diesem Zusammenhang in dem von außen induzierten sozio-kulturellen Wandel und in der Inkorporation ehemals autarker Gesellschaften in globale Wirtschaftsströme die Ursache für die Umweltprobleme in der Dritten Welt, während Vertreter der Modernisierungtheorie eher armutsbedingte Naturzerstörung und die Problematik des Bevölkerungswachstums hervorheben[3].

Diese Kontroverse zwischen "lokalistischen" und "globalistischen" Sichtweisen Nachhaltiger Entwicklung hat auch grundlegende Konsequenzen für die Beurteilung von Naturschutzmaßnahmen in der Dritten Welt, die im weiteren Verlauf dieser Arbeit anhand der konkreten Problemsituationen berücksichtigt werden. Es soll an dieser Stelle keineswegs eine Entscheidung zugunsten einer dieser Auffassungen fallen. Vielmehr sei im folgenden auf einige Faktoren hingewiesen, die die gedankliche Unvereinbarkeit, wie sie sich bei den vorangegangenen Ausführungen darstellen mochten, abmildern können.

Ein Kritikpunkt am rein "globalistischen" Standpunkt ist, daß er dem konkreten Raumbezug menschlichen Handelns nicht genügend Beachtung schenkt. Gerade der territoriale Aspekt von Entwicklung ist jedoch laut FRIEDMANN (1992, S. 133) wichtig:

"-Territory is coincident with life space, and most people seek to exercise a degree of autonomous control over these spaces.
-Territoriality exists in all scales, from the smallest to the largest, and we are simultaneously citizens of several territorial communities at different scales: our loyalties are always divided.
-Territoriality is one of the important source of human bounding: it creates a commonwealth, linking present to the past as a fund of common memories (history) and to the future as a common destiny.
-Territoriality nurtures an ethics of care and concern for our fellow citizens and for the environment we share with them."

Ein wichtiger Aspekt in den Ausführungen von FRIEDMANN ist dabei, daß sich unsere Territorialität nicht auf eine bestimmte räumliche Kategorie beschränkt, sondern daß wir uns in einem System von Zusammenhängen unterschiedlichen Maßstabs befinden. Der unbedingte Gegensatz zwischen "lokal" und "global" ist eingebettet in eine Stufenfolge

---

[3] Grundlegende Unterschiede der beiden Standpunkte zeigen sich nicht erst in der Interpretation der in den Untersuchungen gewonnenen Ergebnisse, sondern beginnen bereits bei der Auswahl des Untersuchungsobjektes. "Globalistische" Analysen arbeiten häufig allgemein funktionale, räumlich wenig konkretisierte Sachverhalte heraus (vgl. z.B. OODIT & SIMONIS 1992; STENGEL 1995). "Lokalistisch" orientierte Studien widmen sich hingegen oft der Beschreibung lokaler Widerstandsbewegungen gegen umweltzerstörerische Außeneinwirkungen (GHAI & VIVIAN 1992 FRIEDMANN 1992; E. SILVA 1994)

unterschiedlicher räumlicher Bezugsebenen, von der jede ihre eigenen Wirkungsgefüge und Problemdimensionen aufweist und der jeweils eine spezifische Bedeutung bei der Verwirklichung Nachhaltiger Entwicklung zukommt:

- Die <u>lokale Ebene</u> stellt den unmittelbaren Kontext konkreten menschlichen Handelns und Fühlens dar. Alle Raumwirksamkeit schlägt sich also letzlich innerhalb dieses Rahmens nieder und wird dort für die Betroffenen relevant (vgl. ANTE 1989, S. 34). Hier ist ein Großteil sozialer Interaktion, d.h. Solidarität innerhalb von Gemeinschaften, aber auch Auseinandersetzung verschiedener Interessen bei der Ressourcennutzung angesiedelt, und noch immer werden in der Dritten Welt die Überlebensstrategien der Haushalte hauptsächlich innerhalb dieses Bereiches realisiert. Die von FRIEDMANN erwähnte Funktion des Raumes als Vermittler zwischen Mensch und seiner Umwelt ist vor allem auf der Ebene der lokalen Ebene der *community* von Bedeutung. So lautet eines der neun Prinzipen Nachhaltiger Entwicklung, die in der zweiten "World Conservation Strategie" (IUCN WWF 1991, S.57) aufgestellt werden:

  "Enabling communities to care for their own environment".

  "Ermöglichen" meint in diesem Zusammenhang sowohl die Schaffung von Rechten und Freiräumen als auch die technische, finanzielle und informative Unterstützung lokaler Gemeinschaften.

- Die Bedeutung der <u>regionale Ebene</u> für Nachhaltige Entwicklung ist aufgrund der Vielfalt der Begriffsinhalte von "Region" (BOESCH 1988, S. 59ff) schwieriger zu umreißen. Als "mittlere Größenordnung" zwischen der sensual erfaßbaren lokalen Ebene und dem abstrakten funktionalen Raum ist die Region als ein ganzheitlicher, wesenhafter und individueller Teil des Erdraumes aufzufassen. In der letzten Zeit entwickelt sich der Regionalismus zunehmend als lebensweltlich orientiertes Gegengewicht zu den vereinheitlichenden, funktionalistischen Kräften der Globalisierung (DÜRR & HEINRITZ 1987). Wichtige Beiträge der regionalen Betrachtungsebene für die Nachhaltige Entwicklung ist die Förderung der Identifikation des Menschen mit seiner spezifischen Umwelt sowie die Verdeutlichung des Zusammenhangs von Natur- und Kulturraum und der individuellen geschichtlichen "Gewachsenheit" eines Raumes. So ist z.B. die Entwicklung und Durchsetzung umweltschonender und ökonomisch erfolgversprechender Nutzungsformen natürlicher Ressourcen auf dieser Ebene am besten zu verwirklichen, da hierbei sowohl auf soziale als auch auf ökologische Besonderheiten des Raumes geachtet werden muß.

- Die <u>staatliche Ebene</u> ist der Rahmen der sektoralen Politikbereiche, wie Umwelt-, Wirtschafts- oder Sozialpolitik. Dementsprechend stellt sie die für Nachhaltige Entwicklung wichtige räumliche Schlüsseleinheit politisch-administrativer Lenkung ökonomischer, sozialer und ökologischer Prozesse dar. Untergeordnete räumliche Einheiten, wie z.B. Bundesstaaten oder Kommunen, verfügen zwar oft über eigenständige Kompetenzen, sind jedoch letztendlich in eine staatliche Hierarchie eingebunden und der obersten Ebene untergeordnet. Das politische System eines Staates bestimmt dabei grundsätzlich die Strukturen, innerhalb derer die Partizipation der Bevölkerung an den Entscheidungen und Maßnahmen stattfindet.

- Das heutige Ausmaß menschlicher Eingriffe in die Umwelt und die stetige

Erweiterung ökonomischer und sozialer Interdependenzen lassen die globale Ebene zunehmend an Bedeutung gewinnen. Schließlich ist Nachhaltige Entwicklung eine Leitidee mit globalem Geltungsanspruch. Dabei ist nicht allein das gemeinsame Handeln der internationalen Staatengemeinschaft gemeint, wie es 1992 auf der Konferenz für Umwelt und Entwicklung gefordert wurde. Der Einfluß von weltweit agierenden Nichtregierungsorganisationen beeinflußt in wachsendem Maße Entscheidungen auf allen räumlichen Ebenen.

Nachhaltige Entwicklung ist also nicht auf einer räumlichen Ebene allein zu verwirklichen, sondern muß sich um einen Ausgleich von ökonomischen, ökologischen und sozialen Faktoren auf jeder Maßstabsebene bemühen, was I. SACHS (1992, S. 8) unter dem Begriff der "räumlichen Nachhaltigkeit" zusammenfaßt. Interessenkonflikte und -kongruenzen können dabei zwischen allen räumlichen Kategorien bestehen. Der Fall der Kautschukzapfer in Amazonien zeigt, daß lokale Interessen bisweilen im Widerspruch zu nationalen Planungen stehen, jedoch Unterstützung von internationale Organisationen erhalten können (FRIEDMANN 1992; E. SILVA 1994). Andererseits kann das unkoordinierte Nebeneinander lokaler Entscheidungen zur Zerstörung der regionalen Ressourcenbasis führen, wie im Beispiel der Agrarfront im Petén, Guatemala (SCHWARZ 1995).

Zusammenfassend ergeben sich drei Grundsätze Nachhaltiger Entwicklung, die im weiteren Verlauf der vorliegenden Arbeit als "normatives Rüstzeug" für die Beurteilung der gewonnenen Untersuchungsergebnisse dienen:

– Endzweck von Nachhaltiger Entwicklung ist allein der Mensch, d.h. heutige und künftige Generationen, und sein Wohlergehen. Es gibt keine eigenen "Rechte der Natur".

– Nachhaltige Entwicklung umfaßt gleichermaßen Vorgaben zur ökologischen Tragfähigkeit, ökonomischen Effizienz und zu wünschenswerten Formen menschlichen Zusammenlebens.

– Es gibt keinen bevorrechtigten räumlichen Maßstab für die Durchsetzung und Beurteilung von Nachhaltiger Entwicklung. Auf globaler, nationaler, regionaler und lokaler Ebene wirken jeweils andere Mechanismen.

2.2 Die Suche nach den sozioökonomischen Ursachen der Tropenwaldvernichtung

Dem Schutz der tropischen Regenwälder kommt eine zentrale Position innerhalb der internationalen Diskussion um Nachhaltige Entwicklung zu. Dies liegt sowohl an ihrer akuten Bedrohung durch die Expansion landwirtschaftlicher Flächen und den Holzeinschlag als auch an ihrer herausragenden Bedeutung für den Erhalt der Biodiversität und für das globale Klima (OODIT & SIMONIS 1992, S. 257).

Obwohl die Gefährdung der tropischen Regenwälder heute allgemein konstatiert wird, sind Angaben über das exakte Ausmaß ihrer globalen Zerstörung und die Geschwindigkeit, mit der diese Entwicklung voranschreitet, selten und zum Teil widersprüchlich. Dies hat neben den technischen Schwierigkeiten der Datenerhebung zu einem hohen

Maße seinen Ursprung in den verschiedenartigen Definitionen von "Abholzung" sowie in der unterschiedlichen Abgrenzung von "Wald" gegenüber anderen Vegetationsformen, vor allem auch Sukzessionsstadien. Darüber hinaus stellen Länderstatistiken inbesondere in der Dritten Welt oft nur allgemeine Schätzungen dar und sind somit nur bedingt aussagekräftig (ALLAN & BARNES 1985, S. 163ff; ADAMS 1990, S. 123; GRAINGER 1993, S. 124ff).

Läßt sich auch das exakte globale Ausmaß und die regionale Verteilung der Vernichtung tropischer Regenwälder nur bedingt ermitteln, so herrscht doch allgemeiner Konsens darüber, daß dieser Prozeß in besorgniserregender Geschwindigkeit voranschreitet und Gegenmaßnahmen unbedingt notwendig sind. Kaum in Frage gestellt werden auch die Ausweitung landwirtschaftlicher Nutzflächen als wichtigste direkte Triebkraft der Abholzung sowie der generelle Zusammenhang der Tropenwaldvernichtung mit dem Problem der Unter- bzw. Fehlentwicklung der Länder der Dritten Welt. Hingegen treten Differenzen bei der Beurteilung und Gewichtung der möglichen sozioökonomischen Ursachen auf. Eine Klärung der unterschiedlichen Standpunkte in dieser Frage ist indes wichtig, da sich aus ihnen grundsätzlich unterschiedliche Folgerungen für die Beurteilung gegenwärtiger und die Entwicklung zukünftiger Schutzstrategien ergeben (vgl. UTTING 1993, S. 14f).

Die folgenden vier Erklärungsschemata[4] beziehen sich auf die allgemeine Frage der Umweltdegradation in der Dritten Welt, umfassen also neben der Tropenwaldvernichtung auch andere Probleme, wie z. B. Desertifikation, Überweidung oder Bodenerosion. Sie sollten sich allgemein auf Vorgänge anwenden lassen, bei denen Menschen ihre eigene Ressourcenbasis zerstören. Zu Beginn soll das Deutungsmuster vorgestellt werden, nach dem die Degradation der Ressourcen in einem unmittelbaren Zusammenhang mit den Faktoren Bevölkerungsdichte, -wachstum und Tragfähigkeit zu sehen ist. In einem ähnlichen argumentativen Kontext steht die zweite These, die besagt, daß Armut als ein direkter ursächlicher Faktor für die Über- bzw. Fehlnutzung der Ressourcen gelten kann. Umweltökonomische Analysen widmen sich der Frage, aus welchen Gründen die Tropenwaldvernichtung voranschreitet, obwohl sie gesamtwirtschaftlich nicht sinnvoll ist, und verweisen dabei auf das Versagen von freien Märkten, der Politik und von Eigentumsrechten. Als letztes soll die relativ junge Betrachtungsweise der "Politischen Ökologie" kurz erläutert werden, bei der vor allem Faktoren wie Ungleichheit, Dependenz, Machtstrukturen sowie die Pluralität von Rationalitäten im Vordergrund stehen.

2.2.1 Die Tragfähigkeits - These

Dieses Erklärungskonzept geht ursprünglich auf das Argument von Malthus zurück, die Bevölkerung zeige ein exponentielles Wachstum, während die landwirtschaftlichen Erträge nur linar wachsen könnten und somit Hungerkatastrophen vorbestimmt seien. Eine Erweiterung dieser These stellt die Idee der ökologischen Tragfähigkeit dar. Hiernach gibt es neben der relativen Begrenztheit durch die Geschwindigkeit des Bevölkerungswachstums eine absolute Grenze der ökologischen Tragfähigkeit, die das

---

[4]Es handelt sich bei diesen Deutungsansätzen nicht um klar voneinander abgrenzbare Theorien, sondern vielmehr um unterschiedliche Sichtweisen und Analysekonzepte eines Phänomens. Aus diesem Grund müssen sich die Schlüsse, die sich hieraus ergeben, auch nicht immer gegenseitig ausschließen, sondern sie betonen oftmals lediglich unterschiedliche Glieder kausaler Zusammenhänge.

Höchstmaß an ernährbaren Menschen angibt. Nähert sich die Zahl der Menschen dieser Grenze, so wird der Nutzungsdruck auf die Ressourcenbasis so stark, daß Umweltdegradation unausweichlich ist (EHRLICH & EHRLICH 1972; MEADOWS et al. 1972). ENGELHARD (1993, S. 110) sieht die Grenze der globalen Tragfähigkeit angesichts des rezenten Bevölkerungswachstums bald erreicht:

"Begrenzter Raum und begrenzte Möglichkeiten zur Erzeugung von Nahrungsmitteln und anderen Gütern in dem begrenzten System Erde setzen dem Wachstum der menschlichen Erdbevölkerung eine obere Grenze, die nicht überschritten werden darf, wenn ein menschenwürdiges Dasein gewährleistet werden soll. Angesichts der sich rasch verschlechternden Umweltbedingungen ist diese obere Grenze bereits fast erreicht, in manchen Ländern schon überschritten. Eine Beschränkung der Erdbevölkerung ist unumgänglich."

In dem Maße wie die Bevölkerung wächst und immer mehr Menschen ernährt werden müssen, wird es notwendig, die landwirtschaftliche Nutzfläche auch auf ökologisch fragile Flächen und in Gebiete der tropischen Regenwälder auszudehnen. Bevölkerungswachstum und Abholzung stehen demnach in einem unmittelbaren kausalen Zusammenhang (FASSMANN et al. 1990, S. 9ff; Weltbank 1992, S. 33ff; GRAINGER 1993, S. 94).

BILSBORROW & OGENDO (1992, S. 38ff) versuchen, die Auswirkungen des Bevölkerungswachstums auf die Landnutzung näher zu spezifizieren. Sie unterscheiden dabei vier Phasen der Anpassung an steigenden Nahrungsmittelbedarf: Zunächst ändern sich die Grundbesitzstrukturen (*tenurial phase*), wobei z. B. ehemalige Allmenden aufgelöst werden. Danach kommt das Stadium der Ausweitung der landwirtschaftlichen Nutzfläche in vormals ungenutzte Gebiete (*extensification phase*). Erst hiernach kommt es zu einem technologischen Wandel und zu einer Intensivierung der Anbaumethoden (*technological phase*). Als letzte Reaktion schließlich werden demographische Regelfaktoren, wie z.B. Fertilität, modifiziert (*demographic phase*). Eine Expansion der Landwirtschaftsflächen und eine damit verbundene Abholzung von Wäldern tritt also bereits in einem relativ frühen Stadium auf, ehe andere Wege eingeschlagen werden, die Ernährungsbasis der Menschen zu sichern.

MYERS (1992, S. 24) schätzt, daß zwischen 1979 und 1989 ca. 90% der Abholzung auf die Expansion der Landwirtschaft zurückzuführen sei. Für ungefähr 79% davon sei das Bevölkerungswachstum verantwortlich. ALLEN & BARNES (1985) kommen nach einer Analyse von Daten zur Bevölkerungs- und zur Abholzungsdynamik zu dem Schluß, daß diese beiden Faktoren positiv und stark miteinander korrelieren. BROWN et al. (1993, S. 52f) stellen die Ergebnisse von 17 Untersuchungen mit unterschiedlichen räumlichen Bezügen nebeneinander. Insgesamt wurde auch hier in 13 Fällen ein Zusammenhang zwischen Bevölkerungsdynamik und Abholzung festgestellt.

Eine unmittelbare kausale Verursachung auch empirisch in ihrem Wirkungsverlauf nachzuweisen, ist indes schwierig, da andere Faktoren, wie beispielsweise Grundbesitzstruktur, eine ebenfalls wichtige Rolle spielen. SERRA (1996, S. 105) sieht in der Bevölkerungsdichte eines Raumes deshalb eher einen potenzierenden Faktor für Prozesse der Degradierung, die durch andere soziale Ursachen ausgelöst werden. Auch der Brundtland-Bericht (HAUFF 1987, S. 97) und der Tropenwald-Bericht des deutschen Bundestages (Enquete-Kommission 1990, S. 218) relativieren die uneingeschränkte Erklärbarkeit der Vernichtung tropischer Regenwälder durch die Bevölkerungsentwicklung angesichts der komplexen sozioökonomischen Strukturen der Länder der Dritten Welt.

Die Tragfähigkeits-These wurde vielfach abgelehnt. Dabei führten die Kritiker vor allem die Bedeutung anderer sozialer Ursachen ins Feld, wie z.B. den technologischen Stand der Bewirtschaftung (BOSERUP 1965; PERRINGS et al. 1995, S. 8; CHAMBERS 1994, S. 2ff) oder die Marginalisierung bestimmter Bevölkerungsschichten (SAGE 1994, S. 50). BARRACLOUGH & GHIMIRE (1990, S. 15) stellen nach einer Gegenüberstellung von Daten zur Bevölkerungsentwicklung und zu Abholzungs-raten auf Länderebene fest:

> "The absence of any close correspondence between deforestation rates and either rates of total or agricultural population growth or average income levels is striking."

GEIST (1993, S. 200) geht in seiner Kritik der Tragfähigkeits-These noch ein Stück weiter und argumentiert, sie sei nicht nur unbelegt, sondern zudem auch schädlich:

> "Bezogen auf die Gattung 'Mensch' erfüllt das Tragfähigkeitskonzept jedoch eine Hauptfunktion in der Engführung von Wissen und Macht. Seit zwei Jahrhunderten unterliegt diese Art Diskurs einem ihm eigenen Zwang zur Beweisführung und formelhaften Erfassung, ohne daß je beabsichtigt wäre, empirische Problemlagen zu berücksichtigen. Insbesondere der geo-graphische und demographische Tragfähigkeitsansatz ist imstande, spezifi-sche Denkstile, Mentalitätsfiguren und Planungsvorstellungen auszubilden, die mit autoritären (ökokratischen) Ordnungsmodellen und entsprechenden gesellschaftlich-politischen Entwicklungen korrespondieren."

Auch LOHMANN (1993, S. 24) glaubt, das Argument habe eher die Funktion, von bestimmten Sachverhalten, wie die Verantwortung der Machteliten und den Disparitäten innerhalb der Gesellschaft, abzulenken und somit die realen Ursachen zu verschleiern.

2.2.2 Die Armuts-These

Grundgedanke dieses Erklärungskonzeptes ist, daß die Armut eine direkte Ursache für die Umweltdegradation in der Dritten Welt darstellt. Armutsbekämpfung und Ressourcenschutz können also als zwei sich gegenseitig bedingende Entwicklungsauf-träge angesehen werden (STREETEN 1992, S.129). Besonders bei internationalen Konzepten zur Nachhaltigen Entwicklung bildet die gegenseitige Verschränkung dieser beiden Ziele eine Kernaussage (HAUFF 1987, S. 33ff; Weltbank 1992, S. 38ff).

Arme Bevölkerungsschichten leben vielfach in ökologisch fragilen Räumen; in ländlichen Gegenden können dies z.B. klimatische oder edaphische Ungunsträume und Grenzertragsstandorte der Landwirtschaft sein. Gleichzeitig sind sie in ihrer Wirt-schaftsweise mehr als andere Gruppen von dem unmittelbar nutzbaren Naturkapital abhängig. Sie sind aus diesen Gründen besonders anfällig für Degradationserscheinun-gen (LEONARD 1989, S. 5). Andererseits sind sie aufgrund mangelnder Alternativen oft gezwungen, diese Ressourcenbasis zu überanspruchen. Da bei ihnen in der Regel der tägliche Überlebenskampf eine vordringliche Position einnimmt, haben sie einen engen Zeithorizont und damit wenig Spielraum, aktuelle Ertragsverluste zugunsten einer längerfristigen Schonung ihrer Umwelt hinzunehmen. Nach externen Schocks, wie z.B. Naturkatastrophen, denen vor allem arme Bevölkerungsschichten ausgesetzt sind, verstärkt sich dieser Prozeß oft noch (ROGERS 1996a, S. 109ff). Es handelt sich also um einen Teufelskreis, in dem Armut sowohl Ursache als auch Folge von Naturzerstörung darstellt.

Bei der Vernichtung tropischer Regenwälder sieht SOUTHGATE (1990, S. 93) Kleinbauern als die hauptsächlichen Verursacher. In diesem Fall handelt es sich jedoch weniger um einen rein autochthonen Prozeß. Der überwiegende Teil der Abholzung ist der Gruppe der verarmten Siedler zuzurechnen, die aus Mangel an Alternativen in die noch vorhandenen Wälder wandern (OODIT & SIMONIS 1992, S. 240f). MYERS (1993) prägte für diese Gruppe den Begriff der "*shifted cultivators*", um sie von den traditionellen Gruppen, die von der Feldwechselwirtschaft leben, den "*shifting cultivators*", zu unterscheiden. Diese Siedler sind dabei für ihr Tun kaum verantwortlich zu machen, denn:

> "In his main manifestation of the displaced peasant, also known as the 'shifted cultivator' (in contrast to the shifting cultivator of tradition), the slash-and-burn farmer is subject to a host of forces ... that he is little able to comprehend, let alone to resist" (MYERS 1993, S. 10).

PEARCE & WARFORD (1993, S. 22) schränken dagegen die These des kausalen Zusammenhangs zwischen Armut und Naturzerstörung ein:

> "The generalised picture of the links between poverty and environment must not be exaggerated. The existence of poverty does not mean that environmental degradation will necessarily follow ... If the underlying causes and shocks are absent, the state of poverty is likely to persist, but without environmental degradation."

In diesen Zusammenhang ist der ungenügende Zugang von armen Bevölkerungsgruppen zu Informationen, Krediten, sicheren Eigentumsrechten und Machtinstrumenten um ihre Interessen durchzusetzen, viel wichtiger als allein ihr niedriges Einkommen (PEARCE & WARFORD 1993, S. 20ff; ROGERS 1996a, S. 118f). Bezüglich des Zeithorizontes stellt CHAMBERS (1994, S. 7) fest, daß gerade arme Familien auf lange Sicht planen und investieren, solange sie gesicherte Eigentumsrechte an ihrem Land besitzen.

BROAD (1994, S. 811ff) führt zahlreiche Beispiele auf, in denen arme Gruppen ihre Ressourcenbasis nicht degradieren. Er lehnt eine undifferenzierte Sichtweise der Armuts-These ab und schlägt eine Unterscheidung der "*merely poor*", die durchaus nachhaltig wirtschaften können, von den "*very poor*" und "*landless and rootless*" vor. Auch JAGANNATHAN (1989, S. 4ff) unterstreicht diesen Unterschied und verweist auf die Tatsache, daß Arme oft Opfer von fehlgeleiteter öffentlicher Politik sind.

BRYANT (1997, S. 6) kritisiert, ausgehend von einer dependenztheoretischen Sichtweise, daß die Armuts-These zu deterministisch sei und sich allein auf die unmittelbaren Faktoren konzentriere. Durch diese Ablenkung von den zugrundeliegenden strukturellen Gründen könne sie entwicklungspolitische Interventionen zur Armutsbekämpfung als Lösung vorschlagen, obwohl die Dominanz der Industrienationen und die Außensteuerung der Entwicklungsländer als die eigentlichen Ursachen für die heutige Problemlage anzusehen seien. Auch BARRACLOUGH & GHIMIRE (1990, S. 21) sehen in Armut und Naturzerstörung zwei Aspekte der gleichen historischen Entwicklung, für die zu einem nicht unerheblichen Teil die westliche Modernisierungsdoktrin verantwortlich zu machen sei. DOVE (1993) versucht, die Armuts-These von einem "lokalistischen" Standpunkt aus zu widerlegen:

> "... forests are not degraded because forest peoples are impoverished; rather, forest peoples are impoverished by the degradation of their forests and other resources by external forces ... The problem is not that forest people are poor ... but that they are politically weak (and the problem is not that the forest is environmentally fragile, but it is politically marginal)" (DOVE 1993, S. 21).

2.2.3 Thesen der Umweltökonomie

Die ökonomische Theorie hat sich eingehend mit der Frage beschäftigt, weshalb Umweltdegradation in der Dritten Welt stattfindet, d.h. warum derzeitige Nutzungsformen von einer optimalen Bewirtschaftung abweichen. Bei diesen Betrachtungen ist der Umstand wichtig, daß dem tropischen Regenwald mehrere Wertdimensionen zugeordnet werden können (BARBIER et al. 1991, S. 55). Zu den mittels direkter Nutzung inwertsetzbaren Ressourcen (*direct value*) des tropischen Regenwaldes gehören u.a. neben Holz, Bodenfruchtbarkeit und sekundären Waldprodukten (*non-timber-products*) auch seine Funktionen für Erholung, Forschung und Bildung. Indirekten Nutzen (*indirect value*) spenden Waldökosysteme durch ihre ökologischen Funktionen (*ecological services*) z.B. als Regulatoren für Klima, Nährstoff-Zyklen, Boden-Wasser-Haushalte und Abflußregime von Flüssen. Darüber hinaus repräsentieren intakte Wälder auch die optionalen Werte (*option value*) möglicher direkter oder indirekter Nutzungen in der Zukunft. Nicht zuletzt stellt der tropische Regenwald für viele Menschen auch einen Wert an sich dar allein durch die Tatsache seiner Existenz (*existence value*).

Obwohl die Aufzählung dieser Wert-Dimensionen generell für alle natürlichen Ökosysteme gelten kann, läßt sich die besondere Bedeutung der hohen Artenvielfalt des tropischen Regenwaldes anhand dieser ökonomischen Kategorien festmachen: Für eine direkte Nutzung ist die Vielfalt an Arten bedeutsam, die sich beispielsweise für die Entwicklung von Medikamenten nutzen lassen. Daneben wird die Bedeutung von Biodiversität als Voraussetzung für die Stabilität und Elastizität von Ökosystemen und damit für eine Gewährleistung ihrer ökologischen Funktionen betont. Tropische Regenwälder stellen außerdem einen Pool an genetischen Informationen dar, der in Zukunft relevant für die Entwicklung und Herstellung neuer Produkte sein kann. Schließlich fühlen viele Menschen eine moralische Verpflichtung, Arten auch aufgrund ihrer intrinsischen Werte zu schützen.

Ökonomische Analysen gehen von der Sichtweise aus, daß sich Menschen bei der Nutzung natürlicher Ressourcen auf wirtschaftliche Effektivitätsüberlegungen stützen und innerhalb der Rahmenbedingungen, die ihre Handlungsalternativen und ihren

Informationshorizont determinieren, rational agieren. Abholzung und Umweltdegradation erscheinen dann als Resultat von vielen unabhängigen und vernünftigen Entscheidungen, die in ihrer Summe, gewissermaßen als Synergieeffekte, Folgen haben, die von niemandem intendiert waren und die für das Allgemeinwohl nachteilig sind. Die Ursachen für diese Prozesse sind dabei in den handlungsleitenden Rahmenbedingungen zu suchen (PERRINGS et al. 1995, S. 8). Im folgenden sollen drei eng miteinander verwobene Teilbereiche dieser Verursachung untersucht werden: das Versagen des Marktes und der Politik sowie unterschiedliche Eigentumssituationen des Landes. Abschließend wird auf die besonderen ökonomischen Rahmenbedingungen an Agrarfronten eingegangen.

Laut neoklassischer Theorie müßten Ineffizienzen, d.h. Abweichungen von der gesamtgesellschaftlich optimalen Allokation der Güter (dem "Pareto-Optimum"), allein durch die Kräfte des freien Marktes vermieden werden. Ist dies nicht der Fall, dann liegen externe Effekte vor, die nicht in die Preisbildung des Marktes eingehen. Im Falle der Abholzung tropischer Regenwälder sind folgende Marktverzerrungen von Bedeutung:

– Umweltkosten, die durch den Verlust von ökologischen Funktionen entstehen, sind nicht in den Preisen widergespiegelt. Während also der Gewinn, z.B. bei einer Umwandlung des Waldes in Weidefläche, dem unmittelbaren Nutzer allein zukommt, werden die Umweltkosten externalisiert, d.h. auf die gesamte Gesellschaft umgelegt. Für einen Eigentümer kann es also vorteilhaft sein, auf eine umweltschädigende, sozial unverträgliche Weise zu wirtschaften, solange er an den daraus entstehenden Kosten allein als Mitglied der Gesellschaft unterproportional beteiligt ist. Daneben können auch räumliche oder zeitliche Externalitäten vorkommen, wenn negative Folgen an anderer Stelle oder erst in einer anderen Generation auftreten (STENGEL 1995, S. 57ff).

– Vorteile aus einer nachhaltigen Nutzung des Regenwaldes ergeben sich gegenüber zerstörerischen Wirtschaftsweisen in der Regel erst nach einem langen Zeitraum. Bei hohen Zinssätzen, wie sie vor allem für Kleinbauern bestehen, ist es oft nicht rentabel, mit einem weiten Zeithorizont zu wirtschaften. Deshalb wird eine extraktive Ausbeutung des Waldes, die unmittelbare Erträge abwirft, einer ressourcenschonenden Nutzung oft vorgezogen (BARBIER et al. 1991, S. 55). SCHNEIDER (1994, S. 27f) spricht hierbei von einem "*imediatismo*" der Nutzung angesichts hoher Zinssätze.

– Informationsdefizite und Unsicherheit beeinflussen den Entscheidungshorizont der Handelnden erheblich. Umweltkosten treten häufig mit Zeitverzögerung und an anderen Orten auf und sind im allgemeinen nicht leicht kausal einer Ursache zuzuordnen, vor allem wenn sich diese aus einer Vielzahl autonomer Handlungen zusammensetzt (BISHOP et al. 1991, S. 4ff; STENGEL 1995, S. 57ff).

– Eine wichtige Voraussetzung für das Funktionieren freier Märkte ist vollständige Konkurrenz. Dieses Kriterium ist jedoch vor allem in Entwicklungsländern aufgrund ungleichen Zugangs zur Macht und zu Informationen sowie wegen monopolistischer und oligopolistischer Strukturen nicht gegeben (BISHOP et al. 1991, S. 4).

Es zeigt sich bei dieser Auflistung, daß gerade Biodiversität ein problematisches Gut ist, wenn allein den freien Marktkräften vertraut wird. Sie ist wegen des niedrigen Standes der Forschung mit einem hohen Informationsdefizit und dadurch einer großen Ungewißheit des möglichen Nutzens verbunden. Die starke Diskrepanz zwischen ihrem individuellen und gesellschaftlichen Wert stehen außerdem einer Internalisierung des Wertes der Artenvielfalt entgegen. Nicht zuletzt ist es aufgrund der Irreversibilität des Aussterbens von Arten und ihrer schwierigen Substituierbarkeit ein Gut, daß unbedingt erhalten werden sollte (HAMPIKE 1991, S. 82f; PERRINGS 1995, S. 62).

Es ist Aufgabe der Politik, diesen Marktverzerrungen entgegenzuwirken und für eine Preisbildung zu sorgen, die die wahren Werte der Güter repräsentiert. Wird diese Aufgabe nicht erfüllt oder werden gar Maßnahmen getroffen, die ein weiteres Abweichen von der optimalen Allokation und damit ineffizientes Wirtschaften sowie Ressourcendegradation bewirken, liegt Politikversagen vor (SWANSON & CERVIGNI 1996, S. 55). Die Gründe für dieses unökonomische Verhalten der staatlichen Planung könne nach STENGEL (1995, S. 78ff) bei mangelnder Informationsbasis, in einer starren Bürokratie und ungenügender Koordination der staatlichen Institutionen untereinander gesucht werden. Aber auch die Manipulierbarkeit der Verantwortlichen durch Interessengruppen, ihr in der Regel nur bis zur nächsten Wahl reichender Zeithorizont oder eigennütziges Handeln sind dabei zu beachten.

Nach BARBIER et al. (1994, S.106) und GILLIS & REPETTO (1988, S. 7ff) ist Politikversagen, das die Abholzung tropischer Regenwälder fördert, auf vielen Ebenen sektoraler Politik zu finden:

- Direkte Forst- und Umweltpolitik: Hierunter fallen Forstgesetze, die Verteilung von Konzessionen zum Holzeinschlag und die Politik des Flächenschutzes.

- Agrarpolitik: Einflußmöglichkeiten auf die Abholzungsrate umfassen hier ein weites Feld von der Durchführung von Kolonisationsprojekten in Gebieten des Regenwaldes über Agrarreformmaßnahmen, Subventionen für bestimmte Nutzungsformen, Steuerpolitik, Kreditvergabe bis hin zu Agrarforschung.

- Infrastrukturpolitik: Von Bedeutung sind vor allem die Erweiterung des Straßennetzes und die Durchführung von Großprojekten, wie z.B. Staudämme.

- Wirtschafts- und Finanzpolitik: Dies ist ein breiter Sektor der Politik mit weitreichenden indirekten Auswirkungen auf ökonomische Rahmenbedingungen. Beispiele sind u.a. Steuerpolitik (z.B. Grundsteuer), Währungspolitik als Faktor für die Außenhandelsbilanz und damit die Export- oder Importorientierung der Wirtschaft, Preispolitik für landwirtschaftliche Produkte oder allgemeine Wirtschaftspolitik, z.B. als Determinante für den städtischen Arbeitsmarkt.

Neben dieser Auflistung können auch Sozialpolitik (Durchführung von Programmen zur Armutsbekämpfung), Sicherheits- und Geopolitik (Kolonisation als Maßnahme zur Grenzsicherung) sowie Bevölkerungspolitik als relevante Politiksektoren gelten.

Obwohl an dieser Stelle nicht näher auf die Rolle der Umwelt- und Naturschutzpolitik eingegangen werden soll, wird jedoch anhand der Ausführungen deutlich, daß sie nur einen kleinen Teil eines sehr viel größeren Politikkomplexes darstellen, der vielfältige Auswirkungen auf die Abholzungsrate haben kann. Der Staat kann dabei nicht als

20

homogenes Individuum betrachtet werden, das, umfassend über die möglichen Folgen seines Handelns informiert, konsistente Entscheidungen trifft. Vielmehr sind die möglichen Konsequenzen staatlicher Eingriffe häufig wenig bekannt, und staatliche Planungen verfolgen oftmals Ziele, die miteinander in Widerspruch stehen (UTTING 1993, S. 161).

Die Frage nach dem Einfluß von Landeigentumsrechten auf Umweltdegradationen wurde spätestens seit der Begriffsprägung der "*tragedy of the commons*" populär. Sein Urheber HARDIN (1968) vertrat dabei die Auffassung, daß die Übernutzung und Degradation von Allmenden, also Land in gemeinschaftlichem Eigentum, nahezu unausweichlich ist, da der Gewinn der Nutzung den Einzelnen allein zukommt, die Kosten der Degradation jedoch auf die Gemeinschaft umgelegt werden. Seine Forderung aufgrund dieser, wie ein Naturgesetz deklamierten, These ist die Privatisierung oder Verstaatlichung sämtlichen in Gemeinschaftsbesitz befindlichen Landes.

Die allgemeine Theorie der Verhinderung von Umweltdegradationen durch Klärung von Eigentumsrechten legt WACHTER (1995, S. 29) dar:

> "Der Eigentumsrechtsansatz in der Umweltökonomie besagt, daß fehlende, abgeschwächte oder nicht durchsetzbare Eigentumsrechte bezüglich Umweltgütern ... den Hauptgrund für Umweltdegradation darstellen. (...) Es wird vorgeschlagen, Eigentumsrechte zu stärken oder - wo sie fehlen - zuzuweisen, und es wird angenommen, daß damit den Besitzern der Umweltgüter Anreize vermittelt werden, für ihre Umweltgüter Sorge zu tragen."

So betont die Studie der UNCTAD (1996, S. 3), daß die Verbindung von Armut und Umweltdegradation vor allem auf nicht vorhandene oder unsichere Eigentumstitel marginaler Gruppen zurückzuführen sei. Dabei fehlen zum einen Handlungsanreize für eine langfristige Investition von Arbeit oder Kapital in eine nachhaltige Nutzung, und zum anderen ist der Zugang zu billigen Krediten versperrt, da das Land nicht als Sicherheit eingebracht werden kann. Dadurch verengen sich die Investitionsmöglichkeiten und der Zeithorizont der Nutzer zusätzlich (BROWDER 1989, S. 120; WACHTER 1992a, S. 156; UTTING 1993, S. 165).

Bezüglich der Frage, ob gemeinschaftlich genutzte Güter (*common property resources*) tatsächlich in jedem Fall degradiert werden, ist vor allem von Ethnologen auf eine Vielzahl von Gegenbeispielen funktionierender Nutzungssysteme verwiesen worden. Solange der Zugang zu den Ressourcen auf eine klar definierte Gruppe, z.B. ein Dorf, beschränkt bleibt und sozio-kulturelle Regelmechanismen der Bewirtschaftung funktionieren, kann auf der Basis solcher Organisationsformen durchaus nachhaltig gewirtschaftet werden (vgl. McCAY & ACHESON 1987). Kritisiert wurde an HARDIN, daß er Gemeinschaftseigentum (*common property*) mit allgemein zugänglichem, offenem Eigentum (*open access*) gleichsetzt, das in der Tat Übernutzung und Degradation zur Folge hat. Oft sind *open-access*-Situationen aber erst nach Auflösung von funktionierenden Allmenden entstanden (FEENEY et al. 1990, S. 6ff; McNEELY 1991, S. 213; FURZE, DE LACY & BIRCKHEAD 1996, S. 180).

Wichtig bei der Betrachtung der Eigentumsrechte ist die Unterscheidung zwischen *de jure*- und *de facto*-Verhältnissen. So betont WACHTER (1992a, S. 156ff; 1992b, S. 180f; 1995, S. 30), daß Landtitelvergabe allein das Problem der Umweltdegradation nicht lösen kann. Offizielle *de jure*-Landtitel sind zum einen nicht gleichzusetzen mit *de facto*-Besitzsicherheit, und andersherum können informelle Eigentumssysteme oftmals eine große Sicherheit bieten. Auch *de jure*-Privateigentum kann, wenn es sich z.B. um große, schwer kontrollierbare Ländereien handelt, faktisch eine *open access*-Ressource darstellen (STENGEL, S. 150). Bei Ländereien in Staatseigentum ist diese Diskrepanz zwischen formellem und informellem Status oft sehr ausgeprägt, da der Staat seine Ansprüche nur in den seltensten Fällen konsequent durchzusetzen in der Lage ist (FEENEY et al. 1990, S. 6). Laut BROWDER (1989, S. 113) befinden sich rund 80% des tropischen Regenwaldes offiziell in Staatseigentum.

In besonderer Weise wird die Abholzung neuer Gebiete vorangetrieben, wenn das Land vom vermeintlichen Besitzer erst erkennbar "genutzt", d.h. vor allem abgeholzt sein muß, um *de jure* oder *de facto* angemeldete Ansprüche auf das Land zu erlangen. Dies ist z.B. bei Agrargesetzgebungen der Fall, die die Bewirtschaftung des Bodens vorschreiben, bevor eine Landtitelvergabe an den ansässigen Bauern stattfinden kann. Aber auch bei unsicheren Eigentumssituationen werden informelle Anrechte auf Land häufig durch Abholzen des Waldes bekräftigt (SOUTHGATE 1990, S. 93ff; UTTING 1993, S. 36; PICHÓN 1996, S. 347ff; REPETTO 1997, S. 476).

In der besonderen Situation der <u>Agrarfront</u>, d.h. wo die Konversion des Waldes in Landwirtschaftsfläche stattfindet, bestimmen unterschiedliche Faktoren den Prozeß der Abholzung. An dieser Stelle soll nicht auf die vielfältige Literatur zu dem sozioökonomischen Problem der Pionierfront in ihrem Verhältnis zur gesamten Gesellschaft eingegangen werden, sondern es werden lediglich die wesentlichen ökonomischen Mechanismen angerissen.

Wichtigstes Charakteristikum von Agrarfronten ist die hohe Verfügbarkeit von Land. Dementsprechend sind die Bodenpreise sehr niedrig, oder das Land kann *de facto* ohne Bezahlung in Besitz genommen werden. Laut STENGEL (1995, S. 136ff) werden durch die hohe Verfügbarkeit einer Ressource sämtliche Anreize ausgeschaltet, Ineffizienzen bei ihrer Nutzung zu beseitigen. Das Land an der Pionierfront wird also gewissermaßen "verschwendet". Weiterhin sind besonders für Kleinbauern fremde Arbeitskraft und Kapital knappe Produktionsfaktoren. Damit ist der Impuls für eine Intensivierung auf der Fläche gering. Ein Bauer wird immer in den Faktor investieren, der am günstigsten ist. Er handelt also unter den gegebenen strukturellen Rahmenbedingungen rational, wenn er seine Produktion extensiviert, d.h. auf die Fläche ausdehnt und dabei Wald abholzt (KYLE & CUNHA 1992, S. 11ff; PICHÓN 1996, S. 358ff). Es kann aus der Sicht eines Kleinbauern sogar vorteilhaft sein, nach einigen Jahren, wenn die Produktion ohne den zusätzlichen Einsatz von Betriebsmitteln aufgrund der nachlassenden Bodenfruchtbarkeit abnimmt, das Land aufzugeben, der Agrarfront zu folgen und wiederum ein neues Stück Primärwald zu roden. Dieser Prozeß, der im Gegensatz zu traditionellen Formen des Wanderfeldbaus kein rotatives System sondern eine rein extraktive Nutzung darstellt, wird als *nutrient mining* bezeichnet. SCHNEIDER (1994, S. 19f) definiert dies folgendermaßen:

> "Nutrient mining is the unsustainable extraction of nutrients from the forest soil through logging, cropping, and ranching. This process differs from agriculture (and silviculture) because it is fundamentally a mining activity; it requires that new land be constantly brought under production as nutrients are extracted in the forms of logs, crops and meat. As a result old,

mined land is abandoned."

Extraktive, naturzerstörerische Wirtschaftsweisen sind bei der hohen Verfügbarkeit von Land ökonomisch rationale, gewinnmaximierende Handlungen (SOUTHGATE & CLARK 1993, S.165; BARBIER et al. 1994, S. 106). In dem Maße wie neues Land mittels Straßenbau und Infrastrukturmaßnahmen konstant in diesen Prozeß eingebracht wird, kann sich keine nachaltige, ressourcenschonende Wirtschaftsweise entwickeln. Land muß also teuer werden. Faktoren, die die Bodenpreise steigen lassen und eine nachhaltige Wirtschaftsweise fördern, können z.b. die Stärkung der Eigentumsrechte, Agrarkredite und -beratung oder ein Ausbau des lokalen Straßennetzes anstelle einer Neuerschließung von bislang unbesiedelten Räumen darstellen (SCHNEIDER 1994, S. 41ff; PICHÓN 1996, S. 364).

Die Kritik an den Ansätzen der Umweltökonomie hebt die theoretische Verengung der Beurteilung von Werten und Nutzen auf monetär darstellbare Größen hervor. Anhand dieser Tauschwerte kann jedoch nicht beurteilt werden, welche Nutzwerte die Umwelt wirklich für verschiedene soziale Gruppen darstellt (REDCLIFT 1994, S. 25ff). BARRACLOUGH & GHIMIRE (1990, S. 34f) stellen in Hinblick auf die schwierigen soziopolitischen Bedingungen in Entwicklungsländern den Nutzen von neoklassischen Theorien in Frage:

> "What practical are economic theorems that 'prove' secure property rights, no matter to whom they pertain, would assure an optimum use of resources in a dream world of benevolent government with 'perfect markets', assuming perfect information, perfect competition and no transaction costs? (...) To call their [des Marktes und des Staates] contributions to environmental degradation 'failures' instead of regarding them as normal occurrences is charitable at best and Orwellian doublespeak at worst."

2.2.4 Die Ansätze der Politischen Ökologie

Die Politische Ökologie setzt sich bewußt von den vorhergehenden drei Erklärungsansätzen ab. Sie ist dabei weniger ein geschlossenes Theoriegebäude, sondern stellt vielmehr eine Gruppierung ähnlicher Denkansätze dar, die vor allem in ihrer Kritik einer "positivistischen Blickverengung" bei der Betrachtung von Mensch-Umwelt-Beziehungen ihren gemeinsamen Nenner haben (GEIST 1992, S. 284; PEET & WATTS 1993, S. 238f; BATTERBURY et al. 1997, S. 127). Die Politische Ökologie versucht, dem politischen Charakter von Umweltproblemen gerecht zu werden. Umwelt und Natur erscheinen nicht als neutrale, der Gesellschaft entgegengesetzte Bereiche, die es instrumentell zu handhaben gilt, sondern werden als sozial konstruiert aufgefaßt. So beinhalten sie nicht nur technische, sondern vor allem ethische (EVERNDEN 1992, S. 6f) und soziopolitische Fragen:

> "... environmental processes are external to human experience, but environmental problems are perceived differently and at varying rates by different communities according to varying intended land uses or development aims" (BATTERBURY et al. 1997, S. 128).

Während kulturökologische Sichtweisen von einer weitgehend determinierten

Beziehung zwischen Gesellschaft und Umwelt ausgehen, faßt BLAIKIE (1995b, S. 12f) Umwelt als sich konstant wandelnden Aktionsraum für gesellschaftliche Prozesse auf:

> "Environment can be seen as 'enabling', or 'affording' in the sense of providing resources and services as they are defined and redefined by society as it develops. Environment therefore is constantly in a state of being conceived of, learnt about, acted upon, created and recreated and modified, thus providing a constantly shifting 'action space', both productive and ideational for different players, as they create and recreate history. At each moment in these histories then, the environment is in a reflexive relation to different players in which it offers both opportunity and constraints. These are both socially patterned through access, use and control of elements in the environment; and environmentally patterned by physical limits, which themselves are subject to available and differentiated knowledges, technologies, labour and capital."

Dementsprechend definieren BLAIKIE & BROOKFIELD (1987, S. 17) das Analysefeld der Politischen Ökologie folgendermaßen:

> "... the phrase 'political ecology' combines the concerns of ecology and a broadly defined political economy. Together this encompasses the constantly shifting dialectic between society and land-based resources, and also within classes and groups within society itself."

Bei der Untersuchung und Bewertung von Umweltproblemen sind folgende Grundgedanken von Bedeutung:

– Das Hauptaugenmerk muß auf dem Landnutzer und seinen sozialen Relationen innerhalb der verschiedensten geographischen und gesellschaftlichen Kontexte liegen (MOORE 1993, S. 381).

– Aus diesem Grund müssen die Untersuchungen auf der lokalen Ebene ansetzen, wo die Entscheidungen über die Landnutzung getroffen werden. Die Ergebnisse der Mikroebene sind dann mit makrostrukturellen Faktoren zu verknüpfen (BLAIKIE & BROOKFIELD 1987, S. 64ff; ZIMMERER 1991, S. 442f; BLAIKIE 1995b, S. 16).

– Derzeitige lokale Situationen sind geschichtlich entstanden und müssen im Kontext ihrer Genese verstanden werden. Daher sind historische Analysen für die Beurteilung von Umweltproblemen wichtig (MOORE 1993, S. 380f).

– Umweltkonflikte können als Ausdruck der unterschiedlichen Sichtweisen und Intentionen verschiedener Akteure, ob Individuen oder soziale Gruppen, gelten (BRYANT 1997, S. 11f).

– Dabei bildet die Sprache ein wichtiges Instrument der beteiligten Parteien. Begriffe und Argumente können Aufschluß über die Form der kulturellen und politischen Auseinandersetzung geben (PELUSO 1992a, S. 19).

Jenseits dieser gemeinsamen Basis fächert sich die Politische Ökologie jedoch in verschiedene Denkrichtungen auf. Den einen Pol repräsentieren Erklärungsansätze der

Politischen Ökonomie, die in erster Linie von dependenztheoretischen Überlegungen ausgehen. Nach ihnen kann die Verantwortlichkeit für Abholzung und Umweltdegradation in gesellschaftlichen Strukturen, wie z.B. der Beziehung von Zentrum und Peripherie, verortet werden. Dem entgegengesetzt, widmet sich eine relativistische, der philosophischen Schule des Poststrukturalismus nahestehende Denkrichtung[5] der Widerlegung jeglicher globaler Erklärungsansätze von Umweltdegradation. Es werden nur noch unterschiedliche, gleichberechtigt nebeneinanderstehende Diskurse als real anerkannt. Diese können nicht in ihrer Beziehung zu einer außerhalb ihrer selbst existierenden Realität gesehen werden, sondern lediglich an sich und in ihrem Verhältnis zueinander.

In den folgenden Erläuterungen soll ein gradueller Übergang von der "makropolitischen", dependenztheoretischen Theorie der Abholzung hin zur "mikropolitischen", relativistischen Betrachtungsweise von Diskursen nachgezeichnet werden.

BRYANT (1997, S. 8f) stellt, ausgehend von Überlegungen der Politischen Ökonomie, drei Grundthesen der Politischen Ökologie auf:

– Umwelt steht inmitten machtpolitischer Prozesse.

– Umweltprobleme in der Dritten Welt sind nicht einfach Folgen von Politikversagen, sondern stehen in Verbindung mit der globalen Expansion des Kapitalismus.

– Umweltprobleme können nur durch einen radikalen Wandel der lokalen und globalen Wirtschaft überwunden werden.

Daraus folgt eine Absage an alle reformistische Konzepte der Nachhaltigen Entwicklung. So hält BRYANT (1997, S. 7) dem Brundtland-Bericht vor, er sehe nicht, daß im kapitalistischen Weltsystem Wirtschaftswachstum, Verarmung und Umweltzerstörung unmittelbar zusammengehören.

COLCHESTER (1994, S 4ff) sieht in der Abholzung tropischer Regenwälder eine Folge der Abhängigkeit der Dritten Welt. Diese wurzelt in ihren Grundelementen in der Phase kolonialer Herrschaft und hat sich nach der Unabhängigkeit vieler Entwicklungsländer zu einer Dependenz von nationalen Machteliten und vom Weltmarkt entwickelt. Der Markt dringt in ehemals präkapitalistische Gesellschaften ein und führt zu wachsender Instabilität und Verarmung auf der einen Seite und zu Kapitalakkumulation auf der anderen Seite. Exportorientierung, Kapitalisierung und Mechanisierung der Landwirtschaft in den Ländern der Dritten Welt führen zur Verdrängung von Kleinbauern und damit zu einer Migration an die Pionierfront. Hier kommt es nach anfänglicher Erschließung und Konsolidierung durch kapitalextensive Landwirtschaft zu einem Eindringen urban-industriellen Kapitals und damit zu einer Fortführung des Verdrängungsprozesses (vgl. Kap. 3.1). Auch DURHAM (1995) weist auf eine Beziehung zirkulär kumulativer Verursachung zwischen Kapitalakkumulation, Verdrängung, Abholzung und Bereitstellung billiger Arbeitskraft hin.

---

[5]Gelegentlich ist in diesem Zusammenhang auch von "postmodernen", "dekonstruktivistischen" oder "perspektivistischen" Denkansätzen die Rede.

REDCLIFT (1987, S. 121) macht als Auslöser für das Voranschreiten von Agrarfronten eine hohe internationale Nachfrageverantwortlich. Die Entwicklung des Kaffeeanbaus Anfang dieses Jahrhunderts in Brasilien kann dabei als Paradebeispiel einer außengesteuerten Expansion der Landwirtschaft gelten. DOVE (1993, S. 17ff) argumentiert ebenfalls, daß Abholzung in erster Linie von Außeninteressen initiiert wird. Direkte Nutzer werden marginalisiert und verdrängt zugunsten wirtschaftlicher Interessen machtvoller Eliten.

UTTING (1993, S. 10f) faßt die allgemeinen strukturellen Ursachen der Abholzung tropischer Regenwälder wie folgt zusammen:

> "Deforestation is a part and parcel of the broader problem of under- and maldevelopment, characterised by certain processes:
> - social and economic change that enriches few and marginalizes the many;
> - political systems that exclude the rural and urban poor;
> - blinked government policies or development strategies geared towards short-term economic growth; and
> - technocratic solutions to problems involving social and political issues."

REDCLIFT (1987, S. 119) sieht den Ursprung dieser Fehlentwicklung in den grundsätzlichen Widersprüchen des kapitalistischen Systems, vor allem dem Austausch der Nutzwerte gegen Tauschwerte und der Entfremdung der traditionellen Bevölkerung von ihren ehemaligen Überlebensstrategien.

Erkennt man nun den politischen Charakter der Umweltprobleme uneingeschränkt an, dann muß über die vorherigen Überlegungen hinaus auch das Fragen nach den sozioökonomischen Ursachen der Tropenwaldvernichtung kritisch hinterfragt werden. Bei dieser Problemstellung wurde nämlich immanent vorausgesetzt, daß Abholzung ein in jedem Fall negativ zu bewertender und nach Möglichkeit zu verhindernder Prozeß ist. Kann dies jedoch ohne weiteres in jedem Einzelfall angenommen werden? BARRACLOUGH & GHIMIRE (1990, S. 12) verneinen dies mit Blick auf die soziale Funktion von Tropenwäldern:

> "Destroying the forest to make way for other land uses is by no means always socially negative in its consequences. (...) The same is true of forest degradation resulting from human uses that disturb the habitat, endanger many species and decrease the biomass. Cattle-grazing, hunting, recreational uses, woodfuel extraction, logging and other inventions frequently have this effect but still can be socially desirable for many social groups in some situations."

Was also verhindert werden soll, ist die Tropenwaldvernichtung, die als sozial negativ angesehen werden kann; mit anderen Worten, der Wald soll vor der Entwicklung, die als "Degradation" bezeichnet wird, geschützt werden. Dies ist jedoch etwas grundsätzlich anderes als ein objektiver Naturprozeß, da der Begriff der Degradation in einem unmittelbaren Zusammenhang mit unterschiedlichen Nutzungsintentionen steht. Es gibt nicht eine objektive Sichtweise von Degradation, sondern unterschiedliche, miteinander in Konflikt stehende Definitionen, die von den Interessen und der Wahrnehmung der jeweiligen Nutzer abhängen. So definieren BLAIKIE & BROOKFIELD (1987, S. 1) Degradation als soziales Problem:

"Land degradation should by definition be a social problem. Purely environmental processes such as leaching and erosion occur with or without human interference, but for these processes to be described as 'degradation' implies criteria which relate land to its actual or possible uses."

Darüber hinaus stellt Degradation kein einmalig vorkommendes, endgültiges Ereignis dar, sondern muß als Ergebnis einer Gleichung gesehen werden, in die anthropogene Nutzungseinflüsse, aber auch das natürliche Regenerationsvermögen eingehen (BLAIKIE & BROOKFIELD 1987, S. 7). Auch die Abholzung der tropischen Regenwälder ist kein unilinearer Prozeß. Vielmehr muß das Nachwachsen des Waldes dem gegenübergestellt werden, um einer Aussage über den tatsächlichen Raumnutzungswandel treffen zu können. Es zeigt sich also, daß jede Wahrnehmung von Umweltdegradation in einem hohen Maße von Interpretation und Bewertung der verschiedenen Akteure bestimmt ist.

Der positivistische Anspruch, der Wissenschaft als neutrale Beobachtungs- und Bewertungsinstanz außerhalb dieses Widerstreits konkurrierender Sichtweisen versteht, übersieht die eigene tiefe Verstrickung des Wissenschaftsbetriebes in eben diese Auseinandersetzung um Wissen und Macht und wird aus diesem Grund von Vertretern der Politischen Ökologie kritisiert:

"The increasingly dated rationalist view of science - that policy-makers simply use the facts of objective science - is difficult to sustain, since it has been increasingly recognised that scientific information as 'authoritative knowledge' is frequently used selectively to legitimise particular policies. Thus, the view of science in policy-making as 'truth talking to power' still raises unanswered questions."(BLAIKIE 1995a, S. 7)

REDCLIFT (1994, S. 23) kritisiert soziobiologische Erklärungsschemata, da sie vor allem die Funktion hätten, den status quo aus einer natürlichen Ordnung heraus zu erklären und damit zu legitimieren. Laut BATTERBURY et al. (1997, S. 128f) ist allein schon aufgrund der Struktur des Wissenschaftsbetriebes und der damit verbundenen Institutionalisierung von Umweltproblemen das wissenschaftliche Blickfeld verzerrt und damit nicht objektiv. LEACH & FAIRHEAD (1996, S. 14) betonen den engen Zusammenhang von wissenschaftlichen Denkkategorien, institutionellen und finanziellen Strukturen der Forschungsbehörden sowie gesellschaftlichen Machtstrukturen. Als Beispiel kann dabei der eurozentrische Blick der Wissenschaft auf außereuropäische, traditionelle Gesellschaften und ihre Umweltbeziehungen gelten. Viele Studien versuchen, den Nachweis von ideologischen Bindungen der westlichen Wissenschaft und dadurch ausgelösten Fehlbewertungen von traditionellen Nutzungsformen in der Dritten Welt zu erbringen (ADAMS 1990; GHIMIRE 1992; PELUSO 1992a; LEACH & FAIRHEAD 1996).

Was bleibt jedoch übrig, wenn nicht einmal die Wissenschaft als Referenzpunkt einer objektiven Realität außerhalb von gesellschaftlicher Konstruktion gelten kann? Es kann dann lediglich die Pluralität von Standpunkten anerkannt werden. Diese artikulieren sich in Diskursen, worunter von schriftlichen über mündliche Aussagen bis hin zur landwirtschaftlichen Praxis alle Kommunikationsformen verstanden werden können, in denen sich die verschiedenen Sichtweisen der Akteure manifestieren (BLAIKIE 1995a,

S. 206ff).

Es geht also bei einer politisierten Umwelt nicht nur um den ungleichen Zugang zu Ressourcen, die ungleiche Verteilung der Kosten und um unterschiedliche Interpretationen der Umwelt, sondern vor allem auch um das Bestreben von Akteuren, eine möglichst große Gruppe von Menschen von ihrer Sichtweise der Dinge zu überzeugen. Auf lokaler Ebene erfahrene Umweltbelange brauchen beispielsweise politische Interessen außerhalb des Umweltbereiches als Vehikel, um ihre Problematik überhaupt für die Öffentlichkeit wahrnehmbar zu machen. Umweltfragen dringen auf diese Weise in Diskussionen ein, die vorerst nichts mit solchen Themen zu tun hatten, wie z.B. den Widerstand einheimischer Bevölkerung gegen koloniale Kontrolle (BLAIKIE 1995a, S. 2f). MOORE (1993, S. 382f) meint, Akteure würden ebenso wie in materielle Produktionfaktoren auch in Ideologien investieren, die ihre Handlungen legitimieren:

> "Struggles over land and environmental resources are simultaneously struggles over cultural meanings."(MOORE 1992, S. 383)

Landschaften, also auch der tropische Regenwald, können somit als Schauplatz ideologischer Auseinandersetzungen zwischen verschiedenen Interessen angesehen werden.

In seiner Konsequenz zu Ende gedacht, geht aus diesem Gedanken hervor, daß ein Rekurs auf eine Wahrheit außerhalb von Diskursen nicht möglich ist, d.h. auch Abholzung nicht "als solche" gesehen werden kann. Umweltprobleme können nicht mehr "vor Ort" als natürliche Prozesse untersucht werden, sondern sie erscheinen nur noch in Diskursen. Diese "Realitäten" stehen ungewichtbar nebeneinander, unterscheiden sich lediglich noch - das ist jedoch sehr wichtig - durch ihren Zugang zur Macht. Diesen konsequenten relativistischen Ansatz, der jeden Weg zu einer objektiv erkennbaren Wahrheit abschneidet, führt ESCOBAR (1996, S. 64) folgendermaßen aus:

> "Although many people seem to be aware that nature is 'socially constructed', many also continue to give a relatively unproblematic rendition of nature. Central to this retention is the assumption that 'nature' exists beyond our constructions. Nature, however, is neither unconstructed nor unconnected. Nature's constructions are effected by history, economics, technology, science, and myths of all kinds ..."

Dies würde bedeuten, daß es streng genommen keine Umweltprobleme "gibt", wenn niemand darüber redet. Bezüglich der Vernichtung tropischer Regenwälder mag dieser Gedanke noch unmöglich erscheinen, bei dem Problem des sauren Regens oder des Ozonloches jedoch schon weniger. Ein solcher Ansatz des vollständig von einer physischen Realität abgehobenen, "frei schwebenden" Diskurses ist allerdings von anderen Autoren der Politischen Ökologie abgelehnt worden.

So kritisiert GARE (1995, S. 98f), daß ein solcher Relativismus auch jeden Rahmen für die Beurteilung von Machtverhältnissen, z.B. zwischen Zentrum und Peripherie, auflöst. Es läßt sich daher auch keine Handlungsanweisung aus diesen theoretischen Überlegungen gewinnen. BATTERBURY et al. (1997, S. 127ff) erkennen zwar die Pluralität der Sichtweisen und Wertmaßstäbe von unterschiedlichen gesellschaftlichen Gruppen an. Sie betonen jedoch, daß es dennoch eine den Diskursen externe Realität der Umweltprozesse gibt, die nicht aus dem Blickfeld geraten darf. Gerade die Negation der Erkennbarkeit von Naturprozessen kann zu der Entstehung neuer Dogmen führen, die der Poststrukturalismus doch gerade bekämpfen wollte. GANDY (1996, S. 23) sieht die Umwelt als "Quasi-Objekt", das weder allein außerhalb der menschlichen Erkenntnis noch ausschließlich innerhalb sozialer Diskurse existiert. BLAIKIE (1995b, S. 9f) stellt fest, daß es Umweltaspekte gibt, die weniger offen für Interpretationen sind und von daher eher als Fakten gelten können als andere. Als Beispiel nennt er das Phänomen des sauren Regens und das Problem der Desertifikation. Er bemängelt, daß viele Studien von Sozialwissenschaftlern den physischen Prozessen wenig Beachtung schenken und aufgrund ihrer Fixierung auf Diskurse zu vollkommen falschen Ergebnissen kommen.

SOULÉ (1995, S.158f) sieht in relativistischen Denkansätzen einen ideologischen Angriff auf die Natur. Politische Entscheidungsträger würden nur allzu bereitwillig solche Argumente aufgreifen, mit denen sich der Raubbau an der Natur rechtfertigen läßt. So kommen SOULÉ & LEASE (1995, S. XVI) zu dem Schluß, daß

"... certain contemporary forms of intellectual and social relativism can be just as destructive to nature as bulldozers and chain saws".

2.2.5 Folgerungen für die Politik

Rückblickend läßt sich feststellen, daß sich die vier vorgestellten Erklärungsschemata der Vernichtung tropischer Regenwälder zwar nur in seltenen Fällen direkt zu widersprechen und zu widerlegen versuchen, dennoch nur schwer aufeinander zurückführbar sind oder sich in ein umfassenderes Konzept integrieren lassen. Auf der anderen Seite unterscheiden sich die aus diesen theoretischen Überlegungen zu ziehenden Folgerungen[6] für eine effektive Politik zum Schutz der Regenwälder stark voneinander:

- Nach der **Tragfähigkeits-These** muß die globale Senkung der Geburtenzahlen das dringendste Ziel von politischen Anstrengungen darstellen. Familienplanung muß dabei vor allem in den Ländern der Dritten Welt ansetzen, die ein hohes Bevölkerungswachstum und eine knappe Ressourcenbasis aufweisen.

- Die Konsequenz der **Armuts-These** ist die Weiterführung und Verstärkung einer armuts- und grundbedürfnisorientierten Entwicklungspolitik. Da unwahrscheinlich ist, daß die Länder der Dritten Welt die Bekämpfung der Armut aus eigener Kraft bewältigen können, sind in verstärktem Maße die Industrienationen zur Hilfe aufgefordert.

- Die **Umweltökonomie** spricht ein Plädoyer aus für die Privatisierung von Ressourcen, den Rückgriff auf ökonomische Regelmechanismen in Fällen des Marktversagens und die Beseitigung von staatlichen Anreizen zur Abholzung.

- Die Ansätze der **Politischen Ökologie** fordern einen grundsätzlichen Umbruch der gegenwärtigen Machtstrukturen in Richtung auf eine demokratischere Politik. Dabei

---

[6]Hierbei ist der poststrukturalistische Ansatz ausgenommen, da er das Problem an sich in Frage stellt und folglich auch keine Hinweise zu seiner Lösung von ihm ausgehen können.

geht es nicht allein um die Umverteilung von Reichtümern auf der einen und Umweltrisiken auf der anderen Seite. Grundlegend ist auch die Demokratisierung der Identifikation und Bewertung von Umweltproblemen (vgl. BATTERBURY et al. 1997, S. 129). Dabei ist vor allem auch die Wissenschaft und Planung aufgefordert, lokale Sichtweisen stärker in ihre Überlegungen mit einzubeziehen.

Auch in der Diskussion um die Ursachen der Vernichtung tropischer Regenwälder lassen sich lokalistische und globalistische Interpretationen (vgl. Kap. 2.1.3) wiederfinden. Die Tragfähigkeits- und Armuts-These lokalisieren mögliche Problemlösungen vor allem auf der globalen Ebene. Die Forderungen der Umweltökonomie sind im wesentlichen von einer staatlichen Politik einzulösen. Die Politische Ökologie dagegen betont lokale Individualitäten und Rechte gegenüber globalen Wahrheits- und Machtansprüchen.

Es bleibt zu fragen, ob angesichts der Komplexität der Ressourcenbasis und der sich stetig wandelnden sozialen Rahmenbedingungen eindeutige kausale Ursachen für die Abholzungsdynamik überhaupt zu benennen sind. Eher können die erklärenden Faktoren in ihrem Zusammenspiel als Bestandteile von "Ursache-Feldern" aufgefaßt werden, die je nach regionalen Rahmenbedingungen und ihrer historischen Entwicklung in unterschiedlichen Konstellationen auftreten können. Dabei ist wichtig, daß nicht allein materielle Tatsachen von Bedeutung sind, sondern auch die Informations- und Erwartungshorizonte der jeweiligen Akteure. Eine solche Sichtweise würde in jedem Fall eine Abkehr von deterministischen Konzepten der Erklärung beinhalten. Der Dualismus zwischen der Akzentuierung allgemeiner Ursachen und dem Anspruch auf regionale Differenzierung wird sich jedoch nicht ohne weiteres überschreiten lassen.

2.3 Naturschutzkonzepte in der Dritten Welt

In diesem Kapitel wird die aktuelle Diskussion über Möglichkeiten und Schwierigkeiten des Naturschutzes in der Dritten Welt zusammengefaßt. "Naturschutz" soll im folgenden verstanden werden als die Gesamtheit aller Maßnahmen zum Schutz von Flora und Fauna *in situ*. Er wird damit abgegrenzt von dem weit umfassenderen Bereich des Umweltschutzes, der auch den Schutz der Umweltmedien (Boden, Wasser, Luft) mit einschließt[7]. Dabei handelt es sich zum einen um den Flächenschutz, d.h. um eine Unterschutzstellung eines bestimmten, klar abgegrenzten Areales, die einen menschlichen Einfluß entweder generell ausschließt oder aber nur bestimmte Nuzungsformen und -intensitäten zuläßt. Im Gegensatz dazu stehen sektorale Schutzbestimmungen, die nicht auf eine konkrete Fläche beschränkt sind, sondern bestimmte Biotoptypen, Landschaftssegmente oder Tierarten generell von einer Nutzung ausschließen oder diese reglementieren.

Bei der Auseinandersetzung um Naturschutzkonzepte in der Dritten Welt geht es sowohl um den Widerstreit naturschutzplanerischer Leitbilder - d.h. um die Frage "Was soll mit dem Naturschutz erreicht werden?" - als auch um die Suche nach angemessenen Strategien für die Umsetzung dieser Leitbilder. Diese beiden argumentativen Ebenen, die normative und die instrumentelle, sind dabei nicht immer klar zu trennen und

---

[7]Die Abgrenzung des "Naturschutzes" gegenüber einem "Ressourcenschutz" scheint angesichts der Tendenz, Pflanzen- und Tierarten in zunehmendem Maße auch als Ressourcen zu begreifen, nicht angebracht.

bedingen sich in starkem Maße gegenseitig. Im folgenden soll die Idee der Nachhaltigen Entwicklung einen groben normativen Rahmen für die Beurteilung des Naturschutzes darstellen. Die allgemeinen, für diesen Themenkreis relevanten Folgerungen, die bereits in Kapitel 2.1. herausgearbeitet wurden, sind:

- Naturschutz kann nur anthropozentrisch begründet werden. Es ist nicht möglich, sich bei der Legitimierung von Naturschutz auf ein "Recht der Natur" zu berufen. Alle Maßnahmen haben sich in letzter Instanz durch ihre Funktion für den Menschen zu rechtfertigen.

- Naturschutz kann nicht allein ökologische Faktoren unter Ausklammerung sozialer und ökonomischer Sachverhalte berücksichtigen, denn Nachhaltige Entwicklung beinhaltet die gegenseitige Verschränkung der drei Zieldimensionen bei allen Maßnahmen.

- Insbesondere die sozialen Kriterien von Nachhaltiger Entwicklung (Armutsbekämpfung, soziale Gerechtigkeit, Partizipation, Erhalt der Flexibilität sozialer Systeme sowie Bewahrung der kulturellen Vielfalt) sind für die Erarbeitung von Naturschutzkonzepten in der Dritten Welt von großer Bedeutung. Naturschutzmaßnahmen sollten nicht gegen diese Prinzipien verstoßen.

Der Leitgedanke der Nachhaltigen Entwicklung bedeutet also für den Naturschutz, daß die "starre Front der Natur gegen den Menschen" durchlässiger werden soll. Der reine "Abwehrdiskurs", den der Naturschutz in erster Linie darstellt, indem der Schutz **vor** etwas im Vordergrund steht, steht dabei dem "Gestaltungsdiskurs" der Nachhaltigen Entwicklung gegenüber, der sich mehr der Frage zuwendet, **wofür** die Natur geschützt werden soll (LOSKE 1997, S. 430f).

Wie die Vertreter der Politischen Ökologie unterstreichen, sind Umwelt und Umweltwahrnehmung immer geprägt von Interessen unterschiedlicher gesellschaftlicher Gruppen. Damit ist auch der Naturschutz keine politisch neutrale, über allen Interpretationen stehende Aufgabe, sondern wird zum einen bestimmt durch das, was SPEHR (1993, S. 19f) allgemein als "gesellschaftliches Naturverhältnis" bezeichnet. Zum anderen impliziert Naturschutz auch immer den Zugang oder Nicht-Zugang von bestimmten Gruppen zu natürlichen Ressourcen. So sehen GHIMIRE & PIMBERT (1997, S. 4f) Naturschutzgebiete als "soziale Räume", denn sie sind immer Ausdruck und Ergebnis von gesellschaftlichen Kräften und Machtverhältnissen. Der politische Charakter von Naturschutz wird deutlich, wenn man die Ursprünge der Naturschutzideologie betrachtet.

2.3.1 Konservative Naturschutzideologie und neue Leibilder

Obwohl KUHLMAN (1996, S. 127) die Idee des Naturschutzes bis auf die königlichen Jagdgehege des Mittelalters zurückführt, kann als der eigentliche Grundstein des modernen Naturschutzes die Gründung des Yellowstone-Nationalparks 1872 in den USA angesehen werden. Leitgedanke war dabei die Schaffung eines Raumes, in dem sich die Natur ohne den Einfluß des Menschen entfalten konnte. Es wurde also eine scharfe Trennung von genutzten Gebieten einerseits und "*wilderness*" andererseits angestebt (GRABER 1995, S. 123). Dabei standen nicht etwa ökologische Ziele im

Vordergrund: Wie RUNTE (1979) zeigt, waren die Nationalparks vor allem als Identifikations- und Sinnstiftungsobjekte der jungen Nation der Vereinigten Staaten von Amerika gedacht, die den Mangel an historischen Bauwerken, der im Vergleich zu Europa bestand, durch spektakuläre Naturlandschaften ausgleichen sollten.

Hierbei wurden bereits einige Problemfelder sichtbar, die die Diskussion um Naturschutz bis heute prägen: Die Ausweisung von Nationalparks als Räume, die Natur in einem ursprünglichen, "natürlichen" Zustand erhalten sollten, negierte den Einfluß, den die indigenen Völker bereits auf die Landschaft hatten. Die Gesamtheit der prä-kolumbianischen Mensch-Umwelt-Beziehungen wurden schlicht übersehen oder übergangen. So wurden im Zuge der Gründung des Yellowstone-Nationalparks die dort lebenden Indianerstämme, die vorher durch ihre Nutzung der Ressourcen die Landschaft mitgeprägt hatten, gegen ihren Willen umgesiedelt (McNEELY, HARRISON & DINGWALL 1994, S. 5f). Ähnliches fand z.B. auch im Krüger-Nationalpark in Südafrika statt (CARRUTHERS 1989). Naturschutz war also verbunden mit einem Ausschluß der autochthonen Bevölkerung zugunsten von "reiner Natur" als Identifikationsobjekt für junge koloniale Nationen.

Den engen Zusammenhang der Entstehung und Ausformung von Naturschutzkonzepten und kolonialer Herrschaft haben auch Studien aus Asien (PELUSO 1992a; BRYANT 1996) und Afrika (ANDERSON & GROVE 1987; ADAMS & Mc SHANE 1992) aufgezeigt. In Afrika waren vor allem zwei Umstände prägend für die Entstehung einer Naturschutzideologie: Zum einen war es die institutionalisierte Jagd, die die Einrichung von Reservaten notwendig machte. Nach Mc KENZIE (1987) und ADAMS (1990, S. 16ff) war besonders die Jagd in Afrika Ausdruck kolonialer Dominanz, indem sie die Einheimischen, die weiterhin einer subsistenzorientierten Bejagung von Wildtieren nachgingen, zu "Wilderern" erklärte. Eine ähnliche Kriminalisierung traditioneller Nutzungsformen stellte das Verbot von *shifting cultivation* in Ländern mit feuchttropischen Wäldern dar (MILLINGTON 1987; JAROSZ 1993).

Ein weiterer Ursprung der Naturschutzideologie war laut ANDERSON & GROVE (1987, S. 4f) die europäische Vorstellung von Afrika als der "dunkle Kontinent". Hier befand sich nach dieser Auffassung der "Garten Eden", in dem jene "natürliche Harmonie" herrschte, die das Europa des letzten Jahrhunderts bereits verloren hatte. Diese koloniale Außensicht des Raumes, die im Widerspruch zur Wahrnehmung der Landschaft als Lebensraum der einheimischen Bevölkerung stand, bildete den mythischen Hintergrund für die Bemühungen der Kolonialherren, einen strikten Naturschutz durchzusetzen.

Angesichts dieser Umstände stellt GROVE (1987, S. 22f) die These auf, daß der Naturschutzgedanke einerseits in eurozentrischem Denken begründet ist, und sich andererseits nur unter kolonialen Bedingungen in dieser strengen Form, der Trennung von Mensch und Natur, durchsetzen konnte. Tatsächlich dauerte es lange, bis sich die Idee der Nationalparke in den "Mutterländern", die zu diesem Zeitpunkt schon keine mehr waren, etablieren konnte. SPEHR, HOFER & SCHRÖDER (1996, S. 147) schreiben hierzu:

"Die Neubegründung des Artenschutzes im Imperialismus spaltet die Natur in eine große, aufregende Natur in den Kolonien und eine kleine, er-innernde Natur vor der Haustüre. Entsprechend spaltete sie den Artenschutz selbst. Für die große Natur draußen eine Politik der großen Würfe, der Unberührtheit und des Nutzungsverbots. Für die Natur zuhause eine Politik der kleinen Ausnahmen von der industriellen Erschließung; keine Phantasien von Wildheit, sondern eine penible Erinnerungsarbeit an die vorindustrielle Zeit."

In den letzten Jahrzehnten läßt sich jedoch eine zunehmende Abkehr von diesem konservativen Paradigma des frühen Naturschutzes feststellen. Dabei spielten zahlreiche Faktoren eine Rolle. So zeigten besonders in der Dritten Welt die Erfahrungen mit den seit Beginn der 60er Jahre immer zahlreicher werdenden Nationalparks, daß der "*fences-and-fines-approach*" (RICHARDS 1996, S. 270) in der Regel mit negativen sozioökonomischen Folgen besonders für arme Bevölkerungsschichten, die auf die direkte Nutzung natürlicher Ressourcen angewiesen sind, verbunden ist. Auch wuchs die Befürchtung, der "Damm des Naturschutzes" könnte angesichts sich stetig verschlechternder infrastruktureller Ausstattung der Naturschutzbehörden in Entwicklungsländern dem zunehmenden Nutzungsdruck auf die naturbelassenen Flächen nicht mehr standhalten. Die Erkenntnis, daß beispielsweise 86% der *de jure* menschenleeren Nationalparks Südamerikas *de facto* bewohnt und bewirtschaftet werden (AMEND & AMEND 1992), ließ ein grundsätzliches Umdenken notwendig erscheinen.

Den Wendepunkt in der internationalen Naturschutzdiskussion, hin zu einer stärkeren Berücksichtigung der menschlichen Dimension und besonders der Bedürfnisse der direkt durch Naturschutzmaßnahmen betroffenen lokalen Bevölkerung, stellte der "'II World National Parks Congress" der internationalen Naturschutzorganisation IUCN (International Union for Conservation of Nature) 1982 in Bali und der daraus resultierende "Bali Action Plan" dar (vgl. Mc NEELY & MILLER 1984). Vorausgegangen war die Veröffentlichung der ersten "World Conservation Strategy", von der auch die Diskussion um das neue Leitbild der Nachhaltigen Entwicklung ausging (vgl. Kap. 2.1.). Daneben bemühte sich das MAB-Programm (Man and Biosphere Program) der Vereinten Nationen bereits seit 1970 um die Erarbeitung einer wissenschaftlichen Basis für die Integration von rationalen Nutzungsformen der natürlichen Ressourcen und Naturschutz (ADAMS 1990, S. 30ff).

Die grundlegenden Prinzipien des "neuen Paradigmas des Naturschutzes am Ende des zwanzigsten Jahrhunderts" (McNEELY 1994) können wie folgt zusammengefaßt werden:

– Hervorhebung und Entfaltung der ökologischen und ökonomischen Funktionen, die der Naturschutz im gesamtgesellschaftlichen Kontext erfüllen kann[8],

– Beachtung der Rechte und Bedürfnisse der lokalen Bevölkerung und Einbindung der direkt Betroffenen bei den Entscheidungsprozessen,

– Entwicklung von alternativen Konzepten zur Integration von Schutz der Biodiversität und Nutzung der natürlichen Ressourcen.

Im folgenden sollen nun einige für die Planungspraxis wichtige Elemente dieser

---

[8]Der Brundlandt-Bericht (HAUFF 1987, S. 155) führt hierzu aus:
"Parks, die nicht entschieden zur nationalen Entwicklung beitragen, haben keine Zukunft."

Denkweise dargestellt werden. Über zehn Jahre nach dem Kongress in Bali liegen bereits Erkenntnisse über die Umsetzbarkeit der neuen Konzepte des Naturschutzes vor, so daß erste Aussagen bezüglich der Chancen und Schwierigkeiten möglich sind.

2.3.2 Naturschutzbiologische und technische Kriterien

Bei der Ausweisung der ersten Nationalparks in Nordamerika standen noch spektakuläre Landschaftsszenerien im Vordergrund, und bei der Einrichtung afrikanischer Schutzgebiete richtete sich das Augenmerk vor allem auf den Schutz von "charismatischer Megafauna" (KUHLMANN 1996, S. 131). Diese Leitbilder treten derzeit in den Hintergrund zugunsten einer stärkeren Beachtung von Biodiversität als dem entscheidenden Kriterium bei der Auswahl von Schutzgebieten. Unter diesem Faktor kann sowohl die genetische Diversität von unterschiedlichen Populationen, die Artenvielfalt oder die ökosystemare Vielgestaltigkeit verstanden werden (STOCKING, PERKIN & BROWN 1995, S. 157). Da die von der IUCN propagierte Zielsetzung, weltweit 10% aller Biome unter Naturschutz zu stellen, bislang nur zur Hälfte erfüllt ist, konzentrieren sich in den letzten Jahren die Bemühungen verstärkt auf "Megadiversitätsräume", wie z.B. die tropischen Regenwälder, in denen der Schutz von vielen Arten auf relativ kleiner Fläche erreicht werden kann (McNEELY, HARRISON & DINGWALL 1994, S. 5; KUHLMANN 1996, S. 131). Daneben gilt eine besondere Aufmerksamkeit auch den sogenannten *"hot spots"*, d.h. Gebieten, in denen ein sehr hoher Anteil an endemischen Arten zu finden ist (WCMC 1992, S. 154).

Dennoch ist der Erhalt der Biodiversität nicht der einzige Zweck von Schutzgebieten. McNEELY, HARRISON & DINGWALL (1994, S. 8) identifizieren folgende 12 Ziele:

- weltweite Erhaltung repräsentativer Muster von Biomen im ursprünglichen Zustand,
- Schutz regionaler ökologischer Vielfalt,
- Verhinderung von Verlust an genetischen Ressourcen,
- Bereitstellung von Möglichkeiten für Umweltbildung und Forschung,
- Wasser- und Bodenschutz,
- Schutz und Entwicklung von Tierpopulationen (*wildlife management*),
- Erholung und Tourismus,
- nachhaltige Forstnutzung,
- Schutz kulturellen Erbes,
- Bewahrung landschaftlicher Schönheit,
- Sicherung von Optionen für die Zukunft,
- ländliche Entwicklung.

Entsprechend der unterschiedlichen Gewichtung der Ziele, die in einem Schutzgebiet verfolgt werden sollen, existieren in der Regel in den einzelnen Ländern verschiedene Schutzkategorien, die 1992 von der CNPPA (Commission on National Parks and Protected Areas) der IUCN in einem international übergreifenden Katalog zusammengefaßt wurden.

I - Strict Nature Reserve / Wilderness Area: Enthält zum einen herausragende oder repräsentative Ökosysteme, geologische Formen oder biologische Arten, die nur der wissenschaftlichen Forschung zugänglich sind. Zum anderen können große ungestörte Naturlandschaften in ihrem ursprünglichen Zustand in dieser Kategorie geschützt werden.

II - National Park: Dies sind Gebiete, (a) die für künftige Generationen in ihrer Natürlichkeit geschützt werden, (b) bei denen unverträgliche Nutzungs- und Besiedlungsformen ausgeschlossen werden und (c) die Möglichkeiten für Wissenschaft, Bildung und Erholung in Einklang mit Natur und Kultur bieten.

III - Natural Monument: Sie dienen dem Schutz einzelner natürlicher Elemente von herausragendem Wert aufgrund von Seltenheit, Repräsentativität, Ästhetik oder kultureller Bedeutung.

IV - Habitat / Species Management Area: In diesen Gebieten ist es möglich, Pflegemaßnahmen für die Sicherung und Entwicklung von Habitaten bestimmter Arten durchzuführen.

V - Protected Landscape/Seascape: Sie haben die Funktion Landschaften zu schützen, denen die Interaktion von Mensch und Natur einen besonderen Charakter verliehen hat, der von kulturellem, ästhetischen oder ökologischem Wert ist und oft mit hoher Biodiversität einhergeht. Der Erhalt der gewachsenen Nutzungsformen ist dabei von Bedeutung.

VI - Management Resource Protected Area: Sie sollen eine nachhaltige Nutzung der natürlichen Ressourcen sicherstellen. Der Schutz der natürlichen Systeme und die zukunftssichere Befriedigung der Bedürfnisse der lokalen Bevölkerung bilden zwei gleichberechtigte Ziele.

Die Idee der Biosphären-Reservate, die im Rahmen des MAB-Programms erarbeitet wurde, kann als Grundlage für das neue Leitbild eines Naturschutzes, der sich um die Integration von Schutz und Nutzung bemüht, angesehen werden. In dieser 1976 eingeführten internationalen Schutzkategorie sollen der Schutz der Biosphäre, Forschung und Umweltbildung sowie die sozioökonomische Entwicklung der benachbarten Regionen miteinander verbunden werden, u.a. durch ein Zonierungskonzept, das die Aufteilung der Fläche in Kern-, Puffer- und Übergangszone mit unterschiedlicher Nutzungsintensität vorsieht (ISHWARAN 1992; BATISSE 1993).

Großes internationales Echo fand 1990 die Ausweisung der ersten Sammlerreservate (*reservas extrativistas*) im brasilianischen Amazonasgebiet, die aus der Interessenbewegung der Kautschukzapfer hervorgegangen ist. Hierin sahen "lokalistisch" denkende Naturschützer ein vorbildliches Beispiel für einen "Naturschutz von unten", ausgehend von der lokalen Bevölkerung und bezugnehmend auf ihre Bedürfnisse, der sich explizit die ökologisch und sozial verträgliche Nutzung natürlicher Ressourcen zum Ziel macht (DALBY 1992, S. 513ff; REDCLIFT 1992, S. 42).

Parallel zu der Entwicklung neuer Schutzkategorien wurden auch Überlegungen angestellt, wie die benachbarten Regionen in das Management von Schutzgebieten mit einbezogen werden könnten. In der Nachbarschaft von Nationalparken ausgewiesene Puffer-Zonen, in denen Entwicklung und Durchsetzung nachhaltiger Nutzungsformen gefördert werden sollen, haben in diesem Zusammenhang die Funktionen, zum einen den anthropogenen Nutzungsdruck auf die Kernbereiche des Schutzgebietes zu mindern und andererseits positive Entwicklungsimpulse für die Nachbarregionen zu geben

(SAYER 1991; Mc KINNON 1986). Bezüglich der genauen Ausgestaltung von Pufferzonen und der Gewichtung der ökologischen und sozialen Funktionen bestehen indes widersprüchliche Auffassungen (WELLS & BRANDON 1993, S. 159).

In wachsendem Maße setzt sich jedoch die Erkenntnis durch, daß Schutzgebiete allein, auch wenn sie von Puffer-Zonen umgeben sind, die Biodiversität nicht erfolgreich schützen können, da sie bei stetig voranschreitender Naturzerstörung außerhalb ihres Einflußbereiches zunehmend der Gefahr der Verinselung ausgesetzt sind. MYERS (1995, S. 57) prophezeit für eine fernere Zunkunft das Ende des Flächenschutzes, entweder weil die bestehenden Schutzgebiete dem Nutzungsdruck z.B. durch landlose Bauern nicht mehr standhalten konnten oder weil erfolgreiche nachhaltige Nutzung auf der gesamten Fläche sie überflüssig gemacht hat. Aus diesen Gründen muß sich die Naturschutzplanung verstärkt um die räumliche Vernetzung der Schutzgebiete und um Schutzmaßnahmen auf der gesamten Fläche bemühen.

Instrumente eines flächenübergreifenden Naturschutzes können Zonierungspläne zur Steuerung der Landnutzung oder sektorale Naturschutzbestimmungen sein. In Entwicklungsländern sind solche Maßnahmen allerdings wenig verbreitet, und es liegen erst wenige Erfahrungen vor. Somit stellt die Ausweisung von Schutzgebieten noch immer das wichtigste Instrument des Naturschutzes dar (WCMC 1992, S. 446).[9]

2.3.3 Begleitende Entwicklungsprojekte

Neben dieser rein naturschutzplanerischen Neuorientierung impliziert die These, Naturzerstörung in der Dritten Welt sei unmittelbar auf Faktoren der Unterentwicklung und Verarmung zurückzuführen (vgl. Kap. 2.2.2), daß lokale und regionale begleitende Entwicklungprojekte einen Bestandteil von Konzepten zum Schutz der Natur darstellen sollten. So schreibt McNEELY (1993, S. 144):

> "Conservation measures are likely to be most successful when they provide real and immediate benefits for local people. ... the cost of conservation measures - such as national parks - which are designed to control the worst excesses of the new systems of resource exploitation still fall on the rural people who otherwise would have benefited from exploiting these resources (in economic terms, they are forced to pay the opportunity costs involved). And the rural people who live closest to the areas with the greatest biological diversity are often among the most economically disadvantaged, the poorest of the poor, who are at the farest end of a global cash economy ...".

Diese beiden grundlegenden Ziele, zum einen einen Beitrag zur Sicherung des Naturschutzes durch ökonomische Programme zu leisten und zum anderen die Bevölkerung für den Verlust des Zugangs zu den geschützten natürlichen Ressourcen zu entschädigen, sollen mit Hilfe von lokal oder regional begrenzten Entwicklungsprojekten erreicht werden. Für solche "Integrated Conservation and Development Projects" (ICDP's) haben internationale Geldgeber wie Weltbank, GEF (Global Environmental

---

[9] Im Rahmen der vorliegenden Arbeit (Kap. 4 und 5) wird eine empirische Analyse der Durchsetzbarkeit und der Folgen der Unterschutzstellung von Flächen als auch von sektoralen Naturschutzbestimmungen am Beispiel der Region Vale do Ribeira in Brasilien stattfinden.

36

Facility) oder WWF bereits umfangreiche Finanzierungsprogramme eingerichtet (STONE 1991; WELLS & BRANDON 1992, S. 158).

Nach WELLS & BRANDON (1992, S. 25f) müssen ICDP's auf jeden Fall nachweisen, daß eine kausale Beziehung zwischen lokalen Entwicklungsfaktoren und dem Zustand der Natur besteht. Es gilt dann, diese sozioökonomischen Parameter gezielt zu beeinflussen. Allein die Hebung des Lebensstandards der Bevölkerung senkt nämlich nicht zwangsläufig auch das Ausmaß der Naturzerstörung. Nach Ansicht dieser Autoren ist also das letztendliche Ziel dieser Projekte der Schutz der Natur und das Mittel dafür die Lenkung der sozioökonomischen Entwicklung.

Für ICDP's, die räumlich entweder innerhalb von Schutzgebieten oder in Pufferzonen angesiedelt sein können, stehen verschiedene Instrumente zur Verfügung (WELLS & BRANDON 1992, S. 32ff):

– Sicherung und Entwicklung nachhaltiger Systeme der Ressourcennutzung: Hierunter fallen vor allem Alternativen zu derzeitigen extensiven Agrartechniken, wie z.B. Agroforst- oder Bewässerungssysteme.

– Soziale Maßnahmen: Dabei kann es sich beispielsweise um die Errichtung und die Unterhaltung einer Schule oder eines Krankenhauses handeln.

– Förderung des Tourismus: Dieser Wirtschaftszweig wird in den letzten Jahren immer mehr als ideale Möglichkeit aufgefaßt, Naturschutz mit ökonomischer Entwicklung zu verbinden (vgl. ELLENBERG et al. 1997). Wichtig ist in diesem Zusammenhang, daß ein möglichst direkter Rückfluß der Tourismuseinnahmen, z.B. aus National-parks, an die lokale Bevölkerung stattfindet, damit der unmittelbare ökonomische Nutzen von Naturschutz für diese Menschen nachvollziehbar ist.

– Ausbau des lokalen Straßennetzes: Diese Maßnahme soll die Vermarktungsmöglich-keiten der Landwirtschaft verbessern und damit Impulse für eine Intensivierung des Anbaus liefern. Damit könnte zu niedrigen Bodenpreisen, der grundlegenden Ursache für die explorativen Nutzungsform des *nutrient mining* (vgl. Kap. 2.2.3), entgegengewirkt werden.

– Direkte Anstellung im Naturschutz: Eine Beschäftigung von lokaler Bevölkerung, z.B. als Parkwächter, ist zwar mit konkreten Vorteilen für die jeweiligen Angestell-ten verbunden, kann aber nur relativ wenig Familien begünstigen.

Neben der Idee einer Lenkung lokaler Landnutzungssysteme als Instrument des Naturschutzes besteht auch das Ziel, die betroffene Bevölkerung für die durch Naturschutzmaßnahmen verursachten Verluste zu entschädigen. DIXON & SHERMAN (1990, S. 69ff) und SHYAMSUNDAR & KRAMER (1997) stellen aufgrund ökonomischer Analysen von Landwirtschafts- und Extraktivismussystemen in Untersuchungsregionen nahe von Schutzgebieten fest, daß die Bevölkerung signifikante private Verluste zu verzeichnen hat. Bedenkt man, daß der soziale Nutzen von Naturschutz der gesamten Gesellschaft zugute kommt, die Kosten jedoch zu einem großen Teil von der lokalen Bevölkerung getragen werden müssen, dann kann die Investition in ICDP's als eine teilweise Rückzahlung dieser Mittel an die betroffene Region aufgefaßt werden.

Um dieses Ziel zu erreichen, muß jedoch genau ermittelt werden, welchen Betroffenen Verluste in welcher Höhe entstehen. Diese von der jeweiligen Überlebensstrategie der Familie abhängigen Werte variieren jedoch sehr stark, selbst innerhalb von Siedlungen. Außerdem führt eine Entschädigung nicht zwangsläufig zu einer Verminderung des Nutzungsdrucks. So erreichen z.B. Projekte zur Förderung der Landwirtschaft nur Familien, die ein Stück Land besitzen, während die Masse der Landlosen, die oftmals eine größere Bedrohung für Naturschutzgebiete darstellen, von den Maßnahmen nicht erreicht werden (WELLS & BRANDON 1992, S. 32). Daneben kann es bei gut funktionierenden Entwicklungsprojekten, die mit spürbaren Verbesserungen der Lebenssituation verbunden sind, zu einer verstärkten Zuwanderung in dieses Gebiet kommen (SHYANSUNDAR 1996, S. 72).

Damit ICDP's effektiv wirksam werden können, muß der Nutzen der nachhaltigen Bewirtschaftung für die lokale Bevölkerung höher sein als der Nutzen, der ohne Naturschutzmaßnahmen und begleitende Entwicklungsprojekte bestanden hätte, und dieser Umstand muß auch von den Landnutzern erkannt und akzeptiert werden. Dies macht die erfolgreiche Konzipierung und Durchführung von ICDP's außerordentlich schwierig, denn im wesentlichen handelt es sich hierbei um normale Projekte zur ländlichen Entwicklung, die ja schon oft die an sie gestellten Erwartungen ohnehin nicht erfüllen können. Diese wurden nun um eine zusätzliche grundlegende Zieldimension, den Schutz der Natur, ergänzt. Dabei herrscht zum einen keine klare, allgemein akzeptierte Vorstellung darüber, wie ländliche Entwicklung und Naturzerstörung kausal miteinander in Beziehung stehen (vgl. Kap. 2.2). Zum anderen steht auch kein grundsätzlich erweitertes Planungsinstrumentarium für die Verwirklichung des erweiterten Zielkatalogs zur Verfügung.

Studien zur Evaluation von bereits durchgeführten ICDP's (WELLS & BRANDON 1992; BARRETT & ARCESE 1995; STOCKING, PERKIN & BROWN 1995; GHIMIRE & PIMBERT 1997; Mc IVOR 1997; SHYANSUNDAR 1997) zeigen, daß Schwierigkeiten u.a. auf ungenügende Konzeptionierung der Projekte zurückgeführt werden kann. So sind z. B. die hauptsächlich von den Naturschutzmaßnahmen Betroffenen und die direkten Verursacher von Naturzerstörung nicht immer identisch mit den Nutznießern der Projekte. Andererseits erwachsen oft Probleme aus der ungenügenden Koordination der einzelnen Projektbeteiligten (internationale Regierungsorganisationen, einzelne Regierungen, lokale, nationale oder internationale Nichtregierungsorganisationen) und aus der mangelnden Akzeptanz in der Bevölkerung. Daneben ist ebenfalls zu kritisieren, daß die Projekte oftmals zu stark räumlich und sachlich begrenzt angelegt sind, um eine spürbare Verbesserung der Umweltsituation erreichen zu können.

STOCKING, PERKIN & BROWN (1995, S. 181) bemängeln allgemein den Pilotcharakter nahezu aller Projekte, in denen umfangreiche Mittel zur Entwicklung eines kleinen Raumes aufgewendet werden, ohne daß die zeitliche Kontinuität und der räumliche Ausbreitungseffekt eventueller Erfolge genügend angestrebt werden. SOUTHGATE & CLARK (1993) gehen in ihrer Kritik noch weiter und bezweifeln für Südamerika generell die Wirkung von ICDP's, die sich der Lenkung lokaler und regionaler Wirtschaftsstrukturen widmen, angesichts der grundlegenden strukturellen Ursachen für die Dynamik der Naturzerstörung, die nur im volkswirtschaftlichen Kontext zu finden sind. Solange die ökonomischen Rahmenbedingungen *nutrient mining* begünstigen, können ICDP's wenig ausrichten. Auch stehen die Autoren den Grundannahmen von solchen Entwicklungsprojekten skeptisch gegenüber:

> "... the expectation, shared by many project planners, that giving local populations some alternative to depleting adjacent ecosystems will guarantee those ecosystems' survival often turns out to be unrealistic. (...) Particularly naïve is the view that people who live in tropical forests always have a strong economic interest in keeping habitats intact" (SOUTHGATE & CLAK 1993, S. 163f).

Diese Ausführungen verdeutlichen, daß es grundsätzlich unterschiedliche Auffassungen darüber gibt, ob Naturschutz prinzipiell immer restriktiv vorgehen muß, da er seinem Wesen nach in Widerstreit mit lokalen Formen der Ressourcennutzung steht, oder ob Naturschutz eigentlich auch ein wichtiges Anliegen der lokalen Nutzer darstellt. Die "lokalistische" und "globalistische" Perspektive Nachhaltiger Entwicklung (vgl. Kap. 2.1.3) stehen sich also auch im Rahmen der Diskussion um Naturschutzkonzepte in der Dritten Welt gegenüber.

2.3.4 Partizipation

Diese Diskussion berührt auch die Frage, in welcher Weise und in welchem Ausmaß die Partizipation der lokalen Bevölkerung bei der Erarbeitung von Naturschutzkonzepten beachtet werden muß. Relative Einigkeit besteht dabei in der Einsicht, daß begleitende Entwicklungsprojekte dauerhaft nicht überlebensfähig sein können, wenn sie der Bevölkerung lediglich ökonomische Anreize für nachhaltige Nutzungsformen bieten, ohne den Menschen über ihre Rolle als passive "Beplante" hinaus eine aktive Mitwirkung und Mitverantwortung am Planungsprozeß einzuräumen.

Nach UTTING (1993, S. 150) umfaßt der Begriff der Partizipation zum einen

> "... the willing, informed and active involvement of people in the decision-making process on issues affecting their lives"

und zum anderen

> "... organised group action and the sharing of political an managerial power by hither-to disadvantaged groups ".

Nach KRÜGER & LOHNERT (1996, S. 50) wird in der Literatur oft nicht deutlich, ob Partizipation als instrumentelles oder als normatives Ziel aufgefaßt wird. Im Rahmen der vorliegenden Arbeit wurde Partizipation als ein Bestandteil des Katalogs sozialer Kriterien Nachhaltiger Entwicklung verstanden (vgl. Kap. 2.1.2). Die aktive Beteiligung der Menschen stellt also einen Wert an sich dar und kann nicht nur durch ihre Funktion für einen effektiveren Naturschutz gerechtfertigt werden.

Da der Partizipationsgedanke mittlerweile eine unverrückbar wichtige Position im Rahmen aller Entwicklungskonzepte einnimmt, ist heute die Entscheidung über die Art und die Intensität der Beteiligung der Bevölkerung von großer Bedeutung (WELLS & BRANDON 1992, S. 42). So unterscheiden PIMBERT & PRETTY (1997, S. 327ff) sieben verschiedene Typen von Partizipation:

- Passive Partizipation: Die von der Naturschutzplanung betroffene Bevölkerung wird nur über die Maßnahmen informiert, ohne daß sie Vorschläge oder Forderungen in den Entscheidungsprozeß mit einbringen könnte.

- Partizipation bei der Datenerhebung: Mittels Fragebogen werden die wichtigsten demographischen, ökonomischen und sozialen Daten der Betroffenen erhoben. Sie haben jedoch keinen Einfluß auf die Informationsauswertung und die Entscheidungsfindung.

- Konsultation: Teile der Bevölkerung werden zu bestimmten, im Vorfeld definierten Problembereichen nach ihrer Meinung gefragt. Es gibt jedoch auch hier keine direkte Möglichkeit, die Planung zu lenken.

- Materielle Beteiligung: Hierbei handelt es sich vor allem um die physische Mitarbeit bei der Realisierung von Maßnahmen oder um die temporäre oder permanente Anstellung im Naturschutzbereich, z.B. als Parkwächter.

- Funktionale Partizipation: Die Bevölkerung wird an Entscheidungen in bestimmten vorher festgelegten Bereichen beteiligt. Meist geschieht dies nicht bereits bei der Konzeption der Maßnahmen, sondern erst im Zuge späterer Planungsschritte.

- Interaktive Partizipation: Planungsinstanzen und Bevölkerung realisieren zusammen die Ausarbeitung von Plänen und formulieren neue Ziele im Rahmen eines gemeinsamen Lernprozesses.

- selbständige Mobilisierung: Die Betroffenen ergreifen eigenhändig und außerhalb von vorgegebenen Entscheidungsstrukturen die Initiative, ihre Interessen in die Planung mit einzubringen.

Die mangelnde Einbeziehung der lokalen Bevölkerung in die Entscheidungen der Naturschutzpolitik hat in vielen Fällen zu starken Akzeptanzproblemen geführt, die sich im Endeffekt als kontraproduktiv für den Schutz von Flora und Fauna erwiesen haben. So berichtet TCHAMIE (1994), daß sich im Jahr 1990 in Togo die Feindschaft der Bevölkerung gegenüber der restriktiven Naturschutzpolitik in einer Invasion der strengen Schutzgebiete sowie massiver Abholzung und Bejagung der Wildbestände manifestierte. Ähnliche Vorkommnisse berichten HILL (1991) für Zimbabwe, GHIMIRE (1992) für Nepal und PELUSO (1992a) für Indonesien.

Es existieren bereits verschiedene Strategien, wie die lokale Bevölkerung in den Naturschutz mit einbezogen werden kann. Eine Möglichkeit ist dabei die Vergabe von *entitlements*, Nutzungstiteln an natürlichen Ressourcen, um ein Eigeninteresse am Erhalt der Ressourcenbasis zu schaffen. Auf diese Weise sollen nachhaltige Nutzungsformen begünstigt werden (PERREAULT 1996, S. 169). Eine solche Strategie stützt sich auf die umweltökonomische These der mangelnden Eigentumsrechte als Grund für Naturzerstörung (vgl. Kap. 2.2.3). Ein weiteres Konzept, das in den letzten Jahren zunehmend angewendet wird, ist die Mitverwaltung von Schutzgebieten (*co-management*) durch lokale Interessenvertretungen, z.B. Nichtregierungsorganisationen (DAVEY 1993; PIMBERT & PRETTY 1997, S. 322). In diesem Zusammenhang ist jedoch nicht immer geklärt, welche Rolle diesen Institutionen bei der Administration zukommt. Laut COLCHESTER (1994, S. 120) verfügen sie oft nur über wenig politische und ökonomische Macht.

Ein bekanntes, von vielen Autoren als vorbildlich gelobtes Partizipationsprojekt ist das CAMPFIRE-Programm (Communal Areas Management Program for Indigenous People) in Zimbabwe, das sowohl die ehemals zentral vom Staat ausgeübte Kontrolle über die Ressourcennutzung auf staatlichem Boden als auch die Einnahmen aus dem Naturschutz, z.B. durch den Ökotourismus, vollständig auf die regionalen Distriktverwaltungen übertrug. Diese mußten zum einen einen Managementplan ausarbeiten, wobei die zentrale Naturschutzbehörde lediglich beratend beteiligt war. Zum anderen hatten sie die institutionellen Strukturen für eine effektive Partizipation der Bevölkerung bei den Entscheidungen aufzubauen. Durch diese Dezentralisierung der Planung und der Erlösverteilung sollte der Naturschutz für die Distrikte und die lokale Bevölkerung zu einer rentablen Alternative zu anderen Nutzungsformen werden (HILL 1991; FURZE, DE LACY & BRICKHEAD 1996, S. 183ff; Mc IVOR 1997). Eine ähnliche Strategie verfolgt auch das "Joint Forest Management" in Indien, das sich um den Erhalt oder den Aufbau lokaler Institutionen für die Koordination der Nutzung und des Schutzes staatlicher Wälder bemüht (FURZE, DE LACY & BIRCKHEAD 1996, S. 189ff; GHIMIRE & PIMBERT 1997, S. 25f).

Die selbständige Mobilisierung der lokalen Bevölkerung für den Erhalt der natürlichen Ressourcen (*local environmental action*) stellt aus der Sicht des Naturschutzes einen Idealfall dar, und Beispiele für solche Initiativen wurden in der Naturschutzdiskussion stark beachtet (FRIEDMANN 1992, S. 131; VIVIAN 1992, S. 66ff). Angesichts der relativ kleinen Zahl von Beispielen, die in der Literatur immer wieder zitiert werden - das Engagement der Kautschukzapfer in Amazonien, das Eintreten der Chipko-Bewegung in Indien und der Penan in Malaysia gegen die Tätigkeit großer Holzfirmen sowie die zahlreichen Initiativen lokaler Bevölkerung gegen den Bau von Staudämmen-, ist es jedoch fraglich, ob dieser Art der Partizipation wirklich eine wichtige Rolle bei den Bemühungen um Naturschutz in der Dritten Welt zukommt.

Obwohl mittlerweile ein allgemeiner Konsens herrscht, daß es keine Alternative zu einer effektiven Beteiligung der Bevölkerung bei der Naturschutzplanung geben kann, ist eine allzu unkritische Übernahme des Partizipationsgedankens oft problematisch:

- Da Partizipation mittlerweile einem allgemeinen Dogma in der Entwicklungsdiskussion gleichkommt (KRÜGER & LOHNERT 1996, S. 49), leisten nahezu alle Naturschutzplanungen ein Lippenbekenntnis zur Beteiligung der Bevölkerung, zumeist aber ohne eine annähernde Spezifizierung ihrer Form und Intensität (WELLS & BRANDON 1993, S. 160ff). Partizipation droht, zu einer Leerformel zu werden.

- Es gibt zur Zeit noch wenig Erfahrungen mit Partizipation im Naturschutz. Viele Planungen befinden sich noch in einer experimentellen Phase, und regionale Lösungsansätze lassen sich schwer auf andere Räume übertragen (DAVIS 1993, S. 1; PERREAULT 1996, S. 169).

- Lokal operierende Projekte sollten nicht den oftmals entscheidenden Einfluß der nationalen Politik und globaler Wirtschaftsverflechtungen unterschätzen. Oft ist der Spielraum, innerhalb dessen die Bevölkerung wirklich frei entscheiden kann, durch diese Rahmenbedingungen erheblich eingeschränkt (FURZE, DE LACY & BIRCKHEAD 1996, S. 182).

– Der Erfolg von auf Partizipation ausgerichteten Projekten, d.h. die Schaffung selbständiger dezentraler Strukturen, stellt sich oft erst nach einem sehr langen Zeitraum ein und ist überdies nur schwer zu evaluieren (WELLS & BRANDON 1993, S. 160).

– Partizipation führt nicht zwangsläufig zu einem Abbau des lokalen Konfliktpotentials. Auch dezentrale Institutionen, z.B. Nichtregierungsorganisationen, können undemokratisch vorgehen und im Widerstreit mit der Bevölkerung oder einzelnen Gruppen liegen (PERREAULT 1996).

– An diesen Aspekt schließt die grundsätzliche Frage an, innerhalb welcher Gesellschaftsebene - Munizip, Gemeinschaften (*community*), Haushalt oder Individuum - die partizipierenden Akteure gesucht werden. Der Terminus "lokale Bevölkerung" suggeriert oftmals eine Geschlossenheit und Interessenkongruenz, die in der Regel nicht bestehen muß, angesichts von Geschlechter- und Generationskonflikten innerhalb von Haushalten, sozialer Stratifikation innerhalb von Gemeinschaften und politischen Strukturen innerhalb von Kommunen oder Distrikten. Werden beispielsweise den Kommunen mehr Entscheidungskompetenzen eingeräumt, dann bedeutet das nicht unbedingt eine bessere Berücksichtigung der Interessen einzelner Gruppen, marginalisierter Haushalte oder von Frauen in der Planung.

– WELLS & BRANDON (1992, S. 47) stellen grundsätzlich unlösbare Interessenkonflikte zwischen dem Naturschutz und lokalen Nutzern fest, die nicht mit Hilfe von Partizipation ausgeräumt werden können und führen aus:

> "Overlooked by most of the projects is the fact that ICDP's by definition limit participation. For an ICDP to achieve its basic objective - biodiversity conservation - people can only be empowered in aspects of development, including local resource management, that do not lead to overexploitation or degradation of the protected wildlife and wildlands."

2.3.5 Indigene Bevölkerung

Eng verknüpft mit einer Klärung von Umfang und Intensität von Partizipation der lokalen Bevölkerung ist die Frage nach dem Verhältnis des Naturschutzes zu indigenen Kulturen und ihren Nutzungsformen. Diese Gruppen erweisen sich als besonders relevant für den Erhalt der Biodiversität, obwohl sie nach Angaben von MARTIN (1993, S. XVI) nur rund 300 Millionen Menschen umfassen. Sie bewohnen jedoch ca. 20% der Landfläche der Erde - nur etwa 5% der Landfläche steht im Vergleich dazu unter Naturschutz. Dabei stellen häufig periphere, weitgehend naturbelassene Regionen indigene Lebensräume dar, so daß es oft zu räumlichen Überschneidungen mit dem Naturschutz kommt (KEMPF 1993, S. 4f).

ADAMS (1990, S. 190) betont die Gemeinsamkeiten der Ziele des Naturschutzes mit den Interessen indigener Gruppen. Dies gilt besonders für den Widerstand gegen "moderne", naturzerstörerische Nutzungsformen. Es besteht jedoch zwischen der

Naturschutzplanung und indigenen Völkern auch Raumnutzungskonkurrenz, und die Geschichte von Konflikten seit der Gründung des Yellowstone-Nationalparks ist lang. Die Anwesenheit von Menschen ist bei der Ausweisung von Naturschutzgebieten in indigenen Lebensräumen aufgrund der niedrigen Bevölkerungsdichte und extensiven Nutzung oft einfach übersehen worden (UTTING 1993, S. 19).

Auch bei diesem Themenkomplex muß zwischen einer normativen Ebene ("Inwieweit haben solche Kulturen besondere Rechte gegenüber der Naturschutzplanung?") und einer instrumentellen Dimension ("In welcher Form können indigene Nutzungsformen den Zielen des Naturschutz entgegenkommen?") unterschieden werden.

Inwieweit kommt indigenen Kulturen, unabhängig von der Umweltverträglichkeit ihrer Wirtschaftsformen, eine besondere Stellung bei der Verwirklichung von Nachhaltiger Entwicklung zu? In diesem Zusammenhang ist zunächst auf das Ziel der sozialen Gerechtigkeit hinzuweisen. Diese Gruppen haben, auch wenn keine legalen Eigentumstitel vorliegen, besondere traditionelle Rechte an ihrem Land, die bei der Ausweisung von Naturschutzgebieten beachtet werden müssen (KEMPF 1993; COLCHESTER 1997). So gibt es Initiativen, an die Ureinwohner innerhalb von Schutzgebieten sogenannte *native titles* zu vergeben, die jeweils einer ganzen Gemeinschaft das Besitzrecht an ihrem Land übertragen (CORDELL 1997). Es gibt auch Fälle, in denen eine Fläche von den indigenen Gruppen, die sich als eigentliche Besitzer des Landes sehen, nur für den Zeitraum von 50 Jahren für Naturschutzzwecke geliehen wurde (COX & ELMQUIST 1991).

Der Lebensraum hat für indigene Völker grundsätzlich andere Bedeutungsinhalte als für moderne Gesellschaften. Raum ist nach prä-modernen Vorstellungen nicht ohne weiteres als Boden monetär bewertbar und trennbar von der zeitlichen Dimension, vielmehr kommen Orten symbolische, sinnstiftende Kräfte zu. Es besteht also eine besondere, tief in die Kultur verwurzelte Verbundenheit mit dem Raum. Aus diesem Grund berühren Umsiedlungen, z.B. für die Gründung eines strengen Naturschutzgebietes, oftmals das grundlegende Selbstverständnis dieser Gruppen und können durch finanzielle Abfindungen kaum kompensiert werden (MARTIN 1993).

Der Erhalt kultureller Vielfalt wurde in Kapitel 2.1.2 als ein Ziel Nachhaltiger Entwicklung definiert. Naturschutzgebiete können in Einzelfällen dazu beitragen, bedrohte Völker zu schützen, da sie über das Instrumentarium verfügen, z.B. Großprojekte oder Kolonisation zu verhindern. Auch wenn Naturschutz und Kulturschutz nicht immer vollständig miteinander harmonieren, sollten Naturschutzmaßnahmen nicht den Auflösungsprozeß von gefährdeten Kulturen verstärken (POOLE 1993, S. 14).

Neben diesen normativen Faktoren ist die Frage zu klären, inwieweit indigene Nutzungsformen generell mit Naturschutzkonzeptionen vereinbar sind. Lokalistische Ansätze gehen davon aus, daß aufgrund ihrer direkten Abhängigkeit von lokalen Ressourcen indigene Gruppen ein vitales Interesse daran haben, ihre natürliche Umwelt zu erhalten und daß sich dies in einer nachhaltigen Nutzungsweise manifestiert (REDCLIFT 1987, S. 150). Tatsächlich sehen sich viele dieser Kulturen auch als die Beschützer des Landes gegen andere zerstörerische Nutzungsformen (COLCHESTER 1997, S. 103). Daneben verfügen sie wegen des langen Besiedlungszeitraumes und der engen Beziehung zu ihrem Lebensraum über ein reichhaltiges praktisches Umweltwissen, das ein wichtiges Potential auch für die Naturschutzplanung darstellen kann (BERKES, FOLKE & GADGIL 1995).

BARBIER, BURGESS & FOLKE (1994, S. 85) bezeichnen die westliche Kultur als "*biosphere people*", d.h. als eine Zivilisation, die von den Ressourcen der gesamten Biosphäre abhängig ist. Es gibt wenig soziale Regeln, die den Zugang zu diesen Ressourcen festlegen, und die emotionale Bindung an die Umwelt ist eher schwach. Im Gegensatz dazu sehen sie indigene Völker als "*ecosystem people*", die sich durch eine enge Bindung an ihre natürliche Umwelt, ein strenges soziales Regelwerk hinsichtlich der Verteilung von natürlichen Ressourcen und einen begrenzten Radius bei der Ressourcennutzung auszeichnen. In ähnlicher Weise stellt POOLE (1993, S. 15ff) die "*vernacular conservation*", d.h. indigene Normen zum Schutz der Natur, die vor Ort entwickelt wurden und in den Lebensstil integriert sind, dem staatlichen Naturschutz, der "*institutional conservation*", gegenüber. Beides sind Formen des Naturschutzes, auch wenn autochthone Schutzbemühungen von planerischer Seite oft nicht als solche wahrgenommen werden.

Die Grundphilosophie von Nationalparks, ursprüngliche Wildnis erhalten zu wollen, gerät zunehmend in die Kritik. Was bislang für unberührte Natur gehalten wurde, beispielsweise ein großer Teil der amazonischen Regenwälder, stellt sich oft im Lichte neuerer Forschungen als nachhaltig durch indigene Nutzungs beeinflußt dar (GOMEZ-POMPA & KAUS 1992). McNEELY (1993) geht davon aus, daß ein großer Teil der von uns als natürlich angesehenen Ökosysteme anthropogen überprägt ist. GHIMIRE & PIMBERT (1997, S. 6) stellen dabei als Konsequenz für die Naturschutzplanung fest:

> "What many conservationists still refer to as 'pristine' landscapes, 'mature' tropical rainforests or 'untouched wilderness' are, in fact, mostly human artefacts. Although this conception is slowly gaining some currency in Western societies. (...) Conservation in developing countries is still informed by the 'wilderness myth'. Protected area management plans rarely begin with the notion that biodiversity-rich areas are social spaces, where culture and nature are renewed with, by and for local people."

Die strenge Unterschutzstellung eines Raumes mit hoher Biodiversität kann also nach diesen Überlegungen auch zu einem Zusammenbruch eines fragilen ökologischen Gleichgewichtes und zu einem Rückgang der Artenvielfalt führen, wenn jegliche menschliche Nutzung unterbleibt. Der Naturschutz müßte also in vielen Fällen dafür Sorge tragen, daß bestimmte Nutzungsformen gesichert und gestärkt werden, anstatt jegliche Bewirtschaftung zu verbieten.

Die These von der uneingeschränkten Naturverträglichkeit indigener Wirtschaftsweise wurde jedoch als zu statisch kritisiert. Es wird übersehen, daß indigene Kulturen keine Museumsstücke darstellen, sondern vielmehr dynamische, sozialem Wandel unterliegende Gesellschaften sind (GUIVANT 1994, S. 65). Vor allem ist zu beachten, daß gerade diese Gruppen in heutiger Zeit einem Auflösungsprozeß durch zunehmende Verwestlichung ausgesetzt sind. Daneben wird es immer schwieriger, angesichts von Bevölkerungswachstum und Verlust ehemaliger Territorien extensive Nutzungsformen aufrecht zu erhalten. Außerdem wandeln sich Bewirtschaftungsstrategien auch im Zusammenhang mit neuen Technologien und Handelsverflechtungen (GADGIL, BERKES & FOLKE 1993, S. 156; FURZE, DE LACY & BRICKHEAD 1996, S. 179;

COLCHESTER 1994). So stellte NABHAN (1995, S. 97) bei einer Untersuchung nordamerikanischer Indianer fest, daß es hinsichtlich Umweltwissen und -wahrnehmung größere Unterschiede innerhalb eines Stammes zwischen den Generationen gibt, als allgemein zwischen indianischer und westlicher Kultur.

Bis zu diesem Punkt sind diese Ausführungen noch mit einer lokalistischen Sichtweise vereinbar: Indigene Kulturen sind zwar ihrem Wesen nach von einem verantwortlichen Umgang mit der Natur gekennzeichnet, aufgrund von exogenen Einflüssen können diese nachhaltigen Systeme jedoch zusammenbrechen. Gegen diese Ansicht wird von einigen Autoren der Vorwurf erhoben, sie beurteile indigene Kulturen zu romantisch. SCHMINCK & WOOD (1987) stellen fest, daß ursprüngliche Nutzungssysteme stets sehr diversifiziert sind, da sie vor allem der Subsistenz dienen. Durch diese Variationsbreite wird der Nutzungsdruck auf verschiedene Ressourcen verteilt. Bei einem verstärkten Übergang zu Marktproduktion, z.B. wegen steigender Nachfrage nach einem Produkt, kann es ebenso wie in westlichen Gesellschaften zu einer einseitigen Übernutzung einzelner Ressourcen kommen. Nach Ansicht von WILKEN (1989, S. 47f) sind im allgemeinen eher die niedrige Bevölkerungsdichte und die rudimentäre Technik verantwortlich für die geringe Naturzerstörung durch indigene Völker. Daneben gibt es Hinweise, daß auch indigene Völker oftmals ihre Ressourcenbasis übernutzt und zerstört haben, wie z.B. im Fall der Ausrottung der neuweltlichen Großsäuger in prähistorischer Zeit (McCRACKEN 1987, S. 190; CORDELL 1993, S. 68). Es ist danach also nicht dem aktiven Schutz und einer ausgeprägten Umweltethik zu verdanken, daß sich in indigenen Lebensräumen noch intakte Ökosysteme befinden, sondern eher einem Mangel an technischer Wirkungskraft.

Naturschutzplanung kann indigene Gruppen also nicht immer als Verbündete in der Sache sehen. Sie kann aber in vielen Fällen ihr praktisches Umweltwissen nutzen und muß immer die besonderen Rechte dieser Menschen respektieren. In der internationalen Diskussion wird allerdings die Frage, welche Gruppen und welche Individuen als indigen zu bezeichnen sind, relativ selten explizit angesprochen. Da in konkreten Fällen die Klärung dieses Punktes mit der Anerkennung von bestimmten Rechten verbunden ist, ist dieses Problem alles andere als ein rein akademisches. Die Schwierigkeiten, die hiermit verbunden sind, werden in Kap. 4.3.4 anhand des Begriffes der "Traditionalität" für Brasilien näher erläutert.

2.3.6 Grundsätzliche Kritik am derzeitigen Leitbild des Naturschutzes

Trotz der allgemeinen Neuorientierung der Naturschutzkonzepte in der Dritten Welt hin zu einer verstärkten Öffnung für die Belange der lokalen Bevölkerung, die sich zumindest auf internationaler Ebene seit 1982 durchgesetzt hat, üben einige Autoren elementare Kritik an derzeitigen Leitbildern des Naturschutzes und deren Folgen. GHIMIRE & PIMBERT (1997, S. 16) stellen in einem grundlegenden Artikel den Ausgangspunkt dieser Kritik folgendermaßen dar:

> "Given that more areas are being brought under the network of protected areas than the existing management capacity can cope with, and that the present models do not offer viable alternatives to affected populations, a large number of parks and reserves have been failures, as much on environmental as social grounds. Growing social conflict surrounding the use of

natural resources has meant that parks and reserves are unable to fulfil even their narrow conservation mandate. If the degradation of natural resources outside the park or reserve and the erosion in traditional resource use and protection practices brought about in large part by the establishment of the protected area are considered, most parks and reserves would clearly have a negative environmental balance sheet. On the other hand, even for those which, at the present time, seem to be relatively successful in protecting biodiversity, the future remains far from certain because of their neglect of local and regional social exigencies."

Die Ursachen für die bedenkliche Situation, daß Naturschutzgebiete entweder eine negative ökologische Bilanz aufweisen oder in ihrem Bestand nicht gesichert sind, ist nach Ansicht dieser Autoren also sowohl in Mängeln bei der praktischen Umsetzung als auch in falschen theoretischen Konzepten zu sehen. Die Forderung internationaler Naturschutzorganisationen, wie z.B. der IUCN, nach vermehrter Ausweisung von Schutzgebieten muß demnach überdacht werden. REDCLIFT (1987, S. 138) bemängelt, daß der Naturschutz in der Dritten Welt eher darauf ausgelegt ist, auf exogene Entwicklungen zu reagieren, als diese zu steuern. Dadurch ist er unfähig, einen merklichen Einfluß auf die Umweltsituation auszuüben. MYERS (1995, S. 57) bezweifelt darüber hinaus grundsätzlich, daß Naturschutzgebiete jemals in der Lage sein werden, den Erhalt der globalen Biodiversität wenigstens annähernd zu gewährleisten. Ferner prophezeit GHIMIRE (1991, S. 32), daß Naturschutzmaßnahmen in naher Zukunft einen der wichtigsten Konfliktherde im ländlichen Raum der Dritten Welt darstellen können. Sollte die vorwiegend restriktive Naturschutzplanung fortgeführt werden, dann könnte in vielen Ländern ein minimaler Wandel in der Politik bereits dazu führen, daß strenge Schutzgebiete von der lokalen Bevölkerung invadiert und sämtliche Schutzbemühungen mit einem Schlag zunichte gemacht werden.

Vom Standpunkt der Politischen Ökologie aus betrachtet, ist auch ein als politisch neutral und ökologisch notwendig dargestellter Naturschutz Gegenstand von interessengesteuerter Politik. So reflektieren Naturschutzgebiete vor allem die Priorität von nationalen und globalen Interessen gegenüber lokalen Bedürfnissen. Der Wert der natürlichen Ressourcen für die Subsistenzsicherung der lokalen Bevölkerung wird in der Regel ignoriert gegenüber den potentiellen Gewinnen des Naturschutzes durch Ökotourismus oder Nutzung genetischer Ressourcen, an denen einflußreiche nationale Gruppen oft direkt beteiligt sind (GHIMIRE & PIMBERT 1997, S. 16; PIMBERT & PRETTY 1997, S. 324). Laut GHIMIRE (1991, S. 1f) wurde die westliche Naturschutzideologie vor allem von nationalen Eliten der Dritten Welt positiv aufgenommen, die versuchten sie in ihren Ländern durchzusetzen. Internationale Naturschutzorganisationen arbeiten eng mit diesen Führungsschichten zusammen und können finanziellen Druck auf sie ausüben. International einflußreiche Organisationen müssen sich allerdings in den Ländern der Dritten Welt, in denen sie tätig sind, politisch nicht legitimieren; sie sind allein gegenüber ihren Mitgliedern, die vor allem aus den Industrienationen kommen, Rechenschaft schuldig. So können sie in Entwicklungsländern unpopuläre Entscheidungen im Bereich des Naturschutzes auf undemokratische Weise forcieren (GHIMIRE & PIMBERT 1997, S. 20). Dabei ist auch der objektiv erscheinende Begriff der Biodiversität häufig Instrument politischer Manipulationen (BLAIKIE & JEANRENAUD 1997). Naturschutzplanung findet also nicht außerhalb des soziopolitischen Kontextes statt und spiegelt aus diesem Grund die gesellschaftlichen Machtverhältnisse wider.

LOHMANN (1993, S. 34) sieht die derzeitige Naturschutzideologie als integralen Bestandteil eines westlich dominierten, seinem Wesen nach naturzerstörerischen Entwicklungsstils. Zum einen ist sie Ausdruck des entfremdeten Naturverständnisses der europäischen Kultur, das den Menschen nicht mehr als Teil der Natur auffaßt. Zum anderen kann die derzeitige Naturschutzstrategie, die mit einem erheblichen finanziellen Aufwand verbunden ist, nur verfolgt werden, wenn diese Mittel an anderer Stelle bereitgestellt werden. Eine solche Kapitalakkumulation ist aber bei den derzeitigen Wirtschaftsstrukturen in aller Regel mit einer naturzerstörerischen Produktionsweise verbunden.

Im Gegensatz zu der Auffassung von WELLS & BRANDON (1992), ICDP's hätten sich allein an Naturschutzzielen zu orientieren und eine sozioökonomische Entwicklung in oder nahe Schutzgebieten sei vor allem von instrumentellem Wert für den Schutz der Biodiversität, betonen GHIMIRE & PIMBERT (1997, S. 3), daß Naturschutzleitbilder in der Dritten Welt die soziale Dimension als festen Bestandteil beinhalten müssen. Das Ziel der Nachhaltigen Entwicklung, das in vielen nationalen oder regionalen Naturschutzprogrammen enthalten ist, hat laut ADAMS (1990, S. 184) vor allem die Funktion, die Ablehnung der lokalen Bevölkerung zu mildern.

GHIMIRE & PIMBERT (1997) kritisieren auch konkrete Konzepte des Naturschutzes, die den Konflikten mit den lokalen Systemen der Ressourcennutzung entgegenwirken sollen. So stellt ihrer Ansicht nach die Ausweisung von Pufferzonen in erster Linie eine Erweiterung bereits bestehender Schutzgebiete in "freie Räume" hinein dar, ohne daß die Nachteile, die der lokalen Bevölkerung dadurch entstehen, ausgeglichen würden. Entwicklungsprojekte in Pufferzonen sind oft nur ungenügend in die Realität umgesetzt, haben einen kurzen Zeithorizont und sind vor allem dazu gedacht, lokalen Widerstand abzuwehren. Dies gilt auch allgemein für viele ICDP's, die häufig nicht mit genügender Sorgfalt konzipiert werden und sich eher an Prioritäten der übergeordneten Planung als an lokalen Bedürfnissen orientieren. Außerdem ist das ökonomische Instrumentarium nicht in der Lage, den wahren Wert natürlicher Ressourcen im Rahmen lokaler Überlebensstrategien angemessen zu erfassen. STOCKING, PERKIN & BROWN (1995, S. 180) stellen überdies die Frage, ob es moralisch zu rechtfertigen ist, wenn Entwicklungsmaßnahmen mit dem Zwang, bestimmte Formen der Ressourcennutzung zu unterlassen oder zu praktizieren, verbunden werden.

Aus all diesen Kritikpunkten folgt vor allem, daß prinzipiell eigene Naturschutzkonzepte in der Dritten Welt erarbeitet werden müssen. GHIMIRE & PIMBERT (1997, S. 38) vertreten einen grundlegend lokalistischen Ansatz von *bottom-up*-Planung, wenn sie feststellen:

"The idea should be that nature protection initiatives such as parks and reserves should be managed by the local people themselves."

Zentrale Naturschutzplanung von den Hauptstädten aus und mit logistischer und finanzieller Hilfe aus dem Ausland hat zu der Entstehung der derzeitigen Konfliktsituationen wesentlich beigetragen. Deshalb ist eine grundsätzliche Neuorientierung notwendig, die die lokale Bevölkerung und ihre Interessen, ihr Umweltwissen und ihre Technologien sowie lokale Institutionen in den Mittelpunkt stellt.

Nach PIMBERT & PRETTY (1997, S. 302) dominiert derzeit in der Planung ein *blueprint*-Ansatz, d.h. Naturschutz wird als strategisch anzugehende Aufgabe aufgefaßt, die als solche politisch neutral ist und deren Richlinien von Experten anhand von wissenschaftlich abgesicherten Kenntnissen erarbeitet werden. Dagegen propagieren die Autoren einen Ansatz, bei dem Naturschutzplanung als ein konstanter Lernprozeß verstanden wird. Dabei sollte von fünf Grundprinzipien ausgegangen werden (S. 306f):

- Nachhaltigkeit kann nie präzise und abschließend definiert werden.
- Probleme sind immer offen für verschiedene Interpretationen.
- Jede Problemlösung führt zu neuen Problemen.
- Die Lernfähigkeit aller Akteure ist von elementarer Wichtigkeit im Planungsprozeß.
- Es gibt eine Vielzahl gleichwertiger Zugänge zu Erkenntnissen.

Planung sollte also nicht einmalig endgültige Lösungen erarbeiten, die dann umgesetzt werden, sondern als ein fortlaufender Prozeß gegenseitiger Verhandlung und Anpassung aller betroffenen Interessenvertreter gedacht sein. Im Mittelpunkt stehen dabei die Diversität lokaler Gegebenheiten und deren Wandelbarkeit.

Auch REDCLIFT (1987, S. 158), GEISLER (1993) und GHIMIRE & PIMBERT (1997, S. 33f) mahnen eine größere Flexibilität bei der Verwaltung von Schutzgebieten und hinsichtlich der Schutzkategorien an. Oft seien die Kernzonen unverhältnismäßig groß und die Zonierungskategorien unnötig starr. Außerdem sollte das Leitbild der Kulturlandschaft auch in der Dritten Welt stärkere Beachtung finden und die Möglichkeiten der Naturschutzplanung, auf Veränderungen der Rahmenbedingungen mit einer Änderung der Schutzkategorien oder der Zonierung zu reagieren, müßten ausgebaut werden.

Dieses Konzept, das der Sichtweise der Politischen Ökologie nahesteht und von einem lokalistischen Standpunkt ausgeht, stellt sich gegen den Anspruch des Naturschutzes, politisch neutral und für die Ewigkeit gedacht zu sein.

3. Nationale Ebene
Auswirkungen von entwicklungs- und umweltpolitischen Maßnahmen und Konzepten in Brasilien

3.1 Der brasilianische Entwicklungsstil: Nachholende Entwicklung, Umweltzerstörung und soziale Disparitäten

Bei der Diskussion um den globalen Wandel und Nachhaltige Entwicklung kommt Brasilien eine Schlüsselposition zu:

Als größtes Land Lateinamerikas hat Brasilien eine grundlegende Bedeutung für den globalen Schutz der Natur. Das Land verfügt im internationalen Vergleich über die größte Fläche an natürlichem tropischen Regenwäldern und damit über einen hohen Anteil an der globalen Biodiversität (WRI 1994). Außerdem finden sich auf dem Landesterritorium mit dem Amazonasgebiet und dem Atlantischen Küstenregenwald zwei international herausragende hot spots endemischer Arten (WCMC 1992). Daneben gibt es eine Vielzahl anderer schützenswerter Ökosystemtypen, wie subtropische Wälder, Feucht- und Dornbuschsavannen, Mangroven und Dünenwälder.

– Brasilien wurde - besonders gegen Ende der 80er Jahre - aufgrund der Erschließung, Besiedlung und Abholzung der amazonischen Regenwälder massiv von internationalen Naturschutzorganisationen kritisiert. Das Land, das damals als "Umweltsünder par excellence" galt (MÜLLER 1994, S. 213), erlitt einen weltweiten Prestigeverlust und sah sich dem wachsenden Druck internationaler Geldgeber, wie z.B. der Weltbank, ausgesetzt, seine Politik zu ändern (VILARINHO 1992, S. 38).

– Nicht zuletzt aufgrund der beiden obengenannten Faktoren wurde Brasilien als Ausrichter der "Konferenz für Umwelt und Entwicklung" 1992 in Rio de Janeiro ausgewählt, deren Aufgabe es war, das Leitbild der Nachhaltigen Entwicklung in praktische Politik umzusetzen und in verbindlichen Verpflichtungen aller Nationen festzuhalten.

Im folgenden werden die Ursprünge und die Geschichte der brasilianischen Umweltproblematik zusammengefaßt dargestellt. Dabei soll der Leitgedanke der Nachhaltigen Entwicklung, also die Verschränkung ökologischer, ökonomischer und sozialer Ziele, als Kriterium für die Bewertung der brasilianischen Entwicklung gelten.

Die Geschichte der Umweltzerstörung in Brasilien geht weit zurück. Das erste Produkt, das in der Kolonie gewonnen wurde, war das Brasilholz (*Caesalpina echinata*), das in den atlantischen Küstenregenwäldern Nordostbrasiliens von den Indianern geschlagen wurde, um dann an die portugiesischen Handelsschiffe verkauft zu werden. Nach einigen Jahren waren die Bestände schon so dezimiert, daß die Exportmenge in das Mutterland drastisch abnahm und damit der erste Wirtschaftszyklus Brasiliens wieder beendet war. Dieser zeigte bereits Merkmale, die auch für die weitere Wirtschaftsweise der kolonialen und postkolonialen Zeit bestimmend bleiben sollten: Die Ökonomie war vor allem auf eine explorative, exportgesteuerte Ausbeutung natürlicher Ressourcen ausgerichtet, ohne daß bei der Nutzung auf ihre Schonung oder ihren dauerhaften Erhalt Rücksicht genommen wurde. So fanden die Wirtschaftszyklen unterschiedlicher Produkte entweder aufgrund rückläufiger Nachfrage oder wegen der Erschöpfung der natürlichen Ressourcenbasis jeweils bald wieder ein Ende (HAGEMANN 1985).

Das Brasilholz wurde als Hauptexportprodukt zunächst vom Zuckerrohr abgelöst, für dessen Anbau und Verarbeitung große Teile der Regenwälder im nordöstlichen Küstenraum gerodet wurden. Danach erfolgte im 18. und 19. Jahrhundert der Aufstieg und Niedergang zuerst der Goldgewinnung und dann des Baumwollanbaus. Neben diesen Blütezeiten von Produkten, die jeweils die Ökonomie der gesamten Kolonie dominierten, gab es auch regional begrenzte, vor allem auf den Binnenmarkt ausgerichtete Wirtschaftszyklen. Trotz dieses explorativen Wirtschaftsstils, der die koloniale Phase bestimmte, meint CALCAGNOTTO (1990, S.86f), daß zu dieser Zeit "Umwelt" in Form von Land noch überreichlich vorhanden war, so daß keine Anstrengungen für eine ressourcenschonende Nutzung notwendig schien.

Infolge der Unabhängigkeit von Portugal 1822 und der Ausrufung der ersten Republik 1889 änderte sich an diesem Wirtschaftsstil nur wenig. Im Verlauf des im 19. Jahrhunderts einsetzenden Kaffeebooms wurde nicht nur der entscheidende Grundstein für die Herausbildung der heutigen räumlichen Wirtschaftsstrukturen gelegt, sondern auch ausgedehnte Waldgebiete im Südosten Brasiliens gerodet. Mit der Kaffeeproduktion wurde auch das Fundament für die Industrialisierung geschaffen, die sich besonders auf den Bundesstaat São Paulo konzentrierte.

Seit den 30er Jahren verfolgte der brasilianische Staat die Strategie der Importsubstitution und griff massiv in den Industrialisierungsprozeß ein, sei es durch die Gründung monopolistischer Staatsbetriebe oder durch eine gezielte Zoll- und Steuerpolitik. Das Ziel war eine "nachholende Entwicklung", also die Nachahmung des ökonomischen Aufstiegs der Industrieländer (MEYER-STAMER 1994, S. 304ff). So stellte der brasilianische Präsident J. Kubitschek in den 50er Jahren sein Industrialisierungsprogramm unter den Grundsatz, 50 Jahre Entwicklungsrückstand seien in 5 Jahren nachzuholen. Die Integration der bislang wenig besiedelten Räume im Landesinneren und im Amazonasgebiet sollte dabei besonders forciert werden, z.B. durch die Verlagerung des Regierungssitzes in das Binnenland nach Brasília.

Mit der Machtergreifung der Militärs 1962 wurde diese Modernisierungspolitik intensiviert und ausgebaut. Industriewachstum, Importsubstitution, Steigerung des Exportes und die Durchführung von Großprojekten bestimmten in den 60er und 70er Jahren den Zielekatalog der Regierungen, die die sozialen Fragen, wie etwa die Dringlichkeit einer Agrarreform, hinter das wirtschaftliche Wachstum zurückstellten. So äußerte der brasilianische Planungsminister 1972, der Steigerung des Pro-Kopf-Einkommens sei Priorität vor allen anderen Zielen einzuräumen (GUIMARÃES 1991, S. 130). Die Modernisierungspolitik beschränkte sich also auf technische und ökonomische Faktoren und ließ überkommene soziale Strukturen aus der kolonialen und post-kolonialen Phase wie z.B. die Grundbesitzkonzentration, den politischen Einfluß der Agraroligarchie oder die sozialen Disparitäten in der brasilianischen Gesellschaft unangetastet.

Das "brasilianische Wirtschaftswunder", eine Phase enormen Wirtschaftswachstums Ende der 60er und Anfang der 70er Jahre, schien die Richtigkeit des brasilianischen Entwicklungsstils zu bestätigen. Der Preis für diesen wirtschaftlichen Aufschwung war jedoch eine steigende Verschuldung, eine Verstärkung der sozialen und regionalen Ungleichheiten sowie die Plünderung der natürlichen Ressourcen (FATHEUER 1993, S. 86ff). So sieht CALCAGNOTTO (1990, S. 88) in dem sogenannten "brasilianischen

Entwicklungsmodell" einen Politikstil, der kein "Modell" für andere Staaten sein sollte. Außerdem sei ein Modernisierungsprozeß, der sich allein auf einige dynamische Sektoren und Regionen beschränkt und nicht darauf ausgelegt ist, die gesamte Gesellschaft zu erfassen, nicht als "Entwicklung" zu bezeichnen.

3.1.1 Modernisierung

Die Modernisierung war häufig direkte Ursache von Umweltproblemen. Ein eindrucksvolles Beispiel für die Folgen bedenkenloser Wirtschaftsentwicklung ist der Industriepol Cubatão zwischen São Paulo und Santos. Die Konzentration verschmutzender Industrien führte u.a. zu hohen Schadstoffbelastungen der Luft, die nicht nur eine dauerhafte Schädigung des Atlantischen Küstenregenwaldes im nahen Umkreis verursachten, sondern auch für extreme Gesundheitsschäden bei den Bewohnern der benachbarten Viertel verantwortlich waren (HAGEMANN 1985, S.19ff; GUTBERLET 1991). Direkte Umweltschäden traten auch beim Bergbau auf, wie z.B. im Bereich des Erzabbaus im amazonischen Carajás (ROSS 1995, S. 231). Im Energiesektor waren es vor allem die großen Staudammprojekte, wie z.B. Itaipú oder Balbinas, die negative Schlagzeilen wegen ihrer zerstörerischen Wirkung machten. Auch das Atomkraftprogramm wurde wegen seines hohen Umweltrisikos kritisiert (KOHLHEPP 1994b, S. 293ff; CIMA 1991, S. 36ff).

Während die Folgen von Industrieansiedlungen größtenteils lokal beschränkt blieben, kam es zu einer flächenhaften Beeinträchtigung des Naturhaushaltes durch die Modernisierung der Landwirtschaft. Die Verengung der Produktion auf wenige Produkte (z.B. Soja oder Zuckerrohr), die in bestimmten Gunsträumen in großbetrieblichen Monokulturen angebaut wurden, führte zu einem Rückgang der ökologischen Vielfalt dieser Gebiete. Große Schläge und unsachgemäße Bodenbearbeitung waren vor allem in den Gebieten des Mittelwestens die Ursache von Erosionserscheinungen und Gewässerbelastungen. Zu Umweltschäden kam es auch aufgrund des verstärkten und oft übermäßigen Einsatzes von Düngemitteln und Agrargiften, die vom Staat subventioniert wurden (GRAZIANO NETO 1981; LUTZENBERGER & SCHWARTZKOPFF 1988; REZENDE & GOLDIN 1993,S. 36; KOHLHEPP 1994a, S. 282ff). Das *Proálcool*-Programm, das die brasilianische Regierung nach der ersten Ölkrise ins Leben rief, hatte zum Ziel, die Treibstoffversorgung des Kraftverkehrs zu einem Teil von Benzin auf Äthanol umzustellen, der aus Zuckerrohr gewonnen werden konnte. Massive staatliche Subventionen und Steueranreize führten zu einer Expansion der Anbauflächen von Zuckerrohr, vor allem im Binnenland des Bundesstaates São Paulo. Neben der Ausweitung von Monokulturen waren auch Gewässerverschmutzung bei der Herstellung des Treibstoffes sowie die generell schlechte Energiebilanz des Äthanols für die Umweltsituation nachteilig (CIMA 1991, S.36f).

Waren diese direkten Umwelteinwirkungen der brasilianischen Industrialisierung bereits besorgniserregend, so wurden sie noch übertroffen von den indirekten Folgen dieses Prozesses, die gleichsam "auf der Rückseite" der Modernisierungsdynamik auftraten. Die Unterordnung sozialer Faktoren unter das Primat des wirtschaftlichen Wachstums führte zu einer Verstärkung der ohnehin ausgeprägten sozialen und räumlichen Disparitäten. Der Prozeß der Umweltzerstörung kann dabei nur im Lichte dieser sozialen Probleme Brasiliens vollständig verstanden werden (FALKNER 1991; GUIMARÃES 1992b; VILARINHO 1992, S. 49ff; AGUIAR 1993).

In diesem Zusammenhang war besonders die Modernisierung der Landwirtschaft von entscheidender Bedeutung. Seit den 60er Jahren griff der Staat intensiv in die Agrarwirtschaft ein und löste damit einen Umstrukturierungsprozeß aus, der in der Literatur häufig als "*modernização conservadora*" - "konservative Modernisierung" - bezeichnet wird (MARTINE 1990, S. 6; MUELLER 1992, S. 66; COY & LÜCKER 1993, S. 22), weil er allein auf die Technisierung bestimmter Sektoren der Agrarwirtschaft ausgelegt war, ohne die aus kolonialer Zeit übernommene dualistische Grundbesitzstruktur durch eine Agrarreform neu zu gestalten.

Wichtigstes Instrument der Agrarpolitik war bis Mitte der 80er Jahre der subventionierte Agrarkredit. Er stellte besonders während der 70er Jahre die Quelle eines beträchtlichen Kapitaltransfers in den primären Sektor dar, da die Zinssätze so niedrig gehalten wurden, daß sie weit unter der jährlichen Inflationsrate lagen. Der Agrarkredit kam also in Zeiten hoher Inflation einer direkten Vergabe finanzieller Mittel an die Landwirtschaft gleich (GRAHAM, GAUTHIER & BARROS 1987). Daneben gab es im Zuge der neuen Agrarförderung Steuervergünstigungen, Finanzierungsprogramme und Infrastrukturmaßnahmen im ländlichen Raum. Nicht zuletzt griff der Staat nachhaltig in die Preisbildung landwirtschaftlicher Produkte ein und baute die Agrarforschung und landwirtschaftliche Beratung aus.

Leitbild dieser Politik war das kapitalintensive Agrarunternehmen, daß sich dem Anbau von Exportprodukten mit moderner Technik widmet und eng mit den vor- und nachgelagerten Zweigen der Agroindustrie verknüpft ist. Gemäß dieses großbetrieblichen, industriellen Idealtypus des *complexo agroindustrial* (MÜLLER 1992, S. 66ff) bestanden die staatlichen Bemühungen in der Unterstützung von Großbetrieben und der stärker industrialisierten Landesteile im Südosten und Süden Brasiliens. So kam es zu einer starken regionalen und sektoralen Konzentration der Kreditvergabe und sonstiger agrarpolitischer Vergünstigungen (HOFFMANN & KAGEYAMA 1987, S. 38; MARTINE 1990, S. 6).

Diese Politik hatte einen tiefgreifenden Einfluß nicht nur auf die landwirtschaftliche Produktion, sondern auch auf die gesamte agrarsoziale Struktur in Brasilien. Die Technisierung und Spezialisierung der großbetrieblichen Produktion ging einher mit einer Reduktion der eingesetzten Arbeitskraft. Ehemals typische, permanente Pacht- und Arbeitsverhältnisse - *colôno*-, *arrendatário*- und *parceiro*-Systeme - wurden aufgelöst zugunsten eines verstärkten Einsatzes temporärer Landarbeiter, die in Erntezeiten oftmals über weite Strecken herangeholt wurden. So wurde der sogenannte *Bóia-fria* - der in der Stadt wohnende, saisonale Wanderarbeiter - in vielen Landesteilen mit moderner Landwirtschaft zum neuen dominanten Typus der in der Landwirtschaft tätigen Bevölkerung (AGUIAR & BIANCHI 1989).

Zusätzlich zur Abnahme und Verkürzung der Beschäftigungsmöglichkeiten in der Landwirtschaft schritt die Konzentration des ohnehin sehr ungleich verteilten Bodenbesitzes voran. Parallel zu der Vergrößerung der Latifundien fand eine Aufsplitterung kleinbäuerlicher Betriebe (*minifundização*) und damit einer Ausbreitung der strukturellen Unterbeschäftigung statt. Angesichts dieses Verelendungsprozesses stellten für viele Familien Nebentätigkeiten nun einen integralen Bestandteil ihrer Haushaltsführung dar. Zum anderen wuchs die Zahl der illegalen Landbesetzer (*posseiros*) sowohl in peripheren Regionen Brasiliens als auch, zumindest seit den 80er

Jahren, in den von moderner Landwirtschaft dominierten südöstlichen Landesteilen. Damit nahmen gleichfalls die zum Teil bewaffneten Landkonflikte im ländlichen Raum zu (MARTINE 1990, S. 12; OLIVEIRA 1991).

3.1.2 Migration

Als Möglichkeit blieb den Kleinbauern oft nur die Abwanderung aus der Region. Ein Großteil der brasilianischen Raum- und Gesellschaftsstrukturen sowie der akuten Umweltprobleme läßt sich nur vor dem Hintergrund dieser umfangreichen Migrationsströme der letzten 30 Jahre erklären. Nach BIANCHI (1983, S. 4ff) stimmt das Bild von dem in seiner Heimat verwurzelten Bauern, der seit Generationen sein Stück Land bewirtschaftet, für die überwiegende Mehrheit der brasilianischen Landbevölkerung schon lange nicht mehr.

Zum einen richteten sich die Wanderungen auf die urbanen Räume und trieben damit den intensiven Verstädterungs- und Metropolisierungsprozeß voran. Das Ausmaß und die Geschwindigkeit dieser Entwicklung führte nicht nur zu einer Verstärkung sozialer Probleme in den Städten. Im Zusammenhang mit dem enormen Flächenwachstum, dem gestiegenen Abwasser- und Müllaufkommen sowie der Zunahme des innerstädtischen Verkehrs ist die Umweltsituation in brasilianischen Metropolen heute für die Gesundheit ihrer Bewohner oft bedenklich (WEHRHAHN 1994b).

Neben den Städten waren die Agrarfronten ein weiteres Ziel der Migrationsströme. Die Inkorporation immer neuer, bislang wenig genutzter Räume war nicht erst seit der Zeit des Kaffeebooms ein wesentlicher Bestandteil des brasilianischen Wirtschaftstils, und die Expansion der Landwirtschaft vollzog sich in Form einer Abfolge verschiedener, stetig in das Landesinnere vorrückender Fronten. In den 50er Jahren stellten vor allem die Binnengebiete der Bundesstaaten Paraná und Santa Catarina Pionierräume dar. So waren in den 40er Jahren noch rund 90% der Fläche im Norden Paranás mit Wald bedeckt; heute nach der Erschließung und Besiedlung sind es lediglich noch unter 10% (MUELLER 1992, S. 74ff). Im Laufe der 60er Jahre wanderte die Agrarfront weiter nach Norden in die Großregion des brasilianischen Mittelwestens hinein, und weite Flächen der Feuchtsavannenformation der Campos Cerrados mußten der Ausweitung von Anbau- und Weideflächen weichen. Auch dünn besiedelte Gebiete im Osten Paraguays wurden von brasilianischen Siedlern, den sogenannten "Brasiguayos", kolonisiert (WILSON, HAY & MARGOLIS 1989; SPRANDEL 1993).

Spätestens seit den 70er Jahren rückt nun die landwirtschaftliche Expansion immer tiefer in die amazonischen Regenwälder vor. Die brasilianische Regierung förderte diesen Prozeß anfangs durch zahlreiche Erschließungsprogramme. So sollten Anfang der 70er Jahre die Gebiete entlang der Transamazônica von Siedlern aus den unterentwickelten Landesteilen des Nordostens besiedelt werden. In den 80er Jahren konzentrierte sich die Kolonisation dann auf die Bundesstaaten Rondônia und Mato Grosso im Westen Amazoniens.

Die Erschließung durch Fernstraßen, die massenhafte Zuwanderung in die neu entstandenen Pionierräume und die gelenkte und ungelenkte Okkupation und Abholzung der amazonischen Regenwälder wurden von der Militärregierung zum einen aus geostrategischen Gründen vorangetrieben. Zum anderen sollte die Neubesiedlung

Amazoniens eine - wenn auch höchst ungenügende - Alternative zur nicht durchgeführten Agrarreform darstellen (KOHLHEPP 1979). So lautete in den 70er Jahren das politische Motto der Entwicklungsplanung in Amazonien: "Land ohne Menschen für Menschen ohne Land" (HALL 1997, S. 46). Das Vorantreiben der Agrarfront stellte also ein "Sicherheitsventil" für die sozialen Spannungen dar, die in den anderen Landesteilen aufgrund der Umstrukturierungen im ländlichen Raum durch die Agrarmodernisierung zunahmen. MONBIOT (1993, S. 143) sieht deshalb Amazonien als einen "Mülleimer der brasilianischen Sozialpolitik".

Die Abholzungsdynamik ist also, wie MARTINE (1992) betont, nicht nach malthusianischer Theorie durch das Wachstum der Bevölkerung und den dadurch gestiegenen Flächenbedarf der Landwirtschaft erklärbar, zumal die Geburtenrate in Brasilien stetig sinkt. Vielmehr stellen Umstrukturierungsprozesse in den Herkunftsgebieten der Migranten den Schlüssel zur Erklärung der Waldvernichtung in Amazonien dar. Untersuchungen (z.B. COY 1988, SCHNEIDER 1994, BECKER 1995) belegen außerdem, daß der Verdrängungsprozeß von Kleinbauern nach kurzer Zeit auch an der Agrarfront wieder einsetzt, so daß auch in Amazonien eine zunehmende Verstädterung festzustellen ist. Solche älteren Pionierräume stellen erneut Quellgebiete für Migrationsbewegungen an die jüngere Erschließungsfront dar, die derzeit in Roraima und Amapá zu finden ist (FEARNSIDE 1993, S. 541).

Wie wichtig Migrationsbewegungen als Triebkraft für Umweltzerstörung sind, läßt sich beispielhaft anhand der Dynamik im Bereich des Bergbauprojektes Grande Carajás in Ostamazonien nachvollziehen. Hier legte das verantwortliche Unternehmen Compania Vale do Rio Doce zwar einen detaillierten Umweltmanagementplan für die Förderung und den unmittelbaren Verarbeitungsvorgang von Eisenerz vor. Weit schlimmere Umweltfolgen als durch die direkte bergbauliche Tätigkeit entstanden jedoch durch die ungelenkte Zuwanderung und Okkupation in der Folge der wirtschaftlichen Erschließung durch das Großprojekt. Auch bei neueren Entwicklungsplanungen, wie z.B. dem Bau der Wasserstraße Paraguay-Paraná oder der Schaffung von Exportkorridoren in Ostamazonien, stehen weniger die direkten Umweltfolgen der Vorhaben im Zentrum der Kritik. Die Besorgnis gilt vielmehr der Abholzungsdynamik infolge unkontrollierter Zuwanderung, die durch solche Projekte ausgelöst wird (HAGEMANN 1995).

In Brasilien existiert also stetig wachsender, entwurzelter Bevölkerungsanteil, der aus dem wirtschaftlichen Entwicklungsprozeß der letzten Jahrzehnte ausgeschlossen blieb und für den Mobilität einen bedeutenden Bestandteil seiner Überlebensstrategie darstellt. Diese Familien, die vorwiegend aufgrund des sozioökonomischen Wandels im ländlichen Raum ihre bisherige Lebensgrundlage verloren haben, entsprechen dabei - zumindest auf den ersten Blick - dem Typ des *shifted cultivator* (vgl. Kap. 2.2.2).

3.1.3 Bodenspekulation

Modernisierung und Migration können demnach als zwei wichtige mittelbare Triebkräfte der Umweltzerstörung in Brasilien angesehen werden. Neben diesen beiden ist die Bodenspekulation, besonders für die Abholzung, ein weiterer grundlegender Faktor. Der Begriff soll an dieser Stelle sehr weit gefaßt werden und alle Tätigkeiten beinhalten, die in einem unmittelbaren Zusammenhang mit der Form, der Verfügbarkeit, der Zuteilung und den Konsequenzen von Bodenbesitz und -eigentum stehen. Darunter fallen zum einen Landwirtschaftsformen, die in hohem Maße bestimmt sind durch die Art und Menge, in der Boden für die Produktion bereitgestellt wird, wie im Fall des *nutrient mining* (vgl. Kap. 2.2.3). Zum anderen sind dies Aktivitäten, die nicht aus dem Motiv der Produktion von Gütern heraus geschehen, sondern auf andere Gewinnquellen ausgerichtet sind, wie z.B. die Aneignung des Bodenbesitztitels oder Profite aus Subventionen oder Agrarkrediten.

Bei der Ausformung des umweltzerstörerischen Wirtschaftsstils der *"frontier economics"*, den HALL (1997, S. 52) als charakteristisch bei der Erschließung der brasilianischen Peripherie sieht, spielt die hohe Verfügbarkeit von Boden eine entscheidende Rolle. Ein Wesenszug der ökonomischen Entwicklung Brasiliens ist die Öffnung immer neuer Agrarfronten, an denen Boden an potentielle Nutzer meist "zum Nulltarif" zur Verfügung gestellt wird. Unter diesen Bedingungen bildet sich nach SOUTHGATE & CLARK (1993) *nutrient mining* als extraktive Form der Ressourcennutzung heraus, die mit einer stetig voranschreitenden Abholzung der natürlichen Wälder einhergeht. Die Politik der Erschließung Amazoniens war in den letzten Jahrzehnten eng an den Bau von Fernstraßen gebunden (KOHLHEPP 1995), wodurch Boden in hohem Maße verfügbar wurde. Laut KYLE & CUNHA (1992) herrscht in Amazonien ein extremes Ungleichgewicht der Faktorenpreise mit sehr niedrigen Bodenpreisen und hohen Kosten für Arbeit und Kapital. Unter diesen Rahmenbedingungen und bei stetiger Bereitstellung neuer Flächen stellt *nutrient mining* für potentielle Nutzer die beste Form der Gewinnmaximierung dar (SCHNEIDER 1994, S. 19f), und eine nachhaltige Bewirtschaftung, die mit Investitionen an Arbeit und Kapital verbunden ist, kann sich nicht herausbilden. So stellt ANDERSEN (1992) bei einer ökonomischen Analyse des Erschließungsvorgangs in Amazonien fest, daß der Bau von Fernstraßen weit mehr als die Vergabe von Agrarkrediten oder die Schaffung von Wachstumspolen zur Zerstörung der Wälder beigetragen hat.

HECHT (1993, S. 165f) unterscheidet drei Formen, wie Gewinne aus einem Stück Land erzielt werden können: Extraktion, Produktion und Spekulation. Letztere Strategie ist auf direkte nicht-produktive Erlöse aus der Fläche ausgerichtet. Nach dieser Unterscheidung ist *nutrient mining* als extraktive Variante der landwirtschaftlichen Produktion zu sehen. Jedoch ist diese Nutzungsform in einem weit höheren Maße von den Bedingungen des Bodenmarktes bestimmt, d.h. von der freien Verfügbarkeit von Land, als von naturräumlichen, produktions- oder vermarktungstechnischen Faktoren. Folglich kann bei dieser Wirtschaftsform von einer Mischung aus Extraktion, Produktion und Spekulation gesprochen werden.

Neben der verkehrsmäßigen Erschließung übte die staatliche Agrarpolitik einen entscheidenden Einfluß auf die Abholzungsdynamik aus (VILARINHO 1992, S. 46f). Vor allem Großbetriebe erhielten Vergünstigungen für die "Inwertsetzung" des Landes. Finanzhilfen, Steuerbefreiungen und die Vergabe des subventionierten Agrarkredites waren an die Nutzung der Fläche - d.h. vor allem das Entfernen der natürlichen Vegetation - gebunden. Dementsprechend schnell schritt die Expansion von extensiven Rinderweiden und damit die Abholzung voran. Sie dienten weniger zur landwirtschaftlichen Produktion, sondern vielmehr als Zugangsmöglichkeit zu staatlichen Geldern, vor allem für kapitalkräftige Investoren aus dem Südosten Brasiliens (HECHT 1993, S. 167f). Laut FEARNSIDE (1993, S. 541f) wurden die meisten Subventionsprogramme, die besonders in den 70er und 80er Jahren den Erschließungsgang beeinflußten, zwar zwischenzeitlich beendet. Dennoch sind viele Zuschüsse für große Viehzuchtprojekte bereits seit langem genehmigt, und die Auszahlung steht noch aus.

Ein weiterer entscheidender Faktor bei der Vegetationszerstörung ist die Praxis, wie Besitzansprüche auf Land *de facto* und *de jure* erhoben und durchgesetzt werden. Besonders in peripheren Gebieten befindet sich ein großer Teil des Bodens *de jure* zwar in der Hand des Staates (*terras devolutas*), *de facto* ist jedoch gerade im Bereich der Agrarfront das Land oft "frei" und kann nur durch direkte Nutzung in Besitz genommen werden. Laut SCHNEIDER (1994) kann der Staat an der unmittelbaren Siedlungsfront *de jure* bestehendes Eigentum nicht sichern, so daß die physische Okkupation, d.h. auch die Abholzung der Fläche, für den Besitz eine unbedingte Voraussetzung darstellt. In diesen Gebieten findet die Aneignung des Landes vor allem durch ärmere Bevölkerungsschichten statt. In dem Maße, wie der Raum dann verkehrstechnisch und infrastrukturell erschlossen wird, steigt auch die Möglichkeit des Staates, Bodeneigentum wirksamer zu schützen, und es kommt zu einer Umgestaltung der Besitzverhältnisse. Kapitalkräftigere Gruppen, vor allem aus den Städten, kaufen das Land von den ersten Siedlern auf, oder es kommt zwischen diesen beiden Gruppen zu Landkonflikten. Bei dieser zweiten Front, die SCHMINCK & WOOD (1987, S. 44) als *speculative front* bezeichnen, hat das Land vor allem die Funktion einer Wertreserve und nicht die eines Produktionsstandortes für die Landwirtschaft. Das Einsetzen von Hausverwaltern (*caseiros*) und der Absentismus der Eigentümer sind nun aufgrund der gestiegenen Besitzsicherheit möglich. Diese Entwicklung, die COY (1988) als "Verschluß der Pionierfront" und SCHNEIDER (1994) als "sell-out-effect" bezeichnet, führt zu einer Konzentration des Grundbesitzes und zu einem Weiterwandern der Agrarfront.

Die brasilianische Gesetzgebung unterstützt in vielfacher Weise die Aneignung von Land mittels Abholzung der natürlichen Vegetation. Angesichts der dualistischen Grundbesitzstruktur in Brasilien, vieler unproduktiver Latifundien und einer steigenden Zahl von Landlosen hebt das brasilianische Agrargesetz die soziale Funktion des Bodens als Ort der landwirtschaftlichen Produktion hervor und bekämpft - zumindest ihrem Anspruch nach - das unproduktive Eigentum. Hieraus folgt das Prinzip, daß derjenige das Land besitzen soll, der es bewirtschaftet (SOUZA 1994, 80ff).

Auf dem Land, das sich zwar rechtlich in Staatseigentum befindet, auf das der Staat allerdings keine unmittelbaren Besitzansprüche stellt (*terras devolutas*), erhalten diejenigen Familien von Rechts wegen einen Besitztitel, die den Boden bereits bewirtschaften (*legitimação de posse*, Lei 6.383/76). Dieses gilt ebenfalls für Land, das sich *de jure* in Privatbesitz befindet, aber von einem Landbesetzer (*posseiro*) bewirtschaftet wird. Dieses Gesetz (*usucapião especial*, Lei 6.969/81) soll die Kleinbauern rechtlich absichern, die oft bereits seit langer Zeit ein Stück Land bewohnen, ohne dafür einen Titel zu haben. Aus diesem Grund gilt die Regelung nur für Familien, die auch auf dem Land, das nicht größer als 25 ha sein darf, wohnen und es mindestens seit 5 Jahren bewirtschaften. Diese beiden Maßnahmen sollen zur Schaffung einer gerechteren Landverteilung beitragen und helfen, soziale Konflikte im ländlichen Raum zu lösen. Gleichzeitig stellen sie jedoch auch einen Anreiz dar, die physische Besetzung des Landes gegenüber Dritten und den staatlichen Stellen, die die Landtitel vergeben, durch Abholzung zu dokumentieren.

Daneben animiert die Agrargesetzgebung auch dazu, Wälder abzuholzen, die sich *de jure* bereits in festem Eigentum befinden. Bis vor kurzem wurden Waldflächen, also "unproduktives Land", mit rund doppelt so hohen Grundsteuern belegt wie intensiv genutztes Land (Lei 4.504/64). Außerdem können unproduktive Großbetriebe für die Durchführung von Ansiedlungsprojekten (*assentamentos*) im Rahmen der Agrarreform enteignet werden. Die Umwandlung des Waldes in extensive Weide kann dann einerseits dazu dienen, Produktivität vorzutäuschen, um der Enteignung zu entgehen. Sollte das Latifundium andererseits bereits für die Durchführung eines *assentamento* vorgesehen sein, steht es im Interesse des Großgrundbesitzers, eine möglichst hohe Abfindungssumme zu erhalten. Der einfache Bodenwert (*valor da terra nua*) wird dem Eigentümern in Form von staatlichen Schuldtiteln (*títulos de dívida agrária*) vergütet. Allein Immobilien und Kultivierungsmaßnahmen (*benfeitorías*) werden vom Staat in Geld erstatten (Lei Complementar 76/93, Art. 14). Hierunter fällt auch das Entfernen der natürlichen Vegetation, das sich der Grundeigentümer im Falle einer Enteignung als "Kultivierungsmaßnahme" bezahlen lassen kann. Überlastete Gerichte, die bei Streitfällen zwischen Staat und Eigentümer entscheiden sollen, und Korruption bei den Behörden machen es möglich, daß zum Teil völlig überhöhte Summen für die *benfeitorías* gezahlt werden (Bericht der Veja 14.01.98).

Neueste Zahlen zeigen, daß die Abholzungsrate in Amazonien, die sich von 1987 mit 21,1 Mio. ha/Jahr bis 1992 mit 11,1 Mio. ha/Jahr nahezu halbiert hatte, in den letzten Jahren erneut ansteigt (FEARNSIDE 1993, S. 541; HALL 1997, S. 45). Der signifikante Anstieg der Vegetationsvernichtung im Verlauf des Jahres 1997, den brasilianische Zeitungen konstatierten (z.B. Folha de São Paulo vom 2.10. und 30.11.97 sowie Veja vom 20.08.97), läßt sich zum einen auf die Periode extremer Trockenheit zurückführen, während der zahlreiche Feuer außer Kontrolle gerieten. Zum anderen rückte, nicht zuletzt aufgrund der Häufung spektakulärer Aktionen der Landlosenbewegung *Movimento Sem Terra* (MST), die Dringlichkeit einer Agrarreform in den letzten Jahren in das Zentrum der brasilianischen Öffentlichkeit. Die Regierung reagierte auf diese Entwicklung mit der vermehrten Ausweisung von *assentamentos*. Ein großer Teil davon befindet sich in Amazonien, da hier zum einen der Boden günstig ist und zum anderen viele unproduktive Latifundien existieren (Folha de São Paulo vom 21.01.98). Es ist wahrscheinlich, daß sich der Zusammenhang zwischen der verstärkten Diskussion über die Agrarreform und der Abholzungsdynamik in Amazonien nicht allein auf die direkte staatlich geförderte Ansiedlung von Kleinbauern beschränkt. Die allgemeine Erwartung, daß sich die Regierung nun konsequenter der Durchführung der Agrarreform widmet, könnte auch bei vielen Großgrundbesitzern dazu geführt haben, daß sie aus oben beschriebenen Gründen mehr Wald als sonst in Weide umgewandelt haben.

HECHT (1993) ist der Ansicht, daß die meisten Studien über die Abholzung der amazonischen Regenwälder den Einfluß der direkten agrarpolitischen Vergünstigungen zu hoch einschätzen, denn nur ein kleiner Teil der Großbetriebe in Amazonien sei von staatlichen Entwicklungsbehörden unmittelbar gefördert worden. Sie betont vielmehr, daß es sich bei dieser Entwicklung um ein komplexes Zusammenspiel zwischen nationaler Ökonomie, regionaler Politik und lokalen Prozessen handelt. Grundlegende Motive bei der Expansion großbetrieblicher Weiden, die sie als hauptverantwortlich für den Rückgang der Regenwälder sieht, sind die Aneignung des Bodens, seine Funktion als Wertreserve und die Hoffnung auf Steigerung der Bodenpreise infolge von Straßenbau, Infrastrukturausbau oder Großprojekten. Hieraus folgt, daß die einfache Streichung der staatlichen Vergünstigungen nicht unbedingt zu einem Rückgang der Vegetationszerstörung führen wird, was sich angesichts der jüngsten Zunahme der Abholzungsrate zu bewahrheiten scheint. Auch rein technische Lösungen, wie die

Entwicklung neuer umweltschonender, wirtschaftlich nachhaltiger Produktionsformen, werden bei unveränderten Rahmenbedingungen kein ausreichendes Gegengewicht zu der Attraktivität der Bodenspekulation darstellen können.

Bodenspekulation mit landwirtschaftlichen Flächen stellt also eine entscheidende Triebkraft bei der Umweltzerstörung in Brasilien dar[10]. Es stellt sich in diesem Zusammenhang die Frage, ob diese Strategie ausschließlich von Großbetrieben verfolgt wird, oder ob auch Kleinbauern an der Spekulation beteiligt sind. Einige Autoren verneinen dies mit Hinweis auf die ausschließlich produktionsorientierte Funktion, die Boden innerhalb der prä-kapitalistischen Wirtschaftsweise der Kleinbauern innehat. So stellt SOUZA MARTINS (1991, S.43ff) den Idealtypus der *terra de trabalho* ("Boden als Mittel zur Arbeit") der kapitalistischen *terra de negócio* ("Boden als Handelsobjekt") gegenüber. MUSUMECI (1988) kommt jedoch in einer empirischen Studie über die Einstellung von Kleinbauern an der Pionierfront zu Formen des Bodenbesitzes zu dem Ergebnis, daß eine solche schematische Unterscheidung nicht der Realität entspricht und daß Kleinbauern sehr wohl ihr Land auch als Handelsobjekt begreifen. Auch HECHT (1993, S. 173) deutet an, daß bei der Ausbreitung der Weideflächen auf kleinbäuerlichen Betrieben eine Vielzahl von Motiven eine Rolle spielt, unter anderem auch die Möglichkeit, mit diesem Land zu spekulieren.

Spekulation ist von landwirtschaftlicher Produktion oft nur schwer zu unterscheiden. Auch ein fehlgeschlagener Versuch, eine dauerhafte agrarische Produktion aufzubauen, wie es gerade bei Kleinbauern an der Pionierfront häufig ist, kann in seinem Verlauf (Okkupation, Abholzung, Verkauf an Dritte) und Ergebnis den Eindruck erwecken, hier seien vor allem spekulative Motive wirksam gewesen. Endgültige Klärung kann dabei nur die Kenntnis der tatsächlichen Motive der Handelnden liefern; diese ist jedoch für Außenstehende nur sehr schwer zu erlangen. Außerdem sind diese Handlungsmotive (Subsistenz und Spekulation) nur selten eindeutig und linear, sondern vielmehr miteinander verknüpft und einem zeitlichen Wandel unterworfen. Dieser Frage soll bei der Untersuchung der Fallstudien (Kap. 5) näher nachgegangen werden.

3.1.4 Fazit

Wie lassen sich nun rückblickend die in Kapitel 2.2 vorgestellten Theorien für die Vernichtung der Tropenwälder auf die brasilianischen Verhältnisse anwenden? Es zeigt sich, daß die Erklärungskraft aller vier Ansätze für die Abholzungsdynamik in Amazonien, dem Brennpunkt der Tropenwaldvernichtung, nur eingeschränkt gilt:

– Angesichts der Bevölkerungsentwicklung Brasiliens sowie der zunehmenden Urbanisierung auch im Amazonasgebiet verwerfen MARTINE (1992) und HECHT (1993) den malthusianischen Erklärungsansatz, der einen direkten Zusammenhang zwischen Bevölkerungswachstum und Abholzungsrate annimmt.

---

[10]Bodenspekulation als Verursachung von Vegetationszerstörung beschränkt sich im übrigen nicht auf periphere Gebiete und den ländlichen Raum. So zeigt WEHRHAHN (1994a, S. 81) anhand der Siedlungsentwicklung eines Badeortes im Bundesstaat São Paulo, daß ein Großteil des Flächenverbrauches im Zuge der Siedlungserweiterung allein auf Spekulation zurückzuführen ist.

– Der Zusammenhang zwischen Verarmung, Migration und Abholzung tritt in Brasilien deutlich hervor, so daß die These von MYERS (1993), verarmte *shifted cultivators* seien verantwortlich für das Vorrücken der Agrarfront, überzeugend erscheint. Dennoch gibt es Einschränkungen: So lehnt FEARNSIDE (1993, S. 543ff) die Verantwortlichkeit von *shifted cultivators* als Erklärungsmuster für Amazonien ab, da nur ein geringer Teil der rezenten Abholzung auf kleinbäuerliche Tätigkeit zurückzuführen ist. Das Gros der Vegetationsvernichtung geht auf das Konto von Großbetrieben und läßt sich nicht mit der Armuts-These erklären. Daneben verdeckt die Betonung eines automatischen Mechanismus im "Teufelskreis Armut - Naturzerstörung" die grundsätzliche Bedeutung politischer Entscheidungen, wie z.B. die Strategie, die Öffnung von Agrarfronten als Ventil für soziale Spannungen einzusetzen. Außerdem lag ein wesentlicher Grund für die Marginalisierung breiter Bevölkerungsschichten nicht in einem technischen Entwicklungsdefizit der Agrarwirtschaft, sondern im Gegenteil in der Modernisierung und Industrialisierung der landwirtschaftlichen Produktion. Auch die Prozesse, die zu einer erneuten Abwanderung von Kleinbauern aus ehemaligen Pionierräumen führen, sind nicht auf einen einfachen Zusammenhang zwischen unangepaßten Produktionstechniken, Übernutzung, Bodendegradation und Sinken der landwirtschaftlichen Produktion zurückzuführen. Vielmehr zeigt der "sell-out-effect", daß Interaktionen zwischen verschiedenen sozialen Gruppen zumindest ebenso wirksam sind wie direkte Mensch-Umwelt-Beziehungen.

– Die Thesen der Umweltökonomie sind auf viele einzelne Zusammenhänge bei der Abholzung anwendbar. Ohne Zweifel liegt bei dem Vorrücken der Agrarfront ein Marktversagen vor, da die Kosten der Vegetationsvernichtung externalisiert sind, d.h. von der brasilianischen und in diesem Falle auch von der globalen Gesellschaft getragen werden müssen. Der gesamte Witschaftsstil der *frontier economics* setzt die nahezu unbegrenzte Verfügbarkeit natürlicher Ressourcen voraus und baut auf ihre explorative Nutzung. Die Politik hat es, zumindest während der 70er und 80er Jahre, nicht nur unterlassen, diesen Verzerrungen des Marktes entgegenzusteuern, sie hat auch aktiv im großen Umfang zur Abholzung beigetragen. Eine entscheidende Verantwortung für die Abholzungsdynamik trägt die Agrarpolitik, d.h. sowohl die Kredit- und Subventionspolitik als auch die Regelung des Bodeneigentums. Aber auch der Infrastrukturausbau und die Wirtschafts- und Finanzpolitik waren an der Erschließung Amazoniens beteiligt. Die These von HARDIN (1968), daß mangelnde Eigentumsrechte für die Umweltzerstörung verantwortlich seien, läßt sich in dieser Weise nicht aufrecht erhalten, geht doch die Abholzung in Amazonien gerade mit einer Privatisierung des Bodenbesitzes einher (HECHT & COCKBURN 1989, S. 95ff). Der Charakter des Landes an der Pionierfront als eine *open-access*-Ressource, die durch Nutzung erst in Privatbesitz übergeht, trägt allerdings in erheblichen Maße zur Vernichtung der Wälder bei. Ebenso wie die Armuts-These bewerten aber die Erklärungsansätze der Umweltökonomie den Einfluß politischer Entscheidungen und Interessen nicht ausreichend.

– Die Sichtweise der Politischen Ökologie stellt Machtverhältnisse und politisches Handeln in den Mittelpunkt der Erklärungen. Die geopolitischen Überlegungen der Militärs, die Funktion Amazoniens als Ventil für soziale Spannungen und der Einfluß bestimmter Interessengruppen, wie der parlamentarischen Lobby der Großgrundbesitzer (*Bancada Ruralista*), können von diesem Standpunkt aus in ihrer Wirksamkeit für die Abholzungsdynamik beurteilt werden. Einfache dependenztheoretische

Modelle allerdings lassen sich, wie HECHT (1993) nachweist, nicht auf Amazonien übertragen. Sie betont dagegen, daß hier vor allem nationale Akteure für die Abholzungsdynamik verantwortlich sind. Im übrigen konzentriert sich die Politische Ökologie auf die Untersuchung lokaler und regionaler Prozesse und ist deswegen nur bedingt auf den nationalen Kontext Brasiliens anwendbar.

Die heutigen Umweltprobleme in Brasilien lassen sich jedenfalls sowohl mit einem Entwicklungsdefizit als auch mit einem Übermaß an wirtschaftlicher Entwicklung in Verbindung bringen. Ohne Zweifel ist diese Tatsache auf den brasilianischen Entwicklungsstil zurückzuführen, der dem wirtschaftlichen Wachstum unbedingten Vorrang vor sozialen und ökologischen Faktoren einräumte.

3.2 Der Atlantische Küstenregenwald als gefährdete Vegetationsform

In den letzten Jahrzehnten stand vor allem die Zerstörung der amazonischen Regenwälder im Zentrum des öffentlichen Interesses. Dabei blieb der Atlantische Küstenregenwald (*Mata Atlântica*), die andere große Regenwaldformation Brasiliens, relativ unbeachtet, obwohl sich hier das Problem der Waldvernichtung und des damit verbundenen Rückgangs der Biodiversität noch intensiver darstellt als im Amazonasgebiet. Zum einen liegt der demographische und ökonomische Schwerpunkt Brasiliens im natürlichen Verbreitungsgebiet dieses Vegetationstyps, das rund 12% des Landesterritoriums umfaßt. Zum anderen reicht die Geschichte der systematischen Zerstörung des Atlantischen Küstenregenwaldes weiter zurück, so daß er heute in weit höherem Maße gefährdet ist als die amazonischen Wälder (Fundação SOS Mata Atlântica & INPE 1992, S. 7).

Der Atlantische Küstenregenwald ist der zweitgrößte der insgesamt sieben neotropischen Regenwaldformationen. Seine natürliche Verbreitung reicht vom nordöstlichen Bundesstaat Rio Grande do Norte entlang der Ostküste Brasiliens bis hinab in den südlichsten Bundesstaat Rio Grande do Sul mit einer Nord-Süd-Erstreckung von mehr als 4.000 km (vgl. Karte 1). Trotz dieser Ausdehnung über 25 Breitengrade weist dieser Vegetationstyp eine relativ einheitliche Physiognomie und floristische Ausstattung auf (CÂMARA 1991, S. 38f; POR 1992, S. 7f). Was allgemein als *Domínio da Mata Atlântica* (Gebiet des Atlantischen Küstenregenwaldes) bezeichnet wird (SMA 1990, S. 3), umfaßt jedoch im engeren Sinne drei verschiedene Waldtypen: immergrünen Regenwald (*floresta ombrófila densa*), laubabwerfenden Wald (*floresta estacional*) und Araukarienwälder (*floresta ombrófila mista*; IBGE 1992).

Der immergrüne Wald, der eigentliche Atlantische Küstenregenwald, findet sich vor allem an den Hängen der Gebirgszüge, die die Ostküste Brasiliens begleiten, wie etwa die Serra do Mar. Während er im Nordosten nur in einem schmalen Saum an der Küste natürlicherweise vorkommt, reicht das Verbreitungsgebiet im Südosten weit in das Binnenland hinein. Das Klima ist charakterisiert durch ganzjährige Humidität (1.800-2.000 mm im Norden und 3.000-4.500 mm im Süden), die vor allem auf orographische Niederschläge zurückzuführen ist, gleichmäßig hohe Durchschnittstemperaturen von 21-25°C sowie weitgehende Frostfreiheit (CÂMARA 1991, S. 32; POR 1992, S. 9ff).

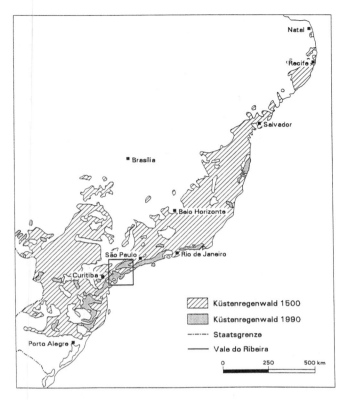

Karte 1: Ausdehnung des Atlantischen Küstenregenwaldes und Lage des Untersuchungsgebietes
Quelle: verändert nach DEAN (1996)

Die laubabwerfenden Wälder dagegen, die im Binnenland des Südostens und Südens vorkommen, sind durch niedrigere Niederschlagsmengen (1.000-1.600 mm) und eine ausgeprägtere Saisonalität mit einer Trockenzeit gekennzeichnet. Im Verbreitungsgebiet der Araukarienwälder ist das Klima kühler, und es können Fröste auftreten. Dieser Waldtyp findet sich im Süden und in den höheren Lagen des Südostens. Der Grund für die Einordnung der laubabwerfenden Wäldern und Araukarienwäldern unter den Oberbegriff des Atlantischen Küstenregenwaldes liegt in der Ähnlichkeit ihrer Artenzusammensetzung und in der Tatsache, daß diese Wälder ehemals allmählich ineinander übergingen und ein zusammenhängendes Waldgebiet bildeten[11] (CÂMARA 1991, S. 18; POR 1992, S. 11).

---

[11] Von dieser Klassifizierung weichen andere Autoren (RIZZINI 1991) ab und gliedern z.B. die Araukarienwälder als eigenen Vegetationstyp aus. Da der Schutz des Atlantischen Küstenregenwaldes mittlerweile in der Verfassung Brasiliens verankert ist (vgl. folgendes Kapitel), kommt dem Problem der Abgrenzung auch in der Praxis eine große Bedeutung zu, entscheidet sie doch über das Ausmaß der Nutzungsrestriktionen. So spielen bei der Diskussion dieser Frage nicht nur biologische Argumente sondern vor allem auch politische Überlegungen eine Rolle.

In Nachbarschaft zu dem Atlantischen Küstenregenwald existieren weitere, assoziierte Vegetationsformen: Mangroven, deren Verbreitungsgebiet südlich bis in den Bundesstaat Santa Catarina reicht, kommen auf den Feinmaterialablagerungen in den Brackwasserbereichen von Ästuaren vor. Auf sandigen marinen Sedimenten des Holozäns findet sich die Vegetationsform der Restingawälder[12]. Hierbei handelt es sich um einen niedrigen, dicht gewachsenen Wald mit vielen Epiphyten, der unmittelbar binnenwärts der Pioniervegetation des Strand- und Primärdünenbereiches einsetzt und mit zunehmendem Alter der Sedimente oder an den Unterhängen des Küstengebirges allmählich in Atlantischen Küstenregenwald übergeht. Er stockt auf einem System von ehemaligen Strandwällen und Dünengürteln, die von vermoorten Senken und Sümpfen (*brejos, alagadiços*) unterbrochen sind (ARAÚJO & LACERDA 1992). Als letzte assoziierte Vegetationsform sind die alpinen Grasländer (*campos de altitude*) zu nennen, die die Gipfelbereiche des Küstengebirges bedecken.

Die Geschichte der Zerstörung des Atlantischen Küstenregenwaldes hat DEAN (1996) detailliert aufgearbeitet. Er nimmt an, daß die großflächige antropogene Veränderung dieser Vegetationsform weiter zurück reicht als die portugiesische Kolonisation. Die Tupi-Indianer, die seit 400 n.Ch. diesen Raum besiedelten, praktizierten Wanderfeldbau und Brandrodung neben Fischerei und Jagd. Die ersten Berichte der Kolonisatoren, die nur wenig von ausgereiften Wäldern, dagegen viel von verbuschtem "Ödland" sprechen, können als Indiz für den intensiven Nutzungsdruck gelten, den bereits die präkolumbianischen Völker auf die Bestände des Atlantischen Küstenregenwaldes ausübten. So stellt DEAN (1996, S. 56) fest, daß im Küstenraum wahrscheinlich alle Flächen, die für eine landwirtschaftliche Nutzung erreichbar und nutzbar waren, schon vor Ankunft der Portugiesen mindestens einmal gerodet wurden. So stellte das erste Jahrhundert nach der Ankunft der Europäer, trotz der umfangreichen Extraktion von Brasilholz, für den Atlantischen Küstenregenwald eine Regenerationsphase dar, denn die Tätigkeit der Kolonialmacht beschränkte sich zunächst noch auf einige isolierte Brückenköpfe, während die indianische Bevölkerung infolge der eingeschleppten Seuchen bereits sehr schnell dezimiert wurde.

Erst im Laufe des 17. Jahrhunderts kam es zu einer Intensivierung der Nutzung vor allem aufgrund des expandierenden Zuckerrohranbaus. Dennoch nahm sich in dieser Phase das Ausmaß der Vegetationszerstörung, die sich allem auf den Küstenraum konzentrierte, angesichts der kontinentalen Dimensionen Brasiliens noch bescheiden aus. Zu einer ersten umfangreichen und irreversiblen Dezimierung der Bestände kam es erst im Zuge des Goldbergbaus im 18. Jahrhundert. In seiner Folge verlagerte sich der ökonomische und demographische Schwerpunkt des Landes vom Nordosten in den Südosten Brasiliens, und es kam zu einem raschen Wachstum der Bevölkerung und einer Expansion von Weideflächen vor allem im Binnenland des heutigen Bundesstaat São Paulo. Von dem explorativen Wirtschaftsstil dieser Zeit zeugen die schriftlichen Bitten von kolonialen Grundherren an die portugiesische Krone um die Bereitstellung eines neuen Stück Landes als Lehen (*seismaría*), da auf ihren jetzigen Ländereien der Boden bereits "ermüdet" sei. Oft wurden dann nach kurzer Zeit auf dem zugesprochenen Land erneut mit der gleichen Begründung Gesuche um ein neues Lehen gestellt.

---

[12] Der Begriff "*restinga*" benennt in der geologischen und geomorphologischen Literatur Strandhaken und Nehrungen. Die botanische Definition bezieht sich dagegen allgemein auf Dünenvegetation, und im folgenden soll die Bezeichnung ausschließlich in diesem Sinne gebraucht werden.

Im 19. Jahrhundert war der Kaffeeboom verantwortlich für die großflächige Zerstörung des Atlantischen Küstenregenwaldes im Südosten. In der Hochphase der Kaffeewirtschaft wurden zunächst die Wälder im Vale do Paraíba für den Anbau gerodet. Mit dem Ausbau der Eisenbahn im Bundesstaat São Paulo ab 1867 wurde nach und nach das bis dahin weitgehend ungenutzte Binnenland für den Kaffeeanbau erschlossen. Außerdem kam es in dieser Phase zu einem rasanten Bevölkerungswachstum infolge der massiven Einwanderung. Dem dadurch gestiegenen Bedarf an Nahrungsmitteln und Brennholz fielen ebenfalls große Teile des Waldes zum Opfer.

Nach dem allmählichen Niedergang der Kaffeewirtschaft in der ersten Hälfte des 20. Jahrhunderts waren es vor allem der Baumwollanbau, die Holzwirtschaft und die Holzkohlengewinnung für die neu entstandenen Industriebetriebe, die zu einer Verringerung der Waldbestände führten. Mit Einsetzen der ambitionierten brasilianischen Politik der nachholenden Entwicklung in den 50er Jahren (vgl. Kap. 3.1) vergrößerte sich der Druck auf die noch erhaltenen Bestände des Atlantischen Küstenregenwaldes. Besonders ab den 70er Jahren kam als zusätzlicher Agens der Zerstörung das explosive Flächenwachstum der großen Städte hinzu. Die in dieser Zeit zunehmenden Siedlungserweiterungen in Badeorten waren außerdem für die Zerstörung weiter Teile des Restingawaldes verantwortlich (vgl. WEHRHAHN & BOCK 1998). Mangrovenbestände wurden dagegen vor allem infolge von Hafenausbau und Verschmutzung der Küstengewässer dezimiert.

Heute sind von der ehemaligen Ausbreitung des Atlantischen Küstenregenwaldes weniger als 10% erhalten (vgl. Karte 1). Der Atlantische Küstenregenwald Nordostbrasiliens ist bis auf einige Flächen im Bundesstaat Bahia vollständig eliminiert. Eine neuere Erhebung der Bestandsänderung von 1985 bis 1990 (Fundação Mata Atlântica & INPE 1992) zeigt, daß die Zerstörung der Wälder im Südosten und Süden weiterhin voranschreitet. In diesem Zeitraum wurden im Bundesstaat Rio de Janeiro 30.579 ha und im Bundesstaat São Paulo sogar 61.720 ha Wald gerodet; dies entspricht einem Rückgang gegenüber 1985 von 3,3% bzw. 3,4% der Waldfläche[13]. Die stärkste Dezimierung des Waldes verzeichnete jedoch der Bundesstaat Paraná, wo in diesem Zeitraum 144.298 ha, d.h. 8,76% der Fläche von 1985, gerodet wurden.

GROOMBRIDGE (1992, S. 179) sehen angesichts dieser Entwicklungen den Atlantischen Küstenregenwald als den am meisten gefährdeten tropischen Regenwald der westlichen Hemisphäre. Und in einer Studie zur Situation der lateinamerikanischen Ökosysteme (DINERSTEIN et al. 1995) erhielt er bezüglich seines Gefährdungsgrades 91 von 100 möglichen Punkten[14]. Die Araukarienwälder, die bei dieser Untersuchung getrennt analysiert wurden, sowie die Restingawälder erreichten sogar die maximale Punktzahl. Nach CÂMARA (1991, S. 30) stellen nahezu alle erhaltenen Flächen des Atlantischen Küstenregenwaldes anthropogen beeinflußte Sekundärformationen dar.

---

[13] Im Bundesstaat São Paulo war eine wichtige Triebkraft bei dieser Entwicklung die Expansion von Eukalyptuswäldern. In vielen Statistiken fallen diese unter die Rubrik der Wiederaufforstung, d.h. sie werden dann als Zunahme der Waldfläche verzeichnet.

[14] Bei dieser Kategorisierung wurden folgende Faktoren berücksichtigt: Habitatverlust (*habitat loss*), Größe und Anzahl der erhaltenen Flächen (*habitat blocks*), Verinselung (*fragmentation*), Degradation (*degradation*), Konversion (*conversion*), Schutzstatus (*Protection*).

Dort wo noch Klimaxstadien existieren, wurden diese so sehr dezimiert und isoliert, daß sie in ihrer natürlichen Artenzusammensetzung bereits verarmt sind.

Die Zerstörung des Atlantischen Küstenregenwaldes ist auch aufgrund seiner Bedeutung für den Erhalt der globalen Biodiversität besorgniserregend. Nach GROOMBRIDGE (1992, S. 155) zählt dieser Waldtyp zu den zehn weltweit bedeutendsten Zentren des Endemismus (*hot spots*). Gut 55% der Baumarten, 77% der nicht verholzenden Pflanzen und 67% der Palmenarten kommen nur hier vor (POR 1992, S. 73ff), und außerdem finden sich viele endemische Säugetier- und Vogelarten (CÂMARA 1991, S. 44). Angesichts seiner Bedeutsamkeit als "*globally outstanding*" und seiner akuten Gefährdung geben DINERSTEIN et al. (1995) dem Atlantischen Küstenregenwald vor allen anderen großen Waldtypen Lateinamerikas die höchste Prioritätsstufe für Naturschutzmaßnahmen.

3.3 Die Entwicklung der brasilianischen Umweltpolitik

Ebenso wie die Umweltzerstörung in Brasilien sehr früh einsetzte, geht auch die Geschichte der Gegensteuerungsversuche relativ weit zurück. Die Umweltpolitik und Naturschutzplanung hatte allerdings bis in die 80er Jahre wenig Einfluß auf den brasilianischen Entwicklungsstil. Die mit den Wirtschaftszyklen und der explorativen Nutzung der natürlichen Ressourcen einhergehende Umweltzerstörung wurde lange Zeit allenfalls von punktuellen Maßnahmen des Staates beantwortet.

Die ersten Initiativen der portugiesischen Krone gegen den Wanderfeldbau geschahen weniger aus Sorge um die dezimierten Wälder, sondern gingen vielmehr auf Bestrebungen zurück, die nicht seßhaften Bevölkerungsteile fest anzusiedeln, um somit Kontrolle über sie auszuüben und Steuern von ihnen erheben zu können (DEAN 1983, S. 65f). Die früheste rein umweltplanerische Maßnahme stellte nach DEAN (1996, S. 238f) das Verbot der Abholzung im Tijuca-Massiv in Rio de Janeiro aus dem Jahre 1817 dar, nachdem die Trinkwasserversorgung der Stadt zunehmend gefährdet war.

Kritische Stimmen über das Ausmaß der mit der wirtschaftlichen Entwicklung verbundenen Dezimierung der Wälder erhoben sich ebenfalls bereits im 19. Jahrhundert. Diese ersten Naturschützer Brasiliens, wie Alberto Loefgren, Alberto Torres oder Joaquim Nabucco, waren meist Angestellte in staatlichen Entwicklungsbehörden. Sie sprachen sich für einen "modernen", "rationalen" und "wissenschaftlichen" Stil der Ressourcennutzung aus und wendeten sich gegen die "archaischen" Wirtschaftsformen, die sie als verantwortlich für die Naturzerstörung ansahen. Der Agraringenieur André Rebouças macht 1878, also nur sechs Jahre nach Einrichtung des Yellowstone-Nationalparks in Nordamerika, den öffentlichen Vorschlag, auch in Brasilien Nationalparke einzurichten. Er sah den Wasserfall Sete Quedas und die Ilha do Bananal als geeignete Standorte an. Ähnlich wie in den Vereinigten Staaten (vgl. Kap. 2.3.1) sollten dabei Naturschönheiten, auch hier in Pionierräumen gelegen, als Identifikationsobjekt einer jungen postkolonialen Nation dienen (PÁDUA 1987, S. 40f; DEAN 1996, S. 296f).

1896 erfolgte zunächst die Einrichtung einer *Reserva Florestal* (Forstreservat) im Bereich der Serra da Cantareira nahe der rasch wachsenden Stadt São Paulo. Auch hier gab die drohende Trinkwasserknappheit den Ausschlag für diese Entscheidung. Erst

1937 wurde schließlich der erste brasilianische Nationalpark im Itatiaia-Massiv eingerichtet. Nur zwei Jahre darauf folgte die Ausweisung der Nationalparke Serra dos Órgãos und Iguaçú. Die Basis für die Einrichtung eines Schutzgebietsystems stellte das Forstgesetz (*Código Florestal*) von 1934 dar. In ihm wurde auch erstmals das absolute Verfügungsrecht über den Wald in Privateigentum eingeschränkt. Das Gesetz hatte jedoch erhebliche juristische Lücken und wurde nur äußerst sporadisch umgesetzt. So kam es bis zum Jahre 1957 lediglich zu einer Verurteilung aufgrund des *Código Florestal*. Diese grundsätzlichen Schwierigkeiten blieben auch mit der Neufassung des Forstgesetzes im Jahre 1965 (Lei 4.771/65) bestehen (WEHRHAHN 1994a, S. 36f; DEAN 1996, S. 271ff). Auf den genauen Wortlaut dieses Gesetzes und seine Auswirkungen soll erst in Kapitel 4.2.2 eingegangen werden, da diese Vorschriften eine grundsätzliche Bedeutung für die Untersuchungsregion haben.

In den ersten Jahren der Militärregierung kam es u.a. zur Verabschiedung von Gesetzen zur Fischerei, Jagd, und Bergbau. Außerdem wurde mit dem Gesetz zum Bodenrecht und zur Agrarreform (*Estatuto da Terra*; Lei 4.504/64) die angemessene, also auch umweltgerechte Nutzung (*uso apropriado*) als Erfüllung der sozialen Funktion des Bodens festgelegt (KRELL 1993, S. 50; DEAN 1996, S. 303f). Trotz dieser Gesetzesinitiativen setzte die Umweltpolitik nur punktuell an und blieb wenig wirksam. Die Entwicklungsdoktrin der Nachholenden Entwicklung stellte das wirtschaftliche Wachstum in den Vordergrund, und die Umweltpolitik war weit mehr auf Verfolgung von Umweltvergehen als auf deren Vorbeugung ausgelegt. Das Thema Umwelt sollte als politisch neutral betrachtet und auf technische Lösungen hin gelenkt werden. Entscheidungen wurden zentral "von oben" getroffen. Der Mobilisierung von sozialen und ökologischen Interessengruppen begegnete die Militärregierung dagegen mit Mißtrauen (CALCAGNOTTO 1990, S. 89ff; ANDREOLI 1992, S.12; GUIMARÃES 1992a, S. 65f; KRELL 1993, S. 50).

Auf der Stockholmer UN-Umweltkonferenz 1972 präsentierte sich die brasilianische Delegation als Wortführer der Gruppe der Entwicklungsländer und unterstrich das Recht auf ungehinderte wirtschaftliche Entwicklung angesichts des Ausmaßes an Armut in der Dritten Welt. Außerdem wurde die Sorge der Industrieländer hinsichtlich der Umweltschäden in Brasilien als eine Einmischung in innere Angelegenheiten und Unterhöhlung der nationalen Souveränität dargestellt (ANDREOLI 1992, S. 12; FELDMAN 1992, S. 29). MÜLLER (1994, S. 221) stellt dabei eine inhaltliche Diskrepanz zwischen der Verdammung des "postkolonialen Verhaltens" der Industrieländer einerseits und der Praxis eines "inneren Kolonialismus" durch die traditionellen Machteliten andererseits fest.

Obwohl die brasilianische Regierung in Stockholm vor allem die Konfrontation mit den Industrieländern und deren Umweltforderungen suchte, gab diese Konferenz den Anstoß für die Schaffung einer nationalen Umweltbehörde. Im Jahr 1973 (Dec. fed. 73.030/73) wurde ein zentrales Umweltschutzsekretariat (*Secretaria Especial do Meio Ambiente*; SEMA) geschaffen und dem Innenministerium zugeordnet. Die Gründung war in erster Linie als Antwort auf die internationale Kritik in Stockholm gedacht. Dementsprechend hatte dieser Schritt den Charakter einer ad-hoc-Entscheidung, und die SEMA mußte vor allem die Funktion erfüllen, den Schein einer funktionierenden Umweltbehörde nach außen zu bieten. Aufgrund ihrer mangelhaften personellen und finanziellen Ausstattung konnte sie jedoch nur wenig zu einer effektiven Umweltpolitik und -planung beitragen (CALCAGNOTTO 1990, S. 89ff; KOHLHEPP 1991, S. 45; ZULAUF 1994, S. 5f).

Im Laufe der 70er Jahre wurden zwar zahlreiche Umweltgesetze erlassen und auch auf bundesstaatlicher Ebene eigene Umweltbehörden aufgebaut. Dennoch war dieses Jahrzehnt durch eine zunehmende Naturzerstörung gekennzeichnet, denn der wirtschaftliche Entwicklungsstil blieb weiterhin unverändert. So schließt GUIMARÃES (1992a, S. 66), daß es sich bei der Umweltpolitik dieser Periode in erster Linie um Lippenbekenntnisse gehandelt hat und daß den Umweltinstitutionen kein realer Anteil an der staatlichen Macht zukam. Vielmehr sollte durch die Neuschaffung und Zusammenlegung von Behörden der Anschein von Aktivität erweckt, eine effektive Tätigkeit jedoch aufgrund einer stetigen Umstrukturierung behindert werden. Auch die Ausweisungen von Naturschutzgebieten in dieser Zeit wurden in der Regel nicht von angemessenen Finanzierungsprogrammen begleitet. Es gab regelrecht "mysteriöse Schutzgebiete", die weder über klar definierte Grenzen noch über eine ausreichende rechtliche Absicherung verfügten (DEAN 1996, S. 325).

Im Jahr 1981 wurde das Gesetz zur nationalen Umweltpolitik verabschiedet (*Política Nacional do Meio Ambiente*, Lei 6.938/81). Es legte die generellen Leitziele der Umweltpolitik fest, wie z.B. der Erhalt des ökologischen Gleichgewichts, rationale Ressourcennutzung oder der Schutz repräsentativer Ökosysteme. Als Instrumente der Umweltpolitik und -planung sollten u.a. fungieren: Festlegung von Umweltstandards, Zonierung (*zoneamento*), Einrichtung von Schutzgebieten oder Durchführung von Umweltverträglichkeitsprüfungen. Daneben wurde eine feste institutionelle Grundstruktur definiert, die die Integration der drei Entscheidungsebenen Union, Länder und Munizipien im *Sistema Nacional do Meio Ambiente* (SISNAMA) festschreibt. Nicht zuletzt geht die Gründung eines Umweltrates (*Conselho Nacional do Meio Ambiente*; CONAMA), in dem sowohl Abgeordnete der Länder, Vertreter aus Industrie, Landwirtschaft und Handel sowie Mitglieder von Umweltorganisationen vertreten sind, auf dieses Gesetz zurück (KRELL 1993, S. 54ff; ZULAUF 1994, S. 56; MACHADO 1995, S. 75)

Dennoch blieb die Umweltpolitik auch weiterhin mit starken Schwächen behaftet, denn zum einen wurde durch das neue Gesetz zunächst nur die formale Verantwortlichkeit der zuständigen Behörden erhöht und damit die ohnehin bestehende Diskrepanz zwischen Anspruch und Wirklichkeit vergrößert, denn an dem brasilianische Entwicklungsmodell änderte sich weiterhin nur wenig. Zum anderen fand die Ausarbeitung und Verabschiedung von Umweltgesetzen und -vorschriften auch danach noch ohne Beteiligung der Zivilgesellschaft statt (ANDREOLI 1992, S. 14f). Dies sollte sich jedoch im Laufe der 80er Jahre wandeln.

War die Inkaufnahme von Umweltzerstörungen zugunsten von wirtschaftlicher Entwicklung laut CALCAGNOTTO (1990, S. 86) in den 70er Jahren noch allgemeiner Konsens zwischen der Militärregierung, der parlamentarischen und der außerparlamentarischen Opposition, nahm im Lauf der 80er Jahre das Umweltbewußtsein in der brasilianischen Gesellschaft zu, und die Umweltorganisationen stärkten ihre Position. Bis Ende der 70er Jahre gab es nur wenige kleine Gruppen, die sich entweder um lokale Umweltprobleme kümmerten oder sich reinen Umwelt- und Naturschutzfragen widmeten, ohne auf deren politische Ursachen einzugehen. Mit dem Ende der Militärdiktatur kam es zu einer verstärkten Politisierung von Umweltthemen. Viele ehemalige Mitglieder aus außerparlamentarischen, sozialpolitisch orientierten Oppositionsgruppen traten nun den Umweltorganisationen bei, deren Umgang mit politischen Entscheidungsstrukturen und den Medien im Laufe der 80er Jahre professioneller wurde (VIOLA 1988; MAIMON 1992, S. 62ff; FATHEUER 1993, S. 89ff; WEHRHAHN 1994a, S. 57ff).

Die Annäherung ökologischer und sozialer Themenbereiche bei den Nichtregierungsorganisationen war nach PRICE (1994, S. 44) und PARDO (1994, S. 367) ein allgemeiner Trend im Südamerika der 80er Jahre. Ein gutes Beispiel für eine Organisation, bei der eine solche Verbindung der Ziele besteht, ist das *Movimento dos Atingidos das Barragens* (MAB), die Interessenvertretung der von Staudammprojekten Betroffenen. Sie verfügen über ein gut funktionierendes, expandierendes Netzwerk innerhalb Brasiliens und engagieren sich zunehmend auch auf internationalem Parkett (FATHEUER 1993, S. 90).

Die Annäherung zwischen den Umweltorganisationen und der Bewegung für eine Agrarreform verlief jedoch nur sehr langsam und war von gegenseitigen Vorbehalten geprägt. So wurden die Kleinbauern bei der Diskussion um die Entwicklungen in Amazonien, anders als z.B. Kautschukzapfer oder die indigene Bevölkerung, eher als Täter denn als Opfer betrachtet (SAWYER 1992, S. 212f; SCHERER-WARREN 1990, S. 210). Andererseits verweigerte das *Movimento dos Sem Terra* (MST), die derzeit einflußreichste Agrarbewegung, ihre Beteiligung an dem Treffen der Nichtregierungsorganisationen anläßlich der UNCED-Konferenz in Rio und grenzte in ihrer Begründung ökologische Überlegungen von ihren sozialen Zielen ab (FATHEUER 1993, S. 91). Zwar wurde die Forderung nach einer Agrarreform trotzdem in den Forderungskatalog der Nichtregierungsorganisationen von Rio aufgenommen (Fórum dos ONGs Brasileiras 1992, S. 106ff), das Verhältnis zwischen Umwelt- und Agarreform-Bewegung blieb jedoch bis heute problematisch. So äußern z.B. derzeit Umweltschützer ihre Sorge über das Ausmaß der Abholzung in Amazonien, das mit dem Voranschreiten der Agrarreform und der Ausweisung von *assentamentos* verbunden ist (Folha de São Paulo vom 21.01.98).

PÁDUA (1990), der die Ursprünge der brasilianischen Umweltbewegung untersucht, sieht die allgemeine Theorie nicht bestätigt, nach der diese Themen allesamt aus Europa und Nordamerika "importiert" und nur von der brasilianischen Mittelschicht aufgenommen wurden. Ihm zufolge ist das Wachstum der urbanen Mittelschicht sicher ein wichtiger Faktor bei dieser Entwicklung, dennoch gibt es Gegenbeispiele von ökologischem Engagement marginalisierter Gruppen, wie z.B. die Bewegung amazonischer Kautschukzapfer oder der kleinbäuerliche Ökolandbau (vgl. HEES 1994). Viele Ideen der Umweltbewegung erhielten ihren Anstoß zwar von außen, fanden jedoch in Brasilien einen fruchtbaren Boden, denn die sozio-ökologischen Probleme des Entwicklungsstils waren nun an vielen Orten wie, z.B. in Cubatão, konkret sichtbar (vgl. Kap 3.1.1).

Die neue Verfassung, die 1988 verabschiedet wurde, hatte bereits ein eigenes Umweltkapitel (Art. n. 225), in dem das Recht auf eine ökologisch ausgeglichene Umwelt festgeschrieben ist, das von der öffentlichen Gewalt und der Allgemeinheit geschützt werden muß. Auch finden sich Einschränkungen des absoluten Rechtes auf Eigentum, sofern Fragen der sozialen Funktion des Bodens, d.h. der rationalen Nutzung des Landes, berührt werden (Art. 186). Besondere Restriktionen gelten für Eigentum an Wald, gemäß dem Forstgesetz (*Codigo Florestal*; Lei 4.771/65; vgl. Kap. 4.2.2). Die Kompetenz für die Lenkung der Forstnutzung wird eindeutig auf der Ebene des Bundes und der Länder verankert (Art. 24) (CÂMARA 1991, S. 108; KRELL 1993, 49; CUSTÓDIO 1993, S. 115ff).

Von besonderer Bedeutung ist Art. 225/§ 4, der die amazonischen Wälder, den Atlantischen Küstenregenwald, das Feuchtgebiet Pantanal Mato-Grossense und den Küstenraum als "nationales Erbe" (*Patrimônio Nacional*) definiert. Diese Bezeichnung beinhaltet nach MACHADO (1995, S. 58), daß die Bedeutung dieser Lebensräume über ihr eigentliches Gebiet hinausgeht und die Gesamtheit der Nation berührt[15]. Aus diesem Grund muß sich die nationale Politik und Gesetzgebung bei der Lenkung der Ressourcennutzung in diesen Ökosystemtypen engagieren und kann das Feld nicht allein den Ländern und Gemeinden überlassen. Diese Definition bliebe jedoch inhaltslos, wenn sie nicht durch entsprechende Gesetze konkretisiert worden wäre. Für den Atlantischen Küstenregenwald sind diese Gesetze, mit einem dazugehörigen Apparat an bundesstaatlichen Bestimmungen und Verwaltungsvorschriften, mittlerweile in ihrer Grundstruktur ausgearbeitet worden. Sie haben für das Untersuchungsgebiet eine so große Bedeutung, daß sie eingehend in Kapitel 4.2.2 untersucht werden sollen.

Gegen Ende der 80er Jahre verstärkte sich auch der internationale Druck auf die brasilianische Politik bezüglich des Ausmaßes der Naturzerstörung. Ein einschneidendes Ereignis, das die Abholzungsproblematik im Amazonasgebiet auch auf internationaler Ebene publik machte, war der Mord am Naturschutzaktivisten und Kautschukzapfer Chico Mendes (MAIMON 1992, S. 667f). Auch die Weltbank genehmigte ab 1989 Kredite für brasilianische Projekte nur noch nach einer Umweltverträglichkeitsprüfung (REDWOOD 1993, S. 38).

Als Antwort auf die wachsende Ablehnung der brasilianischen Politik rief Präsident J. Sarney 1989 das Programm *Nossa Natureza* ins Leben. Es wurde zwar in erster Linie zur Beruhigung der internationalen Kritik konzipiert, war jedoch auch mit einigen mehr oder minder wirksamen Maßnahmen verbunden. So wurden z.B. Subventionen für Rinderfarmen in Amazonien gestrichen. Das neugegründete zentrale Umweltamt IBAMA (*Instituto Brasileiro do Meio Ambiente e dos Recursos Renováveis*) sollte die Aktivitäten im Umweltbereich bündeln, hatte jedoch in der Folgezeit mit den gleichen finanziellen und personellen Mängeln zu kämpfen wie in den 70er Jahren bereits die SEMA (KOHLHEPP 1991, S. 46; ZULAUF 1994, S. 8ff; HALL 1997, S. 55f). Daneben erfolgte die gesetzesmäßige Festschreibung einer Landnutzungszonierung (*Zoneamento Ecológico-Econômico*) in verschiedenen Maßstabsebenen. Anhand der ausgewiesenen Zonen sollte eine gezieltere Lenkung der Flächennutzung mittels Steuererleichterungen, Investitionshilfen, Abgaben und Schaffung von Infrastruktur stattfinden (SCHUBART 1992; NITSCH 1993, S. 23ff; HAGEMANN 1995, S. 60ff). Ein Gesetz zur Erarbeitung von Managementplänen für den gesamten Küstenraum (Lei 7.661/88) wurde bereits 1988 verabschiedet (WEHRHAHN 1995, S. 167).

Mit dem neuen Präsident F. Collor setzte sich mit Beginn der 90er Jahre, zumindest der Form nach, eine stärkere Beachtung von Umweltbelangen in der brasilianischen Politik

---

[15] Rückgreifend auf die in Kapitel 2.1 hervorgehobene Unterscheidung zwischen lokalistischer und globalistischer Sichtweise bedeutet dies, daß die lokalistische Argumentation, die sich auf regionale Interessen und lokal definierte und verwirklichte Nachhaltigkeit beruft, für diese Lebensräume eindeutig geschwächt ist. Es wird grundsätzlich eingestanden, daß z.B. ein Stadtbewohner in Brasília, fern des Atlantischen Küstenregenwaldes, ein Interesse an dem Erhalt dieses Lebensraumes haben kann.

durch. So wurde auf die Position des Staatssekretärs für Umwelt und Leiters des neugeschaffenen Umweltsekretariats SEMAM der bekannte Aktivist J. Lutzenberger berufen, der allerdings nach kurzer Amtszeit aus Protest wieder zurücktrat. Die wichtigste symbolische Handlung in dieser Richtung war allerdings ohne Zweifel die Ausrichtung der UNCED- Konferenz 1992 in Rio de Janeiro. Präsentierte sich die brasilianische Delegation auf der Konferenz in Stockholm 1972 noch als Verfechter von ungehinderter wirtschaftlicher Entwicklung, so wurde diese Konflikthaltung gegenüber den Industrienationen in Rio aufgegeben. Nun strebte Brasilien die Rolle des Vermittlers zwischen Industrie- und Entwicklungsländern an. Angesichts des Endes der bipolaren Weltordnung, des Bewußtseins zunehmender globaler Interdependenz und der neuen Leitidee der Nachhaltigen Entwicklung erschien es für die brasilianische Regierung eher opportun, um finanzielle Mittel für Umweltprogramme zu werben, als den Streit zu suchen (MÜLLER 1994).

In dem Papier der Vorbereitungskommission für die Konferenz (CIMA 1992) wird durchaus Kritik an der bisherigen Erschließungspolitik Amazoniens angemeldet und der Sorge über das Voranschreiten der Agrarfront und die sozialen Konflikte im ländlichen Raum Ausdruck gegeben (CIMA 1992, S. 31ff). In der Frage des Schutzes der Wälder propagiert das Protokoll eine Strategie des Schutzes durch umweltverträgliche Nutzung (CIMA 1992, S. 193).

Trotz der noch immer starken Beharrung auf das nationale Selbstbestimmungsrecht bei der Nutzung der natürlichen Ressourcen hatte Brasilien bereits vorher seine Offenheit für internationale Unterstützung beim Umweltschutz deutlich gemacht. Anfang der 90er Jahre stellte die Weltbank zusammen mit der deutschen Kreditanstalt für Wiederaufbau und der brasilianischen Regierung insgesamt 117 Mio US$ für den *Plano Nacional do Meio Ambiente* bereit (MAIMON 1992, S. 67ff; HALL 1997, S. 59f). Die Ziele waren die Unterschutzstellung der wichtigsten Ökosysteme, die Sicherung vorhandener Schutzgebiete sowie die Stärkung der Umweltbehörden und der rechtlichen Rahmenbedingungen. Bis zum Jahre 1993 waren jedoch aufgrund administrativer und technischer Schwierigkeiten in der IBAMA, der verantwortlichen Koordinationsstelle, noch nicht einmal 10% der Mittel ausgegeben. Ab 1994 wird nun eine Strategie der Dezentralisierung verfolgt, d.h. eine Übertragung von Aufgaben und Kompetenzen an Länder und Munizipien sowie eine verstärkte Zusammenarbeit mit Nichtregierungsorganisationen (HAGEMANN 1994, S. 78ff; MMA 1994, S. 42; vgl. auch Kap. 3.3). 1990 wurde das Pilotprogramm der G7-Staaten zum Schutz der brasilianischen Regenwälder ins Leben gerufen mit einem Finanzierungsvolumen von 250 Mio US$. Auch hier kam es zu erheblichen Schwierigkeiten und Verzögerungen bei der Umsetzung der Projekte (HAGEMANN 1994; HALL 1997, S. 66).

Läßt sich auch in den 90er Jahren allgemein eine höhere Gewichtung von Umweltbelangen in der brasilianischen Politik feststellen, bleiben die Mängel weiterhin offensichtlich. BRESSAN JÚNIOR (1992) zeichnet ein kritisches Bild der Umweltpolitik: Sie ist gekennzeichnet von mangelnder Entwicklungsplanung, inneren Konflikten, Ineffizienz, Bürokratismus und Zentralismus. Außerdem sind die personellen und finanziellen Mittel bei weitem nicht ausreichend und die gesetzlichen Vorlagen allzu oft lückenhaft und zu restriktiv, als daß sie in die Realität umgesetzt werden könnten. Nicht zuletzt besteht ein Mangel an regional angepaßter Umweltplanung. Die bundesstaatlichen Behörden, die zu einer solcher regionalen Differenzierung beitragen könnten, leiden in der Regel unter den gleichen Mängeln wie die nationalen Stellen. Ihre finanzielle Ausstattung ist dabei generell noch schlechter, mit Ausnahme von Rio de Janeiro und São Paulo, auf die 1991 zusammen über 80% der Ausgaben im bundesstaatlichen Umweltbereich Brasiliens fielen (BRESSAN JÚNIOR 1992, S. 110). Die Ebene der Munizipien, die den lokalen und regionalen Ursachen und Auswirkungen der Umweltzerstörung räumlich am nächsten sind, erhielten bislang von höheren Stellen wenig Orientierung und haben bis heute nur sehr sporadisch eigene Planungsstrukturen im Umweltbereich aufgebaut (KRELL 1993).

Eine Betrachtung der institutionellen Strukturen der Umweltpolitik allein läßt jedoch noch keine ausreichenden Schlüsse darüber zu, welchen Stellenwert Umweltbelange wirklich in der Politik und Planung innehaben. Umweltschutz als Querschnittsaufgabe berührt andere Politikbereiche und muß von anderen Ressortplanungen beachtet werden (GUIMARÃES 1991, S. 175; STENGEL 1991, S. 186). In Brasilien ist Umweltpolitik parallel oder gar antagonistisch zur Entwicklungsplanung konzipiert und stützt sich dabei vor allem auf Kontroll- und Weisungsinstrumente. Als eine *end-of-pipe*-Planung setzt sie, wie z.B. im Falle des Flächenschutzes, nicht bei einer Lenkung der sozioökonomischen Entwicklung ein, sondern widmet sich in nachgeschalteter Position der Beseitigung oder Verhinderung ihrer Folgen (HAGEMANN 1995, S. 88f; vgl. auch Kap. 3.3). Durch diese Konzentration auf "negative Ziele", denn etwas soll nicht geschehen, hat sie die Rolle des "Spielverderbers" im Rahmen der wirtschaftlichen Entwicklung (GUIMARÃES 1992a, S. 68ff). Außerdem ist sie extrem abhängig von staatlichen Geldern, d.h. bei drohender Knappheit der Mittel ist dieser Bereich oft als erster von Kürzungen bedroht (MAIMON 1992, S. 64f).

Ein weiteres prinzipielles Problem ist die Tatsache, daß bestehende Umweltbestimmungen und -planungen sehr häufig nicht in die Realität umgesetzt werden. So waren beispielsweise die 70er Jahre einerseits eine Phase intensiver Umweltzerstörungen, in der aber andererseits zahlreiche Umweltgesetze erlassen wurden (CALCAGNOTTO 1990, S.89). Hinsichtlich der rechtlichen Position von Umweltschutz schreibt GUIMARÃES (1991, S. 131):

> "... even the most outspoken environmentalist must agree that Brazil's environmental problems cannot be blamed on the lack of statutes".

Bezüglich der brasilianischen Umweltplanung führt er aus (GUIMARÃES 1991, S. 184):

> "Just as Brazil's environmental problems cannot be blamed on a lack of legislation, so they cannot be blamed on a lack of planning either. The case here is not of absence of planning. What seems to be missing is relevance, planning that is detailed and appropriate".

DIAS & CAPOBIANCO (1994, S. 390) sieht die Ursache für diese mangelnde Umsetzung in der ungenügenden Mobilisierung der Öffentlichkeit und der relativen Neuheit der Bestimmungen, die sich in der Rechtsprechung noch nicht ausreichend gefestigt hätten. CALCAGNOTTO (1990, S. 86) und GUIMARÃES (1992a, S. 62ff) hingegen sehen den Ursprung dieser Situation sehr viel tiefer in der "Patrimonialkultur" Brasiliens verankert. In diesem Land mit seinen kolonialen Wurzeln kam der Staat sowohl zeitlich als auch machtpolitisch vor der Gesellschaft. Entsprechend prägen Formalismus, Autoritarismus und Bürokratismus die politische Kultur. Politische

Entscheidungen werden in erster Linie allein von den staatlichen Eliten getroffen, die sich dabei vor allem auf technische und formale Kriterien stützen. Es besteht wenig Kontakt zwischen der Gesetzgebung und der Gesellschaft, d.h. die Gesetze werden einerseits ohne die Beteiligung der Gesellschaft konzipiert und andererseits von ihr nicht befolgt. Es gibt also einen von der Realität enthobenen Planungs- und Politikdiskurs, der für sich allein betrachtet wenig über die wirkliche Situation der Umwelt aussagt.

3.4 Naturschutz in Brasilien: Probleme, Konzepte und aktuelle Diskussion

Die allgemeinen Probleme, die im vorigen Kapitel als charakteristisch für die gesamte brasilianische Umweltpolitik herausgestellt wurden, gelten in besonderem Maße für die Naturschutzplanung[16]. Vor allem beim Schutz von Flora und Fauna *in situ* besteht prinzipiell die Gefahr, daß die "gestalterische" Komponente der Planung hinter der rein "abwehrenden" Haltung zurückbleibt (vgl. Kap. 2.3). Nach einer Darstellung der allgemeinen Schwierigkeiten des Naturschutzes in Brasilien soll die aktuelle Debatte um die Gesetzesvorlage zu einem neuen Schutzgebietssystem näher betrachtet werden. Anhand dieser Diskussion lassen sich die derzeit wichtigsten Kritikpunkte, Ideen und Konzepte nachzeichnen. Anschließend werden die aktuellen Umsetzungsprobleme des Naturschutzes und deren Ursachen untersucht.

3.4.1 Konzeptionelle Schwierigkeiten

DEAN (1996, S. 294) führt aus, daß Naturschutzgebiete früher in Brasilien eingerichtet wurden, *"para inglês ver"* ("damit der Engländer es sieht"). In diesem Kommentar lassen sich zwei Aussagen finden: Zum einen hat der internationale Druck immer einen wichtigen Faktor bei der Entwicklung des brasilianischen Naturschutzes dargestellt, wie im übrigen bei der gesamten Umweltschutzpolitik (vgl. Kap. 3.3). Zum anderen bedeutet diese gebräuchliche brasilianische Redewendung soviel wie "so tun als ob" oder "etwas vortäuschen". So bezeichnet VIANNA (1996, S. 70) viele in Planungsunterlagen ausgewiesene Schutzgebiete als "juristische Fiktion" aufgrund ihrer ungenügenden oder gar fehlenden Umsetzung in die Realität.

Das in Kapitel 3.3 angesprochene Problem, daß die brasilianische Umweltpolitik parallel oder gar antagonistisch zur gesellschaftlichen und wirtschaftlichen Entwicklung konzipiert wird, trifft vor allem für den Flächenschutz zu. Von ihm geht in der Regel keine Wirkung auf die sozioökonomischen Ursachen der Umweltzerstörung aus[17], weswegen er ein passives, defensives Schutzmodell darstellt (VIANNA 1996, S. 72; HALL 1997, S. 58). Der Flächenschutz kann darüber hinaus sogar als komplementärer

---

[16] Die folgenden Ausführungen in diesem Kapitel beziehen sich ausschließlich auf den Flächenschutz. Die sektoralen Schutzbestimmungen zum Arten- und Biotopschutz sind zum einen derzeit noch nicht konsequent durchgesetzt worden. Zum anderen gibt es bis heute noch keine systematischen Untersuchungen über Umsetzung und Auswirkungen dieser Vorschriften. Die vorliegende Arbeit will u.a. dazu beitragen, diese Lücke anhand einer regionalen Studie zu schließen (vgl. Kap. 4. und 5.)

[17] Man kann den Grund für die Zerstörung der tropischen Regenwälder in dem Bevölkerungswachstum, der Armut, den ökonomischen Rahmenbedingungen oder den politischen Interessen sehen (vgl. Kap. 2.2): Keine dieser Ursachen kann mit Hilfe von Naturschutzgebieten bekämpft werden.

Bestandteil des naturzerstörerischen Entwicklungsstils gesehen werden. So fällt die Expansion der geschützten Flächen zeitlich und räumlich mit dem Erschließungsgang im Zentralen Westen und Amazonien zusammen (ANDREOLI 1992, S. 23; DIEGUES 1993, S. 35; vgl. Abb. 1).

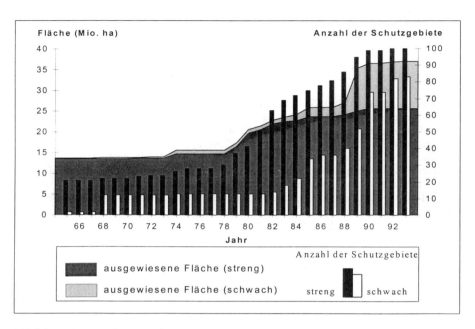

Abbildung 1: Entwicklung der Zahl der Schutzgebiete und der geschützten Fläche in Brasilien von 1965 bis 1993
Daten: IBGE (1994)

Die Ausweisung großer Schutzflächen in Amazonien in den 70er und 80er Jahren, die vor allem für den Anstieg der geschützten Fläche in diesem Zeitraum verantwortlich ist, war z.B. im *Plano de Integração Nacional* (PIN) festgeschrieben. Der gleiche Plan sollte die gesamte Erschließung Amazoniens, z.B. Straßenbau und Kolonisation, lenken und kann als Auslöser für einen großen Teil der Abholzung in Amazonien gesehen werden. Auch das *Instituto Brasileiro de Desenvolvimento Florestal* (IBDF), dem bis zu seiner Auflösung 1990 ein eigenes Schutzgebietssystem unterstand, war parallel dazu für Projekte verantwortlich, bei denen Primärwald für die Anlage von Forsten abgeholzt wurde (DIEGUES 1993, S. 37).

Die kritische Einschätzung, daß Naturschutz und Naturzerstörung oft Bestandteil des gleichen Entwicklungsstils darstellen, läßt sich also zumindest in Teilen für die 70er und 80er Jahre in Brasilien nachvollziehen. Das Leitbild stellte dabei lange Zeit das "Yellowstone-Modell" der weitgehenden Trennung von Mensch und Natur dar. Wichtigstes Kriterium für die Ausweisung von Schutzgebieten waren vor allem ästhetische Kriterien. In den 70er und 80er Jahren setzte sich langsam der Arten- und Biotopschutz als neues Motiv durch. Erst gegen Ende der 80er Jahre wurde verstärkt nach Möglichkeiten gesucht, die Trennung von Mensch und Natur auch im Naturschutz zu mildern und neue Konzepte für eine Nachhaltige Entwicklung zu erarbeiten (VIANNA 1996, S. 73; MMA 1994, S.17f). Hinter diesem Wandel stand die Einsicht, daß auch Naturschutzgebiete deutlich machen müssen, in welcher Weise sie zur sozialen, kulturellen und ökonomischen Entwicklung des Landes beitragen können, um Unterstützung aus der Gesellschaft zu erhalten. Diese neue Sichtweise folgt dem Leitbild der Nachhaltigen Entwicklung, das auch für die internationale Diskussion über den Naturschutz von großer Bedeutung ist.

Ein Faktor, der zur mangelnden Akzeptanz von Naturschutz in der Gesellschaft geführt hat, war die autoritäre Vorgehensweise, mit der Schutzgebiete in der Regel eingerichtet wurden. Vor allem während des Militärregimes herrschte die Praxis vor, Schutzgebiete mittels *top-down*-Maßnahmen per Dekret einzurichten. Diese Planungen wurden oft ohne genügende Vorstudien im ad-hoc-Verfahren durchgeführt, ohne Beteiligung der betroffenen Bevölkerung. Außerdem waren es nicht selten ökonomische, politische, militärische oder andere nicht-naturschutzplanerische Motive, die hinter den Maßnahmen standen (DIEGUES 1993, S. 37; VIANNA 1996, S. 76ff; HALL 1997, S. 53f).

In diesen Mängeln des Flächenschutzes spiegeln sich die konzeptionellen Probleme der brasilianischen Umweltpolitik wider:

– mangelnde Integration oder Dissens mit übriger Entwicklungsplanung,
– "Trostpflaster"-Charakter, der naturzerstörerische Entwicklungen an anderer Stelle legitimieren hilft,
– Trennung von Mensch und Natur und fehlende Konzepte zur Nachhaltigen Entwicklung,
– ungenügende Partizipation und autoritärer, undemokratischer Charakter der Planung.

Diese Aspekte stehen bei der Debatte um die Erneuerung des Schutzgebietssystems *Sistema Nacional das Unidades de Conservação* (SNUC) im Vordergrund. Im Rahmen dieser Gesetzesinitiative wurden seit 1992 zahlreiche Vorschläge gemacht, wie diesen Problemen mit neuen Strategien und Schutzgebietskategorien begegnet werden kann.

3.4.2 Das Schutzgebietssystem *Sistema Nacional das Unidades de Conservação* (SNUC)

Die Bedeutung von Schutzgebietssystemen für die Erfüllung der verschiedenen Funktionen des Naturschutzes unter unterschiedlichen Rahmenbedingungen ist bereits angesprochen worden. In dem ersten Forstgesetz Brasiliens (*Código Florestal*) von 1937 standen dem Flächenschutz insgesamt nur drei Schutzkategorien zur Verfügung. Im Laufe der Zeit stieg ihre Zahl, in dem Maße wie auch die Ansprüche an den Naturschutz vielfältiger wurden, kontinuierlich an. In den 70er Jahren wurde das Flächenschutzsystem jedoch zunehmend unübersichtlich, was u.a. daran lag, daß es mit der Einrichtung der SEMA neben dem IBDF ein zweites Organ gab, das ein eigenes Schutzgebietssystem aufbaute (vgl. Kap. 3.3; WEHRHAHN 1994a, S. 26). Mit der Gründung der IBAMA, in der diese beiden Behörden aufgingen, sollten diese beiden Systeme zu einem zusammengefaßt werden. Ein Gesetzesentwurf zur Schaffung eines solchen einheitlichen *Sistema Nacional das Unidades de Conservação* (SNUC) wurde in Zusammenarbeit mit der Umweltgruppe FUNATURA erarbeitet und 1992 zur Diskussion gestellt (Projeto Lei 2.892/92).

In diesem Vorschlag sind folgende Ziele des Naturschutzes festgehalten (Art. 3):

I - Erhalt der biologischen Vielfalt,
II - Schutz der vom Aussterben bedrohten Arten,
III - Schutz und Wiederherstellung der Diversität natürlicher Ökosysteme,
IV - Förderung der nachhaltigen Nutzung natürlicher Ressourcen,
V - Förderung der integrierten regionalen Entwicklung,
VI - Schutz und Entwicklung von Flora und Fauna,
VII - Schutz von natürlichen Landschaften von herausragender Schönheit,
VIII - Schutz von besonderen Merkmalen der Geologie, Geomorphologie, Archäologie und Kultur,
IX - Wasser- und Bodenschutz,
X - Förderung der Umweltwissenschaften,
XI - Bereitstellung von Möglichkeiten für Umweltbildung und Erholung in Kontakt mit der Natur,
XII - Schutz von natürlichen Gebieten bis zur endgültigen Festlegung ihrer weiteren Bestimmung.

Diese Liste läßt Parallelen zu dem Zielkatalog der IUCN (vgl. Kap. 2.3.2) erkennen, auch wenn im brasilianischen Gesetzesvorschlag die sozioökonomischen Funktionen von Naturschutz allein schon aufgrund ihrer Position in der Aufzählung an vierter und fünfter Stelle stärker ins Gewicht fallen.

Zur Erfüllung dieser Ziele sollen insgesamt zehn verschiedene Kategorien von Schutzgebieten zur Verfügung stehen. Diese lassen sich in drei Klassen einteilen: Die erste Gruppe umfaßt strenge Schutzgebiete, in denen die direkte wirtschaftliche Nutzung der natürlichen Ressourcen grundsätzlich verboten ist (*Unidades de Uso Indireto*). Menschliche Aktivitäten sind allenfalls in Form von Tourismus, Management, Umweltbildung oder Wissenschaft gestattet. In diese Klasse fallen folgende Kategorien;

– Eine *Reserva Biológica* erlaubt keinerlei menschliche Eingriffe, außer zur Pflege oder Wiederherstellung der natürlichen Ökosysteme und der biologischen Diversität. Sie stellt die strengste Form eines Naturschutzgebietes dar (Art. 12).

– In einer *Estação Ecológica* sind dagegen menschliche Aktivitäten zum Zweck der Umweltbildung und für wissenschaftliche Studien erlaubt. Diese Flächen dürfen jedoch nicht mehr als 5% des Schutzgebietes bzw. nicht mehr als 1.500 ha umfassen[18]. Tourismus ist allein zu Zwecken der Umweltbildung gestattet (Art. 13). In ihrer Gesamtheit sollen die Ökologischen Stationen einen repräsentativen Querschnitt der natürlichen Ökosystemtypen Brasiliens darstellen (WEHRHAHN 1994a, S. 26).

---

[18] Bislang sind in Ökologischen Stationen (*Estações Ecológicas)* Eingriffe auf 10% der Fläche erlaubt. Diese Tatsache ist relevant für das Verständnis der Situation in der Estação Ecológica Juréia-Itatins, die im Kapitel 4.3.3 beleuchtet werden soll.

– Entsprechend dem Modell des Yellowstone-Parkes werden in einem *Parque Nacional,* oder der bundesstaatlichen Entsprechung *Parque Estadual* Gebiete von besonderem Wert für Wissenschaft, Kultur, Landschaftsästhetik, Erziehung oder Erholung geschützt und einem gelenkten Strom von Touristen zugänglich gemacht (Art. 14).

– Mit Hilfe der Kategorie *Monumento Nacional* können Landschaftssegmente unter Schutz gestellt werden, die durch andere Kategorien nicht erfaßt werden, da es sich hierbei um kleinflächige, in der Regel abiotische Elemente handelt. Diese sind aufgrund ihrer Gefährdung, Einzigartigkeit, Seltenheit und Schönheit schützenswert. Gelenkter Tourismus ist möglich (Art. 15).

– Als letzte Kategorie der strengen Schutzgebiete dient das *Refúgio de Vida Silvestre* vor allem der Reproduktion der heimischen Flora und Fauna. Auch hier sind Besucher grundsätzlich zugelassen (Art. 16).

In der zweiten Gruppe sind weniger strenge Kategorien zusammengefaßt, die anthropogene Nutzungsformen erlauben oder ausdrücklich in ihre Konzeption miteinbeziehen. Sie besteht aus folgenden Schutzgebietskategorien:

– *Reservas de Fauna* sichern wichtige Habitate von Tierpopulationen, die für wissenschaftliche Studien genutzt werden. Diese Untersuchungen können sich auch der wirtschaftlichen Nutzung dieser Arten widmen (Art. 19).

– Die *Áreas de Preservação Ambiental* haben als Ziel nicht nur die Erhaltung und Wiederherstellung ökologischer Funktionen und intakter Landschaften, sondern darüber hinaus auch die Förderung des Wohlergehens der Bevölkerung ("*bem estar da população*"). Dementsprechend werden wirtschaftliche Nutzungsformen explizit in das Management des Gebietes mit einbezogen. Mittels der Ausweisung verschiedener Zonen unterschiedlicher Nutzungsformen und -intensitäten wird lenkend in die Landnutzung eingegriffen und damit eine harmonische Mensch-Umwelt-Beziehung aufgebaut und gefördert (Art. 20). SILVA et al. (1987, S. 9) sehen u.a. in dem deutschen Landschaftsschutzgebiet ein Vorbild für diese Kategorie. Die Zielsetzung und das Zonierungskonzept, wobei auch Kernzonen mit integralem Schutz ausgewiesen werden können, lassen ebenfalls Parallelen zu der internationalen Kategorie des Biosphärenreservates erkennen (vgl. Kap. 2.3.2).

– *Florestas Nacionais* oder *Florestas Estaduais* dienen der nachhaltigen Forstnutzung von natürlichen Wäldern und darüber hinaus dem Wasserschutz, wissenschaftlichen Zwecken und der Erholung (Art. 21).

– In *Reservas Extrativistas* leben Gruppen, die traditionellerweise von Sammlertätigkeit leben. Diese nachhaltigen Formen der Subsistenzwirtschaft werden durch einen Managementplan, der von der IBAMA erstellt wird, geregelt. Holzextraktion und Bergbau sind verboten (Art. 22). In der Regel befindet sich der Boden in einer *Reserva Extrativista* in Staatseigentum. Die Nutzungskonzession (*Concessão Real de Uso*) wird nur der Vertretung der Gemeinschaft der Bewohner (*Associação dos Moradores*) zugeteilt, die einerseits die interne Organisation der Ressorcennutzung regelt und sich andererseits nach außen gegenüber den Umweltbehörden verantworten muß. Privatbesitz und damit auch Verkauf von Grund und Boden ist nicht vorgesehen[19]. Eine sehr ähnliche Kategorie (*Projeto de Assentamento Extrativista*) ist auch im nationalen Plan zur Agrarreform (*Programa Nacional de Reforma Agrária*) von 1987 vorgesehen (ARNT 1994, S.10). Erst seit 1989 werden Sammlerreservate vorwiegend im Rahmen des nationalen Umweltgesetzes ausgewiesen, wobei in erster Linie juristische und verwaltungstechnische Gründe eine Rolle spielen. *Reservas Extrativistas* können also sowohl als Naturschutzgebiete als auch als Agrarreformprojekte angesehen werden und erfüllen damit sowohl die soziale Funktionen des Bodens als landwirtschaftlicher Produktionsstandort, als auch seine Funktion als Standort einer intakten Natur[20].

Die dritte Schutzgebietsklasse im SNUC besteht nur aus einer Kategorie:

- Die *Reserva de Recursos Naturais* hat provisorischen Charakter und ist zum vorläufigen Schutz von akut gefährdeten Ökosystemen gedacht, ohne daß langwierige Vorstudien und juristische Verfahren notwendig wären (Art. 10/§ 2 und Art. 17). Sobald die notwendigen Vorarbeiten geleistet sind, soll die endgültige Einordnung in eine der anderen Kategorien erfolgen.

Neben der Vereinheitlichung und Spezifizierung der Schutzkategorien enthält die Gesetzesvorlage auch allgemeine Angaben zu Ausweisung und Verwaltung der Schutzgebiete. Hier sollen nur vier wichtige Bestimmungen erwähnt werden:

- Initiativen zur Ausweisung von Schutzgebieten müssen sich auf jeden Fall auf wissenschaftlich-technische und sozioökonomische Vorstudien stützen können (Art 25/§ 2).

- Vorrang bei der Ausweisung haben solche Ökosysteme, die zum einen bislang nur ungenügend im Schutzgebietssystem repräsentiert sind und andererseits einer akuten Gefährdung unterliegen oder gefährdete Arten beherbergen (Art. 25/§ 3).

- Alle Schutzgebiete müssen über einen Managementplan (*Plano de Manejo*) verfügen, in dem die einzelnen Schutzzonen festgelegt sind (Art. 27).

---

[19] Durch den Gemeinschaftsbesitz soll u.a. auch die Abholzung begrenzt werden, da alle Formen der Besitznahme von Land und Bodenspekulation, die erheblich zur Vernichtung der Regenwälder beitragen (vgl. 3.1), ausbleiben (ALLEGRETTI 1994, S. 27). Der Widerspruch dieser Strategie zu HARDINs These der *tragedy of the Commons* (vgl. Kap. 2.2.?) liegt auf der Hand: Hier wird Gemeinschaftsbesitz eben nicht als Ursprung von Umweltdegradation gesehen, sondern als "Heilmittel".

[20] Mit der Einrichtung eines Sammlerreservates soll der Zugang zu den natürlichen Ressourcen einer klar begrenzten Gruppe gesichert und damit erreicht werden, daß nachhaltige Nutzungsstrategien erhalten bleiben. Die Beziehung dieses Konzeptes zur lokalistischen Sichtweise der Nachhaltigen Entwicklung (vgl. 2.1.3) ist damit deutlich. Außerdem stellt diese Naturschutzkategorie einen der wenigen Fälle dar, bei denen die Initiative von der direkt betroffenen Bevölkerung ausging. So haben Entstehung und Konzept der Sammlerreservate ein breites, vor allem internationales Echo gefunden, und diese Schutzgebiete wurden als Vorbild für eine Strategie der Nachhaltigen Entwicklung in der Dritten Welt gesehen (so z.B. DALBY 1992; FRIEDMAN 1992). Dabei sind jedoch die besonderen historischen und regionalen Rahmenbedingungen der Kautschukwirtschaft und der Sammlerreservate oft nicht genügend beachtet worden (ALLEGRETTI 1994, S. 46; KECK 1995).

- Die Hälfte der erwirtschafteten Einnahmen, z.B. aus Eintrittsgeldern, werden im Schutzgebiet selbst verbraucht, die andere Hälfte wird an die IBAMA abgeführt, die das Geld unter den Schutzgebieten aufteilt (Art. 32).

Diese Gesetzesvorlage wurde 1992 fertiggestellt und einem großen Kreis von Experten aus Politik, Wissenschaft, Verbänden und Umweltgruppen zur Diskussion gestellt. Mittlerweile liegen zahlreiche Änderungs- und Gegenvorschläge (*Substitutivos*) vor. Der Text von Fernando Gabeira greift am konsequentesten Impuls der internationalen Naturschutzdiskussion auf und soll aus diesem Grund hier näher betrachtet werden (zit nach Instituto Socioeconómico 1996)

Dieser Entwurf geht von der Kritik aus, daß die Gesetzesvorlage noch zu sehr dem alten autoritären und defensiven Naturschutzparadigma verpflichtet sei und daß die Bevölkerung rechtlich zuwenig in die Entscheidungsprozesse und das Management einbezogen werde. Außerdem seien in dem Kategorienkatalog Überschneidungen und Lücken festzustellen. Nicht zuletzt beinhalte die Auflistung implizit eine Hierarchie von den "wichtigen" strengen bis zu den "unwichtigen" weniger strengen Kategorien. Eine solche Abstufung sei jedoch nicht mit dem Leitbild der Nachhaltigen Entwicklung vereinbar.

Mängel in der Konzeption und Umsetzung von Naturschutz können nicht allein der problematischen finanziellen Situation der Umweltbehörden und dem mangelnden politischen Willen der Verantwortlichen angelastet werden. Bislang hat die Natur-schutzplanung wenig Initiative gezeigt, die Gesellschaft und die direkt Betroffenen in die Entscheidungsfindung mit einzubeziehen, sondern hat sich in der Regel allein auf technisch-wissenschaftliche Kriterien gestützt und dabei übersehen, daß auch die Ausweisung eines Schutzgebietes eine politische Entscheidung darstellt. Außerdem wurde der Flächenschutz in der Vergangenheit zu wenig unter dem Aspekt seiner sozialen und ökonomischen Funktionen konzipiert und der Wert des Naturschutzes für die Gesellschaft zu wenig sichtbar gemacht. Folglich ist es nicht verwunderlich, wenn die nötige Unterstützung von politischer Seite ausbleibt.

So erweitert der Alternativentwurf (*substitutivo* Gabeira/Art. 4) die Liste der Ziele des Naturschutzes um folgende Punkte:

- Renaturierung und Wiederherstellung von degradierten Flächen,

- Ökonomische und soziale Valorisierung der biologischen Diversität,

- Schutz der Nahrungsquellen, der Wohnorte und der Subsistenzbasis der traditionellen Bevölkerung, unter Respektierung ihrer Kultur mit ökonomischer und sozialer Förderung,

- Schutz und Förderung der Nutzungsformen biologischer Ressourcen, auf der Basis von umweltgerechten traditionellen Praktiken.

VIANNA & ADAMS (1995, S. 77) und DIEGUES (1993, S. 39ff) vermissen in dem Gesetzesentwurf klare Aussagen zum Bleiberecht von Bewohnern, insbesondere traditioneller Bevölkerung, in strengen Schutzgebieten und ihrer Beteiligung am Management. Schutzgebiete sind nach ihrer Ansicht zu sehr wie Naturinseln in einem bewirtschafteten Raum geplant, und es wird zu wenig Wert auf die Förderung von nachhaltigen, kapitalextensiven Wirtschaftsformen gelegt. Allein die *Reservas Extrativistas* können als Kategorie angesehen werden, die traditionelle, umweltverträgliche Nutzungsarten anerkennt und fördert. Allerdings ist ihr Anwendungsgebiet zu sehr auf den Extraktivismus beschränkt. *Áreas de Preservação Ambiental* dagegen wirken nicht auf wichtige agrarsoziale Rahmenbedingungen ein, wie z.B. Grundbesitzsystem oder Arbeitsverfassung, und sind nicht explizit auf traditionelle, kapitalextensive Wirtschaftsformen ausgerichtet.

Deswegen schlägt GABEIRA die Schaffung einer neuen Schutzgebietskategorie *Reserva Ecológico-Cultural* vor (*substitutivo* Gabeira/ Art. 20). Sie soll in Gebieten eingerichtet werden, in denen traditionelle Bevölkerung lebt und nachhaltig wirtschaftet. Erklärtes Ziel ist der Erhalt und die Stärkung des traditionellen Wirtschaftens sowie die Bewahrung der traditionellen Lebensformen[21]. Der Boden befindet sich wie auch in den *Reservas Extrativistas* in Gemeinschaftsbesitz und ist nicht zu verkaufen. Das Management des Schutzgebietes soll von den Bewohnern und der Naturschutzbehörde gemeinsam durchgeführt werden. Die wirtschaftliche Nutzung der natürlichen Ressourcen findet unter folgenden Maßgaben statt:

– Tourismus ist nur in gelenkter Form und nach Ausarbeitung eines Managementplans möglich.

– Kommerzieller Holzeinschlag, Bergbau und Freizeitjagd sind untersagt.

– Das dynamische Gleichgewicht zwischen der Bevölkerungsgröße und den Zielen des Naturschutzes muß immer beachtet werden[22].

– Nachhaltige Landwirtschaft und Sammlertätigkeit sind gemäß des Managementplans möglich.

– Den Zugang zu den natürlichen Ressourcen hat ausschließlich die traditionelle Bevölkerung.

Neben der Schaffung einer neuen Schutzkategorie wurde bei der Debatte um den Gesetzesvorschlag (Projeto Lei 2.892/92) auch allgemein eine stärkere und effektivere Partizipation der Bevölkerung bei der Naturschutzplanung eingefordert. Anstelle der Idee der strategischen Planung und der prä-determinierten Ziele sollte eine offene, flexible Planung im Vordergrund stehen, bei der den Belangen der Betroffenen größeres Gewicht beigemessen wird (MMA 1994, S. 51f). Der Alternativvorschlag von GABEIRA enthält einen Artikel, der die 15 leitenden Grundideen des SNUC festschreiben soll (*substitutivo* Gabeira/Art. 5). Die Partizipation der gesamten Gesellschaft und der betroffenen Bevölkerung an der Planung stehen dabei an zweiter und dritter Stelle. MARETTI (1995) schlägt eine konkrete Strategie vor, wie die Bevölkerung von den Behörden erreicht und in die Entscheidungen mit einbezogen werden könnte. Grundlegend ist dabei die Kontinuität und Berechenbarkeit der

---

[21] Dieses Konzept ist jedoch auch mit erheblichen Problemen verbunden. Beispielsweise müßte eindeutig geklärt werden können, welche Individuen, Familien oder Gemeinschaften als traditionell angesehen werden können. Dieser Frage wird in Kapitel 4.3.4 nachgegangen.

[22] Was diese Forderung konkret für Naturschutz und Bevölkerung bedeutet, wird nicht näher verdeutlicht.

Ansprechpartner bei den Behörden und der generellen Leitlinien, eine effektive Informationsvermittlung über den aktuellen Stand der Planung an die Bevölkerung (z.B. über Radioprogramme) und die Rezeption der Reaktion und der Vorschläge der Bevölkerung[23].

Bereits seit 1988 besteht die Möglichkeit, externe Organisationen mittels Co-Management an der Verwaltung von Schutzgebieten zu beteiligen. Besonders seit 1994, nach dem Scheitern der ersten Phase des *Plano Nacional do Meio Ambiente* aufgrund der Überlastung der IBAMA (vgl. Kap. 3.3), nimmt das Ziel der Dezentralisierung der Naturschutzplanung einen großen Raum ein. Es gibt drei Formen des Co-Managements (MMA 1994, S. 42):

– Wirtschaftliche Zusammenarbeit kann z.B. in den Bereichen Tourismuslenkung, Infrastrukturausbau oder Umweltbildung stattfinden. Hierbei werden beispielsweise Nichtregierungsorganisationen, Gewerkschaften oder private Firmen beteiligt.

– Technisch-wissenschaftliche Zusammenarbeit ist mit Universitäten, anderen Forschungseinrichtungen oder Nichtregierungsorganisationen möglich.

– Über die Mittlerrolle von Munizipien, Bewohnergruppen (*Associações dos Moradores*) oder Nichtregierungsorganisationen ist eine soziopolitische Zusammenarbeit mit der lokalen Bevölkerung denkbar.

Neben Fragen der Verwaltung von Schutzgebieten wird auch die Effizienz des im Gesetzesentwurf vorgeschlagenen Katalogs von zehn Schutzgebietskategorien diskutiert. So wird bemängelt, daß die Ziele der strengen Schutzgebiete nicht klar voneinander abgrenzbar sind (MMA 1994, S. 16). GABEIRA schlägt beispielsweise vor, die Kategorie der *Reserva Biológica* wegen ihrer Ähnlichkeit mit den *Estações Ecológicas* zu streichen. Neben den *Reserva Ecológica-Cultural* sollen zwei weitere Kategorien neu in den Katalog aufgenommen werden:

– *Reserva Produtora de Água* (*Substitutivo* Gabeira/Art. 19) ist auf die Sicherung der Trinkwasserversorgung ausgelegt.

– *Reserva Ecológica Integrada* stellt eine Mischform dar, in der benachbarte Schutzgebiete unterschiedlicher Kategorien zusammengefaßt werden können. Mit diesem Typ soll die Möglichkeit geschaffen werden, die Isolation der einzelnen Schutzgebiete zu mindern und gemeinsame Strategien und Ziele unter einer gemeinsamen Verwaltung zu entwickeln. Damit kann eine flexiblere Planung ermöglicht werden (*Substitutivo* Gabeira/Art. 21).

Außerdem wird vorgeschlagen, die international gültige Kategorie des Biosphärenreservates (*Reserva da Biosphera*) offiziell in das brasilianische Naturschutzgesetz aufzunehmen (*substitutivo* Gabeira/Art. 40)

---

[23]Auch wenn die Vorschläge gegenüber der bisherigen Planungspraxis einen enormen Fortschritt bedeuten, bleiben sie dennoch auf der relativ niedrigen Partizipationsstufe der Konsultation stehen (vgl. Kap. 2.3.4).

Die Möglichkeit der Um-Klassifikation von Schutzgebieten sollte einfacher gestaltet werden. Bislang können nationale Schutzgebiete nur mittels eines Gesetzes einer anderen Kategorie unterstellt werden, während die Einrichtung durch ein einfaches Dekret möglich ist. Daneben ist jede Änderung verboten, die zu einer "Decharakterisierung" des Schutzgebietes führen könnte (MACHADO 1995, S 53ff; MIRRA 1994, S. 31ff). Diese Hürden im Gesetz sollen Naturschutzgebiete eigentlich vor einem leichten Zugriff von außen, z.B. durch andere sektorale Planungen, schützen. Aufgrund von akuter Gefährdung werden Schutzgebiete jedoch oft ad-hoc ohne ausreichende Vorstudien ausgewiesen, und häufig erweist sich die Zuweisung einer Schutzkategorie im Nachhinein als verbesserungsbedürftig (GOUVÊA 1993, S. 41). Durch eine Vereinfachung der Um-Klassifikation könnte die Naturschutzplanung flexibler frühere Fehler korrigieren und auf veränderte Rahmenbedingungen eingehen.

Nicht zuletzt ist die Schaffung von ökonomischen und steuerlichen Anreizen für die Umsetzung des Flächenschutzes von Bedeutung. Auch private Eigentümer von Grund und Boden sollten die Möglichkeit erhalten, ihre Fläche als privates Schutzgebiet (*Reserva Particular de Patrimônio Nacional*) auszuweisen. Für diese Fläche wird dann vom Staat keine Grundsteuer erhoben. Auch sind sie nicht mehr für die Ansiedlung von Kleinbauern (*Assentamentos*) im Rahmen der Agrarreform auszuweisen (Art. 37). Damit soll für Großgrundbesitzer eine gesetzliche Alternative zur Abholzung aus Steuergründen oder aus Furcht vor der Agrarreform geschaffen werden (vgl. Kap. 3.1.3).

Bislang wurde noch kein Gesetzesvorschlag verabschiedet, und die Diskussion über das Projeto Lei 2.892/92 zur Neuordnung des SNUC ist noch nicht abgeschlossen. Es ist leicht zu erkennen, daß mit den in diesem Kapitel aufgeführten Vorschlägen viele Ideen der internationalen Naturschutzdiskussion (vgl. Kap. 2.3) konkret in die Tat umgesetzt werden sollen: das Leitbild eines Schutzes für den Menschen und nicht vor ihm, die Verbindung mit lokalen Wirtschaftsformen, Partizipation, die Anerkennung des Rechtes von autochtonen Gruppen und die Gestaltung von Planung als Lernprozeß anstelle als prä-determinierte Strategie. Es besteht also die Möglichkeit, daß Brasilien eine auch international richtungsweisende Naturschutzgesetzgebung erhält, wenn diese Anregungen in den Gesetzestext aufgenommen werden.

3.4.3 Umsetzungsprobleme im Flächenschutz

Erneuerung und Verbesserung der Bestimmungen und des Schutzgebietssystems erscheinen dringend notwendig, wenn man die Situation des Flächenschutzes näher betrachtet. VIANNA & ADAMS (1995, S. 270) sind dabei der Ansicht, daß die Hauptschuld für die derzeitigen Probleme allein bei der Naturschutzpolitik liegt. Dabei ist die Ursache weniger in Entscheidungsfehlern oder mangelnder Mittelzuweisung zu suchen, sondern vor allem in einer falschen und unangemessenen Konzeption. Folgende Probleme stehen dabei im Vordergrund (BACHA 1992, S. 350f; PARDO 1994, S. 368; VIANNA 1996, S. 71f):

– mangelnde Repräsentation einiger Biome und ungleiche regionale Verteilung,

– ungenügende personelle und finanzielle Mittel für eine effektive Umsetzung der Schutzgebiete,

– Existenz von "*paper-parks*",

– zu langsame oder ganz fehlende Klärung der Eigentumsrechte und Enteignungen,

– ungeplante Besiedlung und Bewirtschaftung von strengen Schutzgebieten und Konflikte mit den Bewohnern.

Insgesamt stehen weniger als 5% der Landesfläche unter strengem Schutz, womit Brasilien hinter der Vorgabe der IUCN zurückbleibt, alle Nationen sollten 10% ihrer Landesfläche schützen[24]. Auffallend ist das regionale Ungleichgewicht der Naturschutzfläche mit einer Konzentration im Norden, während die anderen Regionen unterrepräsentiert sind (Abb. 2).

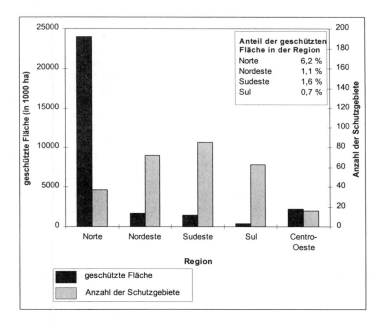

Abbildung 2: Zahl der strengen Schutzgebiete und streng geschützte Fläche in den brasilianischen Großregionen
Daten: IBGE (1995)

Dementsprechend sind die amazonischen Regenwälder im Flächenschutz relativ gut abgedeckt, obwohl sie zur Zeit noch als verhältnismäßig intakt und wenig gefährdet gelten können (SOUTHGATE & CLARK 1993, S. 163). Bei anderen Ökosystemtypen lassen sich große Lücken im Schutzgebietssystem feststellen, wie z.B. bei den Feuchtsavannen (*Cerrados*) im Zentralen Westen, den Dornbuschsavannen *(Caatinga)*

---

[24]Dabei stellt sich die Frage, ob es sinnvoll ist, diese Forderung als absolute Bezugsgröße nationaler Natuschutzplanung zu nehmen, denn solche Zahlen sagen, auch im internationalen Vergleich, nur wenig über die Umweltsituation und die Nachhaltigkeit der Wirtschaftsweise eines Landes aus.

im Nordosten und den Grasländern (*Campos limpos*) im Süden (BACHA 1992, S. 357; MMA 1994, S. 47f). Der besonders gefährdete Vegetationstyp des Atlantischen Regenwaldes (vgl. Kap. 3.2) ist vor allem im Nordosten und im Bereich der Araukarienwälder ebenfalls nicht ausreichend durch den Flächenschutz erfaßt (CÂMARA 1991, S. 72ff). Zukünftige Initiativen, die geschützten Flächen in Brasilien zu vergrößern, sollten sich deshalb auf diese bisher vernachlässigten Ökosystemtypen konzentrieren (PRADO 1994, S. 355). Bislang spielt die Repräsentativität des geschützten Ökosystems bei der Gewichtung der Schutzmotive eine nur untergeordnete Rolle neben Kriterien wie z.B. Verwaltungsstrukturen, Erreichbarkeit, akuter Gefährdung und Grundbesitzsituation (MMA 1994, S. 49).

Die Ausweisung eines Schutzgebietes per Dekret ist jedoch nur ein erster Schritt und kann nicht automatisch mit einer effektiven Umsetzung "im Raum" gleichgesetzt werden. Bei dieser Realisierung der Planungsvorlagen liegen die weitaus größeren Probleme des brasilianischen Flächenschutzes.

Die finanziellen und personellen Mängel der Umwelt- und Naturschutzbehörden wurden bereits in Kapitel 3.3 angesprochen. Mit der Einrichtung des *Plano Nacional do Meio Ambiente* (PNMA) und der damit verbundenen Unterstützung durch die Weltbank und die Kreditanstalt für Wiederaufbau dürfte die finanzielle Situation brasilianischer Schutzgebiete allerdings besser sein als in vielen anderen Ländern Lateinamerikas. In dem Haushaltsplan von 1995 waren insgesamt 15% der Mittel für Naturschutzgebiete bestimmt. Im Rahmen der Diskussion um den Gesetzesvorschlag Projeto Lei 2.892/92 wurde eine stärkere finanzielle Autonomie für die Schutzgebiete vorgeschlagen, die derzeit 50% ihrer Einnahmen an die IBAMA abführen müssen. Durch diese Maßnahme könnten stärkere Anreize zur ökonomischen Inwertsetzung, z.B. durch Ökotourismus, geschaffen werden. Daneben könnte ein direkter Rückstrom der Mittel in die Region den Beitrag des Naturschutzes zur wirtschaftlichen Entwicklung für die lokale Bevölkerung sichtbar machen.

Das Problem der "*paper-parks*", d.h von Schutzgebieten, die nur "auf dem Papier" und nicht in der Realität existieren, hat seinen Ursprung u.a. in der Überlastung der zuständigen Behörden. Viele Schutzgebiete verfügen keinen Managementplan, wie er im Gesetz vorgesehen ist, obwohl sie teilweise juristisch bereits seit langer Zeit existieren. Informationen der Verantwortlichen über die tatsächliche Situation vor Ort, z.B. über die Zahl der dort wohnenden Menschen, sind oft rar oder gar nicht vorhanden. Daneben sind viele Schutzgebiete im Gelände nicht ausgewiesen (VIANNA 1996, S. 80f). So sieht PARDO (1994, S. 355) vor allem die Notwendigkeit, die bereits bestehenden Schutzgebiete in die Realität umzusetzen, bevor neue ausgewiesen werden.

Die mangelnde Klärung der Eigentumsrechte und die zu langsame Durchführung der Enteignung der Eigentümer ist eines der Hauptprobleme von Schutzgebieten. Laut Gesetz muß sich der Boden von einigen Schutzgebieten in staatlichem Eigentum befinden. Laut Projeto Lei 2.892/92 gilt dies für die strengen Kategorien *Reserva Biológica, Estação Ecológica, Parque Nacional* und *Monumento Nacional* sowie für die weniger strengen *Reserva de Fauna, Floresta Nacional* und *Reserva Extrativista*. Der Gesetzgeber hatte bei dieser Regelung die Interessen der Landeigentümer im Sinn: Die Restriktionen, die innerhalb von Schutzgebieten gelten, schränken die Möglichkeiten einer Nutzung stark ein oder machen sie ganz unmöglich, so daß das Recht auf Eigentum nicht mehr gewährleistet ist. Dieser Widerspruch zwischen der Naturschutzgesetzgebung und dem verfassungsmäßig verbrieften Recht auf Eigentum läßt sich nur mittels einer Enteignung durch den Staat lösen, womit dieser seiner Verpflichtung gegenüber dem Eigentümer nachkommt, der seine Fläche nicht mehr nutzen kann. In den Kategorien *Área de Preservação Ambiental* und *Refúgios de Vida Silvestre* kann die Fläche in Privateigentum bleiben, da die hier geltenden Restriktionen mit der sozialen Funktion von Eigentum, die auch den Schutz der Umwelt mit einschließt, vereinbar sind (GOUVÊA 1993, S. 412f).

Wie jedoch in Kapitel 3.1.3 bereits ausgeführt, sind die Eigentumsverhältnisse von Grund und Boden nicht immer eindeutig geklärt. Neben dem Land, das rechtmäßig in Privateigentum ist (*terras particulares*), gibt es Land, auf das der Staat Eigentumsanspruch erhebt (*terras públicas*), wie z.B. idealerweise innerhalb eines Schutzgebiets. Als dritte Form finden sich auch weite Flächen, die der Staat zwar nicht für sich beansprucht, die jedoch auch keinen anderen rechtmäßigen Eigentümer haben (*terras devolutas*). Liegen keine besonderen Umstände vor, dann vergibt der Staat auf diesen Flächen Eigentumstitel an die Familien, die auf dem Land leben und es nutzen. Dieses Verfahren ist allerdings äußerst langwierig, weil dabei konkurrierende Forderungen von verschiedenen Interessenten erhoben werden. Bis heute ist nur ein Bruchteil dieser *terras devolutas* in Privateigentum übergegangen, obwohl sie bereits seit der Unabhängigkeit Brasiliens existieren.

Bei der Umsetzung von Naturschutzgebieten muß auf den *terras particulares* der Boden sowie der Wert der Immobilien und Kultivierungsmaßnahmen (*benfeitorias*) ersetzt werden. Auf den eindeutig in Staatseigentum befindlichen *terras públicas* wird in den meisten Fällen der Wert der *benfeitorias* den Besitzern erstattet. Aufgrund von Eigentumstitelfälschungen und ungenauen Bodenkatastern sind die *terras particulares* oft nicht eindeutig von den *terras devolutas* zu trennen. Vor einer Enteignung durch den Staat sind also zunächst die legalen Besitzansprüche zu klären, ein Prozeß, bei dem oft auch die Gerichte eingeschaltet werden müssen (MMA 1994, S. 22f; MIRRA 1994). So ist derzeit weniger als die Hälfte der Fläche von strengen Schutzgebieten im Eigentum des Staates. Davon befindet sich der überwiegende Teil in Amazonien, wo großfläche Schutzgebiete relativ problemlos auf *terras devolutas* eingerichtet werden konnten (BACHA 1992, S. 343).

Allein für die Enteignung der ca. eine Million Hektar großen Naturschutzfläche im Bereich des Atlantischen Küstenregenwaldes, von der derzeit nur 30% in Staatseigentum sind, müßten zwei bis drei Milliarden US-Dollar aufgewendet werden (Consórcio Mata Atlântica & UNESP 1992, S. 63f). Anfang der 90er Jahre enthielt der umweltpolitische Haushaltsplan kein Geld für die Enteignung von Flächen, denn Gelder aus internationalen Kreditprogrammen, auf die sich die Finanzierung der Umweltpolitik ja in erster Linie stützt, dürfen laut Gesetz nicht für den Ankauf von Land benutzt werden (MMA 1994, S. 22). Das Problem muß von Brasilien also aus eigener finanzieller Kraft gelöst werden und dürfte wohl auch in naher Zukunft bestehen bleiben.

Das dringendste Problem des Flächenschutzes sind die Konflikte mit den Bewohnern und deren Nutzung der natürlichen Ressourcen (Landwirtschaft, Extraktivismus, Fischerei, Jagd, Bergbau) in den strengen Schutzgebieten, die per Gesetz weder bewohnt noch bewirtschaftet werden dürfen[25]. VIANNA (1996, S. 83) sieht das Konfliktpotential zum einen von naturschutzplanerischen Faktoren abhängig (Art der Einrichtung, Größe, Alter, Kategorie, Standort, Umriß und Situation der Verwaltung). Daneben sind aber auch Umstände entscheidend, auf die die Naturschutzplanung keinen oder nur wenig Einfluß hat, wie die regionale Wirtschaftsgeschichte und -entwicklung, die Erreichbarkeit oder das Grundbesitzsystem in dem Gebiet.

Spannungen zwischen dem Flächenschutz und Bewohnern und Nutzern sind in Brasilien nicht neu. DEAN (1996, S. 295f) berichtet, daß bereits in den 50er Jahren Informationen über die illegale Besiedlung des Schutzgebietes Morro do Diabo im Westen des Bundesstaates São Paulo eine breite öffentliche Diskussion auslösten. Naturschutzvertreter plädierten damals für die Umsiedlung der Familien. Demgegen- über vertraten einige Politiker die Position, bereits okkupierte Flächen sollte aus dem strengen Schutz ausgenommen und die restlichen Gebiete in Zukunft stärker kontrolliert werden. DEAN (1996, S. 298) führt ebenfalls aus, daß in den 60er Jahren die Abholzungsrate in Paraná innerhalb von Schutzgebieten höher war als außerhalb.

Trotz starker Unterschiede der Bewohner untereinander hinsichtlich ihrer kulturellen Wurzeln, der Wirtschaftsformen, der juristischen Situation und ihrer Besiedlungsge- schichte stark unterscheiden, sieht VIANNA (1996, S. 78) auch gemeinsame Merkmale. Sie gehören in der Regel den untersten sozialen Schichten an. Beachtet man die in Kapitel 3.1.2 dargestellten Zusammenhänge zwischen Marginalisierung, Verdrängung, Migration und Abholzung, dann wird nachvollziehbar, warum nach MONBIOT (1993, S. 163) die Schutzgebiete in Amazonien Anziehungspunkte für die Besiedlung durch Kleinbauern darstellen:

> "Among the safest places for peasants to move to are nature reserves. This is because, by contrast to the private landholdings which quickly mo- nopolise the rest of the regions made accessible by roads, there are no gun- men in the reserves. For many Amazonian politicians the destruction of a nature reserve is a political boon, as it enables them to grant free land in ex- change for votes. So when the federal government declares an area to be to- tally protected, there is often a rush to occupy it."

VIANNA (1996, S. 88) beklagt, daß es an politischen Leitlinien fehlt, wie mit den Bewohnern zu verfahren ist, obwohl ein Großteil der strengen Schutzgebiete bewohnt und/oder bewirtschaftet wird. In den Managementplänen, sofern sie existieren, wird in der Regel die tatsächliche Besiedlung nicht beachtet und von einem irrealen menschen- leeren Zustand des Schutzgebietes ausgegangen. Deswegen tragen diese Pläne nicht zu einer Klärung der Bewohnerfrage bei.

Die Unterscheidung von "alteingesessenen" Familien, die bereits vor Einrichtung des Schutzgebietes dort lebten, und neu hinzugekommenen "Eindringlingen" wird von den Naturschutzbehörden anhand des Zeitpunktes der formal-juristischen Ausweisung des Schutzgebietes festgemacht. Zwischen dem Erlaß des Dekrets und den ersten Ansätzen einer realen Umsetzung, d.h. den ersten Tätigkeiten im Gelände, vergehen jedoch häufig viele Jahre, in denen die Bewohner meist noch nichts von dem Schutzgebiet wissen.

---

[25] Dieses Dilemma ist dabei nicht auf Brasilien beschränkt, sondern in Lateinamerika (AMEND & AMEND 1992) und in der gesamten Dritten Welt (WEST & BRECHIN 1991) weit verbreitet.

84

Aus diesem Grund kann nach Ansicht von VIANNA & ADAMS (1995, S. 156) das Datum des Dekretes nicht zur Unterscheidung von "Einheimischen" und Neusiedlern herangezogen werden.

Wenn Enteignungen und Umsiedlungen stattfinden, dann wird der Preis, der für die *benfeitorias* der Bewohner gezahlt wird, in der Regel als zu niedrig erachtet (MMA 1994, S. 60). DIEGUES (1993, S. 44) kritisiert darüber hinaus, daß die Naturschutzbehörden oft die Strategie der "indirekten Enteignung" verfolgen würden: Durch Verhinderung von Infrastrukturmaßnahmen und Verweigerung von sonstiger Unterstützung sollen die Bewohner von alleine zur Abwanderung bewegt werden.

VIANNA (1996, S. 85f) führt aus, daß sich bei diesen Konflikten beide Seiten, die Naturschutzbehörden und die Bewohner, jeweils selber als Opfer und die andere Seite als Täter sehen: Die hier lebenden Familien fühlen sich der Willkür des Staates ausgesetzt, der ohne ihre Konsultation einseitig eine Fläche als Schutzgebiet dekretiert und ihnen damit den lebenswichtigen Zugang zu den natürlichen Ressourcen abschneidet. Für die Vertreter der Naturschutzinstitutionen behindern die Familien, die illegal in den Naturschutzgebieten leben, den Schutz von bedrohten Arten und Ökosystemen und gefährden damit deren Überleben.

Wie artikuliert sich diese Konfliktlage konkret "vor Ort"? Welche Interessen und Strategien verfolgen beide Seiten? Inwieweit sind die neuen Leitidee des Naturschutzes, die auf internationaler und nationaler Ebene als Lösungsansätze diskutiert werden, regional und lokal schon verwirklicht worden und welche Probleme ergeben sich dabei? Die regionale Analyse, die sich in den folgenden Kapiteln anschließt wird sich u. a. diesen Fragen widmen. Im Vordergrund stehen dabei die Folgen von Naturschutzmaßnahmen im Vale do Ribeira, einer wirtschaftlich unterentwickelten Region im Bundesstaat São Paulo.

4. Die Region
Naturschutz in einem wirtschaftlich unterentwickelten Raum

4.1. Charakterisierung der Region

4.1.1 Der Naturraum

Das Vale do Ribeira liegt im südlichen Küstenraum des Bundesstaates São Paulo an der Grenze zum Bundesstaat Paraná und setzt sich deutlich von seiner Umgebung, dem Binnenhochland, ab. Der Bundesstaat São Paulo läßt sich grob in zwei Reliefeinheiten gliedern: Der größte Teil der Fläche wird von dem sogenannten *planalto*, der kontinentalen Hochebene, eingenommen. Besonders im nördlichen und zentralen Küstenabschnitt des Bundesstaates vollzieht sich ihr Abfall zum hier sehr schmalen Küstenvorland, dem *litoral*, in Form einer jähen Stufe. Im südlichen Teil hingegen weicht die Stufe bis zu 100 km in das Inland zurück und gibt damit einer ausgedehnten Küstenebene Raum, dem Vale do Ribeira. Der Übergang vom *planalto* zum *litoral*, der hier als Serra de Paranapiacaba bezeichnet wird, tritt an dieser Stelle zwar auch markant hervor, ist aber weniger abrupt und in mehrere Stufen gegliedert. Die Serra de Paranapiacaba, die Höhen von 1.200 bis 1.800 m ü.d.M. erreicht, wird von tief in das Bergland vordringenden Flußtälern zerschnitten, von dem das Tal des Rio Ribeira de Iguape im Nordwesten der Region das ausgeprägteste darstellt. In diesem Bereich biegt das Bergland in einem rechten Winkel nach Süden ab und erreicht, dann als Serrania do Ribeira bezeichnet, nahe der Stadt Cananéia wieder die Küste. Die Region stellt also eine binnenseitig ringsum von Gebirgen umgrenzte Küstenebene dar (IPT 1981, S. 41ff; URENIUK 1992, S. 130; siehe Karte 2).

Es lassen sich in der Region drei verschiedene Reliefeinheiten finden. Die Bereiche des Steilabfalls des *planalto* und der vorgelagerten Bergländer, also die Serra de Paranapiacaba und die Serrania do Ribeira, sind extrem anfällig für Hangrutschungen. Ist Massenversatz am Hang in diesen Gebieten ein Prozeß, der natürlicherweise auch ohne Einfluß des Menschen vorkommt, so steigt die Hanginstabilität nach Rodung der dichten Waldvegetation noch um ein Vielfaches. Das Bergland geht nicht direkt in den ebenen Küstenbereich über. Zwischen beiden befindet sich eine Zone mit niedrigen, gleichförmigen Hügeln, die *morraria costeira* (SMA o.J.a, S. 97). Die Erhebungen werden getrennt durch weite alluviale Verebnungen, die sogenannten *várzeas* (SILVEIRA 1950, S. 130). Eine dritte Reliefeinheit stellen die fluvio-marinen Schwemmlandgebiete dar. Im Vale do Ribeira befinden sich rund 96% der unterhalb 100 m ü.d.M. gelegenen Flächen des gesamten Bundesstaates (Governo do Estado de São Paulo 1981, S. 5f). Ein weitläufiger Lagunen- und Ästuarkomplex findet sich heute zwischen den Städten Iguape und Cananéia. Er wird durch die langgestreckte, küstenparallel verlaufende Insel Ilha Comprida vor dem direkten Einfluß des offenen Meeres abgeschirmt.

SILVERIA (1950) untersuchte seinerzeit das Vale do Ribeira als ein typisches Beispiel einer "feucht-warmen Küstenebene". Die hohe Humidität verdankt die Region seiner küstennahen Lage und der ausgeprägten Geländestufe, an der sich die feuchten, vom Meer kommenden Luftmassen stauen. Daneben bringen auch sporadische Kaltlufteinbrüche aus dem Süden reichlich Niederschläge. Obwohl das Vale do Ribeira unmittelbar südlich des südlichen Wendekreises liegt, herrscht hier noch deutlich der typische klimatische Jahresverlauf der äußeren Tropen mit feuchten Sommermonaten

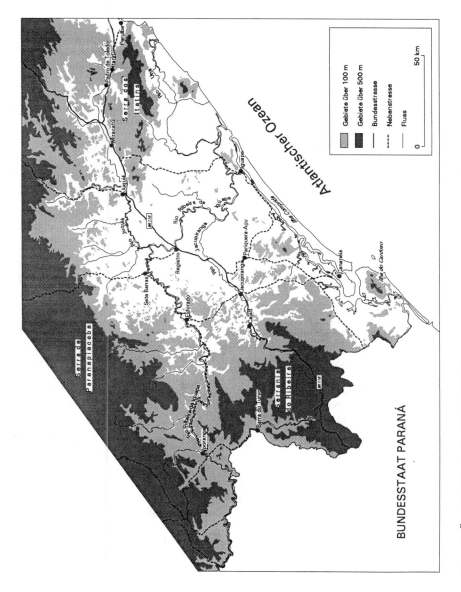

Karte 2: Überblickskarte des Vale do Ribeira

und einem leicht niederschlagsärmeren Winter. Auch in bezug auf den jährlichen Temperaturgang ist die Region als tropisch zu bezeichnen. Das jährliche Mittel liegt bei ca. 21°C, und die Durschnittstemperatur des kältesten Monats beträgt 13°C (LEPSCH et al. 1990, S. 10f).

Das feucht-warme Klima prägt auch die Bodengenese in der Region. So dominieren auf den wenig erosionsgefährdeten Standorten in der Hügelzone tief verwitterte tropische Rotlehme. Nährstoffverarmung und niedrige pH-Werte erschweren eine problemlose landwirtschaftliche Inwertsetzung dieser Standorte. Auf den steilen Hängen der Serra de Paranapiacaba und der Serrania do Ribeira finden sich vor allem Initialstadien autochthoner Böden (z.B. tropische Braunerden), da hier die hohe Erodibilität der Standorte einer längeren Bodenentwicklung im Wege steht. Im Bereich der fluvio-marinen Schwemmlandebene herrschen auf Dünen und ehemaligen Strandwällen extrem nährstoffarme Böden aus sandigem Ausgangsmaterial vor. Hier finden sich Podsole, die sonst in tropischen Regionen nur selten anzutreffen sind. Auch kommen wasserstauende Ortsteinhorizonte vor, die von der traditionellen Bevölkerung als *pizarro* bezeichnet werden. Neben dem Nährstoffmangel stellt auch die hohe Trockenheitsanfälligkeit dieser Böden, die eine nur sehr geringe Feldkapazität aufweisen, einen limitierenden Faktor für die Landwirtschaft dar. Die vermoorten Flächen der Küstenebene (*brejos*) weisen meist Böden mit einem hohen Gehalt an organischer Substanz auf, die aufgrund des ganzjährig hoch anstehenden Grundwasser-spiegels nur ungenügend zersetzt wird. Bei Entwässerung sinkt auf diesen Standorten der pH-Wert oft in den extrem sauren Bereich, da der in reduzierter Form vorliegende Schwefel in den marinen Sedimenten dann rasch zu Schwefelsäure oxidiert (SABEL 1981, CANELADA & JOVCHELEVICH 1992 S. 914).

Im Vale do Ribeira dominieren also Böden mit einem niedrigen Agrarpotential. Nährstoffarmut, niedrige pH-Werte, Erosionsanfälligkeit und unausgeglichener Bodenwasserhaushalt sind als die wichtigsten pedaphischen Ungunstfaktoren zu nennen. Günstige, landwirtschaftlich intensiv genutzte Standorte stellen vor allem die Hangkolluvien (*pé do morro*) dar. Die weitaus besten Nährstoffverhältnisse weisen *várzeas* auf, da die periodischen Überschwemmungen (*enchentes*) mit einer Ablagerung von allochthonem nährstoffreichem Sedimentmaterial verbunden sind. Dementsprechend werden diese Bereiche vor allem für den Anbau von Bananen, der dominanten Marktfrucht der Region, genutzt.

Die sommerlichen Hochwässer stellen jedoch gleichzeitig eines der schwersten regionalen Probleme dar. Der Rio Ribeira de Iguape, nach dem die Region benannt ist und der besonders in der Küstenebene die Natur- und Kulturlandschaft entscheidend prägt, hat ein Einzugsgebiet von ca. 23.830 km^2 und eine Länge von 470 km. Während der Regenzeit von Oktober bis März können Starkregenereignisse zu teilweise verheerenden Überschwemmungen führen. Besonders betroffen sind dabei die flußnahen Bereiche unterhalb der Stadt Iporanga. Hier tritt der Fluß allmählich aus dem engen Tal seines Ober- und Mittellaufes in die breiteren Auenbereiche des Unterlaufes ein. Hinter der Stadt Registro nehmen Gefälle und Fließgeschwindigkeit dann noch einmal deutlich ab (URENIUK 1992, S. 140f; LEPSCH et al. 1990, S. 6f).

Allein in den 90er Jahren trat bereits in vier Sommern der Fluß so stark über seine Ufer, daß schwere Schäden für die Landwirtschaft entstanden und Siedlungsbereiche in Eldorado und Registro überschwemmt wurden. Im Januar 1997 ereignete sich ein

"Jahrhunderthochwasser", bei dem mehr als 15 Personen ums Leben kamen, über 4.000 Familien ihre Häuser verlassen mußten und schätzungsweise 50% der regionalen Bananenproduktion vernichtet wurden. Nach groben Schätzungen entstanden dabei Schäden von mehr als 10 Millionen US$ (Notícias do Vale vom 1.2.1997). Das Problem ist allerdings nicht neu: Ende der 60er Jahre kommt QUEIROZ (1969) in einer Studie über die sozioökonomischen Auswirkungen der *enchentes* zu dem Schluß, daß besonders unterhalb der Stadt Registro die Bevölkerung und die Landwirtschaft extrem unter diesen sommerlichen Hochwässern zu leiden haben. Auch die länderkundliche Monographie von PETRONE (1966) über das Vale do Ribeira setzt sich eingehend mit dem Problem auseinander. Indes lassen sich seitdem eine Häufung und eine Intensitätszunahme der Überschwemmungen konstatieren (Journal Regional 5.3.97). Die Ursache liegt wahrscheinlich in der Abholzung von Flächen im Einzugsbereich des Ribeira de Iguape und seiner Nebenflüsse. Da jedoch keine wissenschaftlichen Untersuchungen über einen regionalen Zusammenhang vom Rückgang der Waldfläche, erhöhtem Oberflächenabfluß und den *enchentes* vorliegt, bleiben solche Überlegungen Spekulationen.

Wichtig für die Regulierung des Abflußregimes sind vor allem die Bestände des Atlantischen Küstenregenwaldes, die natürlicherweise die Hänge der Serra de Paranapiacaba und der Serrania do Ribeira bedecken. Das Vorkommen dieses Waldtyps ist nicht auf die unmittelbaren Hangstandorte begrenzt. Vielmehr verfügt er über eine weite ökologische Amplitude, so daß er sowohl auf nährstoffreichen Böden, wo z.B. Karbonatgestein ansteht, als auch auf relativ nährstoffarmen Standorten stockt. Lediglich auf Sonderstandorten mit vernäßten, rezent akkumulierten oder extrem flachgründigen Böden können sich andere Pflanzengesellschaften einstellen (SILVEIRA 1950, S. 181). Der Atlantische Küstenregenwald kann also als die dominante potentielle natürliche Vegetationsformation der Region angesehen werden, die sich sowohl im Bergland als auch in weiten Teilen der Schwemmlandebene finden läßt.

Floristisch dominieren im Atlantischen Küstenregenwald der Region die Familien der Leguminosen, Bignoniaceen, Lauraceen, Sapotaceen und Palmaceen, zu denen auch die Art *Euterpe edulis* gehört. Auf diese Palme, die wohl die Baumart mit der höchsten Abundanz in den regionalen Wäldern darstellt, und auf ihre wirtschaftliche und naturschutzplanerische Bedeutung soll in Kapitel 4.3.2 eingegangen werden. Unter den vielfältigen Epiphyten herrschen Bromelien, deren Diversitätszentrum sich hier befindet, Orchideen und Araceen vor. Aufgrund des humiden Klimas ist besonders in der Serra de Paranapiacaba eine Vielfalt von Farnen anzutreffen, deren Amplitude der Lebensformen von Epiphyten bis zu Baumfarnen reicht (HUECK 1972, S. 144).

Auf Sukzessionsstandorten stellt sich innerhalb von zwei bis drei Jahren nach einer Rodung eine Pioniergesellschaft mit krautigen Pflanzen, Gräsern und regenerationsstarken Baumarten ein, die als *capoeira* bezeichnet wird. Typische Gattungen sind: *Cecropia, Croton, Tibouchina* und *Euterpe*. Mit fortschreitender Sukzession werden diese Baumarten von anderen konkurrenzstärkeren Spezies verdrängt. In der Regel dauert eine solche Entwicklung 50 bis 100 Jahre, bis ein Stadium erreicht ist, das physiognomisch und floristisch einem Primärwald ähnelt (POR 1992, S. 23).

Nahe der Küste geht der Atlantische Küstenregenwald allmählich in Restingawälder über. Diese Vegetation, bei der Ericaceen und Myrtaceen dominieren, findet sich natürlicherweise in der Region auf den holozänen Dünensanden, vor allem auf der Ilha Comprida. Im Lagunen- und Ästuarkomplex des Mar Pequeno auf der Rückseite der Ilha Comprida und im Mündungsbereich von Flüssen wachsen Mangrovenbestände, die wegen ihrer Ausdehnung und ihres unversehrten Zustandes als international bedeutend angesehen werden (SUDELPA 1987, S. 13f). Stillwasserküste und Ästuare werden jedoch nur von einem relativ schmalen Gürtel dieser Vegetation begleitet. Er geht rasch in andere Waldtypen über. Mit abnehmender Salinität werden die Mangrovenarten *Rhizophora mangle, Laguncularia racemosa* und *Avicennia tomentosa* von dem *caixeta*-Baum (*Tabebuia cassenoides*) abgelöst. Die Spezies wächst vor allem in den Uferbereichen in einiger Entfernung von der Mündung der Flüsse, wo der Salzgehalt zwar bereits deutlich niedriger ist, sich aber trotzdem noch als wachstumshemmend für salzintolerante Pflanzen erweist. Auch dieser Baum ist wirtschaftlich interessant und wird in Kapitel 4.3.2 näher behandelt.

Mit zunehmender Höhe mischen sich in den reinen immergrünen Atlantische Regenwald (*floresta ombrófila densa*) auch Araukarien. Ausgeprägte Araukarienwälder (*floresta ombrófila mista*) finden sich in der Region allerdings nur in sehr kleinen Arealen. Auf den Gipfelbereichen der Serra de Paranapiacaba wachsen stellenweise *campos de altitudes* (alpine Grasländer).

Das Vale do Ribeira verfügt also neben dem Atlantischen Küstenregenwald über eine Vielzahl von kleineren Vegetationstypen, wobei es vor allem edaphische und hydrologische Faktoren sind, die das räumliche Muster des Vegetationsmosaiks bestimmen. Aufgrund dieser Vielfalt an unterschiedlichen Habitatstrukturen, die oftmals sehr kleinräumig variieren, zeichnet sich die Region durch eine hohe Artendiversität der Flora und Fauna aus (SMA o.J.a, S. 110f).

4.1.2. Geschichtliche Entwicklung

Das Vale do Ribeira ist nicht nur naturräumlich leicht abgrenzbar, es bildet auch eine relativ deutlich hervortretende soziokulturelle Einheit. Die Identifizierung einer individuellen Region, d.h. eines Ausschnittes der Erdoberfläche, der eine wesenhafte Einheit bildet, fällt in diesem Fall nicht schwer. Die regionale Ebene stellt eine wichtige räumliche Betrachtungsstufe bei der Verwirklichung von Nachhaltiger Entwicklung dar. Regional spezifische Formen und Muster der Landnutzung sind dabei nicht allein durch die aktuellen naturräumlichen und sozioökonomischen Rahmenbedingungen determiniert. Die "Gewachsenheit" des Kulturraumes und die regionale Identität sind bedeutende Faktoren für das Verständnis der derzeit sichtbaren Raumstrukturen. Aus diesem Grund ist eine historische Analyse auch für die Beurteilung der heutigen Probleme im Vale do Ribeira wichtig.

Folgende Leitfragestellungen sollen bei der historischen Analyse im Vordergrund stehen:

– Was sind die geschichtlichen Ursachen für die Sonderstellung des Vale do Ribeira im Bundesstaat São Paulo? Welche Folgen hat dieser Umstand für die heutige und für die künftige Entwicklung der Region?

– Die Frage der Definition und Abgrenzung von traditionellen Bauerngesellschaften spielt bei der Naturschutzdiskussion eine zentrale Rolle (vgl. Kap. 4.3.4). In diesem Kapitel soll den geschichtlichen Wurzeln dieser Kulturen nachgegangen und Triebkräfte des sozialen Wandels der letzten Jahrzehnte aufgezeigt werden.

– Das heutige Muster der regionalen Bevölkerungsverteilung und damit die Lage von Naturschutzgebieten lassen sich aus dem geschichtlichen Besiedlungsgang erklären.

– MOORE (1993) weiste auf die Wichtigkeit historischer Analysen für das Verständnis heutiger Raumnutzungskonflikte hin. So beeinflussen die Selbstidentifikation der Bewohner und ihre Erfahrungen mit staatlicher Planung die Art und Weise, wie Konflikte entstehen und ausgetragen werden.

– Nicht zuletzt ist für die Ausführungen zum Naturschutz ein Einblick in die Umweltgeschichte der Region wichtig.

Das akademische Interesse am Vale do Ribeira erwachte bereits früh. Dabei spielte wohl auch die räumliche Nähe zur Stadt São Paulo und ihrer Universität eine wichtige Rolle, denn das Vale do Ribeira stellte dadurch ein lohnendes Forschungsobjekt "vor der Haustür" dar. Neben einer umfangreichen naturgeographischen Monographie von SILVEIRA (1950) liegen zwei detaillierte agrarsoziologische Untersuchungen (ALMEIDA 1957; QUEIROZ 1969) vor. Besonders aufschlußreich ist außerdem die kulturgeographisch orientierte, länderkundliche Monographie von PETRONE (1966), die heute als ein "Klassiker" der brasilianischen Humangeographie gelten kann.

All diese Studien betonen die Sonderstellung der Region im bundesstaatlichen Kontext. PETRONE (1966, S. 5f) bezeichnet das Vale do Ribeira als *Sertão do Litoral* (*Sertão* der Küste). Der Begriff *sertão* bezeichnet normalerweise das dürregefährdete, von extremer Armut geprägte Binnenland Nordostbrasiliens. Die in sich widersprüchliche Charakterisierung unterstreicht die Besonderheit, daß sich hier eine arme, unterentwickelte Region an der Küste findet, obwohl der demographische und ökonomische Schwerpunkt Brasiliens eindeutig an der Küste liegt. Die typische Raumorganisation der südamerikanischen Atlantikküste - dominante Küstenregionen und periphere Binnenländer -, wie sie SANDNER (1971) beschreibt, ist im Bundesstaat São Paulo also "auf den Kopf gestellt".

Der andere Beiname des Vale do Ribeira, *Amazônia Paulista* (z.B. QUEIROZ 1969, S. 16), zeigt eine Parallele zu einem weiteren peripheren Raum. Dabei handelt es sich vor allem um eine Anspielung auf die umfangreichen Waldgebiete, die hier erhalten sind. Es gibt aber auch viele historische, sozioökonomische und kulturelle Gemeinsamkeiten mit dem Amazonasgebiet, ungeachtet der Nähe des Vale do Ribeira zur Stadt São Paulo, dem wirtschaftlichen Zentrum Südamerikas, und zur Metropole Curitiba, der Hauptstadt des Bundesstaates Paraná.

Die Veränderung der Natur durch den Menschen setzte im Bereich des Atlantischen Küstenregenwaldes nicht erst mit der Ankunft der Portugiesen ein. Bereits die indigenen Völker, im Südosten Brasiliens waren es die Guaraní-Indianer, schufen durch ihre Wirtschaftsweise eine eigene Kulturlandschaft. Heute sind von der indianischen Besiedlung kaum noch Spuren in der Landschaft vorhanden. Allerdings wurden viele indigene Landwirtschaftstechniken von Kleinbauern übernommen und finden noch heute vor allem in abgelegenen Gebieten der Region Anwendung. PETRONE (1966, S. 68) nimmt an, daß das Vale do Ribeira für die Guaraní-Indianer keinen etablierten Siedlungsraum darstellte. Ihr Schwerpunkt lag auf der kontinentalen Hochebene, dem *planalto*, und sie nutzten den Küstenraum nur sporadisch für Jagd und Fischfang.

Die Besiedlung der Region durch die Portugiesen begann sehr früh. Die Siedlung Cananéia wurde bereits 1531 urkundlich erwähnt und erhielt 1600 Stadtrecht. Der Einfluß der Küstenstädte, Cananéia und das 1635 gegründete Iguape, beschränkte sich jedoch auf den unmittelbaren Küstensaum. Ohnehin war das wirtschaftliche Interesse des Mutterlandes in der Anfangsphase der Kolonisation vor allem auf den Nordosten gerichtet.

Der entscheidende Impuls für die Exploration des Hinterlandes ging Anfang des 18. Jahrhunderts von Goldfunden nahe Xixirica, dem heutigen Eldorado, aus. Der Siedlungsvorstoß vollzog sich dabei vor allem entlang des leicht schiffbaren Rio Ribeira de Iguape. Die Stadt Registro wurde am Ufer des Flusses von der portugiesischen Krone gegründet, um die Goldausfuhr aus der Region zu überwachen. Iguape gewann an Bedeutung als wichtigster Umschlaghafen der Region. Die Städte Sete Barras und Jacupiranga wuchsen zu dieser Zeit aus kleinen Dörfern hervor. Für diese Entwicklung waren vor allem das allgemeine Bevölkerungswachstum und die Intensivierung der landwirtschaftlichen Nutzung der Auenbereiche des Rio Ribeira de Iguape und seiner Nebenflüsse verantwortlich.

In der zweiten Hälfte des 18. Jahrhunderts kam es zum Niedergang des Goldbergbaus sowohl im Vale do Ribeira als auch in ganz Brasilien, und die regionale Wirtschaft konzentrierte sich fortan auf die Landwirtschaft. Besonders der Reis entwickelte sich Anfang des 19. Jahrhunderts zum Hauptexportprodukt, wobei die Produktion vor allem in großen *fazendas* entlang des Unterlaufes des Rio Ribeira de Iguape stattfand, die sich vorwiegend auf die Arbeitskraft von Sklaven stützten (MÜLLER 1980, S. 13ff). Die Ausfuhr geschah nur via Meeresweg, d.h. durch Verschiffung in Iguape, da die Landverbindungen noch sehr ungenügend waren. Neben diesen Großbetrieben gab es jedoch auch viele Kleinbauern, die sich der autonomen, meist subsistenzorientierten Landwirtschaft widmeten. Diese hatten i.d.R. keine Landtitel, waren also *posseiros*. Die gesamte Besiedlung beschränkte sich noch auf die flußnahen Bereiche. Die Bergländer der Serra de Paranapiacaba und Serrania do Ribeira waren dagegen kaum bewohnt (PETRONE 1966, S. 82ff). Das Vale do Ribeira war schon zu dieser Zeit eine periphere Region, die zwar mit dem Reis über einen wichtigen Exportartikel verfügte, ansonsten jedoch verkehrstechnisch von den Gebieten des *planalto* isoliert war.

Dieser Rückstand sollte sich Mitte des 19. Jahrhunderts mit dem Kaffeeboom noch erheblich verstärken. Die Expansion dieser Kultur vollzog sich von Rio de Janeiro über das Paraíba-Tal und von dort nach Norden und Westen in die kontinentalen Bereiche des *planalto*. Lag in der Mitte letzten Jahrhunderts das Zentrum des Anbaus noch bei Campinas, so war der Schwerpunkt um 1900 nordwärts nach Ribeirão Preto gewandert. Bei dieser Ausweitung war der Bau der Eisenbahn von entscheidender Bedeutung, denn durch ihn konnte stetig neues Land für den Anbau erschlossen werden. Neben diesem grundlegenden Wandel der Landnutzung kam es ebenfalls zu einem demographischen Einschnitt. Um nach der Abschaffung der Sklaverei einem Arbeitskräftemangel entgegenzuwirken, wurde massiv die Immigration europäischer Neusiedler, vor allem aus Italien, gefördert. Sie wurden angeworben, um ein Stück Land mit Kaffeepflanzen meist auf Pachtbasis zu bewirtschaften. Mit diesen sogenannten *colônos* entstand ein neues Element, der kleine und mittlere marktorientierte Betrieb, in der bis dato von Latifundien und Minifundien geprägten Agrarlandschaft Brasiliens (CARVALHO 1988).

Das Vale do Ribeira als feucht-warme Küstenebene eignete sich nicht für den Kaffeeanbau. Dies hatte tiefgreifende Konsequenzen für die weitere Entwicklung der Region; gewissermaßen kann hierin der Ursprung der Disparität zwischen einem rückständigen Küstenraum und einem wirtschaftlich dynamischen *planalto* gesehen werden. Die Region blieb nicht nur isoliert von der Kaffeewirtschaft und ihren Entwicklungsimpulsen, denn MÜLLER (1980, S. 26f) stellt darüber hinaus auch konkrete negative Folgen der "indirekten Anwesenheit" des Kaffees im Vale do Ribeira fest:

- Die Region empfing in der ersten Zeit des Bevölkerungs- und Wirtschaftswachstums noch positive Anstöße für die Ausweitung der Reisproduktion. Mit steigendem Nahrungsmittelbedarf wurden jedoch protektionistische Zollschranken abgebaut, die vorher die Einfuhr von billigem Reis aus Nordamerika verhindert hatten. Außerdem gingen ehemalige Kaffeanbauregionen in Rio de Janeiro und Minas Gerais ebenfalls verstärkt zum Reisanbau über. Es stieg also sowohl der inländische als auch der ausländische Konkurrenzdruck auf die regionale Produktion.

- Für eine verkehrsmäßige Anbindung des Raumes mittels einer Eisenbahnlinie fehlten die ökonomischen Anreize. So blieb der Meeresweg die Hauptverkehrsachse für den Transport von Gütern. Die Öffnung des Kanals "Valo Grande" in den 80er Jahren des 19. Jahrhunderts sollte die Verbindung zwischen dem Hafen von Iguape und der Binnenwasserstraße des Rio Ribeira de Iguape entscheidend verbessern. Der Kanalbau endete jedoch mit einem wasserbaulichen Desaster: Schon bald nach der Fertigstellung kam es zu starker Seitenerosion am Kanal und zu einem Versanden des Hafenbeckens, so daß Iguape nun nicht mehr von größeren Schiffen angelaufen werden konnte.

- Der Kaffeeanbau stellte einen starken *pull*-Faktor für die regionalen Arbeitskräfte dar. Es gab zwar zahlreiche Versuche, auch hier mittels gelenkter Kolonisation europäische Immigranten anzusiedeln, diese schlugen jedoch größtenteils fehl. Kurze Zeit nach der Einrichtung der Kolonien kam es bereits zu starken Abwanderungsbewegungen. Dafür waren zum einen organisatorisch-strukturelle Mängel verantwortlich, wie z.B. fehlende Vermarktungs- und Transportmöglichkeiten, ungenügende Agrarberatung oder zu kleine Parzellen. Es war aber auch die starke Anziehungskraft der Kaffeewirtschaft auf dem *planalto,* die viele Kolonisten zur Abwanderung bewegte (PETRONE 1966, S. 105ff).

- Nicht zuletzt standen die politischen Machtstrukturen einer regionalen Entwicklung im Wege, denn zu dieser Zeit dominierten die sogenannten "Kaffeebarone" die politisch-planerischen Entscheidungsstrukturen Brasiliens. Diese hatten kein Interesse an Entwicklungsinitiativen für einen peripheren Raum wie das Vale do Ribeira.

Die bis in die 20er Jahre unseres Jahrhunderts andauernde Phase, in der die Kaffeeproduktion die Ökonomie Brasiliens dominierte, kann als grundlegend für die heutige

Raumorganisation des Bundesstaates São Paulo angesehen werden. In ihr begründete sich die wirtschaftliche Vormachtstellung, die heute dem Bundesstaat São Paulo im brasilianischen und südamerikanischen Kontext zukommt. Die Kapitalakkumulation der Kaffeewirtschaft gab den Anstoß für die Anfang des Jahrhunderts einsetzende Industrialisierung, als deren Zentrum die Stadt São Paulo fungierte (FONT 1992). Daneben wurde im Zuge der Erschließung neuer Anbauflächen das Eisenbahnnetz ausgebaut und ehemals periphere Räume vor allem im Norden und Westen integriert. In dieser Phase wurde damit die Basis für das heutige Städtenetz geschaffen.

Der Kaffeeanbau war allerdings ebenfalls für eine massive Naturzerstörung verantwortlich. Die Verlagerung des Anbauschwerpunktes aus dem Paraíba-Tal nach Norden und Westen geschah, nachdem die erhebliche Umweltdegradation in dieser Region nur noch eine extensive Weidenutzung ermöglichte (PRADO JÚNIOR 1972, S. 126). Nicht überall hinterließ der Kaffee zwar eine *hollow-frontier*, für den Anbau wurde jedoch ein Großteil der Atlantischen Küstenregenwälder des Bundesstaates São Paulo gerodet. Im Vale do Ribeira, wo der Kaffeeanbau sich nicht etablieren konnte, blieb dagegen die natürliche Vegetation in großen Teilen erhalten. Wirtschaftliche Rückständigkeit und Umweltsituation dieser Region stehen somit in einem unmittelbaren Zusammenhang, dessen Wurzeln in der Umbruchphase um die Jahrhundertwende zu finden sind.

Um 1900 hatte das Vale do Ribeira, obwohl es bereits auf eine lange Kolonisations- und Siedlungsgeschichte zurückblicken konnte, noch immer den Charakter einer Pionierfront, in der viel frei verfügbares Land vorhanden war. Die Inbesitznahme und Bewirtschaftung von neuen Flächen durch Kleinbauern ohne rechtmäßigen Besitztitel waren für die Besiedelung der Region grundlegend. Zu dieser Zeit spielte die Besetzung von Land zu Spekulationszwecken bis auf wenige Ausnahmen noch kaum eine Rolle (PETRONE 1966, S. 25). Die Auenbereiche des Rio Ribeira de Iguape und des Rio Jacupiranga stellten regionale Schwerpunkte der Nutzung dar. Die unmittelbaren Küstenregion mit den Restingabereichen war dagegen nur spärlich bewohnt von vorwiegend subsistenzorientierten Kleinbauern. Auch in den Bergländern herrschte eine sehr disperse Siedlungsweise (siehe Karte 3).

Die Region befand sich zu dieser Zeit in einer Phase der wirtschaftlichen Stagnation. Sie wurde in zunehmenden Maße vom nationalen Markt abgekoppelt und zog sich verstärkt in die Subsistenzwirtschaft zurück. Diesen Prozeß beschreibt MÜLLER (1980, S. 34f) als *caipirização*. Als *caipira* werden die traditionellen Kleinbauern Südostbrasiliens bezeichnet[26], deren Gesellschaft CANDIDO (1987, S. 23ff) von einer "Kultur der Minimumlösungen" geleitet sieht. Diesen "Rückzug in die Traditionalität" vollzogen im Vale do Ribeira auch europäische Immigranten, die ursprünglich als Siedler eines Kolonisationsprojektes in die Region kamen (PETRONE 1966, S. 96ff). MÜLLER (1980, S. 35) sieht dabei in der *caipira*-Kultur des Vale do Ribeira eine indirekte Folge der Kaffeewirtschaft, die für die Stagnation der Region verantwortlich war[27].

---

[26]In der alltäglichen Sprache wird die Benennung *"caipira"* auch im Sinne von "Hinterwäldler"gebraucht.

[27]Da der Begriff der Traditionalität bei der Diskussion um die Rechte der lokalen Bevölkerung gegenüber dem Naturschutz eine zentrale Rolle spielt, wird diesem Thema im folgenden ein eigenes Kapitel gewidmet (Kap. 4.3.4).

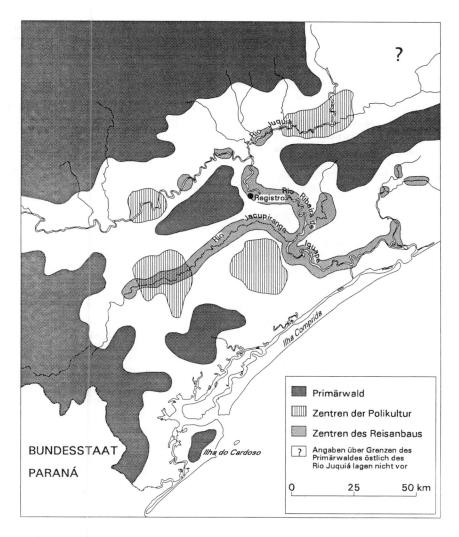

Karte 3: Raumstrukturen im Vale do Ribeira um die Jahrhundertwende
Quelle: verändert nach PETRONE (1966)

Drei Typen von kleinbäuerlichen Kulturen und Wirtschaftsstrategien sind für das Vale do Ribeira kennzeichnend (PETRONE, S. 218ff; QUEIROZ 1969, S. 38f; MÜLLER, S. 36ff):

– Entlang der Flußläufe siedelten die sogenannten *ribeirinhos*. Ihre Nutzungsstrategie der arbeitsintensiven Feldwechselwirtschaft war angepaßt an die alljährlich auftretenden Hochwässer. Sie bauten vorwiegend Reis an, der z.T. auch vermarktet wurde. Daneben widmeten sie sich der Flußfischerei für den Eigenkonsum.

- In den Restingabereichen siedelten die *caiçaras*. Wegen der schlechten Böden in diesen Gebieten stellte die Meeresfischerei neben der Landwirtschaft einen wichtigen zweiten Wirtschaftszweig für sie dar.

- Die *capuavas*, die die weiten, dünn besiedelten Bergländer bewohnten, bildeten den dritten regionalen Typ der *caipira*-Kultur. Sie betrieben einen sehr extensiven Wanderfeldbau; d.h. auch der Wohnsitz wurde oft bei der Kultivierung neuer Flächen mitverlegt. Dementsprechend einfach war auch die Bauweise ihrer Lehmhütten. Neben der Landwirtschaft spielten die Jagd und der Extraktivismus, v.a. von Palmherzen (*Euterpe edulis*), eine große Rolle (vgl. 4.3.3).

Der Geograph Pierre Defontaines beschrieb noch 1936 die Landschaft der Serra de Paranapiacaba folgendermaßen (zitiert nach QUEIROZ 1969, S. 16):

> "Existem sòmente algumas culturas de caboclos em roças temporárias, pendurada [sic] aos fortes declives, com plantações de milho e criação de porcos, como nas zonas pioneras, minísculos cantos cultivados no meio de imensos domínios florestais vírigens. (...) Trata-se de uma zona em que a ocupação humana não se encetou ainda verdadeiramente."

> "Es existiert nur die Landwirtschaft der *caboclos* [ähnliche Bezeichnung wie *caipira*] auf provisorischen Feldern, die sich an die steilen Hänge klammern, Pflanzungen mit Mais und Schweinehaltung, wie in den Pionierzonen, winzige kultivierte Areale inmitten der gewaltigen Gebiete mit unangetasteten Wäldern. (...) Es ist eine Gegend, in der die menschliche Besiedlung noch nicht wirklich begonnen hat." (Übersetzung F.D.)

Zu dieser Zeit hatte die Industrialisierung nach dem Ende der Hochphase des Kaffeeanbaus bereits begonnen. Ein rapides Wachstum der Stadt São Paulo und ihre Entwicklung als wirtschaftliches Zentrum wurden durch diesen Prozeß eingeleitet, und mit dem Aufschwung setzte auch die langsame Wiederanbindung der Region an den nationalen Markt ein. Der Prozeß war nun jedoch in erster Linie außengesteuert. Impulse für den Wandel der regionalen Wirtschaftsstruktur gingen dabei in erster Linie von der Schaffung und dem Ausbau neuer Verkehrsverbindungen aus. Das Vale do Ribeira entwickelte sich in der Folgezeit zu einem Ergänzungsraum mit spezieller Versorgungsfunktion für die Stadt São Paulo (MÜLLER 1980).

In den 20er Jahren wurde die Eisenbahnlinie von Santos nach Juquiá fertiggestellt. Damit befand sich der Küstenbereich um Cananéia und Iguape, der ehemals die Warenströme kontrollierte, in noch größerer räumlicher Isolation, denn das Binnenland des Vale do Ribeira entwickelte sich durch die neue Verkehrsverbindung zum direkten Hinterland der Stadt Santos (PETRONE 1966, S. 309). Das Gebiet sollte erst mit der Ausweitung des Tourismus in den 70er Jahren "wiederentdeckt" werden.

Mit den besseren Transportmöglichkeiten drang die Banane als neue Marktfrucht in die Region ein. Ehemals, vor der Industrialisierung und dem damit verbundenen Städtewachstum, war sie eine "Frucht der Hinterhöfe". Nun stieg die Nachfrage nach diesem billigen Nahrungsmittel vor allem bei den unteren Schichten der urbanen Bevölkerung. Der Anbau beschränkte sich im Vale do Ribeira zunächst auf die fruchtbaren *várzea*-Standorte. Mit fortschreitender Ausweitung der Produktion wurden jedoch auch bald weniger produktive Flächen an Hängen unter Kultur genommen (MÜLLER 1980, S. 54; MARTINEZ 1995, S. 24). Der Anbau erfolgte sowohl in Großpflanzungen als auch in Familienbetrieben als *cash-crop*. Gerade die Kleinproduzenten waren extrem abhängig von den Zwischenhändlern, in deren Händen der Transport der leicht verderblichen Produktion lag (MÜLLER 1980, S. 98). Die neue Marktfrucht löste den Reis als Hauptexportprodukt der Region ab und dominiert auch heute noch die marktorientierte Landwirtschaft. Auch räumlich okkupierte der Bananenanbau die ehemaligen Reisstandorte in den Auenbereichen. Im Zuge dieser Entwicklung wurden die Polikulturen der *ribeirinhos* zunehmend durch Bananenpflanzungen verdrängt (PETRONE 1966, S. 169).

Neben dieser Kultur gewann der Teeanbau seit den 30er Jahren zunehmend an Bedeutung für die agrare Marktproduktion. Die Expansion dieser Kultur war eng verbunden mit der japanischen Kolonisation in Registro und Pariqueira-Açú. Mit Ausbruch des 2. Weltkrieges und dem Wegfall vieler asiatische Produktionsstandorte stieg die Nachfrage auf dem Weltmarkt, und die Kultur konnte sich in der Region dauerhaft etablieren (MÜLLER 1980, S. 57). Der Tee wurde vor allem als *cash-crop* auf den kleinen und mittleren Betrieben der japanischen Siedler angebaut. Die Weiterverarbeitung war allerdings konzentriert auf wenige Industriebetriebe, was zu einer starken Abhängigkeit der Produzenten von dem Oligopol der Verarbeitungsindustrie führte (ALMEIDA 1957, S. 90).

Die Expansion der neuen Marktfrüchte Bananen und Tee kann als Triebkraft für die erneute Integration der Region in den nationalen Markt gesehen werden. Aber auch diese Kulturen beschränkten sich auf den Kernraum des Vale do Ribeira, die Flußauen und das Gebiet um Registro. In den abgelegenen Bergländern der Serra do Paranapiacaba und Serrania do Ribeira wirkte sich dagegen die gesteigerte Nachfrage der jungen Stahlindustrie nach Holz und Holzkohle auf die Wirtschaftsweise aus. Dabei waren Holzeinschlag und -verkauf sowie Köhlerei oftmals lukrativer als die traditionelle kapitalextensive Landwirtschaft der *capuavas*. Auch der Extraktivismus von Palmherzen fand einen wachsenen Absatzmarkt.

Nach MÜLLER (1980, S. 65) war der Übergang zu marktorientierten extraktiven Nutzungsformen für die wachsende Abhängigkeit der traditionellen *capuavas*, die mehr und mehr ihre autonome Agrarwirtschaft aufgaben. ALMEIDA (1957, S. 66f) stellt für das Gebiet um Registro ebenfalls fest, daß sich die *caipiras* zunehmend als Lohnarbeiter auf den Bananen- und Teepflanzen verdingten. Die Phase der wachsenden Marktintegration markiert also den Beginn eines tiefgreifenden sozialen Wandels der ehemals subsistenzorientierten Bauerngesellschaften der Region. QUEIROZ (1983) stellte bei einer Untersuchung eines abgelegenen Dorfes im Munizip Iporanga fest, daß nach einer mehr als einhundertjähriger Periode der Stabilität die 40er und 50er Jahre eine Zeit des entscheidenden sozialen Umbruchs darstellen. Bereits ALMEIDA (1957, S. 43f) berichtet von Landkonflikten zwischen *posseiros* und externen Akteuren, die das Land für sich in Anspruch nehmen, und stellt fest:

> "Se o governo se mantiver indiferente à sorte dos "posseiros", êstes serão, no futuro, esbulhados pelos 'espertos' ou então, se resistirem, os conflitos de Porecatu poderão repitir-se, conturbando o pacífico Vale do Ribeira de Iguape."

"Sollte der Regierung weiterhin das Schicksal der *posseiros* egal sein, dann werden diese in Zukunft von den 'Schlauen' von ihrem Land verdrängt werden. Sollten sie sich dagegen widersetzen, dann könnten sich die Konflikte von Porecatu [einer der damaligen Brennpunkte von Landkonflikten] hier wiederholen und das friedliche Vale do Ribeira aufwiegeln" (Übersetzung F.D.).

Der externe Druck, dem die *caipira*-Gesellschaften ausgesetzt waren, sollte in der Folgezeit noch erheblich zunehmen. Entscheidend bei dieser Entwicklung war dabei der Bau einer neuen Verkehrsverbindung, der Bundesstraße BR 116, die die Metropolen São Paulo und Curitiba miteinander verbindet. Diese wichtige Anbindung Südostbrasiliens an die südlichen Bundesstaaten sowie an Uruguay und Argentinien kreuzt die Region vom Munizip Miracatu bis nach Barra do Turvo nahezu auf ganzer Länge. Mit dieser neuen Verkehrsachse wuchs vor allem das Interesse von Bodenspekulanten an einer raschen Wertsteigerung des billigen Landes. So stellt MÜLLER (1980, S. 62) in der Zeit der Fertigstellung der Fernstraße und danach eine enorme Expansion der Weideflächen fest, die seiner Meinung nach vor allem Spekulationszwecken dienten.

PETRONE (1966, S. 341) sieht kurz nach der Fertigstellung der BR 116 die Zukunft der Region noch optimistisch:

"A Baixada do Ribeira, a velha região meridional do Estado que tivera fases de reativo desenvolvimento e que, em seguida, tornara-se o paradoxal sertão do litoral, parece ter encontrado caminhos e soluções novas e mostra sinais de revalorização e revitalização. Não se trata, desta vez, de um fenômeno local, a exemplo do que sucedeu com a colonização japonêsa em Registro, nem de um aspecto parcial, como o representado pela bananicultura. Trata-se, na verdade, de um conjunto complexo de elementos cuja presença, sengundo tudo indica, irá trazer sensíveis modificações nas paisagens da maior parte da região."

"Die Baixada do Ribeira [andere Benennung für das Vale do Ribeira], die südliche Altlandschaft des Bundesstaates, die Phasen relativen Wachstums erlebte und sich danach paradoxerweise zu einem küstennahen *sertão* entwickelte, scheint Wege und Lösungen gefunden zu haben und zeigt Anzeichen der Aufwertung und Wiederbelebung. Diesmal handelt es sich weder um ein lokales Phänomen, wie die Folgen der japanischen Kolonisation in Registro, noch um einen partiellen Aspekt, für das der Bananenanbau ein Beispiel darstellt. Vielmehr deutet vieles darauf hin, daß wir es diesmal mit einem komplexen Zusammenspiel von Faktoren zu tun haben, die die Landschaft in weiten Teilen grundlegend verändern werden." (Übersetzung F.D.)

Auch wenn sich die Hoffnungen in der Folgezeit nicht in dieser Form bewahrheiten sollten, kann die Arbeit von PETRONE (1966), zusammen mit den Studien von QUEIROZ (1969) und ALMEIDA (1957), ein sehr detailliertes Bild der Kulturlandschaft und der sozialen Strukturen der 50er und 60er Jahre liefern. Diese Ausführungen geben, wenn sie mit aktuellen Befunden der Feldforschung verglichen werden, Aufschluß über die Entwicklungsdynamik der letzten 30 Jahre.

98

Trotz seines Ausblicks auf eine kommende Modernisierung stellt PETRONE (1966, S. 250) für den Zeitpunkt seiner Untersuchung fest:

> "A Baixada do Ribeira nos apresenta com atividades agrícolas entre as técnicamente mais atrazadas em todo o Estado de São Paulo."

> "Die Baixada do Ribeira zeigt sich uns mit Landwirtschaftstechniken, die zu den rückständigsten des ganzen Bundesstaates São Paulo zählen" (Übersetzung F.D.).

Noch dominieren in weiten Teilen der Region *shifting cultivation* und Hackfruchtanbau. Die Bergländer der Serra de Paranapiacaba und Serrania do Ribeira sind noch nahezu vollständig bewaldet. Insgesamt steht auf ca. 40% der Fläche Wald (PETRONE 1966, S. 208). ALMEIDA (1957, S. 57) konstatiert in den 50er Jahren im Munizip Registro, das im Vergleich zu anderen Munizipien eher intensiv landwirtschaftlich genutzt wird, eine Waldbedeckung von 30%. PETRONE (1966, S. 208) weist jedoch auch darauf hin, daß der Wald bei traditioneller Wirtschaftsweise einen Teil des Bodennutzungssystems darstellt und somit nicht immer ungenutzter Primärwald ist. ALMEIDA (1957, S. 24f) sorgt sich schon zu seiner Zeit um erste Anzeichen massiver Naturzerstörung:

> "É impressionante o número de caminhões, carregados de carvão, que trafegam diáriamente pela estrada São Paulo - Registro, em demanda da capital ou de Sorocaba. Na serra dos Agudos os fornos queimam o lenho derrubado pelo machado do capuava. No percurso de Piedade a Juquiá, a cada passo encontram-se pilhas de sacos de carvão à beira da estrada, à espera do transporte. Registro práticamente não possui mais florestas virgens."

> "Die Zahl der mit Holzkohle beladenen Lastwagen, die täglich auf der Straße Registro-São Paulo fahren, um der Nachfrage in der Hauptstadt oder in Sorocaba nachzukommen, ist beeindruckend. In der Serra dos Agudos verbrennen die Öfen das Holz, das die Axt des *capuavas* gefällt hat. Auf der Strecke von Piedade nach Juquiá finden sich auf Schritt und Tritt Stapel mit Holzkohlesäcken am Straßenrand, die auf den Transport warten. Registro verfügt praktisch über keine Primärwälder mehr." (Übersetzung F.D.)

Das Raummuster der Region stellte sich kurz nach dem Bau der BR 116 folgendermaßen dar: Die Munizipien Jacupiranga, Registro, Juquiá, Miracatú, Pedro de Toledo und Itariri bilden vor allem entlang der Eisenbahnlinie und Fernstraße das Bevölkerungszentrum und die Zone intensivster Nutzung. Die Küstengebiete bleiben weiterhin dünn besiedelt und stagnieren ökonomisch, und auch die Bergländer sind noch größtenteils demographische Leerräume.

PETRONE (1966, S. 219) stellt heraus, daß die Landwirtschaft zwar von Kleinbetrieben dominiert wird, von denen ein Großteil seiner Meinung nach unökonomisch ist, daß die Bedeutung von Subsistenzanbau und Polikultur aber bereits abnimmt. Bis in die 60er Jahre spielt der Absentismus auf den Betrieben noch keine nennenswerte Rolle, d.h. die direkte, autonome Landbewirtschaftung überwiegt. Es läßt sich jedoch schon eine Zunahme von Betrieben, die von Verwaltern (*caseiros*) geführt werden, konstatieren.

Interessant ist die Feststellung, daß die Region an einem Mangel an Arbeitskräften in der Landwirtschaft leidet. Hohe Verfügbarkeit von freier Fläche, niedrige Bevölkerungsdichte und traditionelle Dominanz von Familienbetrieben sind die wichtigsten Ursachen für diese Situation. Außerdem stellt QUEIROZ (1969, S. 32) eine hohe Landflucht besonders unter der jüngeren Bevölkerung fest. PETRONE (1966, S. 58) und ALMEIDA (1957, S. 44) betonen beide, daß es kaum Zuwanderung in die Region gibt, obwohl der Bundesstaat São Paulo zur selben Zeit bereits eine verstärkte Immigration aus der armen Landesteilen Nordostbrasiliens verzeichnet.

In der Zeit während und nach der Fertigstellung der BR 116 setzte dann eine verstärkte Zuwanderung von Familien aus den armen Landesteilen des Nordostens und aus Paraná ein. BIANCHI (1983, S. 16ff) findet in ihrer Studie heraus, daß Anfang der 80er Jahre im ländlichen Raum der Region 40% der Befragten zugewandert waren. Rund 70% davon immigrierten erst nach dem Bau der BR 116. Daß die Gesamtbevölkerung in den 70er Jahren dagegen nur langsam wuchs, hängt mit der stetig starken Abwanderung aus der Region zusammen.

Es wurde nun auch die Küstenregion "wiederentdeckt", diesmal für die touristische Nutzung. Der Prozeß der Siedlungserweiterung der Küstenstädte durch den Bau von Zweitwohnungen schritt, ausgehend von der Stadt Santos, in den 60er und 70er Jahren südwärts voran. Vor allem die Munizipien des *litoral sul*, des Küstenstreifens zwischen Praia Grande und Peruíbe, verzeichneten in dieser Phase ein enormes Bevölkerungswachstum (WEHRHAHN 1994a, S. 66ff). Auch im Vale do Ribeira setzte im Bereich der Ilha Comprida eine Zersiedlung der Restingabereiche ein. In den neuangelegten *loteamentos* (Parzellierungprojekte für die private Bebauung) wurden jedoch nur wenige Parzellen (weniger als 1%) wirklich bebaut; der Rest diente oftmals allein spekulativen Motiven (MATTOS 1992, S. 113). Auch wenn die touristische Erschließung der Ilha Grande und der Küstengebiete im Vergleich zum *litoral sul* noch bescheiden ist und sich die Siedlungstätigkeit in erster Linie auf den unmittelbar strandnahen Bereiche konzentriert, stellt der Tourismus heute für die Munizipien Cananéia und Iguape einen wichtigen Wirtschaftsfaktor dar, zumal sich die Landwirtschaft zunehmend aus dieser Region zurückzieht (SUDELPA 1987).

In der übrigen Region bildet die Agrarwirtschaft auch durch die 70er und 80er Jahre einen wichtigen Zweig der Wirtschaftsstruktur. Das Vale do Ribeira wurde jedoch in weit geringerem Maße als andere Teile des Bundesstaates São Paulo von der Agrarmodernisierung erfaßt, die in der jüngeren Vergangenheit die sektoralen und regionalen Disparitäten Brasiliens verstärkte. Dementsprechend wenig profitierte das unterentwickelte, periphere Vale do Ribeira von den umfangreichen staatlichen Förderungen zur Agrarmodernisierung. Die Prozesse der Kapitalintensivierung, Mechanisierung und Industrialisierung beschränkten sich vor allem auf die wirtschaftlich dynamischen Bereiche des *planalto* und hier besonders auf die Achse São Paulo - Ribeirão Preto.

Es flossen nur sehr wenig Mittel aus dem subventionierten Agrarkreditprogramm in die Region. Die in Tabelle 1 dargestellte Verteilung macht das Untergewicht der beiden das Vale do Ribeira umfassenden *microregiões homogêneas* (statistische Regionen) für das Jahr 1975 deutlich. In dieser Phase war das Ungleichgewicht zwischen niedrigen Zinssätzen und hoher Infaltionsrate besonders stark ausgeprägt. Das Kreditvolumen der beteiligten Betriebe lag deutlich unter dem bundesstaatlichen Durchschnitt. Weitaus stärker tritt die Disparität jedoch hervor, wenn man den äußerst geringen Anteil der am Kreditprogramm beteiligten Betriebe betrachtet und das Kreditvolumen auf alle Betriebe oder die gesamte landwirtschaftliche Fläche bezieht. Die finanziellen Mittel wurden demnach innerhalb der Region ungleicher auf die vorhandenen Betriebe verteilt, als dies im Durchschnitt des Bundesstaates São Paulo geschah. Das Vale do Ribeira wurde also bei der Agrarkreditvergabe der 70er Jahre deutlich benachteiligt.

Region	(1)	(2)	(3)	(4)	(5)	(6)	(7)
Bundesstaat São Paulo	118.195	1.492	80,7	23,3	20,8	245,3	0,26
Apiaí	3.230	105	30,8	2,4	0,7	17,2	0,02
Baixada do Ribeira	25.680	358	71,7	5,1	3,7	55,9	0,05

Tabelle 1: Regionale Verteilung staatlicher Kredite im Jahr 1975: Regionen des südlichen Küstenraumes (Apiaí und Baixada do Ribeira) und Bundesstaat São Paulo
(1) absolutes Kreditvolumen pro Region (in 1.000 Cr$)
(2) Zahl der Betriebe mit Krediten
(3) durchschnittliches Kreditvolumen pro beteiligtem Betrieb (in 1.000 Cr$)
(4) Prozent der Betriebe mit Krediten
(5) Kreditvolumen / Zahl aller Betriebe (in 1.000 Cr$)
(6) Kreditvolumen / ha Landwirtschaftsfläche (in Cr$)
(7) (5) / (3)
Daten: Censo Agropecuário 1975

Bei einer Untersuchung von HOFFMANN (1992) über die Dynamik der Kapitalintensivierung in der Landwirtschaft zwischen 1975 und 1980 stellt das Vale do Ribeira das klare Schlußlicht des Bundesstaates São Paulo dar. Die Studie zeigt, daß in der Region nicht nur wenig Kapital in der Landwirtschaft eingesetzt wurde; auch der Prozeß der relativen Kapitalintensivierung war hier sehr viel bescheidener als in den dynamischen Wachstumsregionen des Bundesstaates.

Obwohl die Agrarpolitik und andere sektorale Politikbereiche die Region eher vernachlässigten, wurden auf der anderen Seite immer wieder Entwürfe für eine regionale Entwicklungsplanung ausgearbeitet. Bis in die 50er Jahre standen dabei vor allem Vorschläge zur Agrarkolonisation im Vordergrund, mit deren Hilfe der niedrigen Bevölkerungsdichte in der Region entgegengetreten werden sollte, die als ein Hauptgrund für ihre Rückständigkeit galt (MÜLLER 1980, S. 129). Außerdem sah man in den schlechten intra- und interregionalen Verkehrsverbindungen einen wichtigen entwicklungshemmenden Faktor. Die Empfehlungen einer Studie aus dem Jahre 1949, die den Ausbau des lokale Verkehrsnetzes als vordringlichste Maßnahme herausstellte, wurden jedoch nicht in die Realität umgesetzt. In den 50er und 60er Jahren konzentrierten sich die Vorhaben der regionalen Entwicklungsplanung auf die Schaffung von Anreizen für private Investitionen. In diesem Zusammenhang war vor allem der Bau der BR 116 und die damit verbundene Öffnung der Region für Industrie und Bergbau wichtig.

MARTINEZ (1995, S. 25) stellt in ihrer Studie über die staatliche Planung im Vale do Ribeira allerdings fest, daß die politisch Verantwortlichen insgesamt nur wenig Interesse an der Entwicklung der Region hatten. Dies zeigt sich auch in der mangelhaften

Umsetzung der erarbeiteten Maßnahmenvorschläge. Seit den 50er Jahren wurden kontinuierlich neue Entwicklungspläne unter stets anderen Namen angefertigt, die in der Regel auch immer wieder die gleichen Vorgaben - Verbesserung des lokalen Straßennetzes und der Vermarktungsmöglichkeiten für landwirtschaftliche Produkte - enthielten. Die Umsetzung der Planungen blieb jedoch in der Regel aus.

Dies änderte sich zu Beginn der 70er Jahre, als die regionale Entwicklungsbehörde für den südlichen Küstenraum SUDELPA (Superintendência do Desenvolvimento do Litoral Paulista) ins Leben gerufen wurde[28]. Das auslösende Ereignis für diesen Wandel in der Setzung politischer Prioritäten war ein militärischer Vorfall in der Region. Die Guerillaorganisation "Vanguarda Popular Revolucionária" um den Anführer Carlos Lamarca, die mit Sabotageakten gegen die Militärregierung kämpfte, hatte ihren Hauptstützpunkt nahe des Dorfes Capelinha im heutigen Munizip Cajatí eingerichtet. Dieses Lager wurde 1970 vom Militär entdeckt und ausgehoben. Das Vale do Ribeira stellte damit bei den geostrategischen Überlegungen der Militärs einen Raum potentieller Gefährdung dar. Die Region schien einerseits ideal für Guerillatätigkeiten, da sie aufgrund der großen Waldgebiete nur schwer zu kontrollieren war. Andererseits lag sie nahe der Metropolen São Paulo und Curitiba, in denen Sabotageakte verübt werden konnten.

Mit der Einrichtung der SUDELPA, die in den 70er Jahren mit für brasilianische Verhältnisse ungewöhnlich vielen finanziellen Mitteln ausgestattet wurde, sollte nun eine bessere Kontrollierbarkeit der Region erreicht werden. Die Tätigkeit dieser Behörde war konzipiert als eine integrative Entwicklungsplanung unter Beteiligung aller Ministerien des Bundesstaates São Paulo. Oberstes Ziel stellte die harmonische, in den bundesstaatlichen Rahmen integrierte soziale und ökonomische Entwicklung der Region dar (QUEIROZ 1992, S. 78).

MÜLLER (1980, S. 146) kommt rückblickend auf die 70er Jahre jedoch zu dem Ergebnis, daß die Tätigkeit der SUDELPA erhebliche Mängel aufwies, auch wenn z.B. der Ausbau der lokalen Verkehrsverbindungen in dieser Zeit vorangetrieben wurde. Die Maßnahmen waren jedoch zum einen durch autoritäre Planung ohne Partizipation gekennzeichnet. Zum anderen verfolgte die Planung illusionäre Ziele, die nicht eingehalten wurden.

Mit dem Ende der Militärregierung und dem Beginn der zivilen bundesstaatlichen Regierung unter Franco Montoro setzte ein Wandel der Strategien und Ziele der SUDELPA ein. Nun rückten verstärkt Faktoren wie Dezentralisierung, Partizipation, Stärkung der lokalen Gemeinschaften und Grundbedürfnisorientierung in den Mittelpunkt. Der 1984 erstellte regionale Entwicklungsplan "Plano Diretor de Desenvolvimento Agrícola do Vale do Ribeira" hatte drei Hauptziele: die Regulierung der periodischen Hochwässer, die Entwicklung von adäquaten Agrartechniken besonders für die kleinbäuerliche Landwirtschaft sowie die Klärung der Bodenbesitzsituation. Daneben wurde auch der Schutz der natürlichen Ressourcen als eine eigene Zieldimension erwähnt (SUDELPA 1984). Bei dem sektoralen Programm zur Stärkung des kleinbäuerlichen Sektors arbeitete die Behörde auch mit Nichtregierungsorganisationen zusammen. Ein Großteil dieser Programme und Projekte wurde jedoch nach dem Regierungswechsel nicht fortgeführt. 1989 löste die bundesstaatliche Regierung unter

---

[28]Sie wurde zwar bereits 1968 gegründet, verfügte jedoch bis 1970 über keinen Etat.

Orestes Quércia die SUDELPA auf und verlegte die einzelnen Ressorts auf verschiedene Institutionen (MARTINEZ 1995, S. 105ff).

Wie kann nun rückblickend auf den geschichtlichen Werdegang die Position der Region im Kontext des Bundesstaates São Paulo zusammenfassend beschrieben werden? Folgende allgemeine Charakteristika lassen sich erkennen:

- Unterentwicklung und Rückständigkeit des Vale do Ribeira haben ihre Wurzeln in der prägenden Phase des Kaffeebooms. Die Tatsache, daß sich diese Region nur wenig für den Kaffeeanbau eignete, kann als der entscheidende Entwicklungsnachteil der Region gesehen werden, den sie nicht wieder einholen sollte. Die brasilianische Modernisierungspolitik, die den Ausgleich regionaler Disparitäten vernachlässigte, machte das "Aufholen" wirtschaftlicher Dynamik unmöglich.

- Das Vale do Ribeira war den externen Impulsen und Entwicklungen meist passiv ausgesetzt. Spätestens nach dem wirtschaftlichen Niedergang Ende letzten Jahrhunderts existierte hier keine ökonomische und politische Machtbasis mehr, die stark genug gewesen wäre, die regionalen Interessen auf bundesstaatlicher oder gar nationaler Ebene durchzusetzen. Auch die regionalen Entwicklungsplanungen seit den 50er Jahren waren im allgemeinen nicht selbstgesteuert und setzten die Ziele und Funktionen für die Region von außen fest.

- MÜLLER (1980) sieht im Vale do Ribeira ein Beispiel für die Inkorporation einer peripheren Region in eine industriedominierte, kapitalistische Marktwirtschaft. Daß hier z.B. neben einem kleinen modernen Landwirtschaftssektor noch immer die kleinbäuerliche, subsistenzorientierte Polikultur vorherrscht, stellt für ihn keinen Widerspruch zu seiner These dar. Vielmehr können solche präkapitalistischen Formen der Arbeit durchaus weiterexistieren, sie werden lediglich durch das industrielle Kapital neu bewertet. MARTINEZ (1995) dagegen widerspricht dieser Ansicht mit Blick auf zahlreiche Beispiele kleinbäuerlichen Widerstands gegen eine Vereinnahmung von außen.

- Das Vale do Ribeira stellt einen "Erwartungsraum" dar, d.h es lebt in der beständigen Aussicht auf eine grundsätzliche Besserung. Geschürt werden solche Hoffnungen vor allem von den Versprechungen in den regionalen Entwicklungspläne. So muß bei der Untersuchung der derzeitigen Landnutzung beachtet werden, daß die gegenwärtige Nutzung nicht allein ein Ergebnis vorhandener sozioökonomischer und naturräumlicher Rahmenbedingungen ist. Auch die Zukunftsprojektionen der verschiedenen handelnden Individuen spielen dabei, besonders in dieser Region, eine große Rolle: Bodenspekulanten hoffen auf staatliche Infrastrukturplanung und die damit verbundene Wertsteigerung des Landes; Neusiedler hoffen, eine Existenz mit ihrem Stück Land aufbauen zu können; Naturschützer hoffen, natürliche Flächen von der Zerstörung bewahren und naturverträgliche Wirtschaftsformen einführen zu können.

Bei dem Aufeinandertreffen von solch unterschiedlichen Ansprüchen an eine Region, die "offen für Möglichkeiten" ist, entstehen zwangsläufig Nutzungskonkurrenzen. Im ländlichen Raum des Vale do Ribeira findet sich heute eine Vielzahl solcher Konfliktquellen.

4.1.3 Aktuelle Problembereiche im ländlichen Raum

Die geschichtliche Entwicklung im Vale do Ribeira führte also zur Entstehung einer Region mit ausgeprägten Merkmalen einer Peripherie in unmittelbarer Nähe der Metropolen São Paulo und Curitiba. Diese Sonderstellung im Kontext des ansonsten wirtschaftlich dynamischen Bundesstaates São Paulo spiegelt sich vor allem in der Wirtschaftsstruktur wider.

Tabelle 2 macht deutlich, daß der primäre Sektor im Untersuchungsgebiet noch überdurchschnittlich dominant ist. Besonders stark ausgeprägt ist dies in den Munizipien, die im Bereich der dünn besiedelten Bergländer liegen. Die interne Raumstruktur, die PETRONE (1966) in seiner Arbeit für den Anfang der 60er Jahre festgestellt hatte, ist also in Grundzügen auch heute noch zu finden: Bevölkerungsarme, traditionell geprägte Bergländer stehen dem wirtschaftlich dynamischeren, dichter besiedelten zentralen Gebiet um Registro, Pariqueira-Açu und Jacupiranga gegenüber.

	Primärer Sektor	Sekundärer Sektor	Tertiärer Sektor
Itariri	34,1	15,1	50,7
Pedro de Toledo	27,5	20,1	52,4
Miracatu	44,7	13,9	41,4
Juquiá	31,4	22	46,7
Registro	22,9	22,2	54,9
Iguape	27,2	16	56,8
Cananéia	26,2	24	49,8
Pariqueira-Açu	32	15,8	52,3
Jacupiranga	31,4	25,3	43,4
Sete Barras	61,1	8,8	30,1
Eldorado	51,5	11,7	36,9
Iporanga	53,8	17	29,1
Barra do Turvo	60,1	8,9	31
Bundesstaat São Paulo	8,3	35,3	56,4

Tabelle 2: Anteile der Beschäftigten pro Wirtschaftssektor in den Munizipien des Vale do Ribeira
Daten: Censo Demográfico 1991

Der sekundäre Sektor ist bislang erst rudimentär ausgebildet. Eine umfassende Industrialisierung, wie sie in den meisten anderen Regionen des Bundesstaates São Paulo stattgefunden hat, ist hier ausgeblieben. Höhere Anteile von in der Industrie Beschäftigten verzeichnen allein die Munizipien Cananéia, wo Fischverarbeitungsbetriebe angesiedelt sind, und Jacupiranga, das den regionalen Industriepol Cajati umfaßt[29]. Der tertiäre Sektor dominiert vor allem in den Munizipien der Küstenregion; hier hat sich der Tourismus zu einem wichtigen Wirtschaftsfaktor entwickelt. Die

---

[29]Cajati ist mittlerweile ein eigenes Munizip.

Funktion Registros als regionales Handels- und Verwaltungszentrum spiegelt sich in einer überdurchschnittlichen Bedeutung des tertiären Sektors wider.

Das ökonomische Gewicht der gesamten Region im Bundesstaat São Paulo ist aufgrund ihrer historisch bedingten Rückständigkeit unbedeutend. So hatte das Vale do Ribeira 1980 im bundesstaatlichen Rahmen lediglich Anteile von 0,22% an der industriellen Wertschöpfung und trug zu Handel und Dienstleistung sogar nur mit 0,19% bei (Governo do Estado de São Paulo 1995, S.16).

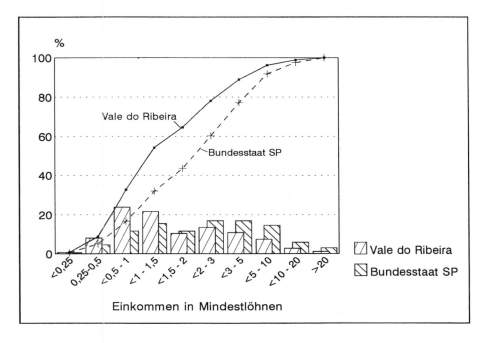

Abbildung 3: Verteilung der Einkommensklassen und Summenkurven vom Vale do Ribeira und Bundesstaat São Paulo im Vergleich
Daten: Censo Demográfico 1991 und eigene Berechnungen

In einem engen Zusammenhang mit der wirtschaftlichen Unterentwicklung steht das niedrige Einkommensniveau, das deutlich unter dem bundesstaatlichen Durchschnitt liegt, sowie der hohe Anteil an Familien unterhalb der Armutsgrenze (vgl. Abb. 3). Diese Familien finden sich vor allem in den Hüttenvierteln an der Peripherie der Städte und im ländlichen Raum (Engecorps & SMA 1992, S. 7ff). Das Ausmaß der ländlichen Armut macht eine Untersuchung von HOFFMANN (1990) deutlich (vgl. Tab. 3). Besonders drastisch stellt sich die Situation in der *microregião* Apiaí dar. Hier sind über die Hälfte der in der Landwirtschaft tätigen Familien als arm eingestuft. Bedenkt man weiterhin, daß diese statistische Einheit die Munizipien Iporanga und Barra do Turvo umfaßt, deren Beschäftigungsstruktur von der Landwirtschaft dominiert wird, so wird das besondere Ausmaß der Probleme in diesen Gebieten deutlich.

Der ländliche, von der Agrarwirtschaft geprägte Charakter der Region wird auch in dem geringen Ausmaß der Verstädterung deutlich. Bis in die 70er Jahre hinein lebten mehr Menschen auf dem Land als in der Stadt (RODRIGUES & SOARES 1992, S.49). Heute wohnt zwar die Mehrheit der Bevölkerung in den Städten, jedoch ist der Anteil deutlich niedriger als im Durchschnitt des Bundesstaates São Paulo. Es läßt sich in den 80er Jahren eine generelle Tendenz des Städtewachstums feststellen, das allerdings weit langsamer verläuft als auf dem *planalto*. Die Landflucht, die im Bundesstaat São Paulo zu einem deutlichen Bevölkerungsrückgang im ländlichen Raum geführt hat, ist im Vale do Ribeira weitaus weniger stark ausgeprägt. Die ländliche Bevölkerung blieb hier, bis auf einige Ausnahmen, relativ stabil. Die Munizipien Jacupiranga und Barra do Turvo verzeichneten sogar ein deutliches Bevölkerungswachstum in ländlichen Gebieten.

Region	(1)	(2)	(3)	(4)
Bundesstaat São Paulo	0,98	0,48	20,2	0,28
Apiaí	0,38	0,23	54,8	0,37
Baixada do Ribeira	0,7	0,33	37,3	0,32

Tabelle 3: Einkommenssituation der in der Landwirtschaft beschäftigten Bevölkerung im südlichen Küstenraum und im Bundesstaat São Paulo
(1) = mittleres Pro-Kopf-Einkommen in Mindestlöhnen
(2) = Median der Einkommensverteilung in Mindestlöhnen
(3) = Prozent der Bevölkerung unterhalb der Armutsgrenze
(4) = Indikator für den Grad der Armut[30]
Daten: Hoffmann (1990), S. 15 / S. 24 / S. 35 / S. 38, sowie eigene Berechnungen

Insgesamt überwog in den 70er Jahren noch die Zuwanderung in die Region. Dabei waren besonders die wirtschaftlich dynamischeren Munizipien Registro und Jacupiranga Zielorte von Wanderungsbewegungen. Einige periphere, vorwiegend landwirtschaftlich geprägte Gebiete, wie z.B. Eldorado oder Pedro de Toledo, verzeichneten in dieser Zeit schon eine deutliche Abwanderung. Im Laufe der 80er Jahre griff diese Tendenz auf nahezu die gesamte Region über, und die Mehrzahl der Munizipien wies negative Migrationssalden auf. Die auf Munizipebene aggregierten Zahlen des Bevölkerungszensus (vgl. Tab.4) spiegeln jedoch nur einen Teil der Realität wider. Auch wenn Gebiete relativ stabile absolute Bevölkerungszahlen aufweisen, müssen sie nicht bezüglich ihrer Bewohner stagnieren. So schreibt BIANCHI (1983, S. 16) in ihrer Studie über räumliche und soziale Mobilität im Vale do Ribeira:

"Ora, quando se procura além dos saldos líquidos negativos a partir dos quais uma determinada região é tachada como área de repulsão de população, não é difícil perceber que esta saída de população é parcialmente contrabalançada pela entrada de migrantes provinientes de outros áreas do País, possivelmente ainda mais pauperizados. No caso em tela, evidencia-se com clareza um fenômeno de migração substitutiva.".

---

[30] Diese Indikator ergibt sich aus der Formel: $I = 1/kz \, \Sigma \, (z-x_i)$, wobei k = Zahl der Personen unterhalb der Armutsgrenze, z = Armutsgrenze, x_i = Pro-Kopf-Einkommen der i-ten Person

"Allerdings, falls man hinter die negativen Nettosalden blickt, die eine bestimmte Region als Abwanderungsgebiet ausweisen, ist unschwer zu bemerken, daß diese Abwanderung durch die Zuwanderung von Migranten aus anderen, meist noch ärmeren Landesteilen teilweise wieder ausgeglichen wird. Im betreffenden Fall ist das Phänomen einer ersetzenden Migration klar zu erkennen" (Übersetzung F.D.).

Munizip	Bevölkerung 1970	Bevölkerung 1980	Bevölkerung 1991	Migrations-saldo 1970-80	Migrations-saldo 1980-91
Itariri	7.315	9.450	11.574	-231	-628
Pedro de Toledo	6.095	6.056	7.801	-1.015	419
Miracatu	14.138	17.360	18.959	-334	-3.037
Juquiá	12.649	15.161	16.974	1.249	-2.683
Registro	24.281	39.106	48.943	5.775	-2.247
Iguape	7.315	9.450	11.574	-231	-628
Cananéia	6.080	7.726	10.139	40	153
Pariqueira-Açu	7.806	11.309	13.169	789	-1.922
Jacupiranga	16.270	28.559	39.109	5.780	573
Sete Barras	9.223	11.277	12.483	-498	-2.004
Eldorado	10.845	11.300	13.148	-2.247	-1.588
Iporanga	3.917	4.718	4.619	81	-1.061
Barra do Turvo	3.980	4.885	7.090	195	561

Tabelle 4: Absolute Bevölkerung und Migrationssalden (1970 bis 1991) der Munizipien im Vale do Ribeira
Daten: SEADE (1993)

Diese Immigranten wandern, wie BIANCHI (1983, S. 17) feststellt, in den seltensten Fällen direkt in das Vale do Ribeira. Es handelt sich in der Mehrzahl um Etappenwanderungen, die in der Regel über die Städte São Paulo, Santos oder Curitiba als wichtige Zwischenstationen laufen. Auch RODRIGUES & SOARES (1992, S. 67) konstatieren für die 80er Jahre eine Zuwanderung vor allem von Familien aus den armen Landesteilen Nordostbrasiliens. Sie sehen in der damaligen wirtschaftlichen Krise und der wachsenden Arbeitslosigkeit Auslöser für die Rückwanderung vieler Menschen von den Städten auf das Land. Daß die Marginalisierung breiter Bevölkerungsschichten in Brasilien in einem engen Zusammenhang mit Migrationsbewegungen in periphere Gebiete steht, wurde bereits in Kapitel 3.1.2 näher erläutert. Die niedrige Bevölkerungsdichte und Verfügbarkeit von billigem Land stellt dabei, wie in Amazonien, auch im Vale do Ribeira einen wichtigen *pull*-Faktor bei der Neuansiedlung von Familien dar.

BIANCHI (1983, S. 35ff) stellt auf der anderen Seite bei der einheimischen Bevölkerung einen allgemeinen Rückgang der Bedeutung der Landwirtschaft fest. Ursache hierfür ist in vielen Fällen die völlige Aufgabe des Betriebes und die Abwanderung in die Städte. Daneben verlegen viele Bauern das Hauptgewicht ihrer Überlebensstrategie auf lohnabhängige oder selbständige außerlandwirtschaftliche Nebentätigkeiten, ohne ihre Landwirtschaft ganz aufzugeben. Die Anwendung fester Kategorien, wie z.B. Kleinbauern oder agrarwirtschaftliche Lohnarbeiter, erschient angesichts der Vielzahl von unterschiedlichen Kombinationen einzelner Elemente der Überlebenssicherung nicht mehr angebracht. Als allgemeinen Trend stellt BIANCHI (1983, S. 41f) fest:

> "... a população do Vale do Ribeira está vivendo uma etapa em que a agricultura começa a ser encarada como uma das possíveis ocupações do indivíduo, uma atividade econômica e um modo de vida como outro qualquer. Generaliza-se aos poucos um fenômeno que é qualificado de 'agricultura de tempo parcial'. Face à diluição de fronteiras entre cidade e campo, entre trabalho agrícola e não agrícola, os individuos passam a sentir-se disponíveis para qualquer trabalho, deste que lhes garanta a sobrevivência ou lhes acesse com a possibilidade de uma renda mais alta.".

> "Die Bevölkerung des Vale do Ribeira lebt in einer Zeit, in der die Landwirtschaft zunehmend als ein möglicher Beruf wie jeder andere angesehen wird, als eine mögliche ökonomische Tätigkeit und eine Lebensform unter vielen. Allmählich entwickelt sich die Teilzeitlandwirtschaft zu einem allgemeinen Phänomen. Angesichts der Auflösung der Grenzen zwischen Stadt und Land, zwischen landwirtschaftlicher und nicht-landwirtschaftlicher Arbeit sind die Menschen bereit, jede Arbeit auszuführen, solange sie ihnen das Überleben sichert oder ein höheres Einkommen verspricht" (Übersetzung F.D.).

In der Region sind also zwei parallele Mobilitäts- und Migrationstendenzen zu beobachten: Auf der einen Seite gibt die einheimische Bevölkerung ihre Landwirtschaft zunehmend auf und wandert ab. Gleichzeitig verzeichnet das Vale do Ribeira einen Strom von Immigranten, die wieder "in die Landwirtschaft zurückkehren" wollen. Dieser Prozeß hat nicht allein Folgen für das kulturelle Überleben traditioneller Bauerngesellschaften sondern auch für die gesamte soziokulturelle Struktur des ländlichen Raumes. Überdies ist diese Form der *fill-in-migration* mit einem Wandel der Bevölkerungsverteilung und der Landnutzung verbunden, denn die Abwanderungsräume und die Zielgebiete der Zuwanderung sind, auch wenn sie in dem gleichen Munizip liegen und deshalb in den Bevölkerungszensen nicht aufgeschlüsselt werden, oft nicht identisch[31].

Wie läßt sich nun die regionale Agrarwirtschaft charakterisieren? Die Probleme dieses Wirtschaftssektors sind von großer Bedeutung für die Entwicklung der Region und betreffen einen großen Teil der Bevölkerung. Die durchschnittliche landwirtschaftliche Produktion liegt weit hinter der des Bundesstaates zurück. Es herrscht immer noch deutlichen Rückstand der regionalen Agrarwirtschaft bezüglich Technisierung, Mechanisierung und Kapitaleinsatz. Zudem ist die marktorientierte Produktion nur wenig diversifiziert und konzentriert sich vor allem auf Bananen.

Diese Frucht ist im Vale do Ribeira sowohl hinsichtlich der Fläche, der Wertschöpfung als auch hinsichtlich des landwirtschaftlichen Arbeitsmarktes dominant. Für die regionale Wirtschaftsstruktur ist diese einseitige Ausrichtung eher negativ zu bewerten,

---

[31]Daß diesem Prozeß eine große Bedeutung bei der Erklärung der Abholzungsdynamik in der Region zukommt, soll hier nur erwähnt verwiesen werden. Eine genauere Klärung dieser Sachverhalte können allein die lokalen empirische Felduntersuchungen leisten, die in Kapitel 5 im Vordergrund stehen.

da Bananen kaum weiterverarbeitet werden und somit keine Impulse für nachgelagerte Sektoren ausgehen. Die Probleme dieser Kultur liegen zum einen in der schlechten Qualität der Produktion und den niedrigen Erlösen. In den letzten Jahren üben mit der Öffnung der Märkte zunehmend internationale Konkurrenten, besonders Ecuador, Druck auf den regionalen Anbau aus. Hiervon sind vor allem Kleinproduzenten betroffen, die über kein eigenes Vermarktungsnetz verfügen (Engecorps & SMA 1992, S. 21f). Aufgrund dieser schwierigen Situation ist die regionale Agrarentwicklungsbehörde DIRA (Divisão Regional Agrícola) bemüht, eine Diversifizierung der landwirtschaftlichen Produktion zu fördern. Dabei wird z.B. der Anbau von Passions- und Zitrusfrüchten oder die Fischzucht in Süßwasserteichen unterstützt.

Nicht zuletzt betreffen die periodischen Hochwässer vor allem die Bananenproduktion, die ihre günstigsten Standorte in den fruchtbaren *várzeas* hat. Bei der Überschwemmung von 1996, die bislang den höchsten Pegel erreichte, gingen rund 50% der regionalen Produktion verloren. In den Munizipien Registro und Iguape am Unterlauf des Rio Ribeira de Iguape beliefen sich die Verlustschätzungen sogar bis auf nahezu 100%. Insgesamt waren davon rund 2.500 Betriebe betroffen (Notícias do Vale vom 01.02.1996). Bereits vor 1996 gingen viele ehemalige Bananenproduzenten aufgrund der vorausgegangenen Überschwemmungen in den Jahren 1983, 1992 und 1994 in den gefährdeten Auenbereichen dazu über, ihre Bananenpflanzungen durch Weideflächen zu ersetzen. Es ist wahrscheinlich, daß sich diese Entwicklung nach dem Hochwasser von 1996 nun verstärkt, was mit weitreichenden negativen Konsequenzen für die regionale Wirtschaftsstruktur und den Arbeitsmarkt verbunden sein dürfte.

Die Teeproduktion, die ehemals die zweite Säule der Landwirtschaft im Vale do Ribeira darstellte, ist in den letzten Jahren stark rückläufig. Nach Angaben der regionalen Agrarentwicklungsbehörde hat sich die Anbaufläche im letzten Jahrzehnt von ca. 3.000 ha auf 1.500 ha halbiert. Zudem stellten bereits zwei der ehemals drei lokalen Weiterverarbeitungsbetriebe ihre Produktion ein. Verantwortlich für diesen enormen Rückgang des Teeanbaus sind vor allem die niedrigen Preise auf dem Weltmarkt und die derzeitige Hochzinspolitik der brasilianischen Regierung, die die extrem vom Export abhängige Vermarktung erschwert. Von dieser Entwicklung sind wiederum vor allem die kleinen Betriebe betroffen, die von den Ankaufpreisen der großen Verarbeitungsunternehmen abhängen (Engecorps & SMA 1992, S. 30f; TSUKAMOTO 1994). Aufgelassene Pflanzungen, die wieder aktiviert werden können, sind vor allem um Registro und Pariqueira-Açu häufig anzutreffen. Viele Betriebe haben ihre Flächen jedoch bereits in Weiden umgewandelt.

Stellte PETRONE (1966, S. 208ff) noch fest, daß Weiden in der Region kaum eine Bedeutung für die Landnutzung haben, so wandelte sich das Bild in den letzten Jahrzehnten. Schon für die Zeit unmittelbar nach der Fertigstellung der BR 116 hatte MUELLER (1980, S.62) schon einen Anstieg der Weidefläche festgestellt. Heute verzeichnen vor allem die Munizipien Barra do Turvo und Pedro de Toledo ein hohes Wachstum der Weideflächen.

Diese Flächen werden in der Regel nur sehr extensiv bewirtschaftet, und stellen eine nicht wünschenswerte "Verschwendung von Land" dar, da sie zum einen kaum zur ökonomischen und sozialen Entwicklung beitragen und zum anderen mit negativen ökologischen Folgen (Waldvernichtung, Verbuschung, Bodenerosion) verbunden sind (Engecorps & SMA 1992, S.35ff).

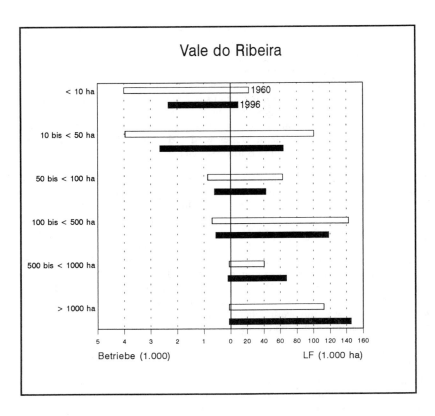

Abbildung 4: Grundbesitzstruktur im Vale do Ribeira 1960 und 1996 im Vergleich
Daten: Censo Agropecuário

Abbildung 4 zeigt, daß der kleinbäuerliche Sektor in der Region noch immer eine
wichtige Rolle spielt, obwohl die Zahl der Betriebe und die Fläche seit 1960 stark
rückläufig sind. Eine Kenntnis der Schwierigkeiten der Familienbetriebe ist also wichtig
für das Verständnis der Lebenssituation eines Großteils der regionalen Bevölkerung.
Obwohl die Gruppe der Kleinbauern z.B. bezüglich Eigentumssituation, Marktanbindung oder Arbeitsverhältnis eine starke interne Heterogenität aufweist, lassen sich doch
folgende gemeinsame Problembereiche identifizieren (Engecorps & SMA 1992, S. 14ff;
Governo do Estado de São Paulo 1995, S.25):

– Mangel an Land,

– schlechte naturräumliche Ausstattung der Produktionsstandorte (schlechte Böden,
Überschwemmungsgefahr, hohe Reliefenergie),

– fehlende oder unsichere Eigentumstitel,

- Naturschutzrestriktionen,

- ungenügende Verkehrsanbindung und periphere Lage der Betriebe,

- mangelhafte Durchsetzungskraft gegenüber Zwischenhändlern und Abhängigkeit von Vermarktungsstrukturen,

- Schwierigkeiten beim Erhalt von Krediten oder Subventionen.

Neben den Auflagen der Naturschutzpolitik können Grundbesitzunsicherheit und die ungeklärten Eigentumsverhältnisse als das bedeutendste regionale Problemfeld gelten. Es ist mit vielfältigen negativen Folgen für die ökonomische, soziale und ökologische Situation verbunden, und viele regionale Prozesse und Konflikte können nur vor dem Hintergrund der schwierigen Absicherung von Bodenbesitz und -eigentum verstanden werden.

Nach einer ersten Erhebung aus den 80er Jahren (SUDELPA 1986, S. 7) konnten rund 700.000 ha, dies entspricht ca. 40% der Fläche, als *terras devolutas* eingestuft werden (vgl. Kap. 3.1.3). Die vom Gesetz vorgeschriebene Verteilung von Landtiteln an die faktischen Landnutzer ist bislang nur sporadisch in Angriff genommen worden. So leben und wirtschaften ca. 40.000 Menschen auf dieser Fläche, ohne über abgesicherte Titel zu verfügen.

In der gesamten Region werden Ländereien in der Regel aufgrund informeller, oft nur mündlicher Vereinbarungen ver- und gekauft. Diese Tradition und die weit verbreitete Praxis, Besitztitel zu fälschen, führt zu teilweise chaotischen, kaum zu entwirrenden Überschneidungen von Interessen sowie legalen, semilegalen und illegalen Besitzansprüchen. Dabei entscheidet dann oft "das Recht des Stärkeren" und nicht die gesetzliche Lage über Besitz oder Nichtbesitz. So wurden 1983 insgesamt 80 lokale Brennpunkte von Landkonflikten in der Region gezählt (SUDELPA 1984, S. 47ff). Von diesen teilweise bewaffneten Auseinandersetzungen waren jeweils etwa 40 Familien unmittelbar betroffen.

Ein Brief, in dem ein *posseiro* aus Pedro de Toledo sich an die SUDELPA mit der Bitte um Unterstützung wendet, soll an dieser Stelle beispielhaft deutlich machen, wie ein solcher Konflikt entstehen und ablaufen kann (zitiert nach Kopie des Originals in SULDELPA 1985a):

> "Pedro de Toledo, 24 de Agosto de 1985,
> Declaração do conflito das terras em Pedro de Toledo
> Nós 43 famílias, no ano de 1983 entramos numa área vazia de nome Ribeirão do Luís I e II no Municipío de Pedro de Toledo. Não conheçendo o dono. Sendo que a mata sempre permanecia parada sem uma só benfeitoría. Iniciamos os trabalhos com vários tipos de plantios: milho, feijão, café, banana, arroz, cana, mandioca, etc. E também de árvores de frutas: abacate, mamão, caju, laramja, mixirica, caqui, etc. Foram construídos vários barracos, estando alguns já com moradores. Ocupamos a área, até seamos denunciados e expulsos por um suposto dono. Dono este que perante a lei não mostra nada que comprove sua posse sobra a terra. Mas esse suposto dono, perdendo na justiça, disse que perdeu na lei, mas não perde na bala. De ime-

diato provou isto: Contratando 25 janguços muito bem armados. Que entraram na área e usaram de todo tipo de violência. Destruindo os barracos e as plantações já existentes. Soltando tiros para amedrontar e apavorar nós posseiros. Fomos expulsos. Os janguços permaneceram na área, não deixando ninguém entrar. Aguardamos a solução para o caso. Mas não possuímos nenhum apoio na cidade. O suposto dono, Albano Marietto, é o cacique da cidade. E tem ao seu lado a Polícia Florestal, a Delegacia, a Prefeitura. Enfim todos os órãos que seriam para nos ajudar e que nada fazem. Enquanto nós posseiros não podemos roçar nem capim. Eles estão derrubando mata virgem e a multa ainda vem cair em nossas mãos. Pedimos e exigimos a ação dos órãos competentes para a solução dos problemas com a posse da terra. Pois necessitamos de terra para trabalhar e sobreviver. Nosse situação atual é muito precária."

"Pedro de Toledo, 24 August 1985,
Erklärung zum Landkonflikt in Pedro do Toledo
Wir, 43 Familien, kamen im Jahr 1983 auf ein leeres Stück Land im Munizip Pedro de Toledo, das Ribeirão do Luís I und II heißt. Wir wußten nicht, wer der Besitzer war. Der Wald war hier immer unangetastet und ohne Kultivierungsmaßnahmen geblieben. Wir begannen die Arbeit mit dem Anbau verschiedener Kulturen: Mais, Bohnen, Kaffee, Bananen, Reis, Zukkerrohr, Maniok etc. Und auch mit fruchttragenden Bäumen: Avocado, Papaya, Kaju, Orangen, Mandarine, Kaki, etc. Es wurden zahlreiche Häuser gebaut, einige von ihnen waren schon bewohnt. Wir besetzten das Land, bis wir von einem angeblichen Besitzer denunziert und vertrieben wurden. Ein Besitzer, der vor dem Gesetz niemals etwas vorgewiesen hat, das seinen Anspruch auf die Fläche beweist. Dieser angebliche Besitzer sagte aber, nachdem er vor Gericht verloren hatte, daß er zwar vor dem Gesetz verloren hat, aber daß er den Kampf nicht verliert. Unverzüglich bewies er dies: Er heuerte 25 gut bewaffnete "Pistoleiros" an. Diese kamen in das Gebiet und übten jede Art von Gewalt aus. Sie zerstörten die vorhandenen Häuser und Pflanzungen. Sie schossen, um uns posseiros einzuschüchtern und Angst einzujagen. Wir wurden vertrieben. Die "Pistoleiros" blieben in dem Gebiet und ließen niemanden mehr hinein. Wir warteten auf eine Lösung für unseren Fall, erhielten aber keine Unterstützung in der Stadt. Der angebliche Besitzer, Albano Marietto, ist der Chef der Stadt und hat auf seiner Seite die Forstpolizei, die zivile Polizei und die Gemeindeverwaltung, also alle Behörden, die uns eigentlich helfen sollten und nichts tun. Derweil dürfen wir posseiros nicht einmal Gras mähen. Sie holzen ausgewachsene Wälder ab, und die Strafzettel dafür bekommen wir. Wir erbitten und fordern ein Einschreiten der zuständigen Organe für eine Lösung des Landkonfliktes. Denn wir brauchen das Land, um zu arbeiten und zu überleben. Unsere jetzige Situation ist sehr schwierig." (Übersetzung F.D)

Obwohl es sich bei diesem Dokument um eine situationsbedingt einseitige Schilderung eines Einzelfalles handelt, sind die Ausführungen im Rahmen der vorliegenden Untersuchung interessant: Zum einen ist von Bedeutung, daß sich die Argumentation des *posseiros* an der Gegenüberstellung von *terra de negócio* und *terra de trabalho* orientiert. Vor der Ankunft der Landbesetzer war das Land ungenutzt, und erst sie haben "mit der Arbeit" begonnen. Die Aufzählung der angebauten Kulturen und der Hinweis auf die gebauten Häuser soll die investierte Arbeitskraft verdeutlichen und den dadurch bestehenden Anspruch der *posseiros* auf das Land bekräftigen. Zum anderen benachteiligen nach dieser Darstellung die Naturschutzauflagen gerade die Kleinbauern. Die Forstpolizei, die als korrupt gesehen wird, ist auf der Seite der lokal einflußreichen Person. Diese Sichtweise, nach der der Naturschutz ein Instrument der "Großen" ist, mit dessen Hilfe sie den "Kleinen" das Leben schwer machen und ihre Interessen bei Landkonflikten durchsetzen, wird auch bei der Untersuchung der Einstellungen zum Naturschutz in den Fallstudien (Kap. 5) noch eine bedeutende Rolle spielen.

Angesichts der konfliktreichen Lage im ländlichen Raum des Vale do Ribeira richtete die SUDELPA in den 80er Jahren eine eigene Kommission zur Beilegung von Landkonflikten ein. Diese hatte die Aufgabe, akute Auseinandersetzungen um Grundbesitz zu entschärfen und Beteiligten mit geringer Machtbasis, d.h. Kleinbauern, juristischen Beistand zu leisten (BRITO 1987). Die Tätigkeiten der SUDELPA blieben allerdings auf dieses Eingreifen in akute Notfälle beschränkt, obwohl eine grundsätzliche und endgültige Regulierung der Besitzverhältnisse angekündigt und angestrebt wurde (SUDELPA 1986). Auch das 1986 ausgerufene nationale Programm zur Agrarreform weist in seinen Planungsvorgaben für den Bundesstaat São Paulo das Vale do Ribeira als einen Schwerpunktraum für die Regulierung der Eigentumsverhältnisse und die Vergabe von Landtiteln aus. Insgesamt war vorgesehen, 1.000 Titel zu vergeben und 700.000 ha Land, d.h. also die *terras devolutas*, an die Nutzer zu verteilen (INCRA & MIRAD 1986, S. 14). Die rechtliche Basis für diese Maßnahmen bot die Agrargesetzgebung, die die soziale Funktion des Bodens als landwirtschaftlicher Produktionsstandort hervorhebt. Diese angekündigten Maßnahmen wurden jedoch nicht in die Realität umgesetzt, so wie auch der überwiegende Rest der Vorgaben des Agrarreformprogramms.

Heute wird die Bestimmung der legitimen Landnutzer und die Vergabe von Landtiteln von der bundesstaatlichen Behörde Instituto de Terras wahrgenommen. Dieser Anfang der 90er Jahre gegründeten Institution obliegt die Identifikation und die Verwaltung der *terras devolutas*. Sie unterhält in der Region mehrere Büros und legt als ein Bestandteil der Exekutive den Gerichten die notwendigen Vorarbeiten und Informationen vor, damit diese über die endgültige Vergabe von Eigentums- und Besitzrechten entscheiden können. Der Prozeß der Erhebung der gegenwärtigen Landnutzer und die daran anschließende *legitimação de posse* wird dabei jeweils für eine gesamte Verwaltungseinheit (*perímetro*) aufgenommen. Nur bei einer gleichzeitigen Bearbeitung eines größeren Gebietes können die Nutzungsansprüche der einzelnen Betriebe miteinander verglichen und aufeinander abgestimmt werden.

Die Folgen der Besitzunsicherheit für die regionale Landwirtschaft reichen über die Entstehung von lokal begrenzten Konflikten hinaus. Die Möglichkeit, Vergünstigungen der staatlichen Kredit- und Förderprogramme in Anspruch zu nehmen, ist in der Regel an die Vorlage von rechtlich abgesicherten Landtiteln gebunden. *Posseiros* sind von diesen agrarpolitischen Maßnahmen also ausgeschlossen, auch wenn sie bereits lange auf ihrem Land leben und wirtschaften. Dabei wären gerade die Kleinbauern in der Region, die das Gros der Landbesetzer ausmachen, auf eine staatliche Unterstützung angewiesen (Engecorps & SMA 1992, S. 46ff, Governo do Estado de São Paulo 1995, S. 15ff).

Eine andere Wirkung der ungeklärten Eigentumssituation ist die Zunahme von spekulativ motivierter Nutzung - oder besser Besetzung - von Ländereien, deren "Bewirtschaftung" dann vor allem dazu dient, entweder andere potentielle Konkurrenten von einer Okkupation abzuhalten oder den rechtmäßigen Landtitel im Zuge der *legitimação de posse* zu erhalten. Nur in diesem Wirkungszusammenhang läßt sich die in einigen Gebieten extreme Zunahme von unproduktiven Weideflächen erklären. MÜLLER (1980, S.79) erkennt für die 70er Jahre einen Zusammenhang zwischen Expansion der Weideflächen und einem allgemeinen Klima der Bodenspekulation, das vor allem auf Hoffnungen auf Infrastrukturverbesserungen und Steigerung der Bodenpreise basierte. Er schätzt, daß Anfang der 80er Jahre bis zu 50% der landwirtschaftlichen Nutzfläche vor allem oder ausschließlich der Bodenspekulation dienten. Dabei unterstreicht er die negativen Folgen für die regionale Entwicklung, wenn er schreibt:

> "A especulação fundiária na Baixada, como em todo o Vale, mostra-se como mecanismo que permite incorporar terras sem aproveitá-las nem po- voá-las, configurando a mais acabada manifestação ... do modo como as ter- ras caem sob o acicate da lei do valor." (MÜLLER 1980, S. 82).

> "Die Bodenspekulation in der Küstenebene, wie auch im gesamten Vale do Ribeira, zeigt sich als Mechanismus, der es erlaubt, sich Land anzu- eignen, ohne es zu nutzen oder zu besiedeln. Sie stellt die vollendete Mani- festation der Art und Weise dar, wie Boden von der Triebkraft des Marktge- setzes erfaßt werden kann" (Übersetzung F.D.).

Bodenspekulation beschränkt sich darüber hinaus nicht auf das unproduktive "Besetzthalten" von Ländereien, sondern stellt einen dynamischen Prozeß dar, der oft schneller verläuft als der Staat regulierend eingreifen kann (SUDELPA 1986, S. 27).

In den Kapiteln 2.2.3 und 3.1.3 wurden bereits der Zusammenhang zwischen der Eigentumssituation und der Abholzungsdynamik eingehend beschrieben. Die dort dargestellten Wechselwirkungen lassen sich auch im Vale do Ribeira wiederfinden. Da die ökologische Problematik erst bei den folgenden Kapitel im Vordergrund stehen wird, soll vorerst nur auf die grundlegende Bedeutung der Eigentumssituation für diesen Themenkreis hingewiesen werden, ohne das Thema an dieser Stelle weiter zu vertiefen.

Zusammenfassend kann das Vale do Ribeira als eine Region charakterisiert werden, die deutliche Merkmale einer Pionierfront aufweist:

— In der Region sind noch weite ungenutzte Flächen vorhanden. Diese stehen zwar *de jure* zu einem großen Teil unter Naturschutz, stellen jedoch in den Augen vieler Zuwanderer vor allem ungenutes "Niemandsland" dar.

— Bezüglich des Grundbesitzes besteht eine starke Diskrepanz zwischen der de-jure- und der de-facto-Situation. Rechtlich befinden sich viele Flächen zwar in Staatsei- gentum, faktisch herrscht jedoch bei der Verteilung und der Sicherung des Grundbe- sitzes oft das "Recht des Stärkeren".

— Im Vale do Ribeira finden sich noch Reste einer traditionellen Subsistenzwirtschaft. Daneben stellt die Region ebenfalls eine *pioneer front* für neue Zuwanderer dar. Als dritte Form der "Nutzung" repräsentiert das Gebiet eine *speculation front* für meist urbanes Kapital. Diese drei Modelle der Aneignung und "Inwertsetzung" des Raumes stehen sich gegenüber und liegen oft im Widerstreit miteinander.

–   Die Zuwanderer rekrutieren sich meist aus marginalisierten Bevölkerungsschichten der Städte oder des Nordostens. Die Region fungiert also als Auffangbecken für Menschen, die an der wirtschaftlichen Entwicklung und der Modernisierung nicht teilhaben konnten.

–   Im Vale do Ribeira sind Industrialisierung und Urbanisierung bislang nur relativ wenig fortgeschritten. Die Region trägt Merkmale einer wirtschaftlichen Peripherie.

–   Wie schon in Kapitel 4.1.2 betont wurde, kann die regionale Entwicklung als überwiegend außengesteuert angesehen werden. Dabei müssen zum einen die wirtschaftlichen Vorgaben (Preise, Vermarktungsstrukturen etc.) als feste externe Rahmenbedingungen hingenommen werden. Zum anderen sind viele der die Region prägenden Prozesse, wie z.B. Zuwanderung oder die Zunahme von Bodenspekulati-on, Folgen von gesellschaftlichen Veränderung, die außerhalb des Vale do Ribeira stattfinden. Nicht zuletzt setzt auch die staatliche Planung die Funktionen, die die Region zu erfüllen hat, in der Regel "von oben" fest.

Die Benennung des Vale do Ribeira als *Amazônia Paulista* scheint also, ungeachtet der unterschiedlichen Größe, aufgrund der vielfältigen Parallelen beider Regionen einleuchtend. Dennoch darf nicht vergessen werden, daß das Untersuchungsgebiet im Gegensatz zu Amazonien in unmittelbarer Nähe der Metropole São Paulo liegt und durch die BR 116 verkehrstechnisch mittlerweile gut angebunden ist. Diese räumliche Lage legt nahe, daß die ökonomischen, sozialen und politisch-planerischen Wechselbe-ziehungen zwischen Zentrum und Peripherie hier enger und intensiver sein müssen, als dies bei einer abgelegenen Region der Fall wäre.

Diese besondere Situation wird auch bei den folgenden Untersuchungen zur Konzeption und zu den Auswirkungen des Naturschutzes in der Region zu beachten sein. Damit steht nun ein Thema im Vordergrund des Interesses, das nach einer Studie des Umweltministeriums (Engecorps & SMA 1992) als der vordringendste Problembereich im Vale do Ribeira angesehen werden kann. Die Ausführungen zur Geschichte und zur Problematik des ländlichen Raumes sollten dabei deutlich gemacht haben, daß die sozioökonomischen Rahmenbedingungen für eine Naturschutzplanung in der Region nicht günstig sind.

4.2 Naturschutzpolitische Maßnahmen in der Region

4.2.1 Flächenschutz

Der Flächenschutz stellt noch immer das wichtigste Instrument bei Maßnahmen für den Erhalt der Natur in den Ländern der Dritten Welt und in Brasilien dar. Der Bundesstaat São Paulo betreibt dabei seit langer Zeit eine eigenständige Flächenschutzplanung, die jedoch in enger Verbindung mit der brasilianischen Schutzpolitik zu sehen ist (WEHRHAHN 1994a, S. 39f). Zum einen orientiert sich der Bundesstaat an nationalen Vorgaben, z.B. bei der Aufstellung von Schutzkategorien. Zum anderen kommt São

Paulo aber auch eine Vorreiterrolle beim Natur- und Umweltschutz innerhalb Brasiliens zu.

Die bundesstaatliche Verfassung legt fest, welche Räume als besonders schützenswert anzusehen sind: Der Atlantische Küstenregenwald (*Mata Atlântica*), der Küstenraum (*Zona Costeira*) und das Küstengebirge Serra do Mar finden sich ebenfalls in der nationalen Verfassung als *Patrimônio Nacional* (Nationales Erbe) ausgewiesen. Die bundesstaatliche Verfassung legt darüber hinaus u.a. auch das Vale do Ribeira und den Ästuarkomplex von Iguape und Cananéia als besonders schützenswerte Bereiche fest.

Im Bundesstaat São Paulo ist der nationale Flächenschutz unterrepräsentiert. 1992 standen 67 bundesstaatlichen gerade sechs nationale Schutzgebiete gegenüber[32]. São Paulo hebt sich aus dem brasilianischen Kontext durch die hohe Zahl - es sind heute mehr als 40 - und die Größe seiner strengen Schutzgebiete hervor[33]. Insgesamt stehen rund die Hälfte der verbliebenen Bestände des Atlantischen Küstenregenwaldes im Bundesstaat unter strengem Schutz (VIANNA & ADAMS 1995, S. 82). Dabei muß allerdings bedacht werden, daß nur noch weniger als 10% der ursprünglichen Wälder im Bundesstaat São Paulo erhalten sind (POR 1992, S. 83f).

Dieses besondere Gewicht des strengen Flächenschutzes hat seinen Ursprung nicht zuletzt in der eigenen Strategie des Bundesstaates bei der Ausweisung neuer Schutzgebiete. Oft werden Flächen, die durch die wirtschaftliche Entwicklung akut bedroht sind, rasch per Gesetz unter strengen Schutz gestellt. Die Umsetzung der Schutzbestimmungen, die Erhebung der Eigentumsverhältnisse und die Enteignung des Bodens sind Schritte, die erst nach der offiziellen Ausweisung des Schutzbestimmungen in Angriff genommen werden. Viele Flächen wurden außerdem bereits lange vor ihrer Unterschutzstellung bewohnt und bewirtschaftet. Diese Familien fanden sich "von einem Tag auf den anderen" innerhalb eines strengen Schutzgebietes wieder, das per Gesetz das Wohnen und Wirtschaften auf der Fläche verbietet. Das Beispiel der Flächenschutzpolitik im südlich angrenzenden Bundesstaat Paraná zeigt, daß auch andere Strategien bei der Unterschutzstellung möglich sind: Hier werden Flächen erst dann offiziell als Schutzgebiete ausgewiesen, wenn die Eigentumsverhältnisse geklärt sind, d.h. wenn sich der Boden in bundesstaatlichem Eigentum befindet. Außerdem werden meist kleinere Gebiete, die entweder nicht bewohnt sind oder deren Bewohner vorher umgesiedelt wurden, ausgewiesen (VIANNA & ADAMS 1995, S. 115f).

Finanzielle Unterstützung erhält der Bundesstaat São Paulo von der deutschen Kreditanstalt für Wiederaufbau (KfW), mit der seit 1993 ein Vertrag besteht. Dieser sieht vor, daß die bundesstaatlichen Naturschutzbehörden insgesamt 30 Mio. DM von deutscher Seite, ergänzt durch ca. 24 Mio DM aus bundesstaatlichen Mitteln, für den Schutz und das Management der Biodiversität des Atlantischen Küstenregenwaldes erhalten. Das Geld soll zum einen der Beschaffung von technischer Infrastruktur dienen, die für die Überwachung der Schutzgebiete und der Umweltauflagen notwendig ist.

---

[32]Dies macht deutlich, daß sich eine Untersuchung zum Naturschutz und seinen regionalen und lokalen Auswirkungen auf die bundesstaatliche Politik konzentrieren muß, auch wenn diese in einem engen Zusammenhang mit nationalen Entscheidungen zu sehen ist. Der Staat, der in Kapitel 2.1.3 als der entscheidende Rahmen für die politisch-administrative Lenkung von Entwicklungen identifiziert wurde, umfaßt in diesem Fall also zwei staatliche Ebenen: die nationale und die bundesstaatliche.

[33]CÂMARA (1991, S. 75) zählte zu Beginn der 90er Jahre 38 Schutzgebiete mit insgesamt 771.600 ha auf. Im Laufe der 90er Jahre sind noch mehrere hinzugekommen.

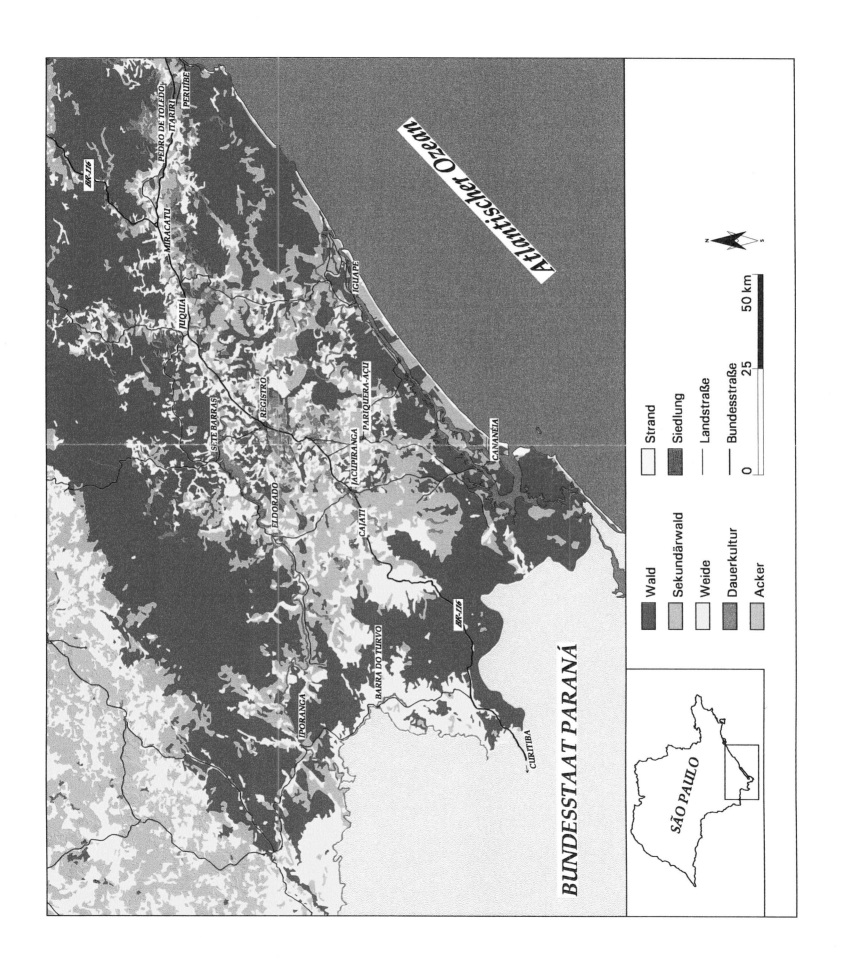

BUNDESSTAAT PARANÁ

Atlantischer Ozean

SÃO PAULO

PEDRO DE TOLEDO
ITARIRI
PERUÍBE
BR-116
MIRACATU
JUQUIÁ
IGUAPE
SETE BARRAS
REGISTRO
ELDORADO
JACUPIRANGA
PARIQUERA-AÇU
CAJATI
CANANÉIA
IPORANGA
BARRA DO TURVO
BR-116
CURITIBA

Wald
Sekundärwald
Weide
Dauerkultur
Acker

Strand
Siedlung
Landstraße
Bundesstraße

0   25   50 km

Zum anderen beinhaltet der Maßnahmenkatalog die Unterstützung der verantwortlichen Naturschutzinstitutionen, beispielsweise bei der Erstellung von Managementplänen (SMA 1996).

In Kapitel 3.2 wurde bereits die Dringlichkeit von Schutzmaßnahmen im Atlantischen Küstenregenwald dargestellt, wobei sowohl seine besondere Gefährdung als auch sein Wert für den Erhalt der globalen Biodiversität von Bedeutung sind. Einen wichtigen räumlichen Schwerpunkt bildet dabei das Vale do Ribeira und dies nicht nur im Bundesstaat São Paulo, sondern auch im nationalen Kontext. Dort und im südlich angrenzenden Küstenraum des Bundesstaates Paraná finden sich die größte zusammenhängende Fläche dieses Vegetationstyps. Allein im Vale do Ribeira sind etwa 12.000 km² mit Regenwald bedeckt, was ungefähr 13% der heute noch erhaltenen Atlantischen Küstenregenwälder Brasiliens entspricht. Daneben stellen die regionalen Mangroven- und Restingawälder sowie die alpinen Grasländer (*campos de altitude*) intakte Bestände stark gefährdeter Ökosystemtypen dar (CAPOBIANCO 1994, S. 9; siehe 4).

Vor diesem Hintergrund ist es verständlich, daß sich mehr als die Hälfte der geschützten Fläche des Bundesstaates São Paulo im Vale do Ribeira befindet (CAPOBIANCO 1994, S. 10). Bezüglich ihrer Größe sind vor allem die strengen Schutzgebiete der Region von nationaler Bedeutung. Laut CÂMARA (1991, S. 39) existierten Anfang der 90er Jahre rund 290 Schutzgebiete im Bereich des Atlantischen Küstenregenwaldes. Die überwiegende Mehrzahl von ihnen ist jedoch nur sehr klein, was einerseits hinsichtlich des Schutzes von größeren Säugetieren problematisch ist. Andererseits ist die Gefahr der genetischen Verarmung zu kleiner Populationen gerade im Bereich des tropischen Regenwaldes gegeben, wo eine hohe Artendichte mit einer geringen Individuendichte einer Spezies einhergeht (GRAINGER 1993, S. 203ff). Da also artenreiche Ökosystemtypen besonders empfindlich auf Fragmentierung reagieren, sind große Schutzgebiete für ihren effektiven Schutz notwendig. Von den acht größten strengen Schutzgebieten des Bundesstaates mit einer Fläche von mehr als 20.000 ha liegen fünf vollständig und eines teilweise im Vale do Ribeira. Die Region besitzt folglich einen hohen strategischen Wert für den Schutz des Atlantischen Küstenregenwaldes.

Im folgenden sollen die einzelnen Schutzgebiete der Region kurz charakterisiert werden. Dabei steht zunächst der strenge Flächenschutz, d.h. die Schutzkategorien Parque Estadual (PE) und Estação Ecológica (EE), im Vordergrund. Diese bundesstaatlichen Schutzgebietstypen lehnen sich dabei an das nationale System an: Der PE stellt das bundesstaatliche Pendant zum Parque Nacional dar. Auch hier sind meist größere Areale unter Schutz gestellt, in denen auf höchstens 1% menschliche Aktivitäten erlaubt sind, die ausschließlich der Forschung, der Bildung oder der Erholung zu dienen haben. Alle wirtschaftlichen Aktivitäten, wie z.B. Landwirtschaft oder Extraktivismus, sind untersagt. Für jeden PE ist ein Managementplan aufzustellen, der die Zonen unterschiedlicher Funktion festschreibt. Sämtlicher Boden hat sich im Eigentum des Bundesstaates zu befinden. In bundesstaatlichen EEs müssen dagegen nur 90% der Fläche dem integralen Schutz der natürlichen Ökosysteme dienen. Auf der restlichen Fläche sind Eingriffe in den Naturhaushalt zu wissenschaftlichen oder pädagogischen Zwecken erlaubt. Der Boden muß sich in Staatseigentum befinden. Zuständig für die Verwaltung dieser Schutzgebiete ist im Bundesstaat São Paulo das Instituto Florestal (IF), ein traditionsreiches Forstinstitut, das in das Umweltministerium integriert ist (WEHRHAHN 1994a, S. 41f).

Die folgende Aufzählung der Schutzgebiete stützt sich, soweit nicht anders vermerkt, auf Angaben von LEONEL (1992, S. 187) sowie der SMA (1992a, S. 83ff):

Das älteste Schutzgebiet der Region ist der **PE Touristico do Alto Ribeira (PETAR)**, der bereits 1958 gegründet wurde. Er liegt im Bereich der Serra de Paranapiacaba und stellt mit ca 35.000 ha Fläche heute ein Schutzgebiet mittlerer Größe dar. Als schützenswerte Besonderheit können neben den Atlantischen Küstenregenwäldern die mehr als 150 Kalksteinhöhlen gelten, die teilweise einem gelenkten Touristenstrom zugänglich gemacht wurden. Obwohl dieser Park bereits seit langer Zeit besteht, wurde die Enteignung des Landes bis heute noch nicht in Angriff genommen, und es befinden sich mehrere Siedlungen innerhalb des Parkes, deren genaue Bewohnerzahl der Verwaltung nicht bekannt ist (SMA 1991b).

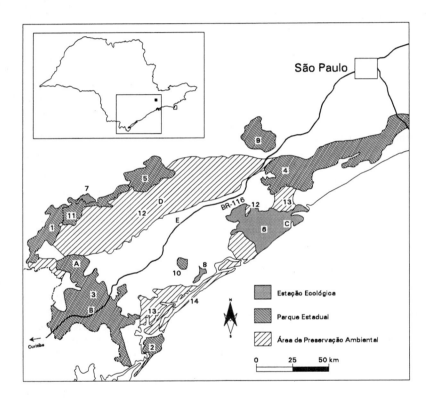

Karte 5: Lage der Schutzgebiete und der Fallstudien im Vale do Ribeira

Fallstudien:
A = Andre Lopes / B = Bela Vista / C = Barro Branco / D = Dois Irmãos / E = Ribeirão da Motta
Die Numern der Schutzgebiete sind in Tabelle 5 verzeichnet.

118

Nr	Schutzgebiet	Fläche in ha	Jahr	Situation	Wohnhafte Familien	Besondere Problembereiche						
						Grundbesitz	Soziale Probleme	Bergbau	Abholzung	Straßen	sonstige Infrastrukurmaßnahmen	Tourismus
1	PE Turistico Alto Ribeira	35.766	1958	sehr kritisch	ca. 110	X	X	X	X	X	X	X
2	PE Ilha do Cardoso	22.500	1962	sehr kritisch	70	X	X	-	X	-	-	-
3	PE Jacupiranga	150.000	1969	extrem kritisch	ca. 1.500	X	X	X	X	X	X	X
4	PE Serra do Mar	234.391	1977	extrem kritisch	k.A.	X	X	X	X	X	X	X
5	PE Carlos Botelho	37.644	1982	befriedigend	-	-	-	X	X	X	-	-
6	EE Juréia.-Itatins	79.830	1986	sehr kritisch	365	X	X	X	X	X	X	X
7	EE Xitué	3.095	1987	kritisch	-	X	X	-	X	-	-	-
8	EE Chauás	2.699	1990	extrem kritisch	-	X	X	-	X	-	-	-
9	PE Jurupará	26.250	1994	k.A.	k.A.	k.A.	k.A.	k.A.	k.A.	k.A.	k.A.	k.A.
10	PE Pariqueira-Abaixo	2.359	1994	k.A.	k.A.	k.A.	k.A.	k.A.	k.A.	k.A.	k.A.	k.A.
11	PE Intervales	38.000	1997	k.A.	k.A.	k.A.	k.A.	k.A.	k.A.	k.A.	k.A.	k.A.

Tabelle 5: Strenge Schutzgebiete im Vale do Ribeira: Größe, Alter und Problemsituation nach Angaben der SMA von 1993 und 1997

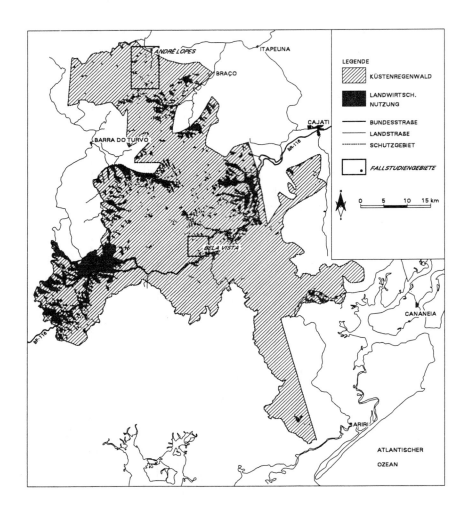

Karte 6: Flächennutzung im Parque Estadual Jacupiranga
Quelle: eigener Entwurf nach Fundação SOS Mata Atlântica 1993

Die Gründung des ersten Schutzgebietes an der Küste fiel in das Jahr 1962. Der **PE Ilha do Cardoso** umfaßt eine Insel, die im Bereich des ökologisch wertvollen Ästuarkomplexes von Iguape und Cananéia liegt, der sich südlich an der Küsten des Bundesstaates Paraná fortsetzt. Das ca. 22.500 ha große Areal umfaßt verschiedene Vegetationstyen: Atlantische Küstenregenwälder an den Hängen des 900m hohen Berges, Mangroven am meeresabgewandten Ufer sowie Restingawälder, die vor allem auf dem langgestreckten Strandhaken im Süden zu finden sind. Auf der Insel wohnen heute etwa 350 Menschen. Früher lebte der Großteil der Familien von einer Kombination von Landwirtschaft und

120

Fischfang, und gehörte zur traditionellen regionalen Gruppe der *caiçaras* (vgl. Kap. 4.1.2 und Kap. 4.3.4). Nach der Ausweisung und Etablierung des Schutzgebietes wanderten viele Familien ab, da die Landwirtschaft mit strengen Nutzungsrestriktionen verbunden wurde. Die verbleibende Bevölkerung konzentriert sich fortan vor allem auf den Fischfang. In den letzten Jahren ist der meist ungelenkte Tourismus als zusätzlicher Wirtschaftsfaktor hinzugekommen. Heute dienen rund 40% der Häuser als Ferienhäuser (MILANELO 1992; SMA 1995b, S. 95).

Der **PE Jacupiranga** ist das größte Schutzgebiet, das vollständig im Vale do Ribeira liegt, und das zweitgrößte des Bundesstaates São Paulo (150.000 ha). Zu den hier geschützten Vegetationstypen gehören neben dem immergrünen Atlantischen Küstenregenwald (*floresta ombrófila densa*) auch Übergänge zu Araukarienwäldern (*floresta ombrófila mista*). Im Norden befindet sich mit der Tropfsteinhöhle Caverna do Diabo eine der wichtigsten Touristenattraktionen des Vale do Ribeira. Nicht zuletzt aufgrund seiner Größe stellt der 1969 gegründete Park heute das "Sorgenkind" des Flächenschutzes im Bundesstaat São Paulo dar. Die Fläche blieb lange Zeit sich selbst überlassen, und die Naturschutzbehörden unternahmen kaum Anstrengungen, die Schutzbestimmungen in die Realität umzusetzten. Die Überwachung des Gebietes ist schon allein aufgrund seiner Grenzlage zum Bundesstaat Paraná und seiner Größe nur schwer sicherzustellen. Darüber hinaus kreuzt die Bundesstraße BR 116 den PE Jacupiranga auf seiner gesamten Breite. So gehören die massive ungelenkte Landnahme, die damit verbundene Abholzung sowie der illegale Extraktivismus zu den akuten Problemen des Parkes (siehe Karte 6).

Der **PE Serra do Mar** ist das größte strenge Schutzgebiet im Bereich des Atlantischen Küstenregenwaldes (ca. 310.000 ha). Er zieht sich von der nördlichen Grenze zum Bundesstaat Rio de Janeiro küstenparallel entlang der Serra do Mar bis hinunter in das Munizip Itariri im nördlichen Teil des Vale do Ribeira. Das Schutzgebiet wurde 1977 aus 14 ehemaligen *reservas florestais* (Forstreservaten) zusammengelegt, und seine Verwaltung ist heute auf fünf teilweise autonome Untereinheiten (*núcleos*) aufgeteilt. Besonders im südlichen Teil, der in das Vale do Ribeira hineinragt, gibt es erhebliche Probleme mit illegaler Okkupation, ungeklärten Grundbesitzverhältnissen und Nutzungsdruck auf die geschützten natürlichen Ressourcen.

Der **PE Carlos Botelho** im Bereich der Serra de Paranapiacaba schützt auf rund 35.500 ha nahezu ausschließlich Atlantischen Küstenregenwald in primärem, ungestörten Zustand. Bis zu seiner Gründung 1982 existierten an dieser Stelle vier *reservas florestais*. Bemerkenswert ist, das sich der gesamte Grund und Boden bereits im Eigentum des Staates befindet und daß es wenig Schwierigkeiten mit unkoordinierter Besiedlung gibt. Dennoch ist der Park einem zum Teil starken anthropogenen Druck durch den Extraktivismus von Palmherzen ausgesetzt (vgl. Kap. 4.3.2). Die Naturschutzverwaltung befürchtet, daß sich dieses Problem mit der geplanten Asphaltierung der den Park kreuzenden Straße von Juquiá nach São Miguel de Arcanjo noch verschärft wird.

Die **EE Juréia-Itatins** hat eine herrausragende Bedeutung für den Schutz gefährdeter Ökosystemtypen des Küstenraumes. Hier ist auf 82.000 ha eine natürliche Abfolge von Mangroven- und Restingawäldern über Atlantischen Küstenregenwald bis hin zu alpinen Grasländern erhalten. Das Schutzgebiet wurde 1986 gegründet, wobei die damals erstarkende Umweltbewegung des Bundesstaates São Paulo einen erheblichen

Anteil an der Entscheidung hatte. Diese Entstehungsgeschichte sowie die Tatsache, daß die Verwaltung eine eigene Strategie zur Integration der ca. 300 wohnhaften Familien in das Schutzkonzept verfolgt, sind Gründe für das starke Interesse, das die Öffentlichkeit für dieses Schutzgebiet zeigt[34].

Die **EE Xitué** ist nicht dem Vale do Ribeira im engeren Sinne zuzurechnen, da sie im Munizip Capão Bonito liegt. Dennoch kann sie aufgrund ihrer Lage in der Serra de Paranapiacaba der hier besprochenen Gruppe von Schutzgebieten zugeordnet werden[35]. Bereits seit Ende der 50erJahre bestand hier eine *reserva florestal*, die vor allem dem Wasserschutzes diente und die 1987 in eine EE umgewandelt wurde. Mit einer Größe von 3.095 ha gehört sie eher zu den kleinen Schutzgebieten.

Auch die **EE Chauás** ist ein Schutzgebiet geringen Ausmaßes (2.699 ha). Sie befindet sich im Bereich der Küstenebene und umfaßt auf ihrer Fläche neben Atlantischem Küstenregenwald auch *brejos* (vermoorte Flächen). Hier sind ausgedehnte Bestände des *caixeta*-Baum (*Tabebuia cassenoides*) erhalten, die aufgrund ihrer Verwendbarkeit für industrielle Zwecke andernorts teilweise stark dezimiert wurden. Daneben stellt die EE ein wichtiges Habitat für eine gefährdete Papageienart (*papaguaio-chauá*) dar. Das Gebiet wurde erst 1990 im Gelände markiert und besitzt noch keinen Managementplan. Der Boden befindet sich allerdings bereits in Staatseigentum, und es gibt kaum Probleme mit Bewohnern; auf der Fläche wohnt nur eine Familie (SMA 1995b, S. 83f).

Über den **PE Jurupará** (26.250 ha), der 1994 auf der Fläche einer ehemaligen *reserva florestal* ausgewiesen wurde, liegen nur wenige Informationen vor. Laut mündlicher Auskunft von Vertretern des Instituto Florestal bestehen hier beträchtliche Schwierigkeiten mit illegaler Landnahme durch *posseiros*.

Der **PE Pariqueira-Abaixo** (2.359 ha) wurde ebenfalls 1994 gegründet. Er umfaßt neben Atlantischem Küstenregenwald vermoorte Flächen im Bereich der *várzeas* des Rio Ribeira de Iguape. Darüber hinaus existieren auch über dieses Schutzgebiet nur wenig Informationen.

Als jüngstes Schutzgebiet des Vale do Ribeira ist der **PE Intervales** zu nennen. Dieses 38.000 ha große Areal im Bereich der Serra de Paranapiacaba unterstand indessen schon lange dem Umweltministerium. Unter dem Namen Fazenda Intervales wurde das Gebiet von der Forstbehörde Fundação Florestal verwaltet und diente vor allem der Entwicklung von Methoden der nachhaltigen Forstwirtschaft sowie der Umweltbildung.

Wie groß der Anteil des strengen Flächenschutzes in der Region und in den einzelnen Munizipien ist, läßt sich anhand Tabelle 6 erkennen. Ein Viertel der regionalen Fläche ist per Gesetz von jeglicher Nutzung ausgeschlossen. Besonders betroffen sind dabei die Munizipien Barra do Turvo, Pedro de Toledo und Iguape. Allein Registro und Juquiá haben keine streng geschützen Areale auf ihrer Munizipfläche. Die großen Schutzgebiete liegen, wie auch Karte 5 zeigt, vor allem im Bereich der Serra de Paranapiacaba und der Serrania do Ribeira, also in den Räumen, die lange von einer wirtschaftlichen Entwicklung isoliert blieben und die als Rückzugsräume für die kleinbäuerliche, traditionelle Landwirtschaft gelten können.

---

[34] Die Fallstudie Barro Branco (vgl. Kap. 5.4) ist in der EE Juréia-Itatins angesiedelt.

[35] Sie ging jedoch nicht in die Berechnung der Schutzfläche im Vale do Ribeira (siehe Tab. 6) ein.

Obwohl bereits ein großer Teil der Region streng geschützt ist, bestehen Bestrebungen, weitere EEs und PEs einzurichten. So soll die Ilha Comprida im Bereich des Ästuarkomplexes von Cananéia und Iguape von einer *Área de Preservação Ambiental* (APA)(s.u.) in einen PE umgewandelt werden. Außerdem existieren Pläne, den Festlandbereich zwischen dem PE Jacupiranga und dem PE Ilha do Cardoso als EE Lagamar auszuweisen (SMA 1994b).

Es ist aber nicht nur der strenge Flächenschutz, der für die Region relevant ist. Immerhin 40% der Fläche der Vale do Ribeira sind als *Área de Preservação Ambiental* ausgewiesen[36]. Hierbei handelt es sich um zwei Gebiete unter bundesstaatlicher und eines unter nationaler Verwaltung. Für beide gilt, daß das Areal in Zonen unterschiedlicher Nutzungsformen und -intensitäten aufgeteilt ist, die von intensiver urbaner Nutzung über Landwirtschaft bis hin zu integralem Schutz der natürlichen Ökosysteme in der sog. *Zona de Vida Silvestre* (ZVS) reichen. Darüber hinaus sind auf der gesamten Fläche der Gebrauch von Agrargiften und die extensive Viehhaltung untersagt. Außerdem müssen Eingriffe in den Naturhaushalt, wie beispielsweise die Anlage von Gräben, von den Naturschutzbehörden genehmigt werden. Ein entscheidender Unterschied zu den strengen Schutzgebieten ist, daß der Boden in Privatbesitz verbleiben kann, daß also kein Eingriff in die Grundbesitzstruktur erfolgt. Die Verwaltung der bundesstaatlichen APAs wird von der Abteilung für Umweltplanung des Umweltministeriums (*Coordenadoria de Planejamento Ambiental*, CPLA) übernommen, die auch einen Teil der Betreuung der nationalen APA übernommen hat (WEHRHAHN 1994a, S. 45; SMA 1990a).

Die bundesstaatliche **APA Serra do Mar (Nr. 12)** schließt große Teile der Serra de Paranapiacaba ein. Sie bildet damit ein wichtiges Verbindungsstück zwischen den strengen Schutzgebieten in diesem Raum. Obwohl das Gebiet schon seit 1984 besteht und bereits ein Vorschlag für einen Zonierungsplan erarbeitet wurde (SMA & THEMAG o.J.), der neben naturräumlichen Elementen auch sozioökonomische Faktoren der hier lebenden Bevölkerung berücksichtigt, ist dieser bislang nicht rechtskräftig verabschiedet. Somit existiert die APA genaugenommen nur "auf dem Papier", denn nur aufgrund eines gültigen Zonierungsplanes können die Behörden in dem Schutzgebiet lenkend in die Landnutzung eingreifen.

Die 1984 auf nationaler Ebene ausgewiesene **APA Cananéia-Iguape-Peruíbe (Nr.13)** bildet das naturräumlich ergänzende Gegenstück zur APA Serra do Mar, denn sie umfaßt neben Beständen des Atlantischen Küstenregenwaldes auch bedeutende Anteile an Restingawäldern, Mangroven und *brejos*. In seiner Fläche überscheidet es sich teilweise mit der bundesstaatlichen EE Juréia -Itatins. Obwohl auch dieses Schutzgebiet seit über einem Jahrzehnt existiert, liegt bislang noch kein Zonierungsvorschlag vor. Erst seit Mittel der 90er Jahre bemühen sich nationale Umweltbehörden in Zusammenarbeit mit der bundesstaatlichen Abteilung für Umweltplanung (CPLA) um eine Ausarbeitung und Realisierung von Maßnahmen zum Flächenschutz (MARETTI 1994, S. 4).

---

[36]Auf andere Kategorien des schwachen Flächenschutzes, die in der Region zu finden sind (*Área de Interesse Especial* und *Área sob Preservação Especial)*, wird an dieser Stelle nicht eingegangen. Sie sind für die Planung kaum von Bedeutung, da sie von strengen Schutzgebieten räumlich überlagert werden. Für den Stand der frühen 90er Jahre bietet WEHRHAHN (1994, S. 39ff) eine vollständige Aufzählung aller Schutzkategorien und der dazugehörigen Gebiete im Bundesstaat São Paulo.

Die **APA Ilha Comprida (Nr.14)**, umfaßt die gesamte Insel, die für den Naturhaushalt des Ästuarkomplexes von großer Bedeutung ist. Auf ihr finden sich vor allem Restingawälder und Mangroven. Zusammen mit der APA Cananéia-Iguape-Peruíbe bildet sie eine wichtige Verbindung zwischen den strengen Schutzgebieten EE Juréia-Itatins im Nordosten und PE Ilha do Cardoso im Südwesten (WEHRHAHN 1995). Die Zunahme von größtenteils unkontrollierter Parzellierung des Geländes durch Immobilienfirmen führte zu einer Gefährdung des ökologischen Gleichgewichts besonders in den für Störungen sehr anfälligen strandnahen Bereichen. Mit der Unterschutzstellung der Insel 1987 haben die Planungsbehörden nun wirksamere Instrumente in der Hand, besonders um die touristische Siedlungstätigkeit zu steuern und eine Entwicklung zu verhindern, wie sie im Küstenbereich nordöstlich von Peruíbe zu einer starken Dezimierung der Restingawäler geführt hat (WEHRHAHN 1994; vgl. Kap. 4.1.2).

Munizip	Munizips-fläche (ha)	Fläche unter strengem Natur-schutz (ha)	% der Fläche unter strengem Naturschutz	Fläche unter schwachem Natur-schutz (ha)	% der Fläche unter schwachem Naturschutz	Gesamte Fläche unter Natur-schutz (ha)	% der Fläche unter Natur-schutz
Itariri	29.500	4.184	14	17.260	59	21.444	73
Pedro de Toledo	63.100	39.511	63	10.016	16	49.527	78
Miracatu	98.000	5.126	5	67.944	69	73.070	75
Juquiá	86.500	0	0	73.069	84	73.069	84
Registro	68.800	0	0	0	0	0	0
Iguape	208.000	63.524	31	46.397	22	109.921	53
Cananéia	133.800	37.659	28	89.284	67	126.943	95
Pariqueira-Açu	37.000	2.359	6	0	0	2.359	6
Jacupi-ranga	109.500	22.693	21	0	0	22.693	21
Sete Barras	106.200	25.236	24	64.700	61	89.936	85
Eldorado	171.200	18.329	11	106.752	62	125.081	73
Iporanga	127.700	34.893	27	64.312	50	99.205	77
Barra do Turvo	101.300	77.985	77	11.448	1	79.433	78
Vale do Ribeira	1.340.600	331.504	25	541.182	40	872.686	65

Tabelle 6: Anteile des Flächenschutzes an den Munizipsflächen im Vale do Ribeira
Daten: ergänzt nach LEPSCH et al. (1990) sowie eigene Berechnung
- Die Flächen der PE Intervales und PE Jurupará gingen nicht in die Berechnung mit ein, da hierzu keine Angaben bezüglich deren Anteil an den einzelnen Munizipsflächen vorlagen.
- Bei räumlichen Überschneidungen von Parques Estaduais oder Estações Ecológicas mit Áreas de Preservação Ambiental wurde die Fläche allein dem strengen Schutzgebiet zugeordnet.

Insgesamt stehen im Vale do Ribeira 65% der Fläche unter Schutz. In einigen Munizipien - Cananéia, Juquiá, Sete Barras - sind sogar über 80% geschützt. Angesichts dieses Umfanges der geschützten Fläche in der Region ist es einleuchtend, daß der Naturschutz weitreichende Konsequenzen für die regionale Wirtschaftsstruktur hat. Die Verfassung des Bundesstaates São Paulo (Art. 200) sieht dabei vor, daß die finanziellen Einbußen, die den Munizipien infolge der Naturschutzmaßnahmen entstehen, vom Bundesstaat auszugleichen sind.

Um diese Kompensation zu leisten, wurde 1993 ein Gesetz (Lei 8.510/93) erlassen, das die Neuregelung der Verteilung der Mehrwertsteuer (*Imposto sobre Mercadorias e Servícios*, ICMS) vorsieht. Ein Viertel der eingenommenen Mehrwertsteuer wird nach einem Verteilungsschlüssel an die Munizipien ausgeteilt. In diese Berechnung geht nun u.a. der Anteil des Flächenschutzes an der Munizipfläche zu 0,5% mit ein; dies ist die sogenannte "grüne Mehrwertsteuer" (*ICMS-Verde*). Die unterschiedlichen Schutzkategorien werden nach ihrer Strenge mit unterschiedlichen Faktoren gewichtet: Die Fläche von EEs geht in ihrer Gesamtheit in die Berechnung ein (Faktor 1), PEs werden mit dem Faktor 0,8 gewichtet, *Zonas de Vida Silvestre* (ZVS) innerhalb von APAs mit dem Faktor 0,5 und der Rest der APAs mit 0,1.

Für einige der Munizipien des Vale do Ribeira bedeutete diese Neuverteilung im Zuge des *ICMS-Verde* eine erhebliche Steigerung ihrer kommunalen Einnahmen. So verfügt Barra do Turvo nun über 522%, Iporanga über 458% mehr Mittel als vorher (Estado de São Paulo vom 16.04.1994). Diese beiden Munizipien gehören dabei zu den Brennpunkten der ländlichen Armut im Vale do Ribeira und haben aufgrund ihrer schwachen, vorwiegend auf Subsistenzlandwirtschaft basierenden Wirtschaftsstruktur nur sehr geringe Steuereinnahmen. Insgesamt erhielten die Munizipien des Vale do Ribeira 1994 rund 35% der gesamten Steuermenge, die im Bundesstaat São Paulo im Rahmen des *ICMS-Verde* verteilt wurde (Revista dos Municípios No. 15, 1994).

Wenn man bedenkt, daß es sich bei den unter Schutz stehenden Flächen oft um landwirtschaftliche Grenzertragsstandorte handelt, die z.T. schwere Ungunstfaktoren aufweisen (z.B. Reliefenergie, niedrige Bodenfruchtbarkeit, periphere Lage), dann merken AZZONI & ISAI (1992, S. 263f) zu Recht an, daß der Ertragsausfall auf diesen Flächen in der Regel zu hoch kompensiert wird. Die Unterschutzstellung von neuen Flächen, besondes von solchen, die ohnehin nicht landwirtschaftlich zu nutzen sind, ist seit dem Lei 8.510/93 mit einem finanziellen Gewinn für die Munizipien verbunden. Dieser Umstand erklärt auch die "Welle" von neuen Schutzgebieten, die ab 1994 ausgewiesen wurden. Allein im Vale do Ribeira waren drei Stück, wovon zwei (PE Jurupará und PE Intervales) vorher Schutzkategorien angehörten, für die keine Kompensation vorgesehen war. Auch die Bemühungen der Präfektur des Munizips Ilha Comprida, die APA Ilha Comprida in einen PE umzuwandeln, wären vor der Neuverteilung der Mittel undenkbar gewesen (mündl. Mitteilung Claudio Maretti, Mitarbeiter im CPLA, vom Sept. 95).

Über die Einrichtung von Schutzgebieten, den eigentlichen Flächenschutz, hinaus gelten im Vale do Ribeira noch andere Planungsvorgaben, die an genau festgelegte Flächen gebunden sind. Diese sind gewissermaßen auf das bestehende Muster von Schutzgebieten "aufgesetzt", umfassen aber auch Bereiche, die noch nicht unter Schutz stehen.

Hierbei ist zunächst das juristische Instrument des *Tombamento* zu nennen. Es handelt sich jedoch nicht um eine Maßnahme des Naturschutzes im engeren Sinne; vielmehr ist es eher dem Denkmalschutz oder dem Schutz des kulturellen Erbes zuzurechnen

(MACHADO 1995, S. 584ff). 1985 beschloß der Bundesstaat São Paulo, das *Tombamento da Serra do Mar*, d.h. die Aufnahme des Küstengebirges in die Liste der zu erhaltenen Güter des kulturellen Erbes. In den Jahre danach folgten die Bundesstaaten Paraná, Espírito Santo, Rio de Janeiro und Santa Catarina in ihren Bereichen der Serra do Mar dem Beispiel São Paulos (Consórcio Mata Atlântica & UNESP 1992, S. 33). In der Realität haben diese Entscheidungen allerdings wenig Auswirkungen auf die Raumnutzung, da bereits bestehende Planungen hiervon nicht betroffen sind und die Eigentumsrechte unangetastet bleiben (MIRRA 1994, S. 35f; WEHRHAHN 1994a, S. 47).

Das *Tombamento da Serra do Mar* stellte indes die erste gemeinsame Initiative der einzelnen Bundesstaaten des südlichen und südöstlichen Küstenraumes dar, ihre natürlichen Ökosysteme zu schützen. In einem nachfolgenden Schritt wurde die Schaffung eines Biosphärenreservates auf dieser Fläche anvisiert. 1986 wurden erste Konzepte erarbeitet und eine Koordinationsstelle eingerichtet. Zu ihren Aufgaben zählt die Abstimmung der Planungen der einzelnen Bundesstaaten sowie die Integration dieser Schutzbemühungen in globale Strategien zum Schutz der Biodiversität. Daneben stehen aber auch die Verbesserung der Lebensbedingungen der lokalen Bevölkerung und die Stärkung der Partizipationsbasis als eigenständige Ziele in dem Programm. In einer ersten Phase wurde die zusammenhängenden Bestände des Atlantischen Küstenregenwaldes im Vale do Ribeira und im angrenzenden Bundesstaat Paraná als Biosphärenreservates ausgewiesen. In einem zweiten Schritt soll dann die gesamte Fläche, die unter das *Tombamento da Serra do Mar* fällt, in das Schutzgebiet integriert werden, um dann in einem letzten Schritt die Fläche auf die isolierten Bestände des Nordosten auszudehnen. Der Flächenschutz des Vale do Ribeira ist jedoch von diesen Maßnahmen nicht direkt betroffen, da die bestehenden strengen Schutzgebiete die Kernbereiche des Biospärenreservates darstellen sollen[37]. Ein Schwerpunkt der weiteren Konzeption ist die Schaffung von Korridoren. Nach derzeitigem Stand der Planung wird das Schutzgebiet kein in sich geschlossenes Areal umfassen, sondern eher aus einem vom Nordosten bis in den Süden reichenden System von Verbindungsachsen entlang von Flüssen oder Gebirgszügen bestehen, das z.B. auch die Metropole des Küstenraumes umranden soll (Consórcio Mata Atlântica & UNESP 1992).

Als letztes raumplanerisches Instrument, mit dessen Hilfe Einfluß auf die Landnutzung im Vale do Ribeira genommen werden kann, ist die Aufstellung von Küstenmanagementplänen (*Planos de Gerenciamento Costeiro*) zu nennen. Laut dem auf nationaler Ebene verabschiedeten Gesetz Lei 7.661/88 sind die Bundesstaaten zur Erarbeitung dieser Pläne verpflichtet, da der Küstenraum in der Verfassung von 1988 zum nationalen Erbe erklärt wurde. Dabei soll die Reichweite der meßbaren Wirkung des Meeres zur Abgrenzung des Küstenraumes dienen (MACHADO 1995, S. 565ff).

Im Bundesstaat São Paulo arbeiten die Behörden seit 1990 an der Erstellung von Küstenmanagementplänen, wobei die Küste für diesen Zweck in vier Abschnitte geteilt wurde: das nördliche Litoral ("Litoral Norte"), der zentrale Küstenbereich um die Stadt Santos ("Baixada Santista"), der Bereich des Ästuarkomplexes von Cananéia und Iguape ("Litoral Sul") sowie der Abschnitt "Vale do Ribeira". Diese Planungseinheit

---

[37]Der Ansicht, daß durch diese Maßnahme die bestehenden Schutzgebiete gestärkt und gefestigt werden (Consórcio Mata Atlântica & UNESP 1992, S. 28f) ist dabei m.E. eher kritisch zu betrachten. In den folgenden Kapiteln soll noch dargelegt werden, daß die Überlagerung verschiedener Schutzbestimmungen den effektiven Schutz natürlicher Ökosysteme eher schwächt als stärkt.

umfaßt vor allem das Binnenland des Vale do Ribeira, d.h. den zentralen Bereich der Küstenebene sowie die Bergländer, und reicht nur im Gebiet der EE Juréia-Itatins direkt an die Küste heran. Der Grund für die große binnenwärtige Reichweite des Küstenmanagementplans in diesem Bereich ist die Tatsache, daß er damit das Einzugsgebiet der in den Ästuarkomplex entwässernden Flüsse umfaßt. Veränderungen in diesem Raum wirken sich also auch indirekt auf die fragilen Ökosysteme der Küste aus (SMA o.J.).

Wichtigstes Instrument des *Plano de Gerenciamento Costeiro* ist die Ökonomisch-Ökologische Zonierung (*Zoneamento Econômico-Ecológico*). Ähnlich der Zonierung einer APA schreibt sie Zonen unterschiedlicher Nutzungsformen und -intensitäten fest. Dabei werden z.B. bestehende strenge Schutzgebiete von Zonen extensiver Nutzung, d.h. von Pufferzonen (vgl. Kap. 2.3.2), umgeben (WEHRHAHN 1995, S. 168). Bislang liegt ein Entwurf einer solchen Zonierung nur für den Abschnitt des "Litoral Sul" vor (SMA 1990). Der Plan für das Binnenland im Bereich des "Vale do Ribeira" ist zur Zeit noch in der Erarbeitungsphase, wobei einem intensiven Abstimmungsprozeß mit den Munizipien und den Vertretern von Interessengruppen ein hoher Stellewert beikommt (mündl. Mitteilung Elisabeth Büschel, Mitarbeiterin im CPLA, vom Sept. 1995). Es ist leicht ersichtlich, daß sich dieses Planungsinstrument mit der sehr ähnlich strukturierten Einrichtung von APAs überschneidet und daß eine intensive Abstimmung beider Planungsvorlagen stattfinden muß. Dies ist auch der Grund, warum die APAs der Region noch über keine rechtlich verbindlichen Zonierungspläne verfügen. Diese Aufgabe wird gewissermaßen mit von dem Küstenmanagementplan erfüllt. Das gesamte Vale do Ribeira mit Binnenland und Küstenraum wird durch dieses Planungsinstrument gleichsam zu einer großen APA.

Anhand der Aufzählung der Maßnahmen des Flächenschutzes sowie der Raumordnung (strenge und schwache Schutzgebiete, *Tombamento*, Biosphärenreservat, Küstenmanagementplan) wird deutlich, daß im Grunde kein Mangel an flächenscharfen Instrumenten zum Schutz der natürlichen Ökosysteme und zur Lenkung der Landnutzung besteht. Im Vale do Ribeira liegen teilweise bis zu fünf verschiedene "Schichten" des Flächenschutzes übereinander.

4.2.2 Sektorale Naturschutzbestimmungen

Auch wenn der Flächenschutz noch immer das wichtigste Instrument des Naturschutzes in Brasilien darstellt, gewinnen sektorale Naturschutzbestimmungen zunehmend an Bedeutung. Maßnahmen des Flächenschutzes sind immer mit einer absoluten räumlichen Abgrenzung ihres Geltungsbereiches verbunden, und die kartographische Festlegung dieses Areals ist ein bedeutender Bestandteil der Planungen. Anders ist dies bei sektoralen Bestimmungen: Hier ist der potentielle Geltungsbereich nicht räumlich begrenzt und umfaßt das gesamte Staatsgebiet. Mit ihrer Hilfe lassen sich bedrohte Ökosystemtypen, wie z.B. der Atlantische Küstenregenwald, "mit einem Streich" unter Schutz stellen, ohne daß von planerischer Seite im Vorfeld lange geklärt werden muß, für welches Areal die Regelung zu gelten hat. Auch die Zerstörung von Wäldern, die z.B. dem Erosionsschutz dienen, kann generell verboten werden, ohne die konkreten erosionsgefährdeten Hänge vorher ausfindig gemacht zu haben.

Der Gesetzgeber kann solche Nutzungsbeschränkungen aussprechen, da in der Verfassung die soziale Funktion des Eigentums festgeschrieben ist (Art. 170). Dies umfaßt sowohl die Funktion des Bodens im ländliche Raum als Produktionsstandort der Landwirtschaft als auch die Pflicht zum Schutz der Umwelt auf dem eigenen Grund und Boden. Im Interesse der Gesellschaft kann also die absolute Verfügungsgewalt über das eigene Eigentum per Gesetz teilweise eingeschränkt werden (MACHADO 1994, S. 127). Wenn dies der Fall ist, gehen Naturschutzauflagen nicht mit einer Enteignung des Bodens einher, weil die Auflagen allein zur Erfüllung der sozialen Funktion des Bodens dienen. Nur wenn die Auflagen den Eigentümer mehr einschränken, als es sich durch diese Funktion für die Gesellschaft rechtfertigen ließe, muß der Staat enteignen und eine Abfindung zahlen, wie im Falle von strengen Naturschutzgebieten. Unter die Kategorie der Naturschutzmaßnahmen, die nicht mit einer Pflicht zur Enteignung verbunden sind, fallen neben der APA, dem *Tombamento* und dem *Zoneamento Econômico-Ecológico* auch sämtliche sektorale Bestimmungen.

Die für die Region Vale do Ribeira wichtigsten Vorschriften sind der *Código Florestal* (Lei 4.771/65; ergänzt durch Lei 7.803/89 und Lei 7.875/89) und das sogenannte *Decreto da Mata Atlântica* (Decreto 750/93), deren umweltpolitischer Rahmen bereits in Kap. 3.3 näher dargestellt wurde.

Der *Código Florestal* stellt das grundlegende Forstgesetz dar, das die Nutzung und den Schutz der Wälder auf brasilianischem Territorium regeln soll. In Artikel 1 des Gesetzes wird deutlich herausgestellt, daß Wälder und andere natürliche Vegetationsformen als Güter von gesamtgesellschaftlichem Interesse gelten. Aus dieser Definition resultieren Nutzungsrestriktionen für Wälder in Privat- und Staatseigentum, wovon zwei Bestimmungen besonders relevant sind: die Festschreibung der *Reserva Florestal Legal* (RFL, gesetzliches Waldreservat) und der *Área de Preservação Permanente* (APP, dauerhaft geschützte Fläche).

Artikel 16 des Lei 4.771/65 legt fest, daß auf jedem Privatgrundstück ein Flächenanteil von mindestens 20% mit Wald bedeckt bleiben muß (*Reserva Florestal Legal*)[38]. Hier ist allerdings nur die Abholzung verboten, andere Nutzungsformen des Waldes, wie z.B. der Extraktivismus von sekundären Waldprodukten, sind erlaubt. Auch ist nicht vorgeschrieben, daß auf der Fläche natürlicher Wald verbleiben muß, d.h. auch Aufforstungen sind möglich. Bis zur Neubestimmung und Ergänzung des *Código Florestal* durch Lei 7.803/89 und Lei 7875/89 konnten Grundeigentümer bei Verkauf und Parzellierung ihres Bodens die Fläche der RFL jeweils wieder neu bestimmen und somit ein zusammenhängendes Waldstück zerstückeln. Dies ist heute nicht mehr erlaubt, denn das Areal der RFL wird nun in das Grundbuch eingetragen und darf bei Verkauf des Grundstücks auch vom neuen Eigentümer nicht mehr angetastet werden. Dies gilt ebenfalls für Fälle, in denen eine Fläche nicht durch Verkauf den Besitzer wechselt, wie z.B. bei einer Landtitelvergabe auf Staats- (*legitimação de posse*) oder Privateigentum (*usucapião*) oder bei Ansiedlungsprojekten im Rahmen der Agrarreform (*assentamentos*): Immer müssen 20% der Grundfläche mit Wald bedeckt bleiben. Diese Regelung betrifft indes nur Land in Privatbesitz und nicht *terras devolutas* oder *terras públicas* (vgl. Kap. 3.1.3 und Kap. 4.1.3).

Anders ist dies bei den dauerhaft geschützten Flächen (*Áreas de Preservação Permanente*). Hierbei werden sämtliche Wälder für geschützt erklärt, denen aufgrund ihrer Lage in der Landschaft eine besondere Funktion für den Ressourcenschutz

---

[38]Im Bereich der amazonischen Wälder beträgt der Anteil sogar 50%.

zukommt, d.h. vor allem für den Boden- und Wasserschutz. Nach Artikel 2 sind folgende Wälder generell geschützt:

a) im Uferbereich von Wasserläufen:
- in einem Streifen von 30 m bei Wasserläufen von weniger als 10 m Breite,
- in einem Streifen von 50 m bei Wasserläufen mit einer Breite zwischen 20 und 50 m,
- in einem Streifen von 100 m bei Wasserläufen mit einer Breite zwischen 50 und 200 m,
- in einem Streifen von 200 m bei Wasserläufen mit einer Breite zwischen 200 und 600 m,
- in einem Streifen von 500 m bei Wasserläufen von mehr als 600 m Breite,

b) im Uferbereich von Lagunen, Seen und Stauseen,

c) im Umkreis von 50 m um Quellen,

d) im Kuppen- und Gipfelbereich von Hügeln und Bergen,

e) an Hängen von über 45° Neigung,

f) im Restingabereichen, wo sie zur Fixierung von Dünen fungieren,

g) an Steilabfällen von Tafelbergen,

h) in Höhen von über 1.800 m ü.d.M.

Diese Bestimmungen gelten dabei für alle Wälder, d.h. auch für solche auf *terras devolutas* oder *terras públicas*. MACHADO (1995, S. 487f) vertritt darüber hinaus die Ansicht, daß auch die Nutzung dieser Flächen, z.B. durch Extraktivismus, sich generell nicht mit dem Gesetz vereinbaren läßt.

Da die APPs abhängig von der Geländesituation sind, sind nicht alle Räume gleichermaßen betroffen. Das Vale do Ribeira weist dabei weite Flächen auf, die unter den Artikel 2 fallen:

- In der Region findet sich ein dichtes Flußnetz aufgrund der hohen Niederschläge und des Reliefs.

- Im Bergland der Serra de Paranapiacaba und der Serrania do Ribeira sind viele Wälder aufgrund ihrer Lage an steilen Hängen oder auf Kuppen von einer Nutzung ausgeschlossen.

- Im unmittelbaren Küstenbereich fungiert ein Großteil der Wälder als Stabilisator von Dünen.

Trotz der relativ streng erscheinenden Restriktionen glaubt DEAN (1995, S. 304), daß der *Código Florestal* genug Lücken aufweist, die es ermöglichen, auf legale Weise sämtliche natürlichen Waldbestände Brasiliens zu vernichten. Das wichtigste Versäumnis des Gesetzestextes ist seiner Meinung nach die fehlende Differenzierung zwischen Naturwald und Aufforstungen, denn nach dem Gesetz ist es theoretisch erlaubt, natürliche Wälder durch Forsten zu ersetzen. Dies ist möglich, weil der Wald im *Código Florestal* in seiner Funktion für den Ressourcenschutz behandelt wird. Ein expliziter Schutz von Arten oder Ökosystemtypen ist dagegen nicht vorgesehen.

Dieses Ziel verfolgt hingegen das Decreto 750/93, das eine so grundlegende Bedeutung für die Landnutzung im Bereich des Atlantischen Regenwaldes hat, daß es im folgenden näher analysiert werden soll. Das Dekret hat dabei folgendes Ziel:

> "Dispõe sobre o corte, a exploração e a supressão de vegetação primária ou nos estágios avançado e médio de regenerção de Mata Atlântica ..."

> "Regelt das Fällen, die Nutzung und die Beeinträchtigung von Primär-vegetation und solcher in fortgeschrittenem oder mittleren Regenerations-stadium des Atlantischen Küstenregenwaldes" (F.D.).

Die Abfolge der Sukzession wurde für die nähere Definition der Nutzungsrestriktionen in vier verschiedene Stadien unterteilt: Pionierstadium, Initialstadium, mittleres und fortgeschrittenes Stadium (vgl. Tab. 7). Als Primärvegetation wird das Stadium verstanden, das nur minimale Spuren anthropogener Einflüsse und eine hohe Biodiversität aufweist.

Laut Artikel 1 ist das Fällen, die Nutzung und die Beeinträchtigung von Atlantischem Küstenregenwald im primären oder fortgeschrittenen Stadium generell verboten, es sei denn, es liegt eine Genehmigung der nationalen Umweltbehörde IBAMA vor, die allerdings nur für Maßnahmen erteilt wird, die in öffentlichem Interesse liegen (§ 1°).

Nach § 2° ist die selektive Nutzung von natürlichen Arten in Primärwäldern möglich, wenn:

- keine anderen Arten beeinträchtigt werden,

- ein Managementplan ausgearbeitet wurde, der die Nachhaltigkeit der Nutzung garantiert,

- genaue Flächen und Extraktionsquoten angegeben sind,

- und die Genehmigung der zuständigen Behörde vorliegt.

Diese Auflagen gelten jedoch nicht für:

> "... a exploração eventual de espécies da flora, utilizadas para consumo nas propriedades ou posses das populações tradicionais" (§1).

> "... die gelegentliche Nutzung von Pflanzenarten, die auf dem Eigen-tum oder dem Besitz der traditionellen Bevölkerung für den direkten Kon-sum stattfindet" (F.D.).

Hier wurde also die traditionelle Subsistenzwirtschaft von der engen Restriktion ausgenommen. Dieser Paragraph legt damit auch fest, daß die Zugehörigkeit oder Nicht-

	Pionierstadium	Initialstadium	Mittleres Stadium	Fortgeschrittenes Stadium
Physiognomie	Grasland (Campo)	savannenartig bis niedriger Wald	Wald mit Bäumen unterschiedlicher Größe	Geschlossener Wald
Dominante Vegetationsschicht	Krautschicht	Krautschicht mit Büschen und Bäumen	Verschiedene Schichten; Ansätze einer geschlossenen Kronenschicht mit Überständern	Viele verschiedene Schichten: Baum- bis Krautschicht, Epiphyten und Lianen
Durchmesser und Höhe	Büsche bis 2 m Höhe und 3 cm Durchmesser	Verholzende Pflanzen zwischen 1,50 m und 8 m Höhe; Durchmesser bis 10 cm	Bäume zwischen 4 m und 12 m Höhe; mittlerer Durchmesser bis 20 cm	Höhen über 10 m; mittlerer Durchmesser über 20 cm
Epiphyten	keine	wenig (Moose, Flechten, kleine Gefäßpflanzen)	größere Zahl auch von Gefäßpflanzen (Orchideen, Bromelien, Kakteen, Piperaceen)	hohe Diversität; hohe Individuendichte
Lianen	nur nicht-verholzende Arten	nicht-verholzende und verholzende Arten	vorwiegend verholzende Arten	hohe Dichte verschiedener Arten (Leguminosen, Bignoniaceen)
Artendiversität und -dominanz	lichtliebende Arten dominieren; auch Unkräuter vorhanden; niedrige Artendiversität	niedrige Diversität; etwa zehn Baumarten dominieren	Dominanz weniger schnellwüchsiger Arten; Vorkommen von palmito (Euterpe edulis)	hohe Diversität; komplexe ökologische Struktur
Indikatorenpflanzen	Bacharris spp., Vernonia spp., Gochnatia polimorpha, Peschieria fuchsiaefolia, Guapira spp., Ricinus communis, Acacia spp., Gleichenia spp., Pteridum spp., Solanum spp.	Stenolobium stans, Trema micrantha, Solanum granuloso-leprosum, Psidium guaiava, Croton urucurana, Aloysia virgata, Pterogyne nitens, Cecropia spp., Xylopia aromatica, Byrsonima spp., Guazuma ulmifolia, Tibouchina spp., Rapanea spp., Alchornea spp., Schinus terebinthifolius,	Casearia gossypiosperma, Luehea spp., Capaifera langsdorfii, Peltophorum dubium, Lonchocarpus spp., Pterodum pubescens, Ocotea spp., Nectandra spp., Crytocaria spp., Plathymenia spp., Centrolobium tomentosum, Tabebuia spp., Araucaria angustifolia, Podocarpus spp	Cariniana spp., Hymenaea spp., Balfourodendron riedelianum, Machaerium spp., Chorisia speciosa, Esenbeckia leiocarpa, Ocotea porosa, Ficus spp., Manilkara spp., Persea spp., Erythryna spp., Calophyllum brasiliansis, Miconia spp., Gallesia integrifolia, Aspidosperma spp., Dalbergia spp.

Tabelle 7: Sukzessionsstadien des Atlantischen Küstenregenwaldes nach Decreto 750/93 nach Angaben des DEPRN 1997

Zugehörigkeit zur Gruppe der traditionellen Bevölkerung, die in dem Dekret nicht genauer eingegrenzt wird, über den legalen Zugang zu Ressourcen maßgeblich entscheidet. Mit diesem Problemfeld, das durch eine direkte Übernahme von Ideen der internationalen Naturschutzdiskussion in den Gesetzestext entstanden ist.

Artikel 3 des Decreto 750/93 konkretisiert, für welche natürlichen Vegetationsformen diese Auflagen gelten. Hierbei wird eine "weite" Definition des Atlantischen Küstenregenwaldes zur Grundlage genommen. Neben der *floresta ombrófila densa*, dem "eigentlichen" Atlantischen Küstenregenwald, fallen auch die *floresta ombrófila mista* (Araukarienwald) und die *floresta estacional* (laubabwerfender Wald; vgl. 3.2) unter diese Regelung. Daneben sind assoziierte Vegetationsformen (Mangroven, Restingawälder, *brejos* und alpine Grasländer) mit in den Geltungsbereich des Dekrets aufgenommen worden.

Die Fälle der Rodung, Nutzung oder Beeinträchtigung von Initialstadien der Sukzession unterliegen der Autorität des IBAMA, die die Zuständigkeit an die bundesstaatlichen Naturschutzbehörden weitergeleitet hat. Nach der Regelung für den Bundesstaat São Paulo (IBAMA/SMA Resolução Conjunta 2/94, Art. 8) sind im ländlichen Raum Eingriffe in diesem Fall von der Naturschutzbehörde vorher zu genehmigen. Das mittlere Sukzessionsstadium darf für urbane Nutzungen, d.h. Siedlungserweiterung oder Parzellierung, gerodet werden, solange eine Genehmigung von der Naturschutzbehörde vorliegt und der gültige Flächennutzungsplan (*plano diretor*) dies vorsieht (Art. 6).

Nach Decreto 750/93, Art. 7 ist jegliche Nutzung oder Beeinträchtigung von Wäldern verboten, die entweder Habitate gefährdeter Arten darstellen, sich in Pufferzonen von strengen Schutzgebieten befinden oder als Korridore zwischen Beständen von Primär- oder ausgewachsenem Sekundärwald fungieren. Auch Flächen, die im *Código Florestal* als APP definiert sind, unterliegen einem Nutzungsverbot. Sollte eine Fläche mit Primärwald illegal abgeholzt worden sein, so bleibt ihr rechtlicher Status als zu schützende oder wiederaufzuforstende Fläche erhalten.

Decreto 750/93 ist verankert in Artikel 225 (§ 4°) der brasilianischen Verfassung, der u.a. den atlantischen Küstenregenwald zum "nationalen Erbe" erklärt (vgl. Kap. 3.3), dessen Nutzung dem Naturschutz Rechnung zu tragen habe. Das Dekret stellt dabei bereits den zweiten Versuch einer Konkretisierung dieser verfassungsmäßigen Vorgabe dar (MACHADO 1995, S. 50). Schon 1990 wurde das Decreto 94.547/90 erlassen, das damals den Atlantischen Regenwald faktisch von jeder Nutzung ausschloß. In dieser Schärfe war die Bestimmung jedoch nicht mehr allein mit der sozialen Funktion des Eigentums zu rechtfertigen. Die Eigentümer hätten also ein Recht auf Entschädigung für ihren Grundbesitz anmelden können, der nun nicht mehr nutzbar war (WEHRHAHN 1994a, S. 35; FUCHS 1996, S. 140). Neben diesem Umstand wies das Dekret weitere Schwächen auf (CAPOBIANCO 1994, S. 380f):

– Der Atlantische Küstenregenwald wurde nicht genau definiert. So sah beispielsweise der Bundesstaat Paraná keine Veranlassung, die Abholzung der Araukarienwälder zu unterbinden, da diese im engeren Sinne nicht zu den Regenwäldern gezählt werden können.

– Das Dekret beinhaltete keine Regelungen für die Siedlungstätigkeit oder für Infrastrukturmaßnahmen, die im öffentlichen Interesse standen.

- Es gab keine eigenen Vorschriften für die extensiven Nutzungsformen der subsistenzorientierten traditionellen Bevölkerung. Jeder Eingriff war grundsätzlich verboten, gleich zu welchem Zweck und für welche Gruppe.

- Illegal abgeholzte oder abgebrannte Flächen verloren ihren rechtlichen Status. Dies begünstigte die versteckte illegale Abholzung, denn damit konnte sich der Eigentümer der rechtlichen Auflagen entledigen.

- Die Bundesstaaten wurden nicht in den Prozeß der Kontrolle und Verwaltung mit einbezogen. Alle Kompetenz lag allein bei des IBAMA, das auch ohne diese zusätzliche Aufgabe bereits vollkommen überlastet war (vgl. Kap. 3.3).

- Das totale Verbot jeglicher Nutzung war nicht durchsetzbar. Dadurch wurde die illegale Nutzung nur gefördert und Initiativen zur nachhaltigen Bewirtschaftung des Waldes behindert.

Diese erheblichen Mängel führten schließlich zu einer Neuauflage mit dem Decreto 750/93, bei dessen Erarbeitung nun eine breite Beteiligung verschiedener gesellschaftlicher Kräfte gesucht wurde. Es definiert genau, welche Sukzessionsstadien für welchen Zweck nutzbar sind, und räumt der traditionellen Bevölkerung einen Sonderstatus ein. Darüber hinaus soll gerade Artikel 2 umweltverträgliche Nutzungsformen fördern. Eine weitere Funktion dieses Artikels ist es, nicht jegliche Nutzung zu verbieten, so daß Eigentümer den Staat nicht zur Zahlung einer Abfindung verklagen können (CAPOBIANCO, S. 1994, S. 384f; VIANNA & ADAMS 1995, S. 97).

FELDMANN (1993, S. 106) sieht in dem Decreto 750/93 einen entscheidenden Beitrag zur Nachhaltigen Entwicklung in Brasilien, nicht zuletzt da nun gesetzliche Instrumente vorliegen, gegen spekulationsbedingte Abholzung vorzugehen. Dagegen vertritt SATO (1995) die These, daß auch dieses Dekret in seiner jetzigen Form nicht anwendbar ist. Er führt dabei eine Fülle von Argumenten ins Feld, die in erster Linie formal-juristisch begründet sind und von denen hier nur die wichtigsten kurz erwähnt werden sollen:

- Die Bestimmung kollidiert noch immer mit dem verfassungsmäßigen Recht auf Eigentum, denn die Restriktionen gehen über die soziale Funktion des Bodens hinaus. Deswegen müßten alle Eigentümer das Recht auf Abfindung haben. Der brasilianische Staat hat jedoch nicht die Möglichkeit, den gesamten Atlantischen Küstenregenwald zu kaufen.

- Das Dekret verbietet *de facto* die Nutzung von Primärwäldern und fortgeschrittenen Sekundärwäldern. In der Verfassung (Art. 225/§ 4°) und im *Código Florestal* ist jedoch ausdrücklich von einer Nutzung, wenn auch von einer umweltverträglichen, die Rede.

- Das Dekret beruft sich bei der Abgrenzung des Atlantischen Küstenregenwaldes auf den Vegetationsschlüssel des *Instituto Brasileiro de Geografia e Estatística* (IBGE 1992). Hiernach stellen jedoch alle Sukzessionsstadien eigene Vegetationskategorien dar, und sind nicht dem Atlantischen Küstenregenwald zuzurechnen.

– Ein Dekret ist ein Erlaß der Exekutive, um ein Gesetz näher zu konkretisieren. Auch Artikel 225 der Verfassung verweist auf Gesetze, die die Nutzung des Atlantischen Regenwaldes näher regeln sollen. Ein solches Gesetz gibt es jedoch nicht.

Es ist evident, daß eine konsequente Durchsetzung dieses Dekrets besonders im Vale do Ribeira umfangreiche Folgen für die Landnutzung zeitigen würde. Zum einen sind hier noch viele Wälder im primären und fortgeschrittenen sekundären Stadium erhalten, deren Nutzung nun erheblich erschwert wird. Zum anderen stehen im Vale do Ribeira viele Flächen aufgrund von Artikel 7 unter besonders strengem Schutz. Auch wenn die genaue inhaltliche Auslegung des Textes unter den Juristen noch umstritten ist, findet das Dekret bei der Tätigkeit der Forstpolizei und der Naturschutzbehörden bereits Anwendung.

Über die realen Folgen der sektoralen Bestimmungen, die nicht immer den gewünschten Effekten entsprechen müssen, ist bislang allerdings wenig bekannt. Sind die Naturschutzauflagen wirklich in der Lage, zum Erhalt des Atlantischen Küstenregenwaldes effektiv beizutragen? Wie ist die Wirksamkeit von Flächenschutz und sektoralen Bestimmungen gegeneinander abzuwägen? Und mit welchem Preis an sozialen Umbrüchen im ländlichen Raum ist die Naturschutzpolitik verbunden? Der Untersuchung dieser Fragen im Vale do Ribeira widmet sich das folgende Kapitel.

4.3 Naturschutz als regionales Problemfeld

4.3.1 Umsetzungsprobleme und konzeptionelle Mängel

Bei der Analyse der regionalen Problemfelder, die in Zusammenhang mit der nationalen und bundesstaatlichen Umweltpolitik stehen, ist es zunächst wichtig, zwei unterschiedliche Formen der Betrachtung und Bewertung zu unterscheiden. In der Literatur, besonders wenn es sich um Schriften des Umweltministeriums handelt, wird in der Regel die ungenügende Realisierung der bestehenden Bestimmungen als zentrales Problem herausgestellt. Wenn in diesem Fall von Umsetzungsproblemen gesprochen wird, dann ist in den Kommentaren immanent die Wertung enthalten, daß eine Verwirklichung der planerischen und gesetzlichen Vorlagen auf jeden Fall wünschenswert wäre, daß also der zu beseitigende Mangel in ihrer Nicht-Umsetzung liegt. Sinn oder Unsinn, positive und negative Folgen der Umsetzung werden bei dieser Betrachtungsweise nicht hinterfragt.

Für die von der Umweltpolitik betroffene Bevölkerung ist die Kernfrage hingegen vollkommen anders gelagert, denn für sie haben die Probleme ihren Ursprung gerade in der Realisierung der Umweltauflagen. In der aktuellen Diskussion auf globaler (vgl. Kap. 2.3) und nationaler Ebene (vgl. Kap. 3.4) wird herausgestellt, daß der Naturschutz das Ziel haben muß, sich positiv (oder zumindest nicht negativ) auf lokale Überlebensstrategien auszuwirken. Soziale Härte und allzu nachteilige Auswirkungen der Naturschutzmaßnahmen auf die Bevölkerung vor Ort entsprechen also konzeptionellen Mängeln in der Schutzstrategie, beispielsweise aufgrund ungenügender Beachtung der regionalen Verhältnisse oder der sozialen und ökonomischen Zieldimensionen, die im Rahmen von Nachhaltiger Entwicklung von Wichtigkeit sind (vgl. Kap. 2.1).

Bei den theoretischen Ausführungen in Kapitel 2.3 standen allein konzeptionelle Überlegungen im Vordergrund. Die Betrachtung der nationalen Ebene differenziert dagegen eine strategische (Kap. 3.4.1) und eine praktische Dimension (Kap. 3.4.3). Bei den nun folgenden Ausführungen zur regionalen Lage werden diese beiden Aspekte nicht trennscharf unterschieden, denn nahezu jedes Umsetzungsproblem hat auch einen Hintergrund, der konzeptioneller Natur ist. Vielmehr soll versucht werden, bei der Analyse der sektoralen Naturschutzbestimmungen und des Flächenschutzes von der praktischen Dimension auszugehen, um dann die zugrundeliegenden konzeptionellen Mängel zu beleuchten.

I - Mangelnde Ausstattung und Kompetenzabsprachen der Kontrollinstitutionen

Allgemeine sektorale Naturschutzbestimmungen und der Flächenschutz, d.h. vor allem die strengen Schutzgebiete, sind in der Regel mit grundsätzlich unterschiedlichen Umsetzungsproblemen konfrontiert. Dies liegt nicht zuletzt in der Verteilung der institutionellen Kompetenzen begründet. Während die Verwaltung der *Estações Ecológicas* und der *Parque Estaduais* in fast allen Fällen in der Verantwortung des bundesstaatlichen Forstinstituts *Instituto Florestal* (IF) liegt, arbeitet bei der Überwachung der sektoralen Vorschriften die dem Umweltministerium angeschlossene Abteilung *Departamento Estadual de Proteção de Recursos Naturais* (DEPRN) mit der nationalen Forstpolizei *Polícia Florestal e dos Mananciais* (PFM) zusammen. Das DEPRN hat den allgemeinen staatlichen Auftrag, die Nutzung der natürlichen Ressourcen zu kontrollieren und zu lenken, wobei es die eigentliche ausführende Kontrollinstanz, die PFM, technisch berät. Daneben fallen vor allem die Bearbeitung der Verwaltungsprozesse (Erteilung von Genehmigungen z.B. für Rodung, Bußgeldverfahren etc.) und die Förderung von Projekten zur Entwicklung von naturverträglichen Nutzungsformen (z.B. Extraktivismus von *palmito* oder *caixeta*; vgl. Kap. 4.3.2) in sein Arbeitsgebiet (DEPRN 1994.; SMA & IBAMA 1994; GUIMARÃES et al. 1997).

Dieser weitgefaßte Aufgabenbereich kann jedoch aufgrund mangelhafter personeller, infrastruktureller und finanzieller Ausstattung nicht zufriedenstellend bearbeitet werden. So unterhält das DEPRN lediglich 2 lokale Büros im Vale do Ribeira. Spätestens seit die bundesstaatliche Regierung ab 1995 einen Kurs der massiven Einsparungen verfolgt, ist die personelle Ausstattung der Behörde den bestehenden Anforderungen nicht mehr annähernd gewachsen. Bereits vor der 1995 einsetzenden Welle von Entlassungen belief sich die Wartezeit für einen Ortstermin auf durchschnittlich drei Monate (SMA 1995, S. 28f; Notícias do Vale vom 5.09.95). Diese Schwierigkeiten führen dazu, daß die Bearbeitungszeiträume, z.B. bei Anträgen zur Rodung von Atlantischem Küstenregenwald im Initialstadium (vgl. Kap. 4.2.2), soweit in die Länge gezogen werden, daß dies für die Landnutzer nicht mehr vertretbar ist. So wird ein *shifting cultivation* betreibender Kleinbauer in jedem Fall dazu übergehen, Flächen illegal abzuholzen, wenn er für die Genehmigung zur Anlage eines Feldes Wartezeiten von bis zu mehreren Jahren auf sich nehmen muß.

Obwohl die genaue Verteilung von Kompetenzen und damit auch der finanziellen Mittel zwischen dem DEPRN und der PFM nicht immer genau geklärt und Gegenstand von Konkurrenzen ist, bleibt letztendlich die Kontrolle und Durchsetzung der Umweltauflagen im Gelände der PFM vorbehalten[39]. Nur sie ist bewaffnet und darf Bußbescheide (*multas*) erteilen. Diese Institution ist jedoch nicht dem Umweltministerium zugeordnet, sondern bildete bis vor einigen Jahren einen Teil der Militärpolizei (*polícia militar*) und ist heute ein Bestandteil der Zivilpolizei (*polícia civil*). Diese besondere Situation ist mit einigen Problemen verbunden (DEAN 1996, S. 356f):

– Die PFM operiert oft isoliert und hat zu wenig technische Anleitung, denn der Kontakt und die Informationsvermittlung mit den Institutionen des Umweltministeriums ist nicht ausreichend.

– Den Polizisten fehlt es in vielen Fällen an Einsicht in die Notwendigkeit der Bestimmungen, die sie durchzusetzen haben.

– Die Aktivitäten der Mitglieder der PFM werden nur ungenügend kontrolliert. Sie ist daher oft von Seiten der Bewohner, aber auch von Behördenvertretern, mit Vorwürfen der Bestechlichkeit konfrontiert.

– Als Teil der Polizei und ehemals des Militärs ist die lokale Bevölkerung, die oft schlechte Erfahrungen mit Repräsentanten der Exekutivgewalt gemacht hat, ihnen gegenüber von vornherein ablehnend eingestellt.

– Aber auch viele Mitglieder der Umweltbehörden und Nichtregierungsorganisationen haben ein schwieriges Verhältnis zur PFM. Wie bereits in Kapitel 3.3 ausgeführt wurde, liegen wichtige Wurzeln der Umweltbewegung in den sozialpolitisch orientierten Oppositionsgruppen der Zeit der Militärdiktatur. Im Naturschutz müssen nun die ehemaligen Kontrahenten oder deren geistige Nachfolger zusammenarbeiten, ohne daß die gegenseitigen Ressentiments abgebaut wurden.

– Vertreter anderer gesellschaftlicher Gruppen, wie z.B. Großgrundbesitzer, haben dagegen oftmals einen guten Kontakt zur Polizei und können sie für ihre eigenen Zwecke instrumentalisieren, z.B. indem sie unerwünschte *posseiros* bei der PFM als "Umweltsünder" anzeigen.

II - Unwirksame Instrumente bei der Verfolgung von Verstößen gegen die Umweltgesetzgebung

Diese Schwierigkeiten bezüglich der effektiven Kontrolle der Umweltgesetzgebung haben jedoch eine grundsätzlichere Ebene, denn, wie VIANNA & ADAMS (1995, S. 263) zu Recht feststellen, ist eine Kontrolle nur dort notwendig, wo Konflikte mit der Wirtschaftsweise der lokalen Bevölkerung bereits latent bestehen. So wurden bei Bürgerversammlungen in der Region die rigiden Umweltauflagen als das wichtigste regionale Problemfeld genannt (Engecorps & SMA 1992, S. 160f). Dies macht das hohe Konfliktpotential deutlich, denn die Region hat mit ländlicher Amut und Landkonflikten daneben auch andere schwerwiegende Probleme (vgl. Kap. 4.1.3). Von der Bevölkerung wurde vor allem bemängelt, daß die bestehenden Restriktionen nicht von Bemühungen begleitet werden, naturverträgliche und ökonomisch nachhaltige Wirtschaftsalternativen

---

[39]Auch die PFM kämpft dabei mit mangelhafter personeller Ausstattung. So müssen im Vale do Ribeira insgesamt 150 Polizisten eine Fläche von über 11.000 km^2 in z.T. extrem unzugänglichem Gelände kontrollieren.

besonders für Kleinbauern zu entwickeln und zu fördern. Sogar das Umweltministerium gesteht in diesem Zusammenhang ein, daß bei der Durchsetzung der Vorschriften der sozioökonomischen Dimension zu wenig Beachtung geschenkt wurde und daß der Schutz der natürlichen Ökosysteme mit einem hohen Preis für die arme Bevölkerung verbunden war:

> "Estas populações pobres não conseguiram mais sobreviver, pois os que preservaram o Meio Ambiente não estavam preservando a vida da sociedade local."(SMA 1991, S.18)

> "Diese armen Gruppen konnten nicht mehr überleben, denn diejenigen, die die Umwelt schützten, taten nichts zum Schutz der lokalen Gesellschaft." (Übersetzung F.D.)

Nach Angaben der regionalen PFM wurden 1996 insgesamt 988 Verstöße gegen die Umweltgesetzgebung im Vale do Ribeira verfolgt. Der weit überwiegende Teil davon (807 Fälle) stand mit Vegetationszerstörung und -beeinträchtigung in Verbindung. Bis 1996 wurde dabei in Fällen, in denen kein außergewöhnlicher Schaden für die Gesellschaft entstand, das örtliche Gericht nicht eingeschaltet und lediglich eine Geldstrafe verhängt. Wie in Tabelle 8 ersichtlich, finden bei der Bemessung ihrer Höhe neben dem Umfang der Rodung auch der Vegetationstyp und der rechtliche Status der Fläche (APP oder strenges Schutzgebiet) Beachtung.

Fläche in ha	Außerhalb von *Áreas de Preservação Permanente* und strengen Schutzgebieten			Im Bereich von *Áreas de Preservação Permanente*			Innerhalb von strengen Schutzgebieten
	Primärwald	Sekundärwald und *Capoeirão*	*Capoeira*	Primärwald	Sekundärwald und *Capoeirão*	*Capoeira*	alle Vegetationsformen
bis 0,010	102,88	68,59	35,19	205,77	137,18	68,59	205,77
0,011 - 0,050	205,77	137,18	68,59	411,99	274,36	137,18	411,99
0,051 - 0,10	411,99	274,36	137,18	823,99	549,18	274,36	823,99
0,11 - 0,50	572,19	343,40	171,47	1.144,84	686,81	343,40	1.144,84
0,51 - 1,0	1.144,84	686,81	343,40	2.289,68	1.144,84	585,29	2.289,68
1,1 - 5,0	2.289,68	1.144,84	858,29	3.531,99	2.289,68	1.717,03	3.531,99
5,1 - 10,0	3.531,99	2.289,68	1.717,03	3.531,99	3.531,99	2.862,32	3.531,99
über 10,0	3.531,99	3.531,99	3.531,99	3.531,99	3.531,99	3.531,99	3.531,99

Tabelle 8: Höhe der Bußgelder für die Rodung verschiedener Vegetationstypen in Reais nach Angaben des DEPRN 1997
1997 entsprach ein Real etwa einem US$.

Bei der Festsetzung der Strafhöhe fällt jedoch auf, daß sie ab einer bestimmten Größe der abgeholzten Fläche nicht mehr steigt. So bleibt beispielsweise bei der Rodung von mehr als einem Hektar Primärwald innerhalb eines strengen Schutzgebietes die Strafhöhe gleich. Dies könnte ein starker Anreiz zur Abholzung von großen Flächen sein, wenn der Besitzer sowieso die Zahlung einer Strafe einkalkuliert hatte. Demgegenüber werden kleine Vergehen rasch mit relativ hohen Strafen belegt.

Bei der reinen Betrachtung der Anzahl und der Höhe der Bußgeldbescheide wird jedoch die Tatsache verdeckt, daß die verhängten Strafen in der Praxis nur in den wenigsten Fällen wirklich bezahlt werden. 1996 trieb der Staat von insgesamt 706.652 R$ in der Region angewiesenen Geldern gerade einmal 52.218 R$, d.h. weniger als 10%, ein. Ein Großteil der belangten "Umweltsünder" legt gegen die Verhängung eines Strafgeldes Widerspruch ein. Meist geschieht dies mit der Begründung - die im Falle von Kleinbauern nachvollziehbar ist - der Verurteilte hätte nicht die geringste Möglichkeit, die Strafe jemals zu bezahlen. Die regionalen Büros der Landarbeitergewerkschaft (*Sindicato dos Trabalhadores Rurais*) leisten den oft nicht des Schreibens und Lesens kundigen Betroffen dabei entscheidende Hilfestellung. In den weit überwiegenden Fällen werden die Verfahren eingestellt, nicht zuletzt auch wegen der völligen Überlastung des zuständigen DEPRN. So sind nach Auskunft der Landarbeitergewerkschaft (vom April 1996) im Munizip Sete Barras bis auf zwei Fälle alle anderen Verfahren "im Sande verlaufen". Angesichts dieser Situation ist es verständlich, daß sogar der Umweltminister des Bundesstaates São Paulo, Fábio Feldmann, auf einer Versammlung im Vale do Ribeira feststellte, daß die Verhängung von Bußgeldern nicht das mindeste bewirkt (Notícias do Vale vom 11.03.95).

Seit 1996 gilt die Neuregelung, daß jeder Verstoß gegen die Umweltvorschriften vor Gericht kommt. Aus diesem Grund wurde im Gericht von Registro eine eigene Staatsanwaltschaft für Umweltdelikte eingerichtet, die nun rund 40% aller verhandelten Fälle ausmachen. Nach Angaben des zuständigen Staatsanwalts Marcelo Daneluzzi (Gespräch vom Februar 1997) liegt mittlerweile eine Gesetzesvorlage zur Entscheidung vor, nach der jeder Verstoß gegen das Umweltrecht als eine Straftat (*crime contra lei*) behandelt werden soll, die mit bis zu drei Jahren Haft belegt werden kann. Nach Einschätzung des Staatsanwalts hätte dieses "Drehen an der Gesetzesschraube" verheerende Folgen für die Situation in der Region. Viele Bewohner würden dadurch kriminalisiert und das ohnehin schwierige Verhältnis von Bevölkerung und Umweltbehörden noch tiefer gestört.

III - Ungenügende regionale Anpassung sektoraler Vorschriften

Daß die sektoralen Vorschriften, d.h. besonders das Decreto 750/93, in ihrer Konzeption und Schärfe der regionalen Realität wenig angepaßt sind, wird zunehmend von allen Seiten anerkannt. Besonders die auf *shifting cultivation* basierenden Betriebssysteme, die für kapitalextensive kleinbäuerliche Landwirtschaft der Region typisch sind (vgl. Kap. 4.1.2. bzw. 4.1.3), sind von den Bestimmungen betroffen. Aufgrund des feucht-warmen Klimas hat die in der Bracheperiode nachwachsende Sekundärvegetation nach wenigen Jahren ein mittleres Stadium der Sukzession erreicht (vgl. Tab. 7) und fällt damit rechtlich unter den Schutz des Decreto 750/93, d.h. die Fläche darf für eine erneute Kultivierung nicht mehr gerodet werden. Eine Regeneration der Bodenfruchtbarkeit ist nach einer solchen kürzeren Bracheperiode jedoch oft noch nicht erreicht, da in der Regel nährstoffarme und stark versauerte Böden vorliegen (vgl. Kap. 4.1.1). Um also nicht in Konflikt mit der Umweltgesetzgebung zu geraten, muß der Bauer seine Brachezeiten verkürzen. Ein solches Landwirtschaftssystem erfordert den Einsatz von Düngemitteln, wenn ein nachhaltiger Rückgang der Bodenfruchtbarkeit und damit eine zunehmende Degradation der Fläche verhindert werden soll. Dazu fehlt es jedoch gerade den Kleinbauern an Kapital.

Aber nicht allein in ihrer Strenge, sondern auch bezüglich der vorgeschriebenen behördlichen Verfahrensgänge gehen die Vorschriften an den regionalen Verhältnissen vorbei. Beispielsweise ist die Rodung von Initialstadien des Atlantischen Küstenregenwaldes laut Decreto 750/93 erlaubt, sofern eine Genehmigung des DEPRN vorliegt. Nach einer Verwaltungsvorschrift von 1995 (Portaria DEPRN 37/95) sind zu diesem Zweck von Antragsteller folgende Dokumente vorzulegen:

– ein offizielles Antragsschreiben,

– ein grober Lageplan der betroffenen Fläche,

– ein Eigentumsnachweis, d.h. eine Bescheinigung über den Eintrag ins Grundbuch (nicht älter als 30 Tage) und

– eine kartographische Darstellung des Grundstücks (von einem Ingenieurbüro anzufertigen), mit: Höhenlinien im Abstand von 10 m, Hydrologie, Vegetationstypen, Verkehrswegen, geographischen Koordinaten, Darstellung der Nachbargrundstücke und Benennung ihrer Eigentümer, Legende sowie gültige Unterschriften des Kartographen und des Eigentümers.

Diese Anforderungen können vom Großteil der Landnutzer in der Region nicht erbracht werden, denn:

– viele von ihnen sind Analphabeten,

– sie haben nicht das Kapital, ein Ingenieurbüro mit der kartographischen Aufnahme ihres Grundstücks zu beauftragen,

– die meisten Kleinbauern verfügen nicht über rechtlich abgesicherte Eigentumsrechte, sondern stützen ihre Anwesenheit auf Gewohnheitsrechte (vgl. Kap. 4.1.3) und

– aufgrund der Überlastung des DEPRN sind die Bearbeitungszeiten für Anträge mit bis zu mehreren Jahren bei weitem zu lang.

Im Decreto 750/93 besteht also für jeden zwar *de jure* das Recht, Initialstadien zu nutzen, der Gruppe der Kleinbauern bleibt diese Möglichkeit *de facto* jedoch versperrt.

FUCHS (1996, S. 65f) bemängelt zu Recht, daß die sektoralen Vorschriften mit einem zu hohen bürokratischen Aufwand verbunden sind und nicht zuletzt aus diesem Grund zu Verstößen und zur Mißachtung geradezu verleiten. Das DEPRN hat zwar auf diese offensichtlichen Widersprüche reagiert und versucht, die Verfahren zu verkürzen und zu vereinfachen. So werden laut Aussage des Leiters des regionalen DEPRN Roberto Resende (Gespräch vom April 1996) angesichts der undurchsichtigen Grundbesitzsituation bei der Vorlage von Eigentumstiteln "beide Augen zugedrückt", d.h. praktisch könnten auch *posseiros* Genehmigungen erhalten. Bislang liegt jedoch kein Fall vor, in dem ein Landbesetzer einen Antrag gestellt hat. Angesichts der oben dargestellten Schwierigkeiten sowie der ungenügenden Information der Bevölkerung ist diese inoffizielle Maßnahme also bei weitem nicht ausreichend, um das Decreto 750/93 der regionalen Realität besser anzupassen.

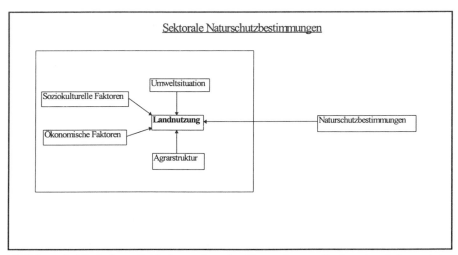

Abbildung 5: Einflußmöglichkeiten sektoraler Naturschutzmaßnahmen auf determinierende Faktoren der Landnutzung

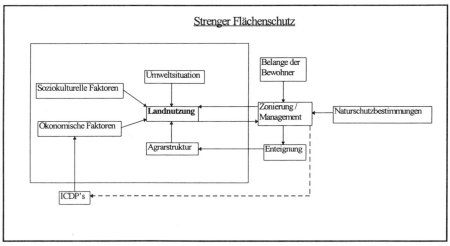

Abbildung 6: Einflußmöglichkeiten des Flächenschutzes auf determinierende Faktoren
der Landnutzung

Die dargestellten Schwierigkeiten stehen u.a. in einem engen Zusammenhang mit dem
Wesen sektoraler Naturschutzbestimmungen: Diese bieten den politisch Verantwortlichen zwar die Möglichkeit, gefährdete Ökosystemtypen oder Landschaftsteile einfach
per Dekret als geschützt zu erklären, dabei kann jedoch nicht auf regionale Besonderheiten eingegangen werden. Dieser Mangel zeigt sich z.B. deutlich bei der Tatsache, daß
die ungeregelten Eigentumsverhältnisse einer Umsetzung derzeit im Wege stehen, weil
der Gesetzestext von eindeutig zugewiesenen Grundbesitzrechten ausgeht. Außerdem

140

können sektorale Bestimmungen nur direkt und allein restriktiv in die Nutzung eingreifen, ohne daß es möglich wäre, gezielt wichtige Determinanten der Landnutzung zu lenken (vgl. Abb. 5 und 6).

Dem Flächenschutz stehen dagegen, allein schon aufgrund der eindeutigen räumlichen Abgrenzbarkeit seines Geltungsbereiches, Instrumente zur Verfügung, auf soziale und ökonomische Faktoren gezielt einzuwirken. Trotz dieser größeren Möglichkeiten ist der Zustand der strengen Schutzgebiete im Vale do Ribeira nahezu durchgehend besorgniserregend (vgl. Tab. 5). Für diese Situation kann eine Vielzahl von Ursachen ausschlaggebend sein.

IV - Konzeptionelle Probleme der Flächenschutzpolitik

Mehrere Autoren machen für den schlechten Zustand der Schutzgebiete generell die Strategie des Bundesstaates São Paulo verantwortlich, rasch und ohne ausreichende Vorstudien große Räume bei akuter Gefährdung unter strengen Schutz zu stellen (NOVAES 1994, S. 68; VIANNA & ADAMS 1995; DEAN 1996, S. 355). Viele dieser Gebiete bleiben nach ihrer Ausweisung mehr oder weniger sich selbst überlassen. Besonders eklatant ist dies im Beispiel des PE Jacupiranga, der bereits seit den 40er Jahren als Schutzgebiet und seit 1969 als PE besteht, jedoch bis heute nicht wirksam eingerichtet wurde.

DEAN (1996, S. 355) und VIANNA & ADAMS (1995, S. 275ff) sehen im mangelnden Interesse der politisch Verantwortlichen das größte Problem der Schutzgebiete. Dies manifestiert sich zum einen in der ungenügenden Bereitstellung der notwendigen finanziellen, personellen und infrastrukturellen Mittel. Zum anderen werden wichtige Entscheidungen aus politischem Kalkül nicht getroffen, wie z.B. über den Verbleib der Bewohner, und damit unsichere Rechtslagen unnötig verlängert. Nicht zuletzt haben auch die Motive, die bei der Unterschutzstellung von Gebieten ausschlaggebend waren, in vielen Fällen nichts mit naturschutzfachlichen Überlegungen zu tun. So meint MÜLLER (1980, S. 79), daß im Falle der Einrichtung des PE Jacupiranga spekulative Interessen des damaligen Gouverneurs des Bundesstaates São Paulo, Ademar de Barros, ausschlaggebend waren, der auf staatliche Abfindungsgelder für seine Ländereien in diesem Gebiet gehofft hatte. Solche "Geburtsfehler" liegen in vielen Schutzgebieten vor. In der EE Juréia-Itatins waren es z.B. soziale Motive, die bei der Einbeziehung von bewohnten Gebieten in das strenge Schutzgebiet entscheidend waren (vgl. Kap. 4.3.3). Auch bei den neueren Schutzgebietsausweisungen seit 1993 dürfte die Hoffnung der Munizipien, ihre kommunalen Kassen mit Geldern aus dem *ICMS-Verde* aufzubessern, eine wichtige Rolle gespielt haben.

Es ist dabei fraglich, ob die Neuverteilung der Steuergelder die Munizipien dauerhaft zu Verbündeten des Naturschutzes zu machen vermag. Gerade in den kritischen Fällen, in denen arme Munizipien einen hohen Anteil an geschützter Fläche aufweisen, bleibt das Verhältnis zu den Naturschutzbehörden trotz der enormen Zunahme des zur Verfügung stehenden Geldes gespannt. Ein Mitarbeiter der Präfektur in Barra do Turvo (Gespräch Alberto Roessler vom April 1996) bemängelt, daß die Verwaltung das Geld nicht für die Bewohner der Schutzgebiete einsetzen kann, die es oftmals am nötigsten brauchen. Außerdem geraten die Munizipien in wachsende Abhängigkeit von dem Umweltministerium, denn die Geldzuweisungen können jederzeit wieder zurückgenommen werden, wenn der Verdacht besteht, daß das Munizip die Schutzmaßnahmen behindert. Das schlechte Verhältnis von Schutzgebiets- und Munizipsverwaltung blieb also in vielen Fällen bestehen und kann, wie z.B. zwischen dem Munizip Iporanga und dem PE Turístico Alto Ribeira, Formen der offenen Feindschaft annehmen (MELO et al. o.J., S.7; Notícias do Vale vom 11.03.95).

V - Unsicherer Grenzverlauf der Schutzgebiete

Eine wichtige Voraussetzung für einen effektiven Schutz der Fläche ist die Kennzeichnung und Sicherung der Grenzen des Schutzgebiets. Dies ist jedoch oft mit großen Schwierigkeiten verbunden; so müssen z.B. im Wald angelegte Schneisen regelmäßig offengehalten werden. Das Anbringen von Schildern ist auf der einen Seite zwar notwendig, auf der anderen Seite haben Hinweistafeln für Analphabeten jedoch wenig Informationswert. Die Festlegung der Grenzen ist also kein einmaliger, sondern ein stetiger Prozeß, bei dem die lokale Bevölkerung mit einbezogen werden muß.

In einigen Fällen wurden die Grenzen noch nie im Gelände ausgewiesen. Im Falle des PE Jacupiranga hat dies nun zur Folge, daß ihr Verlauf mittlerweile unklar ist, denn im Decreto-Lei 145/69 diente noch die

"...linha conveniente que delimita as florestas primárias"

"...Linie, die den Primärwald begrenzt" (Übersetzung F.D.)

als Orientierung im Gelände. Anhand Karte 6 ist jeoch zu erkennen, daß diese Linie im Verlauf der Jahrzehnte sehr weit in das Schutzgebiet hinein verlegt wurde. In diesen Fällen kann heute nicht mehr entschieden werden, wo der Primärwald 1969 verlief, und nur Karten vermögen Aufschluß über den Grenzverlauf zu geben. Die kartographische Darstellungen, z.B. des DEPRN und des IF, widersprechen sich jedoch in weiten Teilen, so daß es mittlerweile strittig ist, ob einige Siedlungen innerhalb oder außerhalb des Parkes liegen (Fundação Mata Atlântica 1993, S. 110).

Ein Besuch in der Siedlung Rio dos Porcos, im Nordosten des PE Jacupiranga nahe des Dorfes Braço gelegen, ergab, daß die Bewohner noch nie etwas von der Existenz des Parkes gehört hatten, obwohl sie direkt an seiner Grenze wohnten. Aber nicht nur in abgelegenen Gebieten, sondern auch in dem Bereich, in dem die BR 116 den Park kreuzt, ist die Kennzeichnung des Schutzgebietes unzureichend. Bis in die 90er Jahre gab es an der Bundesstraße kein Schild, das auf die Existenz des Parkes aufmerksam machte. Heute stehen dort relativ unauffällige Schilder, die leicht zu übersehen sind, zumal der gewöhnliche Reisende nicht damit rechnet, in ein Naturschutzgebiet einzufahren, denn an diesen Stellen existiert kein Wald mehr.

VI - Unklare Grundbesitzverhältnisse

Die unsicheren Grenzen wären zu bewältigendes Problem, wenn der Schutzstatus innerhalb des Gebietes gesichert wäre und sich der Boden fest in staatlichem Besitz befände. Bereits in Kapitel 3.4.3 wurde auf die Schwierigkeiten nationaler Schutzgebiete bei der Enteignung hingewiesen. Im Bundesstaat São Paulo befinden sich nach Angaben des Umweltministeriums lediglich 19% dieser Fläche *de jure* und *de facto* in staatlichem Besitz und Eigentum. Auf weiteren 10% ist der Enteignungsprozeß noch nicht abgeschlossen. Die restlichen 71% der Fläche befinden sich *de facto* nicht unter der Kontrolle des Staates. Dies ist um so problematischer, als 23% davon *de jure* bereits *terras públicas* darstellen, d.h es sind Flächen, über die der Staat die Kontrolle verloren hat.

Die Enteignung der Grundbesitzes in den Schutzgebieten des Vale do Ribeira stößt auf zahlreiche Schwierigkeiten:

- Einer eigentlichen Enteignung muß die Klärung der Besitzansprüche der verschiedenen Beteiligten vorausgehen, was sich besonders im Vale do Ribeira als problematisch erweist. Im nördlichen Teil des PE Turistico Alto Ribeira wurden beispielsweise "offizielle" Nachweise von mehreren vermeintlichen Eigentümern vorgelegt, die in ihrer Summe das Doppelte der tatsächlichen Fläche ausmachen. Auf einigen Flächen existieren dabei bis zu vier "Stockwerke" von Eigentumsansprüchen (SMA 1991, S. 6ff).

- Eine Zusammenarbeit mit dem Instituto de Terras (IT), das für die Klärung der Grundbesitzverhältnisse zuständig und ausgestattet ist, findet bislang nicht statt. Diese Aufgabe muß also von dem Umweltministerium und vor allem vom IF alleine erfüllt werden (Gespräch mit Vertretern des IT in Pariqueira-Açu vom April 1995; SMA 1995, S. 41).

- Der rechtliche Schritt, wenigstens die *terras devolutas* offiziell in Staatseigentum, d.h. in *terras públicas,* umzuwandeln (vgl. 3.1.3), ist bislang von politischer Seite erst in seltenen Fällen unternommen worden.

- Aufgrund des vollkommenen Nutzungsverbots innerhalb strenger Schutzgebiete ziehen einige kapitalkräftige Grundbesitzer von sich aus vor Gericht, um eine Enteignung ihrer Flächen zu erstreiten (*desapropriação indireta*). Aufgrund der ungenügenden juristischen Präsenz des Umweltministeriums bei diesen Verfahren kommt es in vielen Fällen zur Festsetzung überhöhter Abfindungssummen (SMA 1995, S. 41).

- Den *posseiros* steht im Falle einer Umsiedlung nach dem Gesetz nur die Abfindung ihrer Immobilien und Kultivierungsmaßnahmen (*benfeitorias*) zu. Kapitalextensiv wirtschaftende, subsistenzorientierte Bauern, wie sie im Vale do Ribeira noch häufig anzutreffen sind, würden in diesem Fall nur sehr geringe Beträge erhalten können. Der monetäre Marktwert ihrer Lehmhütten und der kleinen Felder entspricht nur einem Bruchteil ihres Gebrauchswertes im Rahmen der lokalen Überlebensstrategien. Hier wird deutlich, daß unter den Rahmenbedingungen der extremen sozialen Ungleichheit, wie sie in Brasilien herrscht, die vermeintliche Gleichbehandlung aller vom Naturschutz Betroffenen vor dem Gesetz in der Praxis mit extremer sozialer Ungerechtigkeit verbunden ist.

- Familien, die erst nach der offiziellen Einrichtung des Schutzgebiets zugezogen sind, haben keinerlei Anspruch auf Entschädigung. In Fällen von Schutzgebieten, die lange Zeit ausschließlich "auf dem Papier" existierten, wie z.B. dem PE Turístico Alto Ribeira, dem PE Jacupiranga oder dem PE Serra do Mar, kann dies auch für Familien gelten, die bereits seit Jahrzehnten in gutem Glauben hier siedeln.

– Das größte Hindernis stellt allerdings das Fehlen von Mitteln des Bundesstaates São Paulo dar, um die Enteignungen durchzuführen.

VII - Das Bewohnerproblem

Aber auch das Problem der Eigentumssituation wäre wenig akut, wenn es sich hierbei um ein rein formal-juristisches handeln würde. Es geht jedoch einher mit der physischen Okkupation der Schutzgebiete. Dabei ist die Zahl der hier lebenden Familien in vielen Fällen den Behörden nicht bekannt (vgl. Tab. 5), und über ihre demographische Struktur oder Wirtschaftsweise existieren so gut wie keine Informationen. Lösungsmöglichkeiten für das Bewohnerproblem versucht das Umweltministerium bereits seit den 80er Jahren auszuarbeiten. Dabei wird seit den 90er Jahren, auch unter dem Einfluß der internationalen Naturschutzdiskussion, darüber nachgedacht, die "traditionelle Bevölkerung", d.h. die *caiçaras* und *capuavas* in der Region, mit in die Naturschutzstrategie einzubeziehen und ihnen ein Bleiberecht auch in strengen Schutzgebieten einzuräumen. In der EE Juréia-Itatins ist die Entwicklung und Durchführung von Projekten auf diesem Weg der Zusammenarbeit mit den lokalen traditionellen Gruppen am weitesten fortgeschritten (vgl. Kap. 4.3.3 und 4.3.4). Dieses Schutzgebiet hat deshalb auch eine Art Vorbildfunktion für andere Schutzgebiete im Bundesstaat São Paulo und gab darüber hinaus inhaltliche Impulse für die Diskussion über das nationale Naturschutzsystem.

Dennoch ist zum einen bislang nicht endgültig geklärt, welche Familien als "traditionell" gelten können, und zum anderen hat sich das Umweltministerium noch nicht dazu geäußert, was mit den "nicht-traditionellen" Familien geschehen soll (vgl. 4.3.5). VIANNA & ADAMS (1995, S. 168) meinen darüber hinaus, daß die erlangten Fortschritte in der Bewohnerfrage vor allem aus Bekundungen der politisch Verantwortlichen bestehen und noch keinem Bewohner ein offizielles Bleiberecht eingeräumt wurde. Das neue Leitbild der Integration der Bevölkerung schlägt sich derzeit nur in der informellen Praxis einiger Schutzgebietsverwaltungen nieder, so daß die unsichere Rechtsituation für alle Familien *de jure* bestehen bleibt.

Das Bewohnerproblem wird durch die stetige Zuwanderung von neuen Familien in einigen Schutzgebieten noch verschärft. Die regionalen Brennpunkte dieser Problematik sind dabei der PE Serra do Mar und der PE Jacupiranga. Hier kam es vor allem entlang der BR 116 in den letzten Jahren zu einer massiven Landnahme durch Neusiedler. So stieg nach Schätzungen des IF die Zahl der Familien in diesem Raum zwischen 1987 und 1992 in nur fünf Jahren von 400 auf ca. 1.100 an. In einem anderen Teil des Parks, in der Siedlung Descampado nahe des Dorfes Braço, verkaufte eine Immobilienfirma aus Curitiba illegal parzellierte Grundstücke an über 50 Familien (Gespräch mit Alberto Roessler, Präfektur von Barra do Turvo, vom April 1996).

Warum siedeln sich diese Familien innerhalb von strengen Schutzgebieten an? Ein Erklärungsansatz wurde bereits in Kapitel 3.4.3 kurz angesprochen: Angesichts der Verdrängungsmechanismen, denen Kleinbauern oder allgemein marginalisierte Bevölkerungsschichten ausgesetzt sind, gehören Schutzgebiete zu den letzten besiedelbaren Leerräume. Die Menschen besetzen also ein Stück Land, obwohl hier ein strenges Schutzgebiet existiert; sie kommen aber auch hierher, weil diese Fläche unter Schutz steht und damit von anderen konkurrierenden Nutzungsformen freigehalten werden konnte. Nach dieser These müßten die Familien der Gruppe der *shifted cultivators* (vgl. Kap. 2.2.2) zuzuordnen sein, d.h. es wären Familien, die über keine

144

anderen Überlebensalternative mehr verfügen als die Migration an eine "Pionierfront" innerhalb eines Schutzgebietes.

Was bedeutet es nun für die Familien, innerhalb oder nahe eines strengen Schutzgebietes zu wohnen? In einer Veröffentlichung des Umweltministeriums (SMA 1995b, S. 42) heißt es dazu:

> "O sucesso na implantação das Unidades de Conservação, além de assegurar a conservação da Biodiversidade, provoca um enorme impacto positivo na economia local e regional, tornando-se ao invés de mais uma instância restritiva, uma alternativa concreta de desenvolvimento em bases sustentáveis."

> "Die erfolgreiche Einrichtung von Schutzgebieten hat, neben dem Erhalt der Biodiversität, eine enorme positive Wirkung auf die lokale und regionale Wirtschaft und stellt keine weitere restriktive Instanz, sondern vielmehr eine konkrete Alternative für die Entwicklung auf nachhaltiger Basis dar" (Übersetzung F.D.).

Die Basis dieser positiven Wirkung soll dabei in erster Linie der Ökotourismus dastellen. Dieser konzentriert sich jedoch bislang im Vale do Ribeira nur auf einige Anziehungspunkte, wie die Höhlen im PE Turistico Alto Ribeira, der Caverna do Diabo im Norden des PE Jacupiranga[40] oder einige Bereiche des EE Juréia (vgl. WEHRHAHN 1994a, S. 164; Fallstudie Barro Branco Kap. 5.4).

Die oben ausgeführte These des Umweltministeriums spiegelt also eher eine Utopie als die Realität wider, denn im allgemeinen ist das Verhältnis von Schutzgebietsverwaltungen und lokaler Bevölkerung von Nutzungskonkurrenzen geprägt. Die wichtigsten direkten Konfliktbereiche sind dabei die Landwirtschaft, d.h. das Verbot der Neuanlage und des Abbrennens von Feldern, der Extraktivismus von Palmherzen ,die streng verbotene Jagd sowie der nicht genehmigte Bau von Häusern.

Die Landnutzung der Bewohner in den großen Schutzgebieten wird jedoch oft nur ungenügend kontrolliert, denn es gibt zu wenig Personal für die Überwachung der weiten, oft unzugänglichen Räume. So waren 1992 nur rund 100 Parkwächter für die gesamte streng geschützte Fläche in der Region zuständig. Diese verfügen darüber hinaus nur über beschränkte juristische Kompetenzen und sind in vielen Fällen auf eine Zusammenarbeit mit der PFM angewiesen.

Aus diesem Grund liegen die bedeutendsten Konfliktfelder zwischen Naturschutzverwaltung und lokaler Bevölkerung häufig nicht im Bereich der direkten Kontrolle und der Restriktionen der Landnutzung, sondern vielmehr in der Blockade von Infrastrukturmaßnahmen innerhalb der Schutzgebiete durch das Umweltministerium. So untersagte z.B. der Umweltminister Fábio Feldmann auf einer regionalen Versammlung der Munizipverwaltung von Cajati, die Siedlung Conchas im PE Jacupiranga mit Strom zu versorgen, und forderte die Einstellung der Buslinie in das Dorf mit der Begründung, die Anwesenheit von Bewohnern im Park wäre illegal (Notícias do Vale vom 5.8.95).

---

[40]Die Fallstudie André Lopes ist hier angesiedelt (vgl. 5.2).

Nach der Logik der neuen Naturschutzleitbilder für die Dritte Welt müßten besonders die Bewohner von Schutzgebieten, die ja am stärksten von den Nutzungsrestriktionen betroffen sind, für ihren Verlust des Zugangs zu den natürlichen Ressourcen entschädigt werden. Es würde sich in diesem Fall anbieten, daß die Naturschutzverwaltung mit Hilfe von begleitenden Entwicklungsprojekten (ICDPs, vgl. Kap. 2.3.3) versucht, ökonomisch nachhaltige und naturverträgliche Wirtschaftsalternativen zu entwickeln und zu fördern. Hierbei besteht jedoch eine grundsätzliche Schwierigkeit: ICDPs sind strenggenommen nur in Schutzbereichen möglich, in denen Menschen ausdrücklich und gesetzlich abgesichert in die Schutzstrategie mit einbezogen sind. Dies gilt also für Pufferzonen, Biosphären-Reservate oder *multiple use areas*, d.h. für APAs (WELLS & BRANDON 1992). Innerhalb der strengen Schutzgebiete des Vale do Ribeira gibt es jedoch "theoretisch" keine Bewohner, denn sie werden z.B. in den Managementplänen - außer im Fall der EE Juréia-Itatins - nicht berücksichtigt. Eine offizielle Einrichtung von Entwicklungprojekten, die in vielen Fällen sowohl aus ökologischen als auch aus sozioökonomischen Gründen geboten wäre, würde aber implizit bedeuten, daß der Staat die Präsenz dieser Bewohner nun anerkennt. So können auch andere staatliche Institutionen, wie z.B. die Munizipien (s.o.) oder das Sozialministerium, nicht innerhalb von Schutzgebieten agieren, da diese allein im Verantwortungsbereich des Umweltministeriums liegen. Diese "Sachzwänge" bewirken also eine Form der "Selbstblockade" der Fächenschutzstrategie: Es fehlen auf der einen Seite die Mittel und die politische Entscheidung, um die Bewohner umzusiedeln oder auszuweisen. Auf der anderen Seite können keine Versuche unternommen werden, die Bewohner zu integrieren und naturverträgliche Nutzungsformen zu fördern, da dies einer offiziellen Billigung ihrer Anwesenheit gleichkäme. Aus diesen Gründen mündet die Beschäftigung mit dem Bewohnerproblem in den meisten Schutzgebieten nur in seltenen Fällen in eine praktische Umsetzung, die dann in der Regel informell bleibt[41].

4.3.2 Palmherzextraktivismus: Problem oder Lösung?

Neben der Landwirtschaft stellt die Sammelwirtschaft im ländlichen Raum des Vale do Ribeira eine zweite wichtige Säule der Überlebensstrategien dar. Dieser Wirtschaftszweig läßt sich sowohl als ein Problem für die Nachhaltige Entwicklung der Region als auch als eine Lösungsstrategie für das Vale do Ribeira betrachten. Diese Zwiespältigkeit der Beurteilung wird einführend anhand zweier Zitate deutlich. FUCHS (1996, S. 105) plädiert für eine Ausweitung des Extraktivismus, wenn er schreibt:

> "In Hinblick auf das noch wenig genutzte Potential der Mata Atlântica im Bereich der Nutzung von Waldprodukten müssen Aufklärungsprogramme gestartet werden, die auf die qualitativen Vorzüge dieser Produkte hinweisen und das Nachfrageinteresse wecken".

Eine ganz andere Sichtweise der Sammelwirtschaft spiegelt sich in dem Kommentar des Umweltministeriums wider (SMA 1991c, S. 27):

> "O extrativismo, além de gerar a sua autodestruição como atividade, tem por corolário a pobreza do extrativista e a precaridade das condições de

---

[41]Allein in der EE Juréia-Itatins war es infolge der halboffiziellen Einbeziehung der Bewohner in das Schutzkonzept möglich, begleitende Entwicklungsprojekte zu konzipieren und durchzuführen (vgl. Kap. 4.3.3).

trabalho e de vida oferecidas a estes trabalhadores."

"Der Extraktivismus verursacht nicht nur seine Selbstzerstörung [indem er sich seiner Ressourcenbasis beraubt], er ist darüber hinaus für die Armut des Sammlers und dessen schlechte Arbeits- und Lebensbedingungen verantwortlich" (Übersetzung F.D.).

Die vielfältigen Facetten, Widersprüche und Einschränkungen, die mit dieser so unterschiedlich bewerteten Tätigkeit zusammenhängen, werden in diesem Kapitel näher analysiert. Dabei stehen zunächst die Darstellung der konkreten regionalen Problemlage und danach mögliche Lösungsvorschläge im Vordergrund. Abschließend werden die Erklärungsansätze der verschiedenen, in Kapitel 2.2 vorgestellten Theorien vor dem Hintergrund der regionalen Situation beleuchtet.

Der Extraktivismus stützt sich im Vale do Ribeira auf eine Vielzahl von Produkten. Dabei werden z. B. Heil- und Zierpflanzen, die natürlicherweise im Atlantischen Küstenregenwald vorkommen, genutzt. Daneben findet der *caixeta*-Baum (*Tabebuia cassenoides*), der in feuchten Restinga- und Auenbereichen wächst, vor allem bei der industriellen Herstellung von Bleistiften Anwendung. In den Munizipien Iguape, Cananéia und Pariqueira-Açu nutzen ca. 225 Familien diese Ressource, wobei sie meist Aufträge von lokalen Sägewerken erhalten, die ihrerseits die großen Hersteller (z.B. Faber-Castell) beliefern. Dabei schlagen sie nur einzelne ausgesuchte Bäume, so daß diese Tätigkeit durchaus als Sammelwirtschaft angesehen werden kann (DIEGUES et al. 1991).

Das bei weitem dominante Produkt des regionalen Extraktivismus ist jedoch das Palmherz (*palmito*). Diese Delikatesse, die beispielsweise in Salaten und Teigtaschen verarbeitet wird, besteht aus dem Apikal-Meristem, d.h. aus den jüngsten Blattanlagen, der Palmenart *juçara* (*Euterpe edulis*). Seit den 50er Jahren findet *palmito*, das ehemals vor allem der Speiseplanbereicherung der traditionellen Gruppen diente, in den Städten einen steigenden Absatzmarkt. Darüber hinaus wird das Produkt vor allem nach Argentinien, Frankreich und in die USA exportiert. Die Nachfrage ist dabei noch nicht gesättigt, und die Preise sind dementsprechend hoch (POLLAK, MATTOS & UHL 1995, S. 358; FNP 1996, S. 307). Seit den 70er Jahren findet eine verstärkte Nutzung der *açai*-Palme (*Euterpe oleracea*), des "amazonischen Bruders", statt, die zwar eine mindere Qualität besitzt, dafür jedoch nicht die produktionstechnischen Nachteile von *Euterpe edulis* aufweist. Die *juçara*-Palme des Atlantischen Küstenregenwaldes ist nämlich einstämmig, d.h. bei der Gewinnung des Palmherzens muß die gesamte Pflanze geschlagen werden, die dann nicht mehr regenerationsfähig ist. Die *açai*-Palme ist dagegen mehrstämmig und kann deshalb auch nach einer Nutzung weiterwachsen. Außerdem vergehen bei der *juçara*-Palme acht bis fünfzehn Jahre bis zur ersten Blüte, und sie ist auf schattige Standorte im unteren Bereich des Waldes angewiesen, d.h. sie kann nur schwer landwirtschaftlich kultiviert werden.

Euterpe edulis ist die Pflanzenart mit der höchsten natürlichen Abundanz im Atlantischen Küstenregenwald. Die Zahl der Keimlinge kann auf einem Hektar bis zu 45.000 betragen. Die ausgewachsene Pflanze trägt reiche Früchte, die für viele Tierarten, besonders für Vögel, eine wichtige Nahrungsbasis bilden. Aus diesem Grund kann die Spezies als eine Schlüsselart des Atlantischen Küstenregenwaldes gelten, deren Gefährdung weitreichende Folgen für die gesamte Artenstruktur des Waldes haben kann

(SPVS 1992, S. 45ff; REIS et al. 1993, 132ff). Deswegen erscheint das Ausmaß der derzeitigen Nutzung besonders besorgniserregend, denn in einigen Gebieten hat die umfangreiche Extraktion bereits zu einem so extremen Rückgang der reichhaltigen natürlichen Bestände geführt, daß der Erhalt der Art gefährdet ist. Dabei ist die Dezimierung der Ressourcenbasis so weit vorangeschritten, daß nun auch Pflanzen geschlagen werden, die noch keine Früchte getragen haben (LEONEL 1992, S. 179). Die Gewinnung von Palmherzen nimmt damit den Charakter eines Raubbaus an.

Bereits seit den 80er Jahren existieren Bestrebungen der Umweltbehörden im Bundesstaat São Paulo, die Bewirtschaftung von *palmito* nachhaltiger zu gestalten und eine Übernutzung zu verhindern. Mit dem Decreto 750/93 ist die Nutzung zwar nicht generell verboten, jedoch stark eingeschränkt und mit zahlreichen Auflagen verbunden. Die Resolução SMA 16/94, die explizit den Palmherzextraktivismus regelt, sieht vor, daß nicht nur für das Schlagen von *juçara*-Palmen, sondern beispielsweise auch für deren Transport eine Genehmigung des DEPRN vorliegen muß. Gleichzeitig werden Verstöße, die ehemals nur mit einer Geldstrafe belegt wurden, nunmehr als *crime contra lei* behandelt und mit Gefängnis geahndet.

I - Regionale Palmherzwirtschaft

Obwohl sich die Bemessung der Strafen in den letzten Jahren verschärft hat, stammen schätzungsweise 90% des im Vale do Ribeira gesammelten *palmito* aus illegaler Produktion (FUCHS 1996, S. 98). Informationen über diesen Zweig der regionalen Wirtschaft sind verständlicherweise nur schwer zu beschaffen. Dennoch läßt sich aus den Aussagen von Vertretern lokaler Behörden, Nichtregierungsorganisationen und sonstigen Befragten sowie aus der Literatur ein relativ einheitliches Bild der Produktions-, Verarbeitungs- und Vermarktungsstrukturen des illegalen Palmherzextraktivismus gewinnen.

Die Sammelwirtschaft konzentriert sich räumlich auf die dünn besiedelten und bewaldeten Bergländer der Serra de Paranapiacaba und Serrania do Ribeira. Dabei dringen die Sammler bei der Suche nach extraktionsfähigen *juçara*-Palmen meist in der Nacht oder an Regentagen auch in strenge Schutzgebiete und auf Privatgrundstücke ein. Gearbeitet wird in kleinen Gruppen von drei bis vier Personen, die über kein festes Territorium verfügen. Solch ein Trupp extrahiert an einem Arbeitstag ca. 50 bis 60 Palmherzen. Die Sammler wirtschaften dabei auf eigene Verantwortung besonders im Hinblick auf das Risiko, von der PFM aufgegriffen zu werden. Die Gruppen begeben sich jedoch meist erst dann ins Gelände, nachdem sie einen klaren "Bestellauftrag" von einer die Ernte aufkaufenden Verarbeitungs- und Vermarktungsorganisation erhalten haben.

Die Weiterverarbeitung der Palmherzen ist einfach: Nach dem Schälen, Waschen und Schneiden der stangenförmigen Blattanlagen werden diese einfach in Gläsern oder Konserven mit Salzwasser ca. 10 Minuten gekocht. Die illegale Verarbeitung geschieht entweder direkt im Gelände, d.h. auf Feldkochern im Wald, oder in kleinen "Hinterhofküchen". Dabei sind die hygienischen Verhältnisse oft so schlecht, daß die Ware mit krankheitserregenden Keimen stark verseucht wird. Aus diesem Grund betreiben auch die Gesundheitsbehörden eine Kampagne gegen den Verzehr von illegal verarbeitetem *palmito*.

Die Ware fließt nach der Verarbeitung in Vertreibernetze ein, die das Palmherz nach São Paulo oder in andere Städte transportieren und dort direkt an Supermärkte oder Restaurants verkaufen[42]. Der Transport, der auch der Genehmigung des DEPRN bedarf, geschieht meist in unauffälligen Privatwagen oder, unter anderer Ware versteckt, in Lastwagen. Die Dokumente der Umweltbehörde werden dabei oft gefälscht. In der Regel wird die Transportroute minuziös geplant und, wenn eine größere Lieferung ansteht, die Polizei als Ablenkungsmanöver mittels "falschem Alarm" an einen entfernten Ort geschickt. Bei diesen Vertreibernetzen handelt es sich um mächtige Organisationen, zu denen auch einige lokale Politiker und sonstige Autoritäten engen Kontakt unterhalten[43].

Die Umweltschutzbehörden gehen auf verschiedene Weise gegen den illegalen Extraktivismus vor. Ein Ansatzpunkt war dabei in den letzten Jahren die verschärfte Kontrolle von legalen nachgelagerten Fabriken, die neben den illegalen Organisationen in der Region existierten. Ehemals war es üblich, illegal gewonnenes Palmherz in diese legale Produktionsstrukturen einfließen zu lassen. Seit den 80er Jahren müssen jedoch immer mehr dieser "semilegalen" Fabriken aufgrund von Unregelmäßigkeiten schließen. Dies war z.B. 1996 der Fall bei der Firma "Caiçara" in Registro. Nach Angaben des Staatsanwalts Marcelo Daneluzzi (Gespräch vom Februar 1997) machte sich diese Fabrik neben dem Schmuggel auch der Fälschung von Dokumenten schuldig. Der Betrieb beteiligte sich jedoch nicht an der Extraktion, sondern erteilte Aufträge an unabhängige Sammler[44].

In der Region existieren jedoch auch Firmen, die nicht so eindeutig neben dem Gesetz agieren. Eine Telefonbefragung Anfang 1997 ergab dabei, daß von den 10 Unternehmen, die im Telefonbuch als *palmito*-verarbeitende Betriebe verzeichnet sind, nur noch einer tatsächlich offiziell mit Palmherzen aus der Region arbeitet. Die anderen Firmen sind entweder geschlossen, haben sich formell auf andere Produkte spezialisiert oder widmen sich nur noch der Vermarktung von Ware, die aus anderen Teilen Brasiliens stammt. Ein solcher Fall ist das Unternehmen "Savage", das ebenfalls in Registro ansässig ist. In einem Gespräch (Februar 1997) führte der Geschäftsführer Marcelino Matzuzawa aus, daß die Verarbeitung von regionalem Palmherz mittlerweile stillgelegt wurde. Der Betrieb arbeitet offiziell mit einer Firma im Bundesstaat Paraná zusammen, von wo das *palmito* für die Verarbeitung stammt. Ehemals beschäftigte die Fabrik rund 30 Mitarbeiter, heute sind noch vier Personen hier tätig. Er wehrte sich gegen den Vorwurf der Umweltbehörden, das Unternehmen würde illegal extrahiertes Palmherz aus der Region in die legale Produktion einschleusen. Nach seiner Darstellung wird heute sämtliches illegales Palmherz auch verdeckt verarbeitet, da die Kontrollen der offiziellen Industrie mittlerweile äußerst rigide seien.

---

[42]Sogar in den Gebäuden des Umweltministeriums wird um die Mittagszeit illegal gewonnenes Palmherz von fliegenden Händlern verkauft.

[43]Sie agieren außerdem sehr offen. In der Stadt Sete Barras versammeln sich an bestimmten Tagen um die Mittagszeit die *palmito*-Sammler auf einem Platz, um von der Vertriebsorganisation die Entlohnung für ihre letzte Lieferung zu erhalten.

[44]Ein Jahr zuvor hatte der Autor die Gelegenheit, den damals noch funktionierenden Betrieb zu besuchen. Er befand sich in einer alten, halbleeren und nicht beschilderten Lagerhalle. Um eintreten zu können, mußte erst an das verschlossene Lagertor geklopft werden. Auf dem Hof vor der Lagerhalle warteten ca. 15 Sammler auf Aufträge oder auf ihre Bezahlung. Der Besitzer beschwerte sich in dem Gespräch über den unnötigen Bürokratismus der Umweltbehörden, gab aber zu, daß die Produktion der Fabrik "inoffiziell" sei.

Der einzige Ort im Vale do Ribeira, an dem noch eine offizielle Weiterverarbeitung von Palmherz stattfindet, ist die Fabrik "Selva" in Registro (Gespräch mit Geschäftsführer José Messias vom Februar 1997). Ehemals wurde auch hier das Material frei aufgekauft. Dies ist heute nicht mehr möglich, da der Großteil dieser Ware illegal in Schutzgebieten oder auf Privatgrundstücken gesammelt wurde. In dem Betrieb wird neben *Euterpe edulis* aus der Region und *Euterpe oleracea* aus Amazonien auch als dritte Art *Guiliema gassipaes* (*pupunha*) verarbeitet, deren landwirtschaftlicher Anbau sich in der Region noch in der Versuchsphase befindet (s.u.). Nach Angaben des Geschäftsführers stellt jedoch die illegale Palmherzwirtschaft eine starke Konkurrenz zu der sich noch im Aufbau befindlichen legalen Produktion dar.

Neben dieser einen legalen Palmherzfabrik, die 15 Personen beschäftigt, existieren im Vale do Ribeira nach Schätzungen des Umweltministeriums (SMA 1995, S. 22) rund 300 informelle, meist kleinere Verarbeitungseinheiten. Nahezu jede Woche erscheinen Meldungen über von der Polizei entdeckte illegale Betriebe in den regionalen Zeitungen. Im Munizip Barra do Turvo finden sich allein ca. 40 solcher versteckter "Hinterhoffabriken". Die Umweltbehörden und die PFM gehen jedoch nicht nur gegen die illegale Verarbeitung vor. Der Transport der Ware in die städtischen Absatzmärkte bietet einen weiteren Ansatzpunkt für Kontrollen. Dabei wurden nach Angaben der PFM 1996 insgesamt 1.855 Fahrzeuge in der Region überprüft und 48.800 Gläser mit konsumfertigen und 37.000 Einheiten mit unverarbeitetem Palmherz beschlagnahmt. Diese Mengen sind dabei im Vergleich zu den vorhergehenden Jahren nicht überdurchschnittlich.

In den letzten Jahren verschärfte sich die Konfliktsituation in Munizipien wie Barra do Turvo, Sete Barras, Eldorado und Iporanga, die als Brennpunkte des Extraktivismus gelten können. 1997 verbüßten sämtliche neun Gefangene im kommunalen Gefängnis von Sete Barras ihre Strafe im Zusammenhang mit illegalem *palmito*-Extraktivismus. Im November 1996 gab es ebenfalls in Sete Barras ein erstes Todesopfer: einen Palmherzsammler, der von einer Patrouille der PFM erschossen wurde. Kurz darauf erklärte der Vorsitzende der lokalen *Partido Verde* (PV, der brasilianischen "Grünen") Enzo Luíz Nico (Notícias do Vale 30.11.96), daß das Klima im ländlichen Raum des Vale do Ribeira aufgrund der zunehmenden Konfrontation zwischen Palmherzsammlern und der PFM mittlerweile bürgerkriegsähnlichen Zuständen gleichkommt. Er erhob dabei in erster Linie schwere Vorwürfe gegen die repressive Tätigkeit der Polizei.

Der marktorientierte Extraktivismus von *palmito* hat in der Region indes Tradition. Bereits ALMEIDA (1957, S. 61) berichtete von *palmito*-Verarbeitung, die damals noch vor allem in Heimarbeit stattfand. PETRONE (1966, S. 218ff) sah in der Sammelwirtschaft von Palmherz neben der Köhlerei einen festen Bestandteil der Überlebensstrategien der *capuavas*, der traditionellen Bevölkerung der Bergländer (vgl. Kap. 4.1.2). QUEIROZ (1969, S. 42) führt aus, daß in der gesamten Region der Extraktivismus als Komplementärtätigkeit von Kleinbauern ausgeübt wird.

In seiner detaillierten ethnographischen Studie des Dorfes Ivaporunduva im Munizip Iporanga beschreibt QUEIROZ (1983), wie die traditionelle Siedlung in den 50er Jahren zunehmend von der Landwirtschaft zum Extraktivimus überging. Die Vermarktung des Palmherzes geschah damals mit Hilfe des *barracão*-Systems, d.h. es etablierte sich ein Zwischenhändler fest im Dorf, der einerseits das *palmito* aufkaufte und gleichzeitig

Nahrungsmittel und sonstige Waren an die Bewohner verkaufte. Dabei waren der Abnehmerpreis für Palmherz tendenziell zu niedrig und die für Lebensmittel zu hoch, so daß die Bewohner bald gezwungen waren, sich bei dem Zwischenhändler zu verschulden. Diese Phase hatte tiefgehende Auswirkungen auf die ehemals traditionelle Struktur des Dorfes. So wurde z.B. die Landwirtschaft zeitweise fast vollständig aufgegeben, um sich allein der Sammelwirtschaft widmen zu können. Insgesamt konstatierten die Befragten in ihren Erzählungen eine allgemeine Verschlechterung der Lebensbedingungen während dieser Zeit. Nach dem Wegzug des Zwischenhändlers und dem damit verbundenen Wegfall des *palmito*-Handels erschwerte die lange Vernachlässigung der Felder eine problemlose Rückkehr in die Landwirtschaft, und viele Bewohner verlegten ihren wirtschaftlichen Schwerpunkt auf die Lohnarbeit in nahegelegenen Großbetrieben. Nach MÜLLER (1980, S. 65) war der marktorientierte Palmherzextraktivismus in der gesamten Region die entscheidende Kraft bei dem Übergang der traditionellen Gruppen von der autonomen Landwirtschaft zur abhängigen Lohnarbeit.

Auch heute ist die wirtschaftliche Bedeutung der illegalen Sammelwirtschaft für die Region wieder sehr groß. So wird geschätzt, daß rund 60% des Einkommens im Munizip Sete Barras aus dieser Tätigkeit stammen (Notícias do Vale vom 10.11.96). Im Munizip Guaraqueçaba, das unmittelbar südlich im Bundesstaat Paraná an die Region angrenzt, wird dieser Anteil sogar mit 80% veranschlagt (SPVS 1992, S. 46).

II - Wechselwirkungen mit der Umweltgesetzgebung

Für die Expansion des Palmherzextraktivismus sind nicht zuletzt auch die strengen Umweltauflagen verantwortlich. Diese zunächst widersprüchlich erscheinende Aussage stützt sich auf zwei Sachverhalte. Zum einen haben die zunehmenden Verbote zu einem enormen Anstieg des Preises für *palmito* geführt. So kostete eine Dose mit 400g Palmherz im Großmarkt von São Paulo Anfang 1994 noch 2,79 US$, nachdem der Preis in den 70er Jahren bei 1 US$ lag. Im Laufe des folgenden Jahres wurde die Sammelwirtschaft durch die Resolução SMA 16/94 endgültig gesetzlich geregelt und dem Decreto 750/93 angepaßt, und der Preis stieg innerhalb eines Jahres auf 7,36 US$ (FNP 1996, S. 307). Dieser hohe Preis bietet einen starken Anreiz zur Übernutzung der Ressource, da gleichzeitig die Kontrolle nur punktuell bleiben kann. So berichtet Alberto Roessler, Mitarbeiter in der Präfektur von Barra do Turvo (Gespräch vom April 1996), daß es sich aufgrund der hohen Preise für die Sammler lohnt, immer weitere Strecken zurückzulegen. Im Munizip Barra do Turvo heißt dies, daß sie nun tiefer in die Schutzgebiete PE Jacupiranga und PE Lauráceas im Bundesstaat Paraná vordringen. Palmherzextraktivismus stellt heute also eine einträgliche Neben- oder Hauptbeschäftigung für diejenigen Menschen dar, die bereit sind, das gesetzliche Risiko auf sich zu nehmen.

Der andere Grund, warum auch die strengen Umweltschutzauflagen für die Übernutzung der Bestände von *palmito* verantwortlich zu machen sind, sind die Restriktionen der landwirtschaftlichen Nutzung des Bodens. Die Sammelwirtschaft wird als mögliche Alternative zur Landwirtschaft in dem Maße attraktiver, wie die vielfältigen Naturschutzauflagen eine Nutzung des Bodens erschweren oder in vielen Fällen sogar unmöglich machen. Der Extraktivismus verstößt zwar auch gegen die Umweltbestimmungen und wird sogar noch härter bestraft als die Rodung kleinerer Flächen, er ist aber sehr viel schwerer zu kontrollieren, denn vor allem die meist schlecht überwachten

Naturschutzgebiete stellen die wichtigsten Räume für den Extraktivismus dar (SMA 1990b, S. 63; SPVS 1992, S. 46; Engecorps & SMA 1992, S. 40ff).

Diese enge räumliche Bindung an Waldflächen leitet zu einer vollkommen anderen Sichtweise der Sammelwirtschaft von *palmito* über: Die *juçara*-Palme braucht die Beschattung des Waldes, erzielt gleichzeitig hohe Preise und bietet eine Bargeldquelle vor allem für die ärmere Bevölkerung des ländlichen Raumes. Die Bewirtschaftung dieser Art stellt also auch eine Chance für den Naturschutz dar, ökologische Leitbilder, wie den Schutz des Waldes, im Sinne einer Nachhaltigen Entwicklung mit ökonomischen und sozialen Zielen zu verbinden. So könnten z.B. regionale ICDP's die Etablierung eines legalen, naturverträglichen Extraktivismus zum Inhalt haben.

Es existieren bereits gesetzliche Regelungen für eine legale Bewirtschaftung in der *Resolução SMA 16/94*. Danach muß jeder Betrieb über einen Managementplan (*Plano de Manejo Sustentado*) verfügen, in dem u.a. die Zahl der *juçara*-Palmen, der Anteil der fruchttragenden Pflanzen, die Zuwachsrate und die geplante Extraktionsquote verzeichnet sind. Dabei müssen z.B. mindestens 50 fruchttragende Bäume pro Hektar vorhanden sein, um eine Genehmigung des DEPRN erhalten zu können. Nach Angaben des Leiters des regionalen DEPRN Roberto Resende (Gespräch vom April 1996) liegt jedoch in der Region noch kein Antrag eines kleineren Betriebs den Behörden vor. Der Kreis der Antragsteller beschränkt sich derzeit auf große Betriebe, die meist im Besitz von Firmen aus der Stadt São Paulo sind. Der Gründe für diese mangelnde Beteiligung von Kleinbauern sind die gleichen, die kleineren Betrieben auch die legale Nutzung von Initialstadien der Sukzession erschweren (vgl. Kap. 4.3.1): Analphabetismus, das Fehlen von Eigentumstiteln, mangelndes Kapital zur Beauftragung eines Ingenieurbüros sowie zu lange Bearbeitungszeiten im DEPRN. Also auch die Resolução SMA 16/94 erweist sich, wie schon das Decreto 750/93, als nicht ausreichend den regionalen Verhältnissen angepaßt.

III - Ansätze einer nachhaltigen Bewirtschaftung?

In dem Schutzgebiet der Fazenda Intervales (seit 1997 PE Intervales) werden seit einigen Jahren Versuche zur nachhaltigen Bewirtschaftung und Anreicherung von *juçara*-Palmen innerhalb von Wäldern durchgeführt. Dabei zeigen sich Sukzessionsformen des Atlantischen Regenwaldes (*capoeira* und *capoeirão*) als am besten geeignet für ein systematisches Management von *palmito* (SMA 1991c, S.28). Die Hektarerträge sind jedoch auch bei aktiver Förderung der Palmen nicht hoch. Laut einem Informationsblatt, das mittlerweile in der Region an interessierte Bauern verteilt wird (IBAMA & SMA 1993), kann eine Fläche nur alle sechs Jahre für die Palmherzextraktion genutzt werden, wenn die Ressource langfristig erhalten bleiben soll. Dabei dürfen nur Pflanzen mit einem Umfang von mindestens 9 cm geschlagen werden, wofür sie eine Wachstumszeit von ca. 8 - 15 Jahren benötigen. Versuche einer künstlichen Anreicherung von *juçara*-Beständen haben zwar Ergebnisse erbracht, die hoffen lassen, daß auch eine zyklische Bewirtschaftung möglich ist (REIS et al. 1993), diese Option dürfte jedoch allenfalls für extrem extensiv wirtschaftende Groß- und Größtbetriebe gelten. Bei den Kleinbauern reicht die Fläche (und der Zeithorizont) für eine haupterwerbliche Palmherzbewirtschaftung bei weitem nicht aus. Bei ihnen könnten legal kultivierte Palmherzbestände allerdings die Funktion einer in Notzeiten verfügbaren Ressource, einer "pflanzlichen Kapitalanlage", haben.

In der Agrarforschungsstation (*Estação Experimental*) im Munizip Pariqueira-Açu wird derzeit mit der Palmenart *Guiliema gassipaes* (*pupunha*) experimentiert. Ihr Palmherz hat etwa die gleiche Qualität wie *Euterpe edulis*, und sie weist gleichzeitig viele Vorteile der *açai*-Palme auf: Sie ist mehrstämmig, schnellwüchsig, verträgt direkte Sonneneinstrahlung und kann unter Einsatz von Dünger und Pflanzenschutzmittel agrarwirtschaftlich kultiviert werden. Derzeit befindet sich der Anbau aber noch in der Erprobungsphase, und es mangelt sowohl an flächendeckender Information der Landnutzer als auch an Saatgut (Gespräch mit Luís Alberto Saes, Agraringenieur der *Estação Experimental*, vom Februar 1997).

Wäre jedoch die Etablierung von *Guiliema gassipaes* als Alternative zu *Euterpe edulis* eine mögliche Lösung des Problems des Palmherzextraktivismus? Dies ist zu bezweifeln, denn mit dem erfolgreichen Anbau von *pupunha*-Palmen wären allenfalls die direkten pflanzenbaulichen Probleme beseitigt. Jenseits dieser rein technischen Dimension wäre *pupunha* nur eine weitere Dauerkultur unter vielen und könnte nicht die angestrebte Verbindung von Waldschutz, ökonomisch rentabler Nutzung und sozialer Armutsbekämpfung bieten. Eine landwirtschaftliche Kultivierung könnte zwar den akuten Nutzungsdruck auf die natürlichen Bestände der *juçara*-Palme verringern, damit wäre jedoch auch die Chance, den Palmherzextraktivismus als Teil einer Nachhaltigen Entwicklung mit dem Naturschutz zu verbinden, verloren.

Eine nachhaltige Nutzung von *Euterpe edulis* ist jedoch nicht nur mit den erwähnten bürokratischen Hindernissen verbunden, sondern weist daneben auch Probleme ökonomischer Art auf. Ein grundlegender Negativfaktor ist das langsame Wachstum der Pflanze, d.h. der lange Zeitraum, der verstreichen muß, bis die Ressource ökonomisch nutzbar ist und erbrachte Investitionen sich rechnen. Angesichts der hohen Zinssätze, wie sie in Brasilien bestehen, sind langfristige Investitionen nur wirtschaftlich, wenn sie hohe Erlöse erwarten lassen, zumal wenn andere Nutzungsalternativen wie z.B. Bodenspekulation oder Holzeinschlag existieren, die einen kurzfristigen Gewinn abwerfen können. Solche Überlegungen werden zwar in dieser Form eher von Unternehmen angestellt, die ausschließlich an Wirtschaftlichkeitskriterien orientiert sind. Es muß jedoch auch der beschränkte Zeithorizont von vielen ärmeren Bevölkerungsgruppen hervorgehoben werden, der einer problemlosen Übernahme der Palmherzbewirtschaftung durch die Kleinbauern der Region im Wege stehen dürfte (vgl. Kap. 2.2.2).

Diese Schwierigkeit ließe sich jedoch entschärfen, wenn der Staat aktive Hilfe bei den ohnehin niedrigen Investitionskosten leisten würde. Schon heute können z.B. *juçara*-Keimlinge kostenlos bei einer Baumschule in der Region abgeholt werden. Auch könnte sich die Anreicherung von *palmito*-Bestände auf landwirtschaftliche Grenzertragsstandorte konzentrieren und somit ein ökonomisches Gegengewicht zur "Nutzung" dieser Räume aus rein spekulativen Motiven darstellen.

IV - Das Problem der Durchsetzung von Eigentums und Nutzungsrechten

Eine weitaus bedeutenderes Problem besteht in dem *open-access*-Charakter, den die *juçara*-Palme *de facto* besitzt. Eine solche Ressource, auf die entweder keine Besitzansprüche erhoben werden oder bei der diese Anrechte *de facto* nicht durchgesetzt werden können, wird zwangsläufig übernutzt (vgl. Kap. 2.2.3). So stellt z.B. ein Betrieb im Munizip Sete Barras, der einen Managementplan zur nachhaltigen Bewirtschaftung und Anreicherung von *palmito* aufgestellt hat, einen Anziehungspunkt für illegale Palmherzsammler dar, da das große Grundstück nicht kontrollierbar ist (Gespräch mit Roberto Resende, Leiter des DEPRN in Registro, vom April 1996).

Der entscheidende Faktor in diesem Zusammenhang ist die Unzugänglichkeit der weiten Waldgebiete. Sie trägt zwar auf der einen Seite zum Schutz des Waldes vor anthropogenen Eingriffen bei. Auf der anderen Seite sind solche Räume, wenn ein anthropogener Eingriff bereits erfolgt, kaum zu kontrollieren und Eigentumsrechte nur schwer durchzusetzen (STENGEL 1995, S. 150). Wenn die Ressource mit hoher Wahrscheinlichkeit geraubt wird, dann lohnt sich auch für den Eigentümer eine nachhaltige Bewirtschaftung nicht:

> "Delaying palm heart extraction may mean losing the palmhearts altogether to another interested party. Extractors are therefore inclined to harvest palm hearts as soon as possible, instead of waiting for the palm hearts to reach larger size" (POLLAK, MATTOS & UHL 1995, S. 376).

Wie könnte dieses Problem der ungenügenden Zuweisung und Durchsetzung von Eigentumsrechten gelöst werden? Die Kontrolle der Ressourcennutzung ist auch deshalb so schwer zu bewältigen, weil bislang lediglich einzelne große Betriebe, die meist nur von einem Verwalter beaufsichtigt werden, das Nutzungsrecht für Palmherzen besitzen. *De facto* haben in diesen Fällen allein die PFM und die Umweltbehörden, die ja bereits vollkommen überlastet sind (vgl. Kap. 4.3.1), die Verantwortung für die Überwachung des Geländes. Wenn es möglich wäre, Nutzungskonzessionen auch an ganze Gemeinschaften bzw. Dörfer zu verteilen, dann könnte das Problem der Kontrolle zumindest entschärft werden. Dies hieße, daß die *open access*-Ressource Palmherz *de jure* in eine *common property*-Ressource umgewandelt wird. In Kapitel 2.2.3 wurde bereits betont, daß Hardins These von der *Tragedy of the Commons* nicht haltbar ist und daß Ressourcen durchaus nachhaltig bewirtschaftet werden können, wenn lokale Gruppen über fest verankerte, gemeinschaftliche Nutzungsrechte verfügen (McNEELY 1991). Auch die zweite "World Conservation Strategy" (IUCN 1991, S.57) beinhaltet als eigenständiges Leitbild, Märkte für lokal bewirtschaftete, naturverträgliche Produkte zu schaffen, damit lokale Gemeinschaften Nachhaltigkeit in "Eigenregie" verwirklichen können (vgl. Kap. 2.1.3).

Dabei sind nicht allein ökologische Faktoren und die ökonomischen Elemente des Marktversagens zu beachten, der sozialen Dimension kommt ebenfalls eine große Bedeutung zu. Bei den derzeit geltenden gesetzlichen Vorgaben für die Bewirtschaftung können nur große, sehr extensiv wirtschaftende Betriebe ein nachhaltiges Management von *palmito* verwirklichen. Angesichts der aktuellen Landbesitzkonzentration muß beachtet werden, daß solche Betriebe zwar die ökologische Funktion des Bodens erfüllen, sie aber der sozialen Funktion als landwirtschaftlicher Produktionsstandort nur ungenügend Rechnung tragen. Anders gesagt, könnten sich unproduktive Latifundien, die nach dem Agrarreformgesetz enteignet werden sollten, hinter der extensiven Palmherzbewirtschaftung "verstecken". Andererseits ist es für eine Nachhaltige Entwicklung, die ja auch das Ziel der Armutsbekämpfung verfolgt, natürlich relevant, welche Gruppen von einer naturverträglichen Nutzungsform letztendlich profitieren. Folgt man der "Armuts-These" (vgl. Kap. 2.2.2), nach der die marginalisierten Bevölkerungsschichten gleichzeitig Verursacher und Opfer von Umweltdegradation sind, dann macht es auch aus naturschutzfachlicher Sicht wenig Sinn, eine naturverträgliche und ökonomisch rentable Nutzungsform zu fördern, die jedoch gleichzeitig diese Bevölkerungsschichten ausschließt.

POLLAK, MATTOS & UHL (1995, S. 377ff) nehmen an, daß heute in Amazonien ein Großteil des mit Palmherzen erwirtschafteten Gewinns auf die nachgelagerten Bereiche fällt, und dies dürfte auch im Vale do Ribeira der Fall sein. Bei einer Verteilung von Nutzungskonzessionen könnten auch die illegalen Organisationen, die den Palmherz-handel heute dominierte, geschwächt werden. Die gewinnbringenden, der Extraktion nachgelagerten Bereiche der Verarbeitung und Vermarktung wären dann offiziell in die Verantwortung der lokalen Bevölkerung zu stellen.

V - Sammlerreservate für *palmito*-Nutzung?

In Brasilien existiert bereits ein gesetzliches Instrument, um lokalen Gemeinschaften gesicherte Rechte für die naturverträgliche Bewirtschaftung natürlicher Ressourcen zu übertragen: die im *Sistema Nacional das Unidades de Conservação* (SNUC; vgl. Kap. 3.4.2) festgeschriebene Schutzkategorie der *Reserva Extrativista*. Diese Schutzkategorie bezieht den Menschen und menschliche Nutzungsformen, Sammel- und Landwirtschaft, explizit mit in ihr Leitbild ein, das sich folgendermaßen definieren läßt:

> "As Reservas Extrativistas são espaços territoriais protegidos pelo po-der público, destinados à exploração auto-sustentável e conservação dos recursos naturais renováveis, por populações com tradição no uso de recur-sos extrativos, regulados pro contrato de concessão real de uso, mediante plano de utilização aprovado pelo órgão responsável pela política ambiental do país (IBAMA)." (ALLEGRETTI 1994, S. 19)

> "Die *Reservas Extrativistas* sind von der öffentlichen Hand geschützte Räume, die der nachhaltigen Nutzung und dem Schutz der erneuerbaren natürlichen Ressourcen durch Gruppen, die traditionellerweise von der Sammelwirtschaft leben, dienen. Sie gründen sich dabei auf einen Vertrag über eine Nutzungskonzession und einen Nutzungsplan, der von dem für die Umweltpolitik zuständigen Organ des Landes (IBAMA) genehmigt wurde" (Übersetzung F.D.).

Ein solcher Managementplan muß nicht von jedem Betrieb einzeln, sondern kann für das gesamte Dorf angefertigt werden. Die Verantwortlichkeit den Umweltbehörden gegenüber für die Einhaltung der Bestimmungen liegt bei einer Bewohnerorganisation (*Associação dos Moradores*). Sie ist gleichzeitig der Empfänger der Konzession und hat das interne Nutzungssystem der Haushalte selbständig zu regeln. In vielen Siedlungen des Vale do Ribeira existieren bereits solche Organisationen, deren Einrichtung während der Regierung von Franco Montoro (vgl. Kap. 4.1.2) massiv gefördert wurde.

Die bereits bestehenden *Reservas Extrativistas* befinden sich fast alle in Amazonien und dienen dem Kautschukextraktivismus. Im Bereich des Atlantischen Küstenregenwaldes wurden bislang lediglich zwei kleinere Einheiten dieser Schutzkategorie eingerichtet, die die nachhaltige Bewirtschaftung von marinen Ressourcen zum Ziel haben. Einige der Ziele, die ALLEGRETTI (1994, S. 30f) für die Schutzgebiete in Amazonien hervorhebt, lassen sich dabei auch auf das Vale do Ribeira übertragen:

- Sicherung der historischen Rechte der lokalen Bevölkerung am Zugang zu natürlichen Ressourcen,
- Erhalt der regionalen Biodiversität,
- Förderung umweltverträglicher Nutzungsformen,
- Bekämpfung der Bodenspekulation,
- Sicherung des Bleiberechts der lokalen Bevölkerung (im Gegensatz zu strengen Schutzgebiete),
- Eröffnung von Möglichkeiten für entwicklungsorientierte Begleitprojekte,
- Senkung der Kosten für den Naturschutz und
- Impulse für einen neuen nachhaltigen Entwicklungsstil.

Daneben dürfte die Tatsache, daß ein Schutzgebiet mit direkten ökonomischen Vorteilen für die lokale Bevölkerung verbunden ist, die Akzeptanz des Naturschutzgedankens erheblich fördern.

Es gibt jedoch auch Gründe, die gegen eine Ausweisung von *Reservas Extrativistas* im Vale do Ribeira sprechen oder diese zumindest nicht als Patentlösung für die Probleme der Region erscheinen lassen. CROOK & CLAPP (1998) nennen vier grundlegende Voraussetzungen für eine erfolgreiche Durchführung von Sammelwirtschaft als Beitrag zur Nachhaltigen Entwicklung:

> "The forest ecosystem is sufficiently well understood that appropriate management regimes have been or can be devised to sustain forest ecosystems in spite of the changes caused by resource harvesting." (CROOK & CLAPP 1998, S. 139)

Im Bereich des Atlantischen Küstenregenwaldes existieren noch erhebliche Wissenslücken, gerade was die ökosystemaren Zusammenhänge angeht. Derzeit wird jedoch die Autökologie und Synökologie von *Euterpe edulis* intensiv erforscht (RIBEIRO et al. 1993; REIS et al. 1994).

> "Those who stand to benefit from the sustainable harvest of forest resources must be in a position to enforce exclusive rights to forest management." (CROOK & CLAPP 1998, S. 141)

Dieses Ziel könnte durch die Einrichtung von *Reservas Extrativistas* nachhaltig gesichert werden. Die Erfahrung mit der bisherigen Naturschutzpolitik hat allerdings gezeigt, daß die staatlichen Bemühungen in der Regel über den formaljuristischen Part nicht hinausgehen und daß die Umsetzung dieser Bestimmungen oft nur mangelhaft ist. Gerade in diesem Fall wäre es jedoch wichtig, die Nutzungsrechte sowohl *de jure* als auch *de facto* zu realisieren.

> "The resource to be harvested reproduces at a rate sufficiently rapid to justify leaving most of the resource undisturbed to garantee its reproduction." (CROOK & CLAPP 1998, S. 140)

Dieses Problem wurde für den Fall der langsamwüchsigen *juçara*-Palme bereits angesprochen. Es wird aber auch deutlich, daß makroökonomische Rahmenbedingungen, wie z.B. der Zinssatz, und die Wirtschaftspolitik, z.B. die Verteilung von Agrarkrediten, einen erheblichen Einfluß auf das Gelingen solcher Initiativen haben.

156

"The resource is more cheaply and reliably reproduced in a natural forest than in a plantation or by the creation of a synthetic replacement."
(CROOK & CLAPP 1998, S. 140)

Die Konkurrenzfähigkeit der Gewinnungsform des Extraktivismus gegenüber der
landwirtschaftichen Produktion des gleichen Produktes ist ein entscheidender Faktor. Im
Falle des Kautschukextraktivismus in Amazonien ist die Anlage von größeren
Pflanzungen wegen der Gefahr des Krankheitsbefalls nicht möglich. Importschranken
schützen außerdem die heimische Kautschukproduktion gegen billige Importe aus
afrikanischen Plantagen (ALLEGRETTI 1994, S. 31). Kommt es dagegen zu einer
direkten Konkurrenz von landwirtschaftlicher Produktion und Sammelwirtschaft, dann
steht der Extraktivismus unter starkem Druck und wird damit zu einer marginalen
Ressource, die vor allem in *Boom*-Phasen, wenn die Preise hoch sind, genutzt wird. Bei
solchen Rahmenbedingungen kann sich keine nachhaltige Bewirtschaftung etablieren
(CROOK & CLAPP 1998, S. 140). Unter diesem Gesichtspunkt erscheint es also eher
kontraproduktiv, wenn der landwirtschaftliche Anbau von *pupunha*-Palmen als Ersatz
für *Euterpe edulis* gefördert wird.

Ein anderer kritischer Punkt im Vale do Ribeira ist der Mangel an ausreichender Fläche.
Auch wenn *Euterpe edulis* eine sehr hohe Abundanz im Atlantischen Küstenregenwald
aufweist, kann eine Bewirtschaftung nur sehr extensiv erfolgen. Der Schwerpunkt der
Vorkommen liegt in den Bergländern, wo derzeit vor allem die strengen Schutzgebiete
für die Extraktion aufgesucht werden. Ist außerhalb dieser Schutzgebieten überhaupt
noch genügend Fläche für die Einrichtung von *Reservas Extrativistas* übrig, ohne daß
die Gefahr einer Übernutzung der Ressourcen besteht? Als Alternative wird von den
Interessenvertretungen der Bewohner auch eine teilweise Umwandlung der strengen
Schutzgebiete in Sammlerreservate gefordert. Dies wäre allerdings mit Abstrichen beim
Erhalt der natürlichen Wälder verbunden, denn bei einer Nutzung von *palmito* bleibt der
Wald zwar erhalten, es finden jedoch menschliche Eingriffe in das Ökosystem statt, und
eine Verschiebung oder Verarmung der Artenstruktur ist unabwendbar. Der strenge
Schutz der Ökosysteme ist also mit dem Palmherzextraktivismus, auch wenn er
nachhaltig ist, nicht vereinbar.

Die Sammelwirtschaft wird darüber hinaus immer von der Landwirtschaft begleitet
werden müssen, da sie als extrem extensive Nutzungsform, wenn sie nachhaltig sein
soll, alleine nicht das Überleben einer Familie oder eines Dorfes sichern kann. Die
Bereitstellung von alternativen Einkommensmöglichkeiten im Rahmen von ICDPs muß
nicht zwangsläufig auch zur Reduzierung der bislang dominanten umweltzerstörerischen Nutzungsform führen (vgl. Kap.2.3.3). Anders gesagt, auch wenn der lokalen
Bevölkerung durch die Einrichtung einer *Reserva Extrativista* zusätzliche Einnahmen
aus dem legalen Palmherzextraktivismus zukommen, heißt das nicht, daß sie nun
automatisch weniger Wald im Rahmen ihrer landwirtschaftlichen Tätigkeit zerstören,
denn in der Regel verfügen die Kleinbauern über freie Arbeitskapazität, die sie sonst
vielleicht in die Lohnarbeit investiert hätten. CROOK & CLAPP (1998, S. 136) folgern
daraus, daß der Extraktivismus immer von einer effektiven Raumnutzungsplanung
begleitet werden muß. Daran mangelt es jedoch im Vale do Ribeira. Die Einrichtung
von *Reservas Extrativistas* setzt also teilweise etwas voraus, was mit ihrer Hilfe
eigentlich erst erreicht werden soll: funktionierende Naturschutzplanung und staatliches
Ressourcenmanagement.

Neben diesen ökologischen Problemen bestehen auch Schwierigkeiten sozialer Natur, denn es muß entschieden werden, welche Gruppen überhaupt potentiell das Recht erhalten sollen, *palmito* zu bewirtschaften. Sollen allein die traditionellen Gruppen der *capuavas* und *caiçaras* bei der Verteilung von Nutzungskonzessionen beachtet werden oder auch Neusiedler, die ja in der Region einen großen Teil der ländlichen Bevölkerung stellen? Oder sollen sogar landlose Familien aus anderen Teilen Brasiliens oder untere Bevölkerungsschichten aus den Städten in den *Reservas Extrativistas* angesiedelt werden (vgl. BROWDER 1989, S. 127)? Auf jeden Fall beinhaltet eine Entscheidung in dieser Frage erheblichen sozialen Zündstoff. Eine Sicherung des alleinigen Zugangs zu einer Ressource für die eine Gruppe bedeutet auch immer den Ausschluß aller anderer Gruppen, was zu einem Aufbrechen von lokalen Konkurrenzen führen kann. Dies war im Fall der amazonischen Kautschukzapfer anders, denn hier bestanden die Nutzungskonkurrenzen mit eindeutig nicht nachhaltigen, spekualtiv orientierten Viehbetrieben.

Ohnehin warnen Autoren (ALLEGRETTI 1994; KECK 1995) vor einer allzu unkritischen Übertragung des amazonischen Konzeptes der *Reserva Extrativista* auf andere Räume mit anderen geographischen, historischen, politischen und ökonomischen Rahmenbedingungen. PELUSO (1992b, S. 67) führt beispielsweise an, daß die Bewegung der Kautschukzapfer eindeutige Züge einer Arbeiter- oder Gewerkschaftsbewegung aufweist und aus diesem Grund eher zu der Idee gemeinschaftlicher Rechte tendiert. In bäuerlichen Gesellschaften, bei denen die Familie oder die Siedlung die Solidaritätsbasis darstellt, lassen sich solche Konzepte nicht durchsetzen. In Kapitel 4.3.4 soll näher auf die traditionellen bäuerlichen Gemeinschaftsstrukturen eingegangen werden. An dieser Stelle sei nur erwähnt, daß die Fallstudien gezeigt haben, daß die lokal verwurzelten Gemeinschaften sehr viel schwerer auf einer höheren Ebene als die Familie zu sammeln und unter einem gemeinsamen Interesse zu bündeln sind als neu zugewanderte Familien, die die Tradition gewerkschaftlicher Organisation oft bereits mitbringen.

Aber auch bezüglich der ökonomischen Dimension weist die Idee der *Reservas Extrativistas* Probleme auf. So berichtet SCHARF (1997, S. 51f), daß viele hochgesteckte Erwartungen bei den Kautschukzapfern in Amazonien mittlerweile enttäuscht wurden. CROOK & CLAPP (1998, S. 135) kritisieren, daß viele Studien zum Extraktivismus von unrealistischen oder falschen Vorgaben ausgingen und nur aus diesem Grund die Sammelwirtschaft als den anderen Nutzungsformen ökonomisch überlegen einstufen konnten. Außerdem wurden eventuell langfristig auftretende Preisschwankungen nicht mitberücksichtigt. NUGENT (1991, S. 153) unterstreicht, daß es gefährlich ist, wenn sich die lokale Bevölkerung auf ein Marktprodukt allzusehr spezialisiert und damit extrem anfällig für Preisschwankungen und Manipulationen wird. Eine allein auf ökonomische Mechanismen basierende naturverträgliche Nutzung kann sehr schnell in eine Übernutzung umschlagen. Dies geschieht sowohl bei hohen Preisen, wenn hohe Gewinne auch die Nutzung marginaler Ressourcen fördern, als auch bei niedrigen Preisen, wenn für das Überleben von abhängigen Familien eine Übernutzung zwingend notwendig ist.

Aus Sicht der Politischen Ökologie (vgl. Kap. 2.2.4) besteht ein weiterer Einwand gegen ein unkritisches Vertrauen auf markteigene Mechanismen und die Vernachlässigung direkter politische Eingriffe. CROOK & CLAPP (1998, S. 142) formulieren ihn folgendermaßen:

"The introduction of novel market mechanisms will not alter existing power relations, but yet provide another field in which those inequalities are played out."

Nach DOVE (1993) können Initiativen zur Einführung alternativer Nutzungsformen für marginalisierte Gruppen nur funktionieren, wenn gesichert ist, daß diese Wirtschaftszweige nicht zuviel Gewinn abwerfen. Andernfalls werden sich in jedem Fall externe Akteure einschalten und versuchen, die Kontrolle über die Nutzung an sich zu reißen.

"... resource development by local people that is encouraged by the outside world, and that is left in the hands of the local people is almost by definition likely to be development that is of less interest to the outside world and less successful for the local people themselves." (DOVE 1993, S. 18)

Dieser Ansicht zufolge liegen der Problematik also gesellschaftliche Strukturen zugrunde, die eine einfache "technische" Lösung unmöglich machen. Dieses Argument kann aber sowohl gegen die Einrichtung einer *Reserva Extrativista* als auch für sie sprechen, denn mit ihrer Hilfe könnte eben dieser Mechanismus, nach dem die Marginalität einer Wirtschaftsform die Voraussetzung für ihren "Erfolg" ist, entgegengewirkt werden und die lokale Bevölkerung tatsächlich Zugang zu rentablen Einkommensalternativen erhalten.

VI - Fazit

In den Ausführungen wurde deutlich, daß sich aus den verschiedenen Erklärungsansätzen für die Tropenwaldvernichtung (vgl. Kap. 2.2) auch unterschiedliche Sichtweisen auf die Situation und die Schwierigkeiten des Palmherzextraktivismus im Vale do Ribeira ergeben:

– Die Tragfähigkeitsthese erscheint im Zusammenhang mit dem Vale do Ribeira nicht relevant. Zum einen verzeichnet der ländliche Raum der Region keinen deutlichen Bevölkerungszuwachs in den letzten Jahren. Zum anderen kann das Wachstum der Städte und der gestiegene Nahrungsmittelbedarf nicht zur Erklärung der Situation herangezogen werden, da es sich bei *palmito* nicht um ein Grundnahrungsmittel, sondern vielmehr um ein Luxusprodukt handelt.

– Es liegt nahe, der Armutsthese ein grundlegendes Erklärungspotential für die derzeitige Übernutzung der Palmherzressourcen einzuräumen, denn es ist vor allem die arme ländliche Bevölkerung, die dem Extraktivismus nachgeht. Es ist jedoch bestreitbar, daß allein Bedrohung ihres blanken Lebens die Menschen wider besseren Wissens zum Raubbau der Ressourcen zwingt. Nach dieser These würde die lokale Bevölkerung "unfreiwillig" der Palmherzextraktion nachgehen. Dann hätte jedoch beispielsweise bei einem Preisanstieg die Menge des extrahierten *palmito* zurückgehen müssen, anstatt anzusteigen. Es müssen also noch andere Faktoren wirksam sein als allein die Notwendigkeit der Sammler, ihr Überleben zu sichern, denn diese treffen in der Realität durchaus Entscheidungen zwischen verschiedenen Handlungsalternativen.

– Nach umweltökonomischer Logik ist die Nutzung der Palmherzressourcen auf jeden Fall förderungswürdig, denn von ihr geht ein starker Anreiz zum Erhalt des Waldes aus. Der wichtigste Punkt aus dieser Perspektive ist der Wandel des *open-access*-Charakters, den die Ressource derzeit besitzt, d.h. die Sicherung von bestehenden und zu schaffenden Eigentumsrechten. Dabei ist es im engeren Sinne unerheblich, wem diese Rechte zukommen, d.h. ob die Palmherzbewirtschaftung in Zukunft von extensiven Latifundien oder von Kleinbauern durchgeführt wird. Die soziale Dimension, die ja gerade in einer Region wie dem Vale do Ribeira wichtig ist, wird also nicht genügend einbezogen.

– Aus der Perspektive der Politischen Ökologie muß bezweifelt werden, daß die Einführung von einer aus umweltökonomischer Sicht naturverträglichen Nutzungsform wirklich zur Nachhaltigen Entwicklung beitragen kann, wenn gleichzeitig die bestehenden Machtstrukturen und die sozialen Gegensätze zwischen den Regionen und innerhalb der Region erhalten bleiben. *Palmito* wäre nach dieser Auffassung nur eine weitere Ressource, bei deren Nutzung sich bestehende Machtstrukturen manifestieren, gewissermaßen "eine neue Bühne für ein altes Stück". Auf jeden Fall wäre nach dieser Auffassung ein Eingreifen von außen, also durch den Staat, zugunsten der lokalen Bevölkerung unbedingt notwendig, wenn diesem Umstand entgegengewirkt werden soll.

Wie ist nun die Einrichtung von *Reservas Extrativistas* für die Palmherzextraktion angesichts der genannten Vor- und Nachteile einzuschätzen? Auf jeden Fall ist die Suche nach Alternativen zur bestehenden Situation dringend geboten. Die derzeitige Dynamik im Vale do Ribeira ist naturzerstörerisch, weil die Bestände der ökologisch bedeutenden *juçara*-Palme systematisch reduziert werden; sie ist ökonomisch nicht tragfähig, weil damit sich der Extraktivismus seiner eigenen Ressourcenbasis beraubt; sie ist außerdem unsozial, da die Gewinne in erster Linie von den meist illegalen Verarbeitungs- und Vermarktungsorganisationen einbehalten werden.

Die Schutzkategorie der *Reservas Extrativistas* stellt eine Chance für die Region dar, den Palmherzextraktivismus nachhaltig zu gestalten. Angesichts der Schwierigkeiten, die aufgezählt wurden, sollte der Begriff des Sammlerreservates allerdings nicht zu wörtlich genommen werden. *Palmito*-Extraktivismus kann nur als eine Komplementärtätigkeit, oder als "pflanzliche Kapitalanlage", in Verbindung mit anderen Einnahme- oder Subsistenzquellen existieren. *Reservas Extrativistas* sollten also auch in der Lage sein, die landwirtschaftliche Bodennutzung umweltverträglich zu gestalten. Die Option, auch derzeit bestehende strenge Schutzgebiete in Teilen umzuwandeln, führt zwar zum einen zu einem Verlust an integral geschützter Fläche, diese ist jedoch oft "nur auf dem Papier" geschützt. *Reservas Extrativistas* stellen keine Patentlösung für die Probleme der Region dar. Eine Umsetzung der mit ihnen verbundenen Schutzbestimmungen wäre jedoch gegenüber der heute *de facto* vorfindbaren Situation auf weiten Flächen strenger Schutzgebiete ein Fortschritt für den Naturschutz.

Auf keinen Fall dürfen dabei die in Amazonien entwickelten Strategien unreflektiert auf das Vale do Ribeira übertragen werden, denn hier herrschen trotz aller Ähnlichkeiten andere sozioökonomische Rahmenbedingungen, und es steht eine andere Ressource im Vordergrund. Auch wenn es als Vorteil gesehen werden kann, daß im brasilianischen SNUC die Schutzkategorie des Sammlerreservats bereits existiert und damit eine wichtige formaljuristische Voraussetzung erfüllt ist, wären für eine erfolgreiche

Umsetzung dieser Schutzstrategie umfangreiche und detaillierte Vorerhebungen der jeweiligen sozioökonomischen Struktur sowie eine wissenschaftlich und von der lokalen Bevölkerung begleitete "Probephase" unbedingt notwendig. Die in Kapitel 2.3.6 erläuterten Prinzipien der offenen, partizipatorischen und lernfähigen Planung von PIMBERT & PRETTY (1997, S. 302) könnten dabei wichtige Leitbilder darstellen, die vor allem geeignet sind, hochgesteckte Erwartungen in ein starres Planungsinstrument zu relativieren.

4.3.3 Der Stand der Diskussion zwischen Naturschutz und Landnutzern

Die in den vorangegangenen Kapiteln beschriebenen Maßnahmen der Umweltpolitik, die z.T. sehr einschneidende Folgen für die Landnutzer nach sich ziehen, sind nicht ohne Reaktion seitens der lokalen Bevölkerung geblieben. Derzeit formiert sich in der Region eine Widerstandsbewegung gegen die Naturschutzauflagen, die im folgenden näher betrachtet werden soll.

Ausgangspunkt dieser Bewegung war die Estação Ecológica de Juréia-Itatins (EEJI). Dieses Schutzgebiet ist keineswegs als typisch für die Region anzusehen, sondern stellt vielmehr einen Sonderfall bezüglich der hier verfolgten Strategie der Integration der Bewohner dar. Ihr kommt dabei die Rolle eines "Pilotprojektes" und Vorbildes zu. Auf die bewegte Vorgeschichte des Gebietes soll an dieser Stelle nur knapp eingegangen werden, da diese von WEHRHAHN (1994a) bereits detailliert dargestellt wurde:

Ende der 70er Jahre wurden von der damaligen Militärregierung Pläne ausgearbeitet, in dieser bis dato nur spärlich von traditionellen Fischern und Kleinbauern besiedelten Region insgesamt sechs Atomkraftwerke zu errichten, und Anfang der 80er Jahre übernahm die nationale Atomkraftbehörde NUCLEBRÁS die faktische Kontrolle über das Gebiet südlich der Stadt Peruíbe. Die sich zu dieser Zeit formierende Umweltbewegung stand den Plänen kritisch gegenüber, da sie der Region. Immerhin konnten die Naturschützer erwirken, daß um den geplanten Kraftwerkskomplex herum eine *Estação Ecológica* ausgewiesen wurde. 1985 mußte die brasilianische Regierung dann die Atompläne wegen Geldmangels aufgeben, und die NUCLEBRÁS zog sich aus dem Gebiet zurück. Mit dieser Entwicklung sollte die akute Gefährdung der natürlichen Ökosysteme allerdings eher zunehmen als zurückgehen, denn nun wurden ältere Pläne wieder aktuell, die vorsahen, an dieser Stelle einen enormen Immobilienkomplex zu errichten. Die Umweltorganisationen setzten eine umfangreiche Kampagne für den Erhalt dieses Naturraumes in Gang, der schließlich noch im Jahr 1986 zur Ausweisung der EEJI führte (WEHRHAHN 1994a, S. 126ff). Die Einrichtung dieses Schutzgebietes ist also maßgeblich auf den öffentlichen Druck engagierter Naturschützer zurückzuführen und kann als der erste Sieg der damals noch jungen Umweltbewegung gesehen werden.

Der Raum, in dem die EEJI ausgewiesen wurde, war allerdings bewohnt und in einigen Teilen sogar sehr dicht besiedelt. QUEIROZ (1992, S. 132) unterstreicht zwar, daß es in der Periode der übereilten Planung in erster Linie darum ging, politische Fakten zu schaffen, die dann erst im nachhinein juristisch verankert und umgesetzt werden sollten. Dennoch läßt sich bereits in den ersten Dokumenten zum Thema (z.B. SUDELPA 1985b) eine ernste Beschäftigung mit der Bewohnerfrage erkennen, die über die sonst übliche ad-hoc-Planung von Schutzgebieten hinausgeht. In diesem Zusammenhang ist zu bedenken, daß die Umweltbewegung damals noch eng mit der sozial orientierten Oppositionsbewegung der Militärzeit assoziiert war, in der sie auch ihre Wurzeln hatte (vgl. Kap. 3.3). Dabei gab es auch viele personelle Überschneidungen, denn viele Mitarbeiter des damals neu gegründeten Umweltministeriums des Bundesstaates São Paulo (SMA) kamen aus der regionalen Entwicklungsbehörde SUDELPA und hatten ihre geistigen Wurzeln in der sozialen Widerstandsbewegung gegen das Militärregime (QUEIROZ 1992, S. 78).

Auch wegen dieser besonderen Konstellation stellt die EEJI heute eine Besonderheit im regionalen Flächenschutz dar, denn in ihrem Fall wurde die Anwesenheit von Menschen von Anfang an bewußt beachtet. Die Bewohner wurden darüber hinaus bei der Formulierung des Leitbildes nicht als lediglich "im Gebiet geduldet" betrachtet, sondern die EEJI sollte neben den ökologischen auch soziale Funktionen für die wohnhafte Bevölkerung erfüllen.

Dieser soziale Anspruch der Schutzgebietsverwaltung kollidiert jedoch mit dem rechtlichen Status der EEJI als strenges Schutzgebiet. Bis heute, über zehn Jahre nach der Einrichtung des Schutzgebietes, ist die Bewohnerfrage rechtlich nicht endgültig geklärt. Eine Entscheidung, ob und wer endgültig in der EEJI wohnen bleiben darf und mit welchen Einschränkungen dies verbunden sein wird, ist bislang von den politisch Verantwortlichen nicht getroffen worden. Darüber hinaus empfinden viele Bewohner die bestehenden Naturschutzrestriktionen, denen ihre Landwirtschaft unterliegt, als unangemessene, einschneidende Einschränkungen.

Aus diesem Grund schloßen sich 1990 einige Bewohner zu der *União dos Moradores da Juréia* (UMJ) zusammen, um die Forderungen der Bevölkerung gegenüber der Schutzgebietsverwaltung besser vertreten zu können. Bei diesem Anlaß wurde ein erster offener Brief an die Schutzgebietsverwaltung verfaßt. Darin wurde die Schaffung eines neuen Schutzgebietes in den bewohnten und bewirtschafteten Räumen der EEJI gefordert, in dem den Bewohnern ein Bleiberecht und Nutzungskonzessionen, die nicht an die rein subsistenzorientierte Landwirtschaft gebunden sind, garantiert werden könnten. Auffallend an diesem Dokument ist das argumentative Bemühen, die sozialen Forderungen mit dem Naturschutzgedanken zu verbinden. So beginnt der Brief folgendermaßen:

> "Em 1986 foi criada a Estação Ecológica Juréia-Itatins, uma conquista histórica, que com toda relevância protegeu importante mosaico de ecosistemas que abriga várias espécies raras ou ameaçadas de extinção." (Moradores da Juréia o.J.)

> "1986 wurde die Estação Ecológica Juréia-Itatins geschaffen, ein historischer Sieg, bei dem mit aller Autorität ein wichtiges Mosaik von Ökosystemen unter Schutz gestellt wurde, das viele seltene oder vom Aussterben bedrohte Arten beherbergt" (Übersetzung F.D.).

Daneben wurde gefordert, daß dieses neue Schutzgebiet über ein rechtliches Instrumentarium verfügen muß, das eine mögliche Rückkehr der Immobilienspekulation zu verhindern vermag. Damit wurde von der Organisation implizit anerkannt, daß mit der Einrichtung der EEJI eine spürbare Entspannung der vor der Ausweisung der EEJI bestehenden Landkonflikte verbunden war (vgl. Kap. 5.4).

162

Die UMJ nahm nach kurzer Zeit Kontakt mit anderen Schutzgebieten im Vale do Ribeira auf, und 1994 konnte ein erstes Treffen verschiedener Delegationen von Bewohnern strenger Schutzgebiete des Bundesstaates São Paulo stattfinden (*1° Encontro dos Moradores de Unidades de Conservação do Estado de São Paulo*). Hierbei wurden sie von einer Reihe von Organisationen unterstützt, so z.B. von der katholischen Kirche, von Gewerkschaften, Nichtregierungsorganisationen, wissenschaftlichen Gruppen, Munizipsverwaltungen und der deutschen Friedrich-Naumann-Stiftung[45]. Ergebnisse dieser Konferenz waren die Gründung einer bundesstaatlichen Interessenvertretung (*União dos Moradores das Unidades de Conservação do Estado de São Paulo*) sowie die Abfassung eines Positionspapiers. Es enthält folgende wichtige Feststellungen und Forderungen (UMUC 1994):

– Die Bewohner wollen in den Gebieten weiterhin leben und dabei demonstrieren, daß eine umweltverträgliche Nutzung der natürlichen Ressourcen möglich ist. Sie erkennen außerdem ihre Verpflichtung zum Schutz der Flora und Fauna, aber auch zur Denunziation staatlicher Willkür an.

– Sie fordern die Respektierung ihrer Lebensweise, Partizipationsmöglichkeiten bei allen relevanten Entscheidungen, den Erhalt und Ausbau der lokalen Infrastruktur und die Anerkennung ihres Eigentums.

– Es wird für jedes Schutzgebiet die jeweilige Bildung einer dreiteiligen Managementkommission aus Bewohnern, Umweltministerium sowie Universitäten und Nichtregierungsorganisationen vorgeschlagen.

– Die Bewohner erklären, daß sie nicht mehr bereit sind, provisorische und informelle Vorschläge seitens der Verwaltung anzuerkennen und fordern eine definitive gesetzliche Absicherung der erarbeiteten Lösungswege.

Bereits im folgenden Jahr fand ein Anschlußtreffen der Organisation statt, in dessen Abschlußpapier sich eine weitere Differenzierung ihrer Forderungen und neue Argumentationslinien finden lassen (UMUC 1995):

– Wenn heute im Vale do Ribeira noch weite Bestände des Atlantischen Küstenregenwaldes zu finden sind, dann ist dies auf den Schutz durch die traditionelle Bevölkerung vor Ort zurückzuführen. Heute müssen die hier lebenden Familien die Kosten für die Zerstörung der Wälder in anderen Teilen Brasiliens auf sich nehmen.

– Auch "kleine Eigentümer" (d.h. nicht nur *posseiros*; F.D.) und nicht-traditionelle Bevölkerungsgruppen klagen Rechte innerhalb von Schutzgebieten ein. Daneben müssen auch zeitweise abgewanderte Bewohner das Recht erhalten, wieder in ihre Heimat zurückzukehren.

– Die Landnutzer fordern das Recht auf Rodung von Sekundärvegetation (*capoeira* und *capoeirão*) und auf Sammelwirtschaft für den Eigenverbrauch.

---

[45]Es gibt im Bundesstaat São Paulo dabei die interessante Konstellation, daß die FDP-nahe Friedrich-Naumann-Stiftung die Interessenvertretung der Schutzgebietsbewohner unterstützt, während die CDU-nahe Konrad-Adenauer-Stiftung mit Umweltorganisationen zusammenarbeitet.

– Bei allen durchgeführten Projekten innerhalb der Schutzgebiete sollen die hier wohnenden Menschen im Vordergrund stehen. Dabei sollen keine neuen Parkwächter eingestellt werden, sondern an ihrer Stelle Landwirtschaftsberater, die u.a. für jede Siedlung ein verbindliches *microzoneamento* erarbeiten müssen.

– Die Interessenvertretung der Bewohner lehnt die Rekrutierung von Parkpersonal aus der Wohnbevölkerung ab, da dies den Ursprung lokaler Konflikte darstellt und zur Spaltung des sozialen Verbandes führt. Jeder Bauer soll Wächter auf seinem eigenen Land sein.

– Alle Schutzgebiete sollen darauf hingehend überprüft werden, ob ihr rechtlicher Status und ihre Grenzen den tatsächlichen Gegebenheiten angemessen sind. Wenn dies nicht der Fall ist, müssen Schutzkategorie und Grenzen geändert werden.

In der EEJI hat die UMJ bereits eine konkreten Vorschlag zur Umwandlung der bewohnten Teile des Gebiets in eine *Reserva Extrativista* vorgelegt (NEVES JÚNIOR 1994, S. 50; CASTELL & VEREEKEN 1995, S. 50). Durch diesen Schritt soll die offizielle Integration der Bewohner und der Nutzung auf eine feste rechtliche Basis gestellt und gleichzeitig ein Wiederaufflammen der Landkonflikte verhindert werden. Die in diesem Sammlerreservat neben der Landwirtschaft gewonnen Produkte könnten *palmito*, *caixeta* sowie Heil- und Zierpflanzen sein.

QUEIROZ (1992, S. 195f) zeigt allerdings, daß bei weitem nicht alle Bewohner der EEJI hinter diesem Vorschlag stehen. Einige Siedlungen lehnen eine Umwandlung in eine *Reserva Extrativista* kategorisch ab und setzen sich statt dessen für die vollkommene Befreiung des Gebietes von jedem offiziellen Schutz ein. Ihnen erscheint der Kampf um ihre Grundeigentumsrechte wichtiger als der Schutz vor möglichen neuen Landkonflikten. Daneben lehnen viele Familien in der Siedlung Barra do Una, die vor allem vom Tourismus lebt (WEHRHAHN 1994a, S. 164ff), eine solche Reklassifizierung ab, da sie um ihre wichtigste Einnahmequelle fürchten. Wieder andere Familien würden eine Enteignung ihres Grundstücks vorziehen und freiwillig fortziehen, wenn sie eine angemessene Abfindung für ihren Besitz erhalten würden. Die Bewohnerschaft der EEJI ist also keineswegs einig in dieser Frage[46].

Das Umweltministerium lehnt den Vorschlag der UMJ ab, da einerseits die Siedlungen so zerstreut liegen, daß damit auch eine Fragmentierung der weiterhin streng geschützten Flächen verbunden wäre (QUEIROZ 1992, S. 128). Außerdem bezweifeln Mitglieder der Grupo Litoral Sul, daß die UMJ wirklich ein authentisches Sprachrohr der Bewohner darstellt. Sie sehen hinter der Organisation die Dominanz einiger weniger Mitglieder, die die Belange der Bewohner instrumentalisieren, um ihre ureigenen Interessen durchzusetzen (CAMPOS 1994, S. 20). Hier stellt vor allem der ehemalige Vorsitzende der UMJ Arnaldo Neves Júnior eine umstrittene Figur dar. Er ist *vereador* (entspricht einem Ratsmitglied) im Munizip Iguape und organisiert mittlerweile den Bewohnerprotest auf regionaler und bundesstaatlicher Ebene. Ihm wird von Vertretern des Umweltministeriums vorgeworfen, ein Immobilienspekulant und außerdem in den illegalen *palmito*-Handel verwickelt zu sein.

---

[46]Den unterschiedlichen Zukunftsperspektiven der Familien in dieser Frage soll in den Fallstudien näher nachgegangen werden, wobei die Frage im Vordergrund steht, ob die verschiedenen Einstellungen mit verschiedenen kulturellen Hintergründen und Überlebensstrategien zusammenhängen.

Das entscheidende und schwer zu widerlegende Argument der Verwaltung ist jedoch, daß mittlerweile die direkten Nutzungsrestriktionen außerhalb der EEJI nicht weniger streng sind. Vom Umweltministerium wurde eine Studie durchgeführt, die zum Ziel hatte, die *Áreas de Preservação Permanente* (vgl. Kap. 4.2.2) im Gebiet der EEJI zu identifizieren (RUSSO & RAIMUNDO o.J.)[47]. Dabei wurde festgestellt, daß der überwiegende Teil des Schutzgebietes auch bei weniger strenger Auslegung des *Código Florestal* ohnehin geschützt ist. Dabei wurden die Implikationen des damals noch nicht vorhandenen Decreto 750/93 nicht in die Berechnung mit einbezogen. Bei einem solchen direkten Vergleich ist kein wesentlicher Unterschied zwischen der Situation innerhalb und außerhalb der EEJI zu erkennen. Zudem wurde in Kapitel 4.3.1 ausgeführt, daß es für die Kleinbauern in der Region nahezu unmöglich ist, eine Genehmigung zur Rodung einer Fläche vom DEPRN zu erhalten. In der EEJI ist dies dagegen möglich, da u.a. sehr viel mehr Personal pro Einwohner für die Bearbeitung zu Verfügung steht. Es kann also die auf den ersten Blick paradoxe Feststellung getroffen werden, daß die Landnutzer innerhalb der EEJI in vielen Fällen mit weniger strengen Restriktionen konfrontiert sind als außerhalb. Die Kleinbauern der EEJI haben also im wesentlichen Vorteile, zumal sie im Gegensatz zu den Landnutzern außerhalb nicht der Grundbesitzunsicherheit und Landkonflikten ausgesetzt sind.

Interessanterweise hat QUEIROZ (1992, S. 132ff) bei vielen Bewohnern festgestellt, daß sie genau die entgegengesetzte Sichtweise der Zusammenhänge haben: Sie stimmen darin überein, daß die Einrichtung der EEJI auf die Präsenz marginalisierter und traditioneller Kleinbauern in dem Gebiet zurückzuführen ist. Jedoch wurde nach ihrer Meinung das Schutzgebiet nicht eingerichtet, um diese Bauern zu schützen, sondern weil sie im Gegenteil wehrlos sind und damit mit wenig Widerstand gegen eine Unterschutzstellung zu rechnen war. In ihren Augen ist das Schutzgebiet in erster Linie dazu da, die arme Bevölkerung von einer Nutzung der Reichtümern der natürlichen Ressourcen abzuschneiden und diese für die "Reichen" zu sichern.

Dieser Gegenüberstellung "arm - reich" und viele andere Argumente der Bewohnervertretung haben eine wichtige gedankliche Basis in der Überzeugung, in einer peripheren, benachteiligten Region zu leben. Ein ausgeprägtes Regionalbewußtsein, das Mißtrauen gegenüber einer externen Lenkung durch eine von städtischen Ideen dominierte Politik und die Empfindung, als arme Region die überwiegenden Kosten für die Naturzerstörung in anderen Teilen Brasiliens tragen zu müssen, sind wichtige geistige Elemente der Diskussion, die sich nur aus der besonderen Geschichte des Vale do Ribeira erklären lassen. UTTING (1993, S. 112) gibt in diesem Zusammenhang für den Naturschutz in peripheren Regionen zu bedenken:

> "People in outlying forest areas have often experienced a history of isolation and marginality, if not repression. Social groups living in such areas are probably amongst those least willing to cooperate with the latest development fad, however ecologically sound it happens to be. This situation has major implications for the design and implementation of many protected areas schemes, in particular for the types of regulations and incentives, levels of compensation, and forms of participation and dialogue".

---

[47]Eigentliches Ziel der Untersuchung war es, Geld bei der Enteignung des Bodens zu sparen. Für eine Fläche, die auch unabhängig von der EEJI geschützt ist, wird nur eine Abfindung in Höhe des *valor da terra nua* (reiner Bodenpreis) gezahlt, und eine Entschädigung des Wertes der nutzbaren natürlichen Ressourcen entfällt.

Unterstützung erhalten die Bewohner in ihren Forderungen von Nichtregierungsorganisationen, Gewerkschaften und wissenschaftlichen Gruppen, die alle Kritik an der
derzeitigen Umweltpolitik im Vale do Ribeira üben. MARTINEZ (1995, S. 185)
bemängelt, daß der Naturschutz in der Region zur Landflucht beiträgt und somit dem
Leitbild einer fortschrittlichen Agrarpolitik, die den ländlichen Raum fördern will,
entgegenwirkt. Danilo Garcia Filho (Gespräch vom Februar 1997) von der Nichtregierungsorganisation PROTER, die im Despraiado tätig ist, kritisiert, daß die Beendigung
der Landkonflikte in der EEJI zwar vom Umweltministerium als wichtige Errungen-
schaft dargestellt wurde. Dabei verschweigen die Naturschützer jedoch, daß die
posseiros weiterhin in rechtlicher Unsicherheit leben müssen. Er hält die derzeitige
Umweltpolitik für im Endeffekt kontraproduktiv:

> "A menos que o Estado garanta o investimento de recursos - que não
> tem ocorrido nestes últimos anos - e um esforço brutal da repressão para as-
> segurar seu controle total sobre as áreas preservadas, esta política não ga-
> rantirá os objetivos a que se propõe. Em primeiro lugar porque, invés de re-
> duzir as pressões sobre os recursos naturais, esta política os ampliou e diver-
> sificou os focos de problemas no interior das Unidades de Conservação. Em
> segundo lugar porque a população tornou-se, em parte, inimiga do Estado e
> de sua política de conservação. Perde-se desta maneira ao mesmo tempo
> uma inesgotável fonte de conhecimentos sobre estes ecosistemas e um par-
> ceiro valioso para as políticas de conservação" (GARCIA FILHO 1994, S.
> 7).

> "Falls der Staat nicht für die Investition von Geldern garantiert, was in
> den letzten Jahren nicht geschehen ist, und seine totale Kontrolle über die
> geschützten Flächen nicht mittels repressiver Gewalt durchsetzt, wird diese
> Politik ihre gesetzten Ziele nicht erreichen. Weil sie einerseits, anstatt den
> Druck auf die natürlichen Ressourcen zu verringern, für eine Ausweitung
> und Vervielfältigung der Probleme innerhalb der Schutzgebiete gesorgt hat.
> Zum anderen weil die Bevölkerung sich zum Teil zu einem Feind des Staa-
> tes und seiner Umweltpolitik entwickelt hat. Auf diese Weise gingen gleich-
> zeitig eine unerschöpfliche Quelle des Umweltwissens über diese Ökosy-
> steme sowie ein wichtiger Verbündeter des Naturschutzes verloren."
> (Übersetzung F.D.)

CASTELL & VEREEKEN (1995, S. 29) sehen über diesen indirekten Zusammenhänge
hinaus die Nutzungsrestriktionen in der EEJI als eine unmittelbare Ursache für die
vermehrte Degradation der Ressourcenbasis (Abb. 7). Die hier aufgezeigten Bezüge
wurden bereits an anderen Stellen in der vorliegenden Arbeit als relevant für die
derzeitige Entwicklung im Vale do Ribeira herausgestellt (vgl. Kap. 4.3.1 und 4.3.2).
Dennoch erscheint die vorliegende Darstellung m.E. in ihrer ausschließlichen
Konzentration auf die negativen Folgen der Umweltauflagen zu eindimensional und zu
deterministisch. Ein anderer wichtiger Einwand ist die Tatsache, daß diese Zusammenhänge mittlerweile unabhängig vom Flächenschutz gelten, daß also diese Situation
keinesfalls als typisch nur für die EEJI oder andere Naturschutzgebiete anzusehen ist,
denn die Einschränkung der *shifting cultivation* sowie das Verbot der Jagd und des
Extraktivismus sind mittlerweile auch sektorale Vorschriften.

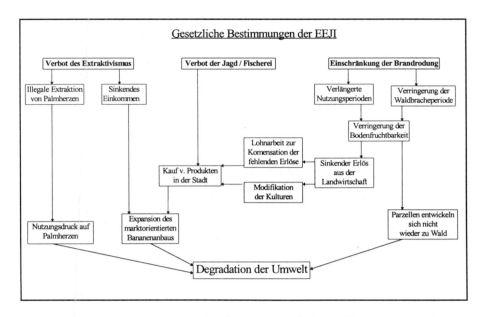

Abbildung 7: Zusammenhänge zwischen Nutzungsrestriktionen, Haushaltsstrategien und Degradation der Umwelt in der EEJI
Quelle: verändert nach CASTELL & VEREEKEN 1995 (S. 25)

Daß das Umweltministerium und lokale Bewohnerorganisationen in besonderen Situationen durchaus gleiche Interessen vertreten und zusammenarbeiten können, zeigt dagegen das Beispiel des Widerstandes gegen das Staudammprojekt Tijuco Alto im Bereich des Oberlaufes des Rio Ribeira de Iguape. Hier soll nach Planungen der bundesstaatlichen Regierung ein Wasserkraftwerk errichtet werden, das seinen Strom an eine Aluminiumfabrik in Sorocaba liefern soll und von dem sich eine Regulierung der häufigen Hochwässer im Unterlauf des Flusses erhofft wird (J.R. SILVA 1994; FUCHS 1996, S. 108). Nichtregierungsorganisationen und Bewohnerinitiativen (*Associações de Moradores*) organisierten zusammen mit dem Umweltministerium den Widerstand gegen dieses Projekt, der 1996 mit der Stattgebung einer Klage vor Gericht vorläufig erfolgreich war[48]. In dieser Bewegung nimmt das *Movimento dos Atingidos dos Barragens* (MAB) eine Schlüsselposition ein, eine Organisation, die bereits in Kapitel 3.3 als Beispiel einer Nichtregierungsorganisation mit einer erfolgreichen Verbindung von sozialen und ökologischen Zielen erwähnt wurde. In ihrem Informationsblatt (Informativo do MAB 1995, Nr. 12) wird es als "Ironie des Schicksals" bezeichnet, daß das Umweltministerium und lokale Bewohnerorganisationen, die Verbündeten im Widerstand gegen das Staudammprojekt, bei der Frage des Naturschutzes als Kontrahenten auftreten.

---

[48]Es muß allerdings erwähnt werden, daß das Projekt von den Munizipsverwaltungen, den regionalen Wirtschaftsbehörden und von vielen Bewohnerorganisationen im Bereich des Unterlaufes des Rio Ribeira de Iguape befürwortet wird.

Der Grundgedanke, daß die lokale Bevölkerung und der Naturschutz gleiche Interessen verfolgen könnten, wird von weiten Teilen des Umweltministeriums zwar geteilt, jedoch nur für die traditionelle Bevölkerung. Dieser wird eine naturverträgliche Wirtschaftsweise zugesprochen und die Übernahme der Verantwortung für ihr eigenes Land zuerkannt. Der Kernpunkt der Diskussion besteht also letztlich in der Frage, wer unter welchen Umständen als "traditionell" zu bezeichnen ist.

4.3.4 "Traditionelle Bevölkerung" als Verbündeter des Naturschutzes im Vale do Ribeira?

Der Begriff "traditionelle Bevölkerung" hat sich in den letzten Jahren zu einem zentralen Terminus der Naturschutzdiskussion im Vale do Ribeira entwickelt. Dabei handelt es sich nur scheinbar um eine in ihrer Bedeutung fest abgrenzbare Bezeichnung, denn es existieren sich gegenseitig widersprechende Definitionen. Außerdem herrscht keine Einigkeit darüber, für welche Geltungsbereiche das Adjektiv "traditionell" überhaupt zu benutzen ist: für Wirtschaftsstrategien, für eine Kultur als Ganzes, für Gemeinschaften oder für konkrete Individuen. Die Begriffsbestimmung wird dadurch erschwert, daß die Kategorisierung der Bevölkerung in "traditionell" und "nicht-traditionell" von zunehmender Relevanz für die Betroffenen ist, da in den Gesetzen und Bestimmungen zum sektoralen Naturschutz und Flächenschutz der traditionellen Bevölkerung erhebliche Privilegien zugebilligt werden, ohne daß diese Vokabel konkretisierbar ist.

Bei den folgenden Ausführungen muß aus diesem Grund der Terminus aus der Geschichte und der heutigen Situation der regionalen Kleinbauern erst erschlossen werden. Die Schwierigkeiten, die sich bei dem Versuch einer klaren Abgrenzung der traditionellen Bevölkerung ergeben, sind dabei noch größer als im Fall der indigenen Gruppen (vgl. Kap. 2.3.5), da es sich nicht um ein ethnisch abgrenzbares Volk handelt, sondern eher um eine "Lebensform". Außerdem können sich präkolumbianische Ethnien gegenüber der brasilianischen Gesellschaft auf ihre historisch älteren Rechte auf das Land berufen, was im Fall der traditionellen Bevölkerung nicht möglich ist, denn ihre Mitglieder sind Nachfahren von europäischen, afrikanischen oder asiatischen Einwanderern, und innerhalb traditioneller Kulturen hat dabei eine stetige Integration neuer Mitglieder stattgefunden.

In diesem Kapitel sollen zunächst die wichtigsten Grundzüge der traditionellen Gruppen beschrieben werden, um dann in einem zweiten Schritt die Kräfte des internen sozialen Wandels sowie die externen Verdrängungsmechanismen aufzuzeigen, die den Weiterbestand der Kultur gefährden. In einem dritten Abschnitt wird dann die Verwendung des Traditionalitäts-Begriffes in der Naturschutzdiskussion kritisch beleuchtet.

I - Ursprung und Wesen traditioneller Gruppen

Neben der Plantagenwirtschaft, die während der Kolonialzeit die Landwirtschaft dominierte, existierte seit den Anfängen der portugiesischen Besiedlung ein kleinbäuerlicher Sektor, der sich auf die Produktion von Nahrungsmitteln spezialisiert hatte, jedoch meist auf ökologisch und ökonomisch marginale Standorte abgedrängt wurde (CARVALHO 1978; QUEIROZ 1973; FORMAN 1975). Die ethnologische Studie von

CÂNDIDO (1987) war Anfang der 60er Jahre einer der ersten Versuche, sich wissenschaftlich mit den Überresten dieser Bauernkulturen im Bundesstaat São Paulo zu beschäftigen. Er sieht die Ursprünge der sogenannten *caipira*-Kultur, d.h. der traditionellen Bauern Südostbrasiliens, in der Pionierphase des 18. und 19. Jahrhunderts, in deren Verlauf das unerschlossene Innere des Bundesstaates nach und nach besiedelt wurde. Charakteristisch für diese Kultur ist eine disperse Siedlungsstruktur, eine "nomadische" Lebenseinstellung, ein loser sozialer Zusammenhalt der Familien untereinander sowie die Mischung von europäischen und indianischen Kulturelementen. Nach QUEIROZ (1973, S. 8) dominierte die *caipira*-Kultur den ländlichen Raum des Bundesstaates São Paulo über lange Zeit, bis sich die Raum- und Gesellschaftsstrukturen im Zuge des Kaffeebooms und der nachfolgenden Industrialisierung grundlegend änderten. Nur diejenigen Teile der Bevölkerung, die mehr oder weniger außerhalb der herrschenden Wirtschaftszyklen blieben, konnten ihre traditionellen Kulturelemente bewahren.

Das Vale do Ribeira machte während der Phase des Kaffeeanbaus eine Periode der Stagnation und des Rückzugs der regionalen Wirtschaftsstrukturen von dem ehemals exportorientierten Reisanbau in die Subsistenz durch (vgl. Kap. 4.1.2). MÜLLER (1980, S. 34) bezeichnet diesen Vorgang als die "*caipirização*" einer gesamten Region. Gleichzeitig wird im Falle des Vale do Ribeira deutlich, daß auch die subsistenzorientierten "traditionellen" Kleinbauern zu keinem Zeitpunkt vollkommen unabhängig von den überregionalen Wirtschaftsstrukturen, sondern immer, wenn auch indirekt, in die Entwicklung der nationalen Ökonomie eingebunden waren und heute noch sind (vgl. EVERS 1987; OLIVEIRA 1991).

Was zeichnet die *caipira*-Kultur aus? Zunächst stellt QUEIROZ (1973, S. 5) fest, daß die Wirtschaftsweise dieser Gruppen nicht "gewinnorientiert", sondern "überlebensorientiert" ist. Das größte Gewicht der Überlebensstrategien liegt dabei auf der autonomen, familiären Landwirtschaft, bei der der kapitalextensive Anbau von Grundnahrungsmitteln mit Hilfe von *shifting cultivation* dominiert.

Bis in die letzten Jahrzehnte war das in der wissenschaftlichen Literatur vertretene Bild des *caipiras* das eines bemitleidenswerten, einfältigen und in extremer Armut lebenden Bauern, der in seinem eigenen Interesse aus seiner Situation zu befreien ist, um die Vorteile der "modernen" Gesellschaft genießen zu können (vgl. SILVEIRA 1950; ARAÚJO FILHO 1951; ALMEIDA 1957; PETRONE 1966). Diese Auffassung wurde in der letzten Zeit durch eine Reihe ethnologischer Studien revidiert (z.B. QUEIROZ 1969 u. 1970; CARVALHO 1988; QUEIROZ 1983; DIEGUES 1988).

Nicht erst bei diesen Untersuchungen wurde deutlich, daß das *bairro* (d.h. die Siedlung oder das Dorf) neben der Familie die grundlegende Einheit der sozialen Organisation darstellt. CÂNDIDO (1987, S. 62) definiert das *bairro* folgendermaßen:

> "Este é a estrutura fundamental da sociebilidade caipira, consistindo no agrupamento de algumas ou muitas famílias, mais ou menos vinculadas pelo sentimento de localidade, pela convivência, pelas práticas de auxílio mútuo e pelas atividades lúdico-religiosas. As habitações podem estar próximas uma das outras, surgindo por vezes um esboço de povoado ralo; e podem estar de tal modo afastadas que o observador muitas vezes não discerne, nas casas isoladas que topa a certos intervalos, a unidade que as

congrega."

"Es stellt die grundlegende Struktur der *caipira*-Gesellschaft dar und besteht aus einer Gruppierung von einigen wenigen oder vielen Familien, die mehr oder weniger miteinander verbunden sind durch ein Heimatgefühl, durch das Zusammenleben, durch Formen der Nachbarschaftshilfe und durch religiöse Aktivitäten. Die Häuser können nahe beieinander liegen, so daß der Eindruck einer bescheidenen Ansiedlung entsteht, und sie können so weit auseinander liegen, daß der Beobachter bei den Häusern, die er in bestimmten Abständen antrifft, oft die verbindende Einheit nicht ausfindig zu machen vermag" (F.D.).

In dieser dispersen Siedlungsweise sieht QUEIROZ (1970, S. 93) die Folge der zentrifugal wirksamen Kraft des extensiven Landwirtschaftssystems, das die Bildung von konzentrierten Siedlungen verhindert.

Bedeutend für den sozialen Zusammenhalt sind vor allem die Verwandtschaftsverhältnisse. Ansonsten läßt sich die interne Organisation eine *bairros* als ein egalitäres Nebeneinander autonomer und autark wirtschaftender Familien ohne eine deutliche soziale Schichtung oder eine politische Hierarchie kennzeichnen. Ein Element der sozialen Verbundenheit eines *bairros* stellt die ritualisierte Nachbarschaftshilfe, der sogenannte *mutirão*, dar. Meist werden bei diesen Anlässen Arbeiten erledigt, die im einfachen Familienverband nicht mehr zu bewerkstelligen sind, wie z.B. das Anlegen eines Feldes, die Ernte oder der Bau eines Hauses. Der Gastgeber hat während des *mutirão*, der normalerweise einen Tag dauert, für die Beköstigung zu sorgen sowie abends ein Fest für alle Beteiligten auszurichten (QUEIROZ 1970). Dieser auffällige Brauch der *caipiras* ist nach Ansicht von CÂNDIDO (1987, S. 7) das wichtigste verbindende Kulturelement eines *bairros*, in dem sich seine Einheit und Funktion manifestiert.

Wie stellt sich der Kontakt eines *bairros* mit der Außenwelt dar? CÂNDIDO (1987, S. 75) und QUEIROZ (1973, S. 129) betonen, daß die Siedlungen zu keinem Zeitpunkt vollkommen isoliert waren, auch wenn der Kontakt nach außen zeitweise nur sehr selten stattfand. Traditionelle Gruppen waren immer auf ein Gleichgewicht zwischen Abgeschlossenheit auf der einen Seite und sporadischer Integration in regionale und nationale Gesellschafts- und Wirtschaftsstrukturen auf der anderen Seite angewiesen. So war es z.B. üblich, daß jüngere Mitglieder über einige Jahre in den Städten Lohnarbeiten annahmen und daß ein Teil der Produkte auf den städtischen Märkten verkauft wurde.

In der Region wird zwischen *caiçaras*, *capuavas* und *ribeirinhos* unterschieden (vgl. Kap. 4.1.2). Es sind dies drei unterschiedliche Idealtypen traditioneller Nutzung, die jeweils eine Anpassung an verschiedene naturräumliche Rahmenbedingungen darstellen. Diese drei Gruppen waren bei der Erschließung der peripheren Räume des Vale do Ribeira maßgeblich beteiligt und dominierten bis in dieses Jahrhundert hinein den ländlichen Raum. Dabei kam es im geschichtlichen Verlauf durchaus zu einem sozialen Wandel und räumlichen Verschiebungen. So schreibt MÜLLER (1951, S. 42f) noch, daß sich entlang der Ufer der größeren Ströme die intensive, teilweise marktorientierte Landwirtschaft der *ribeirinhos* finden läßt, während fern der Flüsse eine primitive Subsistenzwirtschaft vorherrscht. Das Raumnutzungsmuster war also zu jener Zeit noch eng an das Flußnetz, das gleichzeitig das wichtigste Verkehrsnetz darstellte, gebunden. Mit der Verlagerung des Verkehrs auf die neu gebauten Straßen verschob sich der Schwerpunkt der marktorientierten Landwirtschaft auf ehemals periphere Räume, und einige *bairros* entlang der Flüsse fielen mit dem Niedergang der Flußschiffahrt in die Isolation zurück[49].

Bei den traditionellen Landwirtschaftssystemen der Region lassen sich noch Elemente der indigenen, präkolumbianischen Wirtschaftsweise der Guaraní finden. Kennzeichnend für die Art des Pflanzenbaus ist die Gewohnheit, nach dem Anlegen und Bepflanzen der Felder die Sekundärvegetation mit den Kulturpflanzen zusammen hochkommen zu lassen. Dieses Fehlen von Maßnahmen der Feldpflege, das ältere Studien noch mit Unverständnis registrierten (MÜLLER 1951, S. 80; PETRONE 1966, S. 247), läßt sich mit der großen Bedeutung der Komplementärtätigkeiten (Jagd, Fischerei, Extraktivismus) erklären, für die neben einer intensiven Feldbestellung nicht genug Arbeitszeit übrig wäre.

Die Landbewirtschaftung basiert in der Regel auf dem Gewohnheitsrecht, d.h. auf *posses*. Landtitel wurden erst dann wichtig, als der Konkurrenzdruck von externen Akteuren zunahm. Verfügen auch die wenigsten traditionellen Kleinbauern über rechtmäßige Landtitel, so bedeutet dies jedoch nicht, daß bei der internen Zuteilung das Land *common property* darstellt. Es existieren durchaus fest abgegrenzte Bodenrechte der einzelnen Familien, nur sind diese juristisch nicht abgesichert.

Ein weiteres wesentliches Element der *caipira*-Kultur soll an dieser Stelle noch erwähnt werden: das *acaipiramento*, d.h. die Fähigkeit, neue Mitglieder in das bestehende soziale System zu integrieren. So berichtet PETRONE (1966, S. 96ff), daß sich die europäischen Einwanderer in vielen Kolonisationsprojekten im Vale do Ribeira nach einigen Jahren der lokalen Gesellschaft angepaßt und ihr europäisches "Kulturgepäck" sehr schnell verloren haben[50]. *Caiçaras*, *capuavas* und *ribeirinhos* stellen also keine ethnisch scharf abgrenzbaren Gruppen dar, sondern lassen sich eher über eine gemeinsame Lebensform und eine typische Wirtschaftsweise charakterisieren.

II - Auflösung traditioneller Strukturen

In den letzten Jahrzehnten erfaßte der soziale Wandel diese Gesellschaften allerdings so tiefgreifend, daß von einer zunehmenden Auflösung der traditionellen Kultur gesprochen werden kann. Ältere Quellen belegen dabei, daß dieser Prozeß in der Region bereits seit mehreren Jahrzehnten andauert. So schreibt beispielsweise ALMEIDA (1957, S. 49), daß die *caipiras* im Vale do Ribeira zu verschwinden drohen. Dabei sind die sinkende Flächenverfügbarkeit für die extensive Landwirtschaft sowie die zunehmenden Nutzungskonkurrenzen durch Tourismus, Bodenspekulation, moderne

---

[49]Auch das traditionelle "Vorzeige-*bairro*" der EEJI, Cachoeira do Guilherme, widmete sich ehemals dem marktorientierten Reisanbau, bis der Fluß, an dem die Siedlung liegt, nicht mehr von den Zwischenhändlern befahren wurde. Die Abgeschlossenheit und Autonomie des Dorfes stellt also eine relativ rezente Situation dar.

[50]Ein gutes Beispiel für eine solche Entwicklung stellt die ehemalige Kolonie Santa Maria im Süden des Munizips Cananéia dar, das Anfang dieses Jahrhunderts von Immigranten aus Östereich besiedelt wurde. Aufgrund seiner isolierten Lage wanderten schon bald nach ihrer Gründung viele Sielder wieder ab. Die verbliebenen Familien assimilierten sich in der *caipira*-Kultur, so daß heute nur noch einige traditionelle Kleinbauern mit deutschen Nachnamen von der Besiedlungsgeschichte zeugen.

Landwirtschaft und nicht zuletzt durch den Naturschutz wichtige, diese Entwicklung fördernde Faktoren.

Ribeirinhos sind heute kaum noch in der Region zu finden. Sie werden in der neueren Literatur auch nicht mehr als eigene traditionelle Gruppe genannt. Die fruchtbaren *várzea*-Standorte werden mittlerweile, sofern sie nicht allzu schwer erreichbar sind, für den modernen Bananenanbau oder als Weide genutzt. Die *caiçaras* stellen heute eine stark gefährdete Gruppe dar, denn in den letzten Jahrzehnten haben sich die Nutzungsmuster in den unmittelbaren Küstenräumen im Zuge der Entdeckung durch den Tourismus extrem gewandelt (vgl. SUDELPA 1987; WEHRHAHN 1994a). MORÃO (1988) stellt fest, daß wegen der zunehmenden Flächenknappheit bei den *caiçaras* der Fischerei eine immer größere Bedeutung zukommt. Aber dieser Wirtschaftszweig hat unter der Überfischung durch industrielle Fischereiflotten zu leiden (CUNHA & ROUGUELLE 1989, S. 48).

Auch der Übergang vieler Familien zur Lohnarbeit ist u.a. im Zusammenhang mit dem Mangel an ausreichender Fläche für eine extensive Landwirtschaft zu sehen. QUEIROZ (1973, S. 141) betont jedoch, daß ein bedeutender Impuls für diese Entwicklung, nämlich der allgemeine Wandel der Lebensform und der Bedürfnisse, aus dem Inneren der Gesellschaften kam. Mit der Zunahme der abhängigen Arbeitsverhältnisse änderten sich auch die gesellschaftlichen Strukturen grundlegend[51].

Eine direkte Folge war die schwindende Integration der *bairros*, denn jüngere soziologische und ethnologische Studien (z.B. QUEIROZ 1970, S. 45; QUEIROZ 1983, S. 112f; ENGECORPS & SMA 1992, S. 19) belegen einhellig, daß der Brauch des *mutirão* im Vale do Ribeira mittlerweile "ausgestorben" ist. Heutzutage ist es vorteilhafter, einen Tagelöhner (*diarista*) einzustellen, zum einen weil mit dem allgemeinen Rückgang der Landwirtschaft die Zahl der Arbeitsuchenden angestiegen ist (QUEIROZ 1970, S. 334ff). Zum anderen stellt MÜLLER (1980, S. 38) eine generelle Tendenz zur "Monetarisierung" des alltäglichen sozialen Umgangs fest. Mit der rückläufigen Notwendigkeit, die Nachbarschaftshilfe in Anspruch zu nehmen, geht auch ein wichtiges Element der Integration des *bairros* verloren. Die Familien, die vordem zwar ökonomisch autark, aber durch den *mutirão* in einen gesellschaftlichen Kontext eingebunden waren, sehen sich nun nicht nur räumlich, sondern auch sozial isoliert.

Ein weiterer Faktor der grundsätzlichen Neuordnung der gesellschaftlichen Strukturen im gesamten ländlichen Raum des Vale do Ribeira ist der wachsende Einfluß evangelischer Freikirchen besonders unter den unteren sozialen Schichten. In einigen Gebieten dürfte bereits mehr als die Hälfte der Einwohner zu den Anhängern dieser religiösen Gemeinschaften zählen, die eine neue, streng gläubige Lebensführung ohne Alkohol- und Tabakgenuß, Musik oder ähnliche Vergnügen einfordern. Im Falle der Siedlung Despraiado in der EEJI kam es sogar zu einer Spaltung der Ortschaft in "Gläubige" ("*crentes*") und "Ungläubige" ("*católicos*" im Sprachgebrauch der Protestanten), und es bildeten sich zwei konkurrierende Bewohnerorganisationen (SMA 1989). Da zu diesem Thema nur wenig Informationen in der Literatur vorliegen, kann im Rahmen dieser Arbeit erst auf Erkenntnisse "vor Ort" aus den Fallstudien aufgebaut werden (vgl. Kap. 5.).

---

[51]Ein Beispielfall für diesen Prozeß, die Siedlung Ivaporunduva, wurde bereits in Kapitel 4.3.2 vorgestellt.

Je weiter auf der einen Seite die Auflösung der traditionellen Kultur in der Region voranschreitet, desto stärker gerät auf der anderen Seite der Begriff der Traditionalität in der Naturschutzdiskussion in den Vordergrund. Seit den 80er Jahren mehren sich die kritischen Stimmen, die den Beitrag des Naturschutzes bei der Bedrohung der traditionellen Gruppen betonen und die fordern, dem Kulturschutz ein größeres Gewicht beizumessen. Besonders vorangetrieben hat diese Debatte im Bundesstaat São Paulo die Arbeitsgruppe um den Soziologen C. Diegues, der in der heutigen Naturschutzkonzeption eine Manifestation der urban-industriellen Weltanschauung sieht, die von einer Dualität von Mensch und Natur ausgeht. Vom Standpunkt des traditionellen Weltbildes dagegen ist es nicht nachvollziehbar, warum strenge Schutzgebiete eingerichtet werden, die den Menschen ausschließen, da er als ein in die natürlichen Zyklen integrierter Teil der Umwelt angesehen wird. Naturschutz ist nach der Ansicht von DIEGUES (1993, S. 45ff) also ein unmittelbarer Bestandteil der von der Natur entfremdeten Denkweise, die eine umfangreiche Zerstörung der Umwelt erst ermöglicht hat[52].

Diese Erwägungen sind mittlerweile in Teilen von der Naturschutzpolitik aufgegriffen worden, z.B. bei der Erarbeitung von Vorschlägen für das neue SNUC (vgl. Kap. 3.4.2) oder bei der Gewährung von besonderen Rechten für traditionelle Gruppen im Decreto 750/93 (vgl. Kap. 4.2.2). Auch das Beispiel der EEJI kann als Versuch gesehen werden, der vorgebrachten Kritik, der Naturschutz gefährde den Kulturschutz, entgegenzukommen.

Die Grupo Litoral Sul, die für die Verwaltung des Schutzgebietes zuständigen Abteilung im IF, verfolgt bei dem Management der EEJI ein Modell, das eng an die Konzepte der internationalen Naturschutzdiskussion anknüpft. MENDONÇA & MENDONÇA (o.J.), zwei Mitarbeiterinnen der Grupo Litoral Sul, formulieren das Leitbild folgendermaßen:

> "Os fundamentos que orientam a equipe responsável pela implantação da Estação visam compatibilizar algumas atividades humanas com a conservação da diversidade biológica. Estão, ao mesmo tempo, voltados para essa perspectiva prática e, também, para o aspecto teórico da questão, buscando conhecer os limites possíveis da relação homem-natureza, dentro dos padrões compatíveis de conservação ambiental e de níveis dignos para a condição humana".

> "Die Zielvorstellungen, an denen sich die verantwortliche Abteilung orientiert, erstreben die Verbindung einiger menschlicher Aktivitäten mit dem Schutz der Biodiversität. Sie richten sich auf eine praktische Perspektive und gleichzeitig auf einen theoretischen Aspekt der Frage, indem versucht werden soll, die möglichen Grenzen der Mensch-Natur-Beziehung innerhalb der Vorgaben des Naturschutzes einerseits und menschenwürdiger Lebensverhältnisse andererseits zu identifizieren" (Übersetzung F.D.).

---

[52]Bei dieser Argumentation sind Parallelen zu den Ausführungen anderer Kritiker des Naturschutzes erkennbar, die in Kapitel 2.3.6 dargestellt wurden.

Neben diesem allgemeinen Ziel besteht eine konkrete Funktion des Schutzgebietes in dem Schutz der traditionellen kleinbäuerlichen Kultur. Dabei wurde besonderes Augenmerk auf die Kultur der *caiçaras* gelegt, die in anderen Küstenabschnitten, wo die Bebauung der Restingabereiche mit Ferienhäusern ungehindert voranschreiten konnte, nahezu vollständig verschwunden ist.

MENDONÇA & MENDONÇA (o.J., S. 6f) führen aus, daß der Atlantische Küstenregenwald, der bereits vor der Kolonisierung durch die Portugiesen von den indigenen Völkern genutzt wurde, heute auch in vielen Bereichen, in denen man auf den ersten Blick eine ungestörte Wildnis vermutet, keine unberührte Wildnis mehr darstellt, sondern ist vielmehr das Ergebnis einer jahrhundertelangen Interaktion von Mensch und Natur. Bei der Naturschutzplanung muß diese Tatsache beachtet werden, besonders wenn der Erhalt der Biodiversität im Vordergrund steht, denn die heutige Artenstruktur, die geschützt werden soll, hängt eng mit den traditionellen Nutzungsformen zusammen[53].

Dieses Schutzgebiet stellt in dieser Hinsicht keinen Einzelfall mehr dar, denn mittlerweile wurde z.B. auch für den PE Turístico Alto Ribeira eine Vorschrift erlassen, mit deren Hilfe die Integration der traditionellen Kleinbauern möglich werden soll (*Resolução SMA 11/93*). Es spiegelt also gegenwärtig auch in der Naturschutzgemeinde einen allgemeinen Konsens wider, wenn es heißt:

> "A preservação de diversidade biológica passa, assim, pela conservação da diversidade cultural. É necessário conservar a experiência histórica e cultural de convivência harmônica das populações tradicionais com a Mata Atlântica". (Consórcio Mata Atlântica & UNESP 1992, S. 28)

> "Der Schutz der Biodiversität muß also den Schutz der kulturellen Diversität mit einbeziehen. Es ist notwendig, die historische und kulturelle Erfahrung des harmonischen Zusammenlebens der traditionellen Bevölkerung mit dem Atlantischen Küstenregenwald zu erhalten" (Übersetzung F.D.).

Vergleicht man diese aktuelle Sichtweise einer *per definitionem* naturverträglich wirtschaftenden traditionellen Bevölkerung mit dem Bild, das noch in den älteren Studien über das Vale do Ribeira vorherrschte, dann läßt sich eine vollständige Umkehrung der Bewertung feststellen. So schreibt beispielsweise ALMEIDA (1957, S. 16):

> "A mata cobre extensas áreas, más o machado do capuava vai pondo abaixo, sem método ou plano, o trabalho secular da natureza."

> "Der Wald bedeckt weite Flächen, jedoch die Axt des capuava zerstört ohne Methode oder Plan das natürliche Werk von Jahrhunderten" (Übersetzung F.D.).

Diese grundlegend gewandelte Einstellung der Naturschutzplanung zu den traditionellen Gruppen soll zwar helfen, das bestehende Konfliktpotential zwischen dem Naturschutz

---

[53]Die Parallelen zur internationalen Diskussion über das Verhältnis von indigenen Völker zum Naturschutz (vgl. Kap 2.3.5) sind dabei deutlich.

und der lokalen Bevölkerung zu reduzieren, ist jedoch bei näherer Betrachtung mit schwerwiegenden praktischen und konzeptionellen Problemen verbunden:

- Bei einer Übertragung von verbindlichen Nutzungskonzessionen auf traditionelle Gemeinschaften müssen Organisationsformen gefunden werden, die einerseits nach innen der Struktur der *bairros* angepaßt sind und andererseits nach außen gegenüber den Umweltbehörden klare Verantwortlichkeiten festlegen. Im Falle der *Reservas Extrativistas* liegt diese Aufgabe bei den Bewohnerorganisationen, die bei den Kautschukzapfern an bestehende Traditionen der gewerkschaftlichen Organisation anknüpfen können. Eine solche Struktur müßte für die traditionellen *bairros* im Vale do Ribeira jedoch neu geschaffen werden, denn hier dominiert ein loser Verband von autonomen Familien, die sich in erster Linie über die Nachbarschaftshilfe definieren und denen die Idee einer hierarchischen Gliederung fremd ist.

- DEAN (1996, S. 350f) sieht in der Hinwendung des Naturschutzes zur Einbeziehung traditioneller Lebensformen eine Gefahr für den Erhalt der Biodiversität, denn auch Mitglieder dieser Kultur waren in der Vergangenheit an der Zerstörung der Wälder in der Region beteiligt. Außerdem müssen die überlieferten, ehemals naturverträglichen Landnutzungssysteme, die auf eine hohe Flächenverfügbarkeit angewiesen waren, unter den heutigen Rahmenbedingungen zunehmender Bodenknappheit nicht mehr als vereinbar mit dem Naturschutz angesehen werden.

- VIANNA (1996, S. 214ff) kritisiert, daß die aktuelle Diskussion von dem idealisierten Bild einer stabilen, starren Kultur ausgeht, die in harmonischer Beziehung zu ihrer Umwelt steht. Dabei werden Erkenntnisse aus der Vergangenheit in unkritischer Weise auf die Zukunft übertragen, ohne den Faktor des sozialen Wandels zu berücksichtigen. Außerdem ist fraglich, ob es z.B. innerhalb strenger Naturschutzgebiete überhaupt möglich ist, die traditionellen Gemeinschaften nachhaltig zu schützen. Der Versuch, eine Kultur "einzufrieren", kann vielmehr zu ihrer Auflösung führen. Dies läßt sich anhand des Beispiels der EEJI nachvollziehen, wo trotz der guten Vorsätze der Verwaltung ein großer Teil der traditionellen Bevölkerung bereits abgewandert ist. Der Zensus von 1993 zählte im unmittelbaren Strandbereich, einem Hauptsiedlungsgebiet der *caiçaras,* 22 Familien. Bei einem Besuch in der Region 1997 wohnten hier nur noch drei Familien. Die traditionelle Art der Landwirtschaft wird von der jüngeren Generation kaum noch ausgeübt, und Lohnarbeit gibt es in dieser abgelegenen Gegend nur in Form einer Anstellung als Parkwächter. Seit einigen Jahren fordern deshalb Mitglieder der Grupo Litoral Sul die noch verbleibenden Familien auf, wieder Landwirtschaft zu betreiben, d.h. auch wieder Flächen zu roden[54].

---

[54]Zu welchen widersprüchlichen Situationen dies führen kann, verdeutlicht folgende Anekdote: 1997 beantragte ein *caiçara* bei der Schutzgebietsverwaltung die Erlaubnis zur Rodung eines Stück Landes, die auch sofort und freudig erteilt wurde, denn der Kleinbauer hatte vor, das Anlegen des Feldes in Form eines *mutirão* durchzuführen, einer traditonellen, ritualisierten Art der Gemeinschaftsarbeit (vgl. Kap. 4.3.4). An der Feldarbeit und dem folgenden Fest nahmen auch Mitglieder der Verwaltung teil, wobei es sie nicht störte, daß gut das Doppelte der ursprünglich genehmigten Fläche abgeholzt wurde, denn die Freude über die Wiederbelebung eines vergessen geglaubten Bestandteils der traditionellen Kultur überwog. In einem Gespräch mit dem Autor teilte der Kleinbauer allerdings nachher mit, daß er es eigentlich vorziehen würde, wieder als Parkwächter zu arbeiten und schon mehrmals bei der Schutzgebietsverwaltung um eine Anstellung nachgesucht hätte. Mit der Durchführung des *mutirão* wollte er sich dabei u.a. auch den potentiellen Arbeitgebern "empfehlen".

Neben diesen Kritikpunkten überwiegt jedoch das grundsätzliche Problem, anhand welcher Kriterien letztendlich entschieden wird, wer als "traditionell" anzuerkennen ist und wer nicht. Die in wissenschaftlichen Studien erarbeiteten allgemeinen Charakteristika der *caipira*-Kultur (z.B. bei CÂNDIDO 1987, S. 83) helfen dabei wenig, denn sie lassen sich kaum auf einzelne Individuen oder Familien anwenden. Mit der Frage, wer ein Bleiberecht in strengen Schutzgebieten oder Nutzungskonzessionen erhalten darf, verläßt die Debatte den theoretischen, akademischen Bereich, und eine eindeutige Definition wird notwendig.

Die Termini "indigen", "traditionell" und "lokal" gehören dabei zu einer Familie von Begriffen, die auch in der internationalen Literatur oft als Synonyme mit einer nur vage abgegrenzten Bedeutung verwandt werden. FURZE, DE LACY & BRICKHEAD (1996, S. 127) und COLCHESTER (1997, S. 107ff) sehen schon bei der Vokabel "indigen" Schwierigkeiten der eindeutigen Definition. Bei der Diskussion um Nachhaltige Entwicklung (vgl. Kap. 2.1.3) ist andererseits zu sehen, daß "lokal" ("lokale Bevölkerung", "lokales Wissen") oft gleichbedeutend mit "traditionell" gebraucht wird. VIANNA (1996, S. 111) führt darüber hinaus aus, daß nicht nur spezielle Gruppen, sondern auch Nutzungssysteme, Gesellschaftsstrukturen, Lebensformen und Territorien mit dem Adjektiv "traditionell" belegt werden, ohne daß der konkrete Bezug dabei immer geklärt wäre.

An dieser Stelle kann nicht auf alle Definitionsversuche eingegangen werden. VIANNA (1996, S. 116ff) führt für die letzten Jahre allein acht verschiedene Begriffsbestimmungen auf, die sich z.T. erheblich voneinander unterscheiden. Zur Verdeutlichung der Variationsbreite seien im folgenden zwei Definitionen gegenübergestellt. DIEGUES (1993, S. 79) schlägt folgende Liste von Merkmalen vor:

"As culturas e sociedades tradicionais se caracterizam pela:
a) dependência e até simbiose com a natureza, os ciclos naturais e os recursos naturais renováveis a qual se constroe um 'modo de vida';
b) conhecimento aprofundado da natureza e de seus ciclos que se reflete na elaboração de estratégias de uso e de manejo dos recursos naturais. Esse conhecimento é transferido de geração em geração por via oral;
c) noção de 'território' ou espaço onde o grupo social se reproduz econômica (sic!) e socialmente;
d) moradia e ocupação desse 'território' por várias gerações, ainda que alguns membros individuais possam ter se deslocado para os centros urbanos e voltado para a terra de seus antepassos;
e) importância das atividades de subsistência, ainda que a produção de 'mercadorias' possa estar mais ou menos desenvolvida, o que implica numa relação com o mercado;
f) reduzida accumulação de capital;
g) importância dada à unidade familiar, doméstica ou comunal e às relações de parentesco ou compadrio para o exercício das atividades econômicas, sociais e culturais;
h) importância das simbologias, mitos e rituais associados à caça, à pesca e atividades extrativistas;
i) a technologia utilizada é relativamente simples, de impacto limitado sobre meio ambiente. Há uma reduzida divisão técnica e social do trabalho,

sobressaindo o artesanal, cujo produtor (e sua família) domina o processo de trabalho até o produto final;

j) fraco poder político, que em geral reside com os grupos de poder dos centros urbanos;

l) auto-identificação ou identificação pelos outros de se pertencer a uma cultura distinta das outras."

"Die traditionellen Kulturen und Gesellschaften zeichnen sich aus durch:

a) eine Abhängigkeit von oder gar Symbiose mit der Natur, ihren Zyklen und den erneuerbaren natürlichen Ressourcen, aus denen sich die Lebensform ergibt;

b) ein vertieftes Wissen über die Natur und ihre Zyklen, das sich in der Entwicklung von Pflege- und Nutzungsstrategien niederschlägt. Dieses Wissen wird mündlich von Generation zu Generation weitergegeben;

c) Grundvorstellung eines 'Territoriums' oder eines Raumes, in dem sich die Gruppe ökonomisch und sozial reproduziert;

d) Besiedlung und Nutzung dieses 'Territoriums' über Generationen, auch wenn möglicherweise einige Mitglieder zeitweilig in die urbanen Zentren übersiedelten und anschließend auf das Land ihrer Vorfahren zurückkehrten;

e) zentrale Position der Subsistenzwirtschaft, auch wenn die Produktion von 'Waren' mehr oder weniger ausgebildet sein kann, was eine Beziehung zum Markt voraussetzt;

f) wenig Akkumulation von Kapital;

g) zentrale Position der familiären, häuslichen und kommunalen Einheit sowie der Verwandtschafts- und Freundschaftsbeziehungen bei der Ausführung der ökonomischen, sozialen und kulturellen Aktivitäten;

h) zentrale Position von Symbolik, Mythen und Riten in Verbindung mit der Jagd, der Fischerei und dem Extraktivismus;

i) rudimentäre Technologie mit begrenzter Wirkung auf die Umwelt. Es herrscht eine wenig ausgeprägte technische und soziale Arbeitsteilung, bei der die Handarbeit überwiegt, deren Produzent (und seine Familie) den Arbeitsprozeß bis zum Ende lenkt;

j) wenig politische Macht, da die machthabenden Gruppen in der Regel in den urbanen Zentren zu finden sind;

h) Eigenidentifikation oder Identifikation durch andere als einer eigenen Kultur angehörig" (Übersetzung F.D.).

Diese Kriterien müssen dabei nicht alle erfüllt sein, um ein Individuum als traditionell einzustufen. Vor allen anderen Merkmalen ist eine Autoidentifikation als *caiçara*, *capuava*, *caipira* o.ä. wichtig.

Im Falle der für den PE Turístico Alto Ribeira erlassenen Bestimmung (*Resolução SMA 11/93*) wird eine sehr viel knappere Definition angewandt. Traditionell ist:

– wer seit mehr als zehn Jahren ununterbrochen in dem Gebiet wohnhaft ist,

– wessen Hauptüberlebensquelle in der autonomen Subsistenzwirtschaft besteht und

– wessen Nutzungsstrategie der natürlichen Ressourcen mit dem Naturschutz vereinbar ist.

Klar ist, daß beide Definitionen mit erheblichen Schwierigkeiten verbunden sind. Der Ansatz von C. Diegues ist zwar erschöpfend, jedoch als eine eindeutige Entscheidungsgrundlage nicht brauchbar, denn aufgrund der Einschränkung, daß nicht alle Merkmale erfüllt sein müßten, bliebe eine Kategorisierung der Bewohner letztendlich wieder der Willkür überlassen. Die Definition des Umweltministeriums dagegen ignoriert, daß Mitglieder traditioneller Gemeinschaften auch früher schon oft einen Teil ihres Lebens außerhalb des *bairros* verbracht haben. Außerdem liegt der Begriffsbestimmung ein Zirkelschluß zugrunde: Weil traditionelle Gesellschaften naturverträglich wirtschaften, sollen sie ein Bleiberecht innerhalb von strengen Schutzgebieten erhalten, und als traditionell werden diejenigen Bewohner definiert, die naturverträglich wirtschaften. VIANNA (1996, S. 103) bemängelt, daß aufgrund der Unklarheit der Definition allein solche Familien ein Bleiberecht innerhalb von Schutzgebieten erhalten, die sich bereit erklären, die Vorgaben des Naturschutzes zu erfüllen, ein Vorgehen, daß ihrer Meinung nach nichts mehr mit den Zielen des Kulturschutzes zu tun hat.

Bezugnehmend auf den Begriff der Traditionalität schreibt WILKEN (1983, S. 45):

> "In the final analysis there are simply more and less traditional forms of technology, and more and less traditional systems!"

Er bezieht sich dabei zum einen nicht auf konkrete Individuen, sondern ausschließlich auf Techniken und Nutzungssysteme. Zum anderen stellt er die Relativität von Traditionalität in den Vordergrund. Als ein illustratives Beispiel hierfür kann erneut die Siedlung Ivaporunduva genannt werden. QUEIROZ (1983; vgl. Kap. 4.3.2) stellte in diesem *bairro* bereits vor über zehn Jahren eine nahezu vollständige Auflösung der traditionellen Strukturen fest. Heute dagegen präsentiert sich die Siedlung selbst als ein Musterbeispiel eines intakten *bairros* (SILVA 1994, S. 35f). Für die Beurteilung dieser Entwicklung ist entscheidend, daß Ivaporunduva sich derzeit darum bemüht, als traditionelle Gemeinschaft einen staatlich garantierten Besitztitel seines kommunalen Landes zu erhalten.

Dieses Beispiel zeigt, daß eine wertfreie Debatte um Begriffe nicht mehr stattfinden kann, wenn es dabei gleichzeitig um konkrete Rechte und Privilegien einzelner Personen und Gruppen geht. Die Bezeichnung "traditionell", die Soziologen und Ethnologen ehemals von außen an die Kleinbauern der Region herangetragen haben, wurde mittlerweile von der lokalen Bevölkerung zur Durchsetzung der eigenen Interessen übernommen. So redet die Interessenvertretung der Schutzgebietsbewohner in ihren Forderungspapieren nur von "traditioneller Bevölkerung", auch wenn alle Bewohner damit gemeint sind.

Auf der anderen Seite baut die generelle Argumentationslinie des Umweltministeriums ebenfalls auf "Traditionalität" auf: Es existieren zwar Probleme mit Bewohnern in strengen Schutzgebieten und mit Nutzungsrestriktionen in der gesamten Region, der traditionellen Bevölkerung vor Ort werden jedoch besondere Rechte eingeräumt. Dabei gerät die große Gruppe der neu zugewanderten Kleinbauern, die für die Region durchaus typisch ist (vgl. Kap. 4.1.3), vollkommen aus dem Blickfeld. Problematisch ist dabei, daß auf diese Weise eine "Scheinlösung" für das regionale Problem des

Naturschutzes geschaffen wurde, die eher einer positiven Außendarstellung der Naturschutzpolitik dient, als daß sie zur Beilegung der tatsächlichen Schwierigkeiten beiträgt.

Die Diskussion über das Verhältnis von Naturschutz und lokaler Bevölkerung im Vale do Ribeira hat sich also von dem "eigentlichen" Thema, wie der Naturschutz zur Nachhaltigen Entwicklung der Region beitragen kann, entfernt und kreist um den Begriff der Traditionalität. Diesem kommt die Funktion einer Konsensformel zu, die sich Vertreter unterschiedlicher Interessen gleichermaßen angeeignet haben, ohne daß sich ihre Standpunkte in der Sache deshalb annähern würden[55]. So bezeichnet VIANNA (1996, S. 2) die gesamte Diskussion um die Kategorisierung der lokalen Bevölkerung in "traditionell" oder "nicht-traditionell" als fehlgeschlagen und in ihrer Konsequenz kontraproduktiv.

Die Schwierigkeit besteht vor allem in der Unmöglichkeit, die heterogene und komplexe Realität des ländlichen Raumes der Region sowie die Vielzahl der unterschiedlichen Akteure und ihre Motive in einem einfachen Schema fassen zu können. Dieser Vielschichtigkeit der sozioökonomischen Strukturen sowie der Verschiedenartigkeit der Auswirkungen der Naturschutzbestimmungen von Dorf zu Dorf und von Haushalt zu Haushalt widmen sich die nun folgenden Fallstudien.

---

[55]Eine ähnliche Funktion besitzt auch das Schlagwort der Nachhaltigen Entwicklung (vgl. Kap. 2.1.1). Hierbei handelt es sich jedoch in erster Linie um einen normativen Terminus, also um die Bezeichnung eines Wertes, der erst noch erreicht werden muß. Der Begriff der Traditionalität will dagegen ein Phänomen beschreiben, das sich in der Realität objektiv beobachten läßt.

5. Die Fallstudien
Die Auswirkungen der Naturschutzpolitik auf sozioökonomische Prozesse, Haushaltsstrategien und Lebenswelten im ländlichen Raum

5.1 Ziele und methodischer Aufbau der Untersuchung

Ohne eine Betrachtung der lokalen Ebene ist ein Verständnis der Ursachen von Waldzerstörung und der Folgen von Naturschutzplanung nicht möglich, denn allein dieser Maßstab stellt den konkreten Kontext des Handelns der Landnutzer dar, in dem letztlich auch alle raumwirksamen Phänomene wahrgenommen werden (vgl. Kap. 2.1.3). Auch in der vorliegenden Arbeit nehmen die Fallstudien eine bedeutende Position ein, da anhand der hier gewonnenen Erkenntnisse eine Überprüfung und Konkretisierung der auf nationaler und regionaler Ebene identifizierten Zusammenhänge und Wechselwirkungen erfolgen kann. Auch BARRACLOUGH & GHIMIRE (1990) weisen auf die Bedeutung von Fallstudien bei der Untersuchung der Tropenwaldproblematik hin:

> "Local level studies are extremely important if one hopes to understand how socio-economic and environmental processes and systems interact in generating deforestation and its assiciated consequences. Analysis of local situations helps to clarify how these processes in turn affect the livelihoods of those living in and around the forest, what types of 'coping mechanisms' different social groups adopt and how various social groups are influenced by public policies. Field inquiries are also crucial for identifying power structures in different socio-economic, environmental and policy contexts." (BARRACLOUGH & GHIMIRE 1990, S. 31)

Die zentrale erkenntnisleitende Fragestellung bei der Untersuchung der Fallstudien im Vale do Ribeira lautet folgendermaßen: **Welche lokalen Auswirkungen haben umweltpolitische Maßnahmen auf die Landnutzung, auf die sozioökonomische Struktur und auf die Lebenswelten im ländlichen Raum des Vale do Ribeira?** Neben den allgemein wirksamen Zusammenhängen steht vor allem die Heterogenität der unterschiedlichen Ausprägungen von Wechselwirkungen zwischen Landnutzung und Umweltpolitik im Mittelpunkt. Dabei wurden zwei Faktoren - ein exogener und ein endogener - als ursächlich für die Ungleichheit der lokalen Strukturen angenommen und differenziert untersucht:

- **Wie wirken sich die verschiedenen naturschutzplanerischen Maßnahmen aus?** Wie stellt sich der Unterschied der Lebensverhältnisse innerhalb und außerhalb strenger Schutzgebiete dar? Welche Auswirkungen haben die bislang noch kaum auf ihre Folgen untersuchten sektoralen Bestimmungen? Wie sind die Vorgaben des Flächenschutzes umgesetzt worden?

- **Wie wirken sich naturschutzplanerische Maßnahmen unter unterschiedlichen sozioökonomischen Rahmenbedingungen aus?** Zur Beantwortung dieser Frage wurden unterschiedliche "Typen" von Siedlungen untersucht. Differenzierungsmerkmale waren neben der allgemeinen Charakteristik, der Siedlungsgeschichte und der Lage vor allem die demographische Struktur sowie die lokale Wirtschaftsweise.

Die Fallbeispiele wurden so ausgewählt, daß sich die beiden Fragenkomplexe aus einem Vergleich der einzelnen Siedlungen untersuchen lassen. Daneben sollen die tatsächlichen Wirkungen der umweltpolitischen Maßnahmen kritisch an ihren eigenen Leitzielen bemessen werden. Dabei wird neben einer Untersuchung der konkreten Umsetzung der Planungsvorgaben vor Ort (Evaluationsansatz) auch die Frage gestellt, wie die sozioökonomischen Effekte der Umweltpolitik wieder auf die Umweltsituation zurückwirken (Nebenwirkungsansatz). Nicht zuletzt ist es wichtig, das aufeinander bezogene Handeln und Argumentieren der beiden Parteien - Naturschutzbehörden und Landnutzer - zu betrachten (Diskursansatz).

Bei der Untersuchung dieser Fragestellung wird in allen Arbeitsstufen der Analyse auf Ansätze der qualitativen Sozialforschung zurückgegriffen:

- Die Analyse hat einen **gegenstandsbezogenen Ansatzpunkt**, ist also weniger theorieorientiert. Ausgangsbasis des Forschungsinteresses war die konkrete Problemlage in der Region und nicht eine Theorie[56]. Dementsprechend bestimmt der reale Untersuchungsgegenstand den Ablauf und die Methodenwahl der Forschung weit mehr als festgeschriebene Methodologien (vgl. LAMNECK 1988, S. 88; ATTESLANDER 1995, S. 91ff).

- Ein wichtiges Ziel der lokalen Fallstudien ist es, die **Heterogenität und Widersprüchlichkeit der lokalen Verhältnisse** zu verdeutlichen. Vereinfachung, Kategorisierung und Modellierung der erhobenen Befunde stehen dahinter zurück. Bevor also Erklärungsansätze gefunden werden können, ist die Problematik in ihrer Komplexität auszuleuchten (vgl. UTTING 1993, S. XI).

- Die Fallbeispiele haben für sich genommen den Charakter von **Einzelfallstudien**. Für die jeweilige Analyse bietet sich das *bairro* als gewachsenes Gebilde mit starkem Eigencharakter weit mehr als Objekt an als beispielsweise administrative Einheiten. *Bairros* haben eine enge Beziehung zu ihrer Geschichte und konzentrieren weit mehr als z.B. die Region Vale do Ribeira die "räumliche Identität" der Bewohner. Die Siedlungen wurden, obwohl sie vor allem "für sich" in ihrer Eigenheit erscheinen, auch als beispielhafte Vertreter "typischer" sozioökonomischer Problemlagen im ländlichen Raum des Vale do Ribeira ausgewählt. Der Auswahl der Fallstudien ist also schon ein interpretativer Prozeß vorausgegangen, in den die Erkenntnisse der regionalen Ebene Eingang gefunden haben.

- Da das *bairro* die grundsätzliche Betrachtungseinheit darstellt, wird in zwei Siedlungen eine **geringe Fallzahl** von befragten Haushalten in Kauf genommen, um die Geschlossenheit des Untersuchungsobjektes zu gewährleisten. Eine Ausweitung der Befragungen von Andre Lopes und Ribeirão da Motta in benachbarte Gebiete hätte Haushalte erfaßt, die wesentlich andere Charakteristika aufweisen.

- Bei den Feldforschungen mußte auf den **fremdkulturellen Kontext** Rücksicht genommen werden. Zwar weist Brasilien - besonders die südöstlichen Landesteile -

---

[56]Daß sich im Aufbau der Arbeit die genau entgegengesetzte Reihenfolge widerspiegelt und allgemeine Theorien und Konzepte als Ausgangspunkt gewählt wurden, ist allein auf Überlegungen zur Argumentations- und Darstellungsweise zurückzuführen und reflektiert nicht den zeitlichen Ablauf der Forschungstätigkeit.

bezüglich der soziokulturellen Rahmenbedingungen generelle Ähnlichkeiten mit Europa auf, bei der Gruppe der Kleinbauern herrschen jedoch z.T. grundsätzlich andere Werte und Normen, als sie ein Forscher aus einem Land der "Ersten Welt" mitbringt. Aus diesem Grund steht bei der Untersuchung neben der Erklärung von Zusammenhängen auch das **Verstehen** von Sinnstrukturen und Motivationen im Vordergrund (LENTZ 1992, S. 317ff). Es sollte also der Versuch unternommen werden, die lebensweltliche Realität der Bewohner ansatzweise nachzuvollziehen und nicht allein "von außen" zu betrachten, was besonders bei der Betrachtung der Einstellungen zum Naturschutz von Wichtigkeit ist.

- Aus diesem Ansatz heraus erklärt sich auch die **Breite der als relevant betrachteten Datenbasis**. Es werden keine engen Sektoren isoliert untersucht, die direkt mit der Umweltsituation in Verbindung stehen, wie z.B. die Landwirtschaft. Vielmehr geht es um eine Betrachtung der Gesamtsituation in den *bairros*, wobei z.B. die Biographien der Bewohner, ihre Einstellung und Motive sowie ihre kulturellen Formen sozialen Zusammenlebens ebenfalls von Bedeutung sind. Die Befragung war jedoch nicht allein auf die Erhebung qualitativer Daten ausgelegt, auch quantitative Werte (Alter, Größe des Besitzes, Landnutzungsfläche etc.) wurden mittels festgelegter Fragen ermittelt.

- Bei einem solchen Vorgehen ist die **Offenheit des Forschungsprozesses** entscheidend. Gegenstandsorientierung, ideographische Herangehensweise, fremdkultureller Kontext und die Breite des potentiellen Erkenntnisinteresses schließen eine Vorabformulierung begrenzter Hypothesen aus, da dadurch die Forschungsperspektive von vornherein stark eingeengt und die Möglichkeit, im Vorfeld nicht beachteten Zusammenhängen nachzugehen, ausgeschlossen wäre (LAMNECK 1988, S. 21ff). Dabei ist wichtig, daß die in Kapitel 2.2 vorgestellten Erklärungsansätze der Tropenwaldabholzung keine Theoriegebäude darstellen, die konkret falsifizierbar wären, sondern allenfalls auf ihre allgemeine Deutungskraft der empirischen Befunde hin überprüfbar sind. Aus diesem Grund haben die Fallstudien vor allem explorativen Charakter und gehen von allgemeinen Fragestellungen aus (vgl. NIEDZWETZKI 1984, S. 76; WESSEL 1996, S. 90).

- Nicht zuletzt ist eine **Reflexion der Rolle des Forschenden** wichtig. Da ist zum einen die kulturelle Distanz zwischen dem Interviewer und den Befragten, die für ein gegenseitiges Verstehen hinderlich sein kann (vgl. ATTESLANDER 1995, S. 73). Daneben erschien der Forscher den Menschen zunächst als ein Repräsentant der Obrigkeit, d.h. der Naturschutzbehörden. Es waren also besonders in den Dörfern, in denen die Stimmung sehr konfliktgeladen war, im Vorfeld der eigentlichen Feldforschungen umfangreiche Bemühungen zur Vertrauensbildung in Einzelgesprächen mit lokalen Führungspersönlichkeiten und in Gruppenversammlungen notwendig, bei denen das Forschungsvorhaben erläutert wurde. Da bei der Befragung z.T. vertrauliche Informationen und sensible Themen im Vordergrund standen, war eine entspannte Redeatmosphäre von außerordentlicher Wichtigkeit.

Der Feldaufenthalt in jeder untersuchten Siedlung betrug etwa einen Monat. Dabei gab es Gelegenheit zur Teilnahme am öffentlichen Leben des *bairros*, z.B. an Versammlungen oder am nachbarlichen Gespräch. Solche offenen teilnehmenden Beobachtungen führten zu zahlreichen neuen Erkenntnissen, die kontinuierlich in einem Forschungstagebuch festgehalten wurden. Neben solchen direkt "verwertbaren" Feststellungen war das Miterleben des Alltags sehr wichtig für die Schaffung eines Bewußtseins für die lokale Problemlage und den individuellen Charakter jeder Fallstudie.

Den zentralen Bestandteil der Feldforschung stellte eine Haushaltsbefragung dar, bei der die Familien zu Hause aufgesucht wurden. Dabei bot sich die Form des Leitfadengesprächs an, in dem bestimmte Themenkomplexe (Familienstruktur, Migrationsgeschichte, Landwirtschaft, Einstellung zum Naturschutz etc.) abgedeckt wurden. Bei den Gesprächen wurde bewußt angestrebt, dem Interview den Charakter eines informell wirkenden Gesprächs zu geben, wozu sich Gesprächsleitfäden weitaus besser eignen als standardisierte Fragebögen (ZICHE 1992, S. 308f).

Die Abfolge der Fragenkomplexe wurde im Gespräch flexibel dem Ablauf angepaßt. Mit zunehmender Zahl der durchgeführten Interviews kristallisierten sich jedoch einige "Grundregeln" heraus, mit deren Hilfe Ausstrahlungseffekte bestimmter Fragen (KROMREY 1995, S. 283) sinnvoll gelenkt werden konnten:

- Die Frage nach der Migrationsgeschichte der befragten Haushaltsvorstände erwies sich als guter Einstieg in das Interview, wenn nicht schon im Vorfeld das Gespräch auf ein anderes Thema gekommen war. Hier hatte das Gegenüber Gelegenheit, seine Lebensgeschichte darzustellen und kam somit "ins Erzählen". Außerdem fühlten sich die Befragten mit dieser Frage in ihrer Person ernst genommen und öffneten mit ihrer Biographie viele mögliche Anknüpfungspunkte für andere Themen.

- Bei der Frage nach der Funktion des Schutzgebietes oder der Umweltauflagen hatte die meist spontan getätigte Antwort *"não sei"* ("Ich weiß nicht") oftmals einen rhetorischen Charakter, der die ablehnende Haltung der Befragten deutlich machen sollte. Aus diesem Grund war es wichtig, an dieser Stelle eine "auffordernde Gesprächspause" einzufügen und notfalls nochmals nachzufragen.

- Die Frage nach den Naturschutzauflagen wurde, sofern das Gespräch nicht von allein darauf kam, erst zum Schluß angeschnitten, denn dieses Thema hatte einen hohen Ausstrahlungseffekt auf Fragen anderer Bereiche (Landwirtschaft, Extraktivismus etc.). Das Bemühen, sich angesichts der Umweltauflagen für die eigene Form der Landbewirtschaftung zu rechtfertigen, und der Drang, die Umweltgesetzgebung für alle Schwierigkeiten im Leben verantwortlich zu machen, überlagerte leicht das Gespräch.

- Die Behandlung des Umweltaspektes war auch aus einem anderen Grund am Ende des "offiziellen" Gesprächs gut plaziert. Viele wichtige Informationen und Meinungen konnten aus dem informellen Gespräch gewonnen werden, das sich meist an das eigentliche Interview anschloß und das oft weit längere Zeit in Anspruch nahm. Dabei bot der Gesprächsleitfaden zum Ende einen guten Ausgangspunkt für die inoffizielle Behandlung des sensiblen Umweltthemas. Die offene Form des Leitfadens machte es möglich, die in diesem Zusammenhang gewonnene Erkenntnisse nachträglich einzuarbeiten.

Wegen der offenen Form der Befragung muß die Erstellung des Leitfadens, die Gesprächsführung, die Auswertung und Interpretation der Ergebnisse allein dem Verfasser überlassen bleiben (vgl. NIEDZWETSKI 1984, S. 66). Eine andere technische Folge dieses Vorgehens ist die relativ geringe Fallzahl von bis zu 52 Interviews pro

Fallstudie. Der Umfang erschien jedoch in allen Fällen als vollkommen ausreichend, um gesicherte Aussagen über das jeweilige *bairro* machen zu können.

Eine qualitativ orientierte Vorgehensweise hat Folgen für die Auswertung und Darstellung der gewonnenen Ergebnisse. Angesichts der Fallzahl erscheint es wenig sinnvoll, die quantitativen Daten mittels aufwendiger statistischer Verfahren zu interpretieren. Außerdem wurde auf eine Kodierung und enge Klassifizierung der qualitativen Angaben zu Einstellungen, Meinungen und Biographien weitestgehend verzichtet, um nicht von vorne herein den Reichtum der gewonnenen Informationen zu reduzieren (vgl. AUFENANGER 1991, S. 38). Exakte Zahlen werden im folgenden nur dort aufgelistet, wo sie für die Darstellung und Erklärung der Realität wirklich aussagekräftig sind. Ansonsten wird auf eine "vordergründige" Präzision verzichtet zugunsten von unscharfen Mengenangaben (viele, wenige, die Mehrzahl), die in ihrer "Ungenauigkeit" den tatsächlichen Kenntnisstand besser auszudrücken vermögen als beispielsweise Prozentwerte.

Ein wichtiges Mittel zur Verdeutlichung der lokalen Situation sowie der Motive und Einstellungen der Befragten stellt das wörtliche Zitat dar. Der Verfasser ist sich dabei der Einschränkung bewußt, daß eine Auswahl von Aussagen kein intersubjektiv nachvollziehbares Verfahren ist und damit strenggenommen der Beliebigkeit des Verfassers überlassen bleibt. Die Zitate sind also nicht nur als das Rohmaterial der Interpretation zu sehen, denn ihre Zusammenstellung stellt bereits ein Teilergebnis dar. Trotz dieser Schwierigkeiten ist es wichtig, die Menschen vor Ort selbst zu Wort kommen zu lassen, besonders angesichts der umfangreichen Literatur über das Problem der Tropenwaldzerstörung, die der Sichtweise der lokalen Nutzer oft nicht oder nur marginal mit einbeziehen.

In jeder Fallstudie werden des weiteren einige Biographien von Bewohnern exemplarisch dargestellt. Auch hier gilt das Problem der mangelnden intersubjektiven Nachvollziehbarkeit der Entscheidung, welcher Lebenslauf schließlich als "typisch" angesehen wird. Ist man sich dieser Einschränkung bewußt, können die Biographien die Situation der lokalen Bevölkerung m.E. jedoch gut nachvollziehbar machen und das Datenmaterial beleben.

5.2 Andre Lopes: Auflösung der traditionellen Lebensweise

5.2.1 Allgemeine Charakteristik und Geschichte

Andre Lopes kann als diejenige Fallstudie gelten, in der sich noch die deutlichsten Elemente einer *caipira*-Gesellschaft finden lassen. Dies gilt zum einen für die soziale Struktur, denn die Familien haben meist eine sehr lange Siedlungsgeschichte in diesem Raum sowie enge verwandtschaftliche Bindungen untereinander. Zum anderen dominiert noch eine auf *shifting cultivation* basierende, kapitalextensive Form der Landwirtschaft für den Subsistenzbedarf. Gleichzeitig läßt sich jedoch auch ein tiefgehender Wandel und ein Trend zur Auflösung der überlieferten sozioökonomischen Strukturen erkennen. An dieser Entwicklung ist u.a. auch der Naturschutz maßgeblich beteiligt.

Die Siedlung Andre Lopes liegt im Munizip Eldorado am Ufer des Oberlaufes des Rio Ribeira do Iguape zwischen den Städten Eldorado und Iporanga. Sie befindet sich also im Bereich der dünnbesiedelten Bergländer - zwischen der Serra do Paranapiacaba und der Serrania do Ribeira -, die auch im regionalen Vergleich des Vale do Ribeira einen strukturschwachen, stark von ländlicher Armut geprägten Raum darstellen, in dem die Agrarwirtschaft die Wirtschaftsstruktur noch immer stark prägt. Fungierten vor allem solche Gebiete in der Geschichte als Rückzugsräume der kleinbäuerlichen Landwirtschaft, setzte in den 80er Jahren eine starke Abwanderung ein. Der allgemeine, schon von BIANCHI (1983; vgl. Kap. 4.1.3) konstatierte Rückgang der autonomen Landwirtschaft als ehemaliger Mittelpunkt der Überlebensstrategie hat also die Entwicklung in dem Gebiet nachhaltig geprägt.

Andre Lopes liegt zu einem großen Teil innerhalb des PE Jacupiranga, der bereits in Kapitel 4.2.1 als ein Beispiel eines *paper parks* dargestellt wurde, in dem Besiedlung und Bewirtschaftung über lange Jahrzehnte hinweg ungehindert voranschreiten konnten. Seit Anfang der 90er Jahre allerdings bemüht sich die Verwaltung, durch eine verstärkte Präsenz im Gebiet und durch erhöhte Kontrolle der landwirtschaftlichen Tätigkeit den theoretisch vorhandenen Schutzstatus in die Realität umzusetzen, wobei es zu Konflikten mit der lokalen Bevölkerung kommt.

Das Dorf besteht aus zwei Bereichen: Die geschlossene Siedlung liegt im engen Tal des Rio Ribeira do Iguape und wird von der asphaltierten Straße Eldorado - Iporanga gequert. Sie liegt außerhalb des Schutzgebietes, dessen Grenze allerdings kurz hinter dem Ortsrand verläuft. Die Nebentäler mit ihren isoliert liegenden Hofstellen gehören dagegen vollständig zum PE Jacupiranga. Die soziale Trennung zwischen den beiden Teilen, Siedlung und Umland, ist jedoch nicht sehr ausgeprägt, denn viele Familien, die ein Haus im geschlossenen Dorf besitzen, bewirtschaften noch Flächen in den Nebentälern und unterhalten dort sporadisch bewohnte Nebenstellen, sogenannte *capuavas*[57]. Bei der Befragung in dieser Fallstudie wurden jene Haushalte mit beachtet, die direkt vom vom strengen Flächenschutz betroffen sind, auch wenn sie nicht im Park wohnen.

Ist die Siedlung im Tal durch die Straße und einen zweimal am Tag verkehrenden Bus verkehrstechnisch sehr gut angebunden, kann das Umland in großen Teilen nur über Trampelpfade erreicht werden, die nach starken Regenfällen nahezu unpassierbar sind. Der Bau der Asphaltstraße, die erst im Laufe der 80er Jahre bis nach Iporanga erweitert wurde, führte nach Erzählungen der Bewohner zu einer Abwanderung vieler Familien aus dem Umland in die Siedlung, wo außerdem eine Schule, eine kleine Gesundheitsstation sowie insgesamt drei Kapellen evangelischer Freikirchen vorhanden sind.

Rund fünf Kilometer vom Dorf entfernt liegt in den Bergen eine der wichtigsten Touristenattraktionen des Vale do Ribeira, die Tropfsteinhöhle "Caverna do Diabo". Sie ist über eine ausgebaute Asphaltstraße auch für Reisebusse gut zu erreichen. Die Vermarktung dieses Besuchermagneten stellt nicht nur für die Verwaltung des PE Jacupiranga eine lukrative Einnahmequelle dar. Auch die Dorfbewohner haben ihre Überlebensstrategien z.T. auf den Tourismus eingestellt, beispielsweise indem sie an

---

[57]Dieser Umstand erweist sich, wie später zu zeigen sein wird, als ein kritischer Punkt bei der Durchsetzung der Schutzbestimmungen im Park.

Wochenenden Andenken an der Straße verkaufen. In dieser Hinsicht stellt Andre Lopes einen Sonderfall in der Region dar.

Im Tal des Ribeira do Iguape ist nur ein schmaler Uferstreifen landwirtschaftlich nutzbar, auf dem sich vor allem Bananenpflanzungen befinden. Hier stehen in der Mehrzahl feste Steinhäuser, während in den Bergen die traditionelle leichte Bauweise dominiert, bei der ein Gerüst aus dünnen Ästen mit Lehm verfüllt wird (*pau de pique*). Die Landschaft der Nebentäler ist geprägt von einem kleingekammerten Mosaik der verschiedensten Sukzessionsformen. Dabei lassen sich alle Stadien des nachwachsenden Atlantischen Küstenregenwaldes finden: von noch nicht abgeernteten Feldern, auf denen die Kulturpflanzen zusammen mit Gräsern und Stauden hochwachsen, bis hin zu entwickelten Sekundärwäldern[58]. Allein in den Kuppenbereichen der Hügel, die mit einem dichten Bewuchs aus Farnen bedeckt sind, findet dem Anschein nach keine Sukzession in Richtung Wald mehr statt, nachdem sie einmal abgeholzt wurden. Die vor allem im Bereich der Unterhänge liegenden, 1-2 ha großen Felder haben eine unregelmäßige Form, die sich den Geländegegebenheiten anpaßt.

Mit wachsender Entfernung von der Siedlung nimmt in den Bergländern der Anteil der Kulturfläche und der Brache ab. Das Mosaik von Sukzessionsstadien geht über in kleine, isolierte Lichtungen, die in eine Matrix aus Primär- und ausgewachsenen Sekundärwäldern eingebettet sind. In diesen abgelegenen Bereichen ist die hohe Zahl von zeitweise oder permanent verlassenen Häusern, Hofstellen und Feldern auffällig.

5.2.2 Bevölkerung und Migration

In Andre Lopes wurden im März und April 1996 insgesamt 16 Haushalte befragt. Dies entspricht einer Erhebung nahezu aller im Bereich des PE Jacupiranga wirtschaftenden Familien, wovon die eine Hälfte hier wohnhaft war und die andere Hälfte lediglich ihre Nutzflächen im Park unterhielt, aber dauerhaft außerhalb wohnte.

Die Altersstruktur der Bewohnerschaft zeigt einerseits einen Überhang von älteren Menschen über 50 Jahren und andererseits eine deutliche Lücke bei der Gruppe der 20-50jährigen. Die mangelnden wirtschaftlichen Perspektiven in dieser peripheren Region dürfte eine wichtige Ursache für die Abwanderung der jungen, ökonomisch aktiven Bevölkerung sein. Die Befragung der Haushalte hat dabei gezeigt, daß es bei der Abwanderung der jüngeren Generation zwei Ziele gibt: die regionalen Städte Eldorado, Iporanga und Cajati sowie die Metropole São Paulo. Daneben gibt es einen auffallenden Überschuß von männlichen Jugendlichen im Alter zwischen 10 und 20 Jahren. Eine Erklärung für diesen Umstand könnte sein, daß weibliche Jugendliche leicht eine Arbeit als Hausangestellte in der Stadt finden (vgl. BÄHR, JENTSCH & KULS 1992, S. 167).

---

[58]Der Versuch, eine Flächennutzungskartierung in dem Gebiet durchzuführen, wurde vom Verfasser nach anfänglichen Versuchen wieder aufgegeben, obwohl die zu Verfügung stehende Kartengrundlage im Maßstab 1:10.000 für brasilianische Verhältnisse sehr gut war. Neben der Schwierigkeit, daß das Gelände stark reliefiert und damit sehr unübersichtlich ist, bestand vor allem das Problem, daß ein Kartierschlüssel mit festen Nutzungskategorien (z.B. Feld, Brache, natürlicher Wald) auf diese Kulturlandschaft, in der die fließenden Übergänge und die Zwischenformen vor den reinen Ausprägungen dominieren, nicht anzuwenden war.

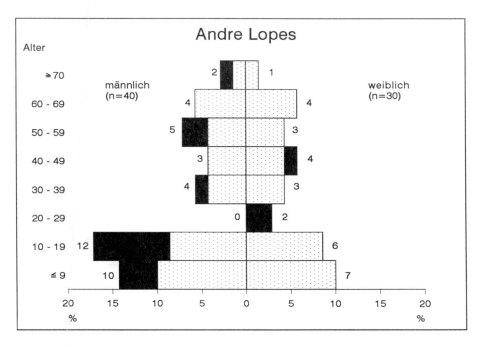

Abbildung 8: Altersstruktur der Bewohner von Andre Lopes 1996
Daten: eigene Erhebung

Der Bildungsgrad wurde nur von den jeweiligen Haushaltsvorständen sowie deren
PartnerInnen (*conjuge*) erfragt. Das Bildungsniveau der Bevölkerung ist äußerst niedrig.
Von den insgesamt 30 hierzu befragten Personen hatte nur eine den *1°grau*, d.h. acht
Jahre Volksschule, absolviert. Weitere drei Personen waren des Lesens und Schreibens
mächtig, und der Rest von 26 Personen bezeichnete sich als Analphabet. Diese Zahl
erscheint auch im brasilianischen Vergleich sehr hoch und machen das enorme
Bildungsdefizit in dieser peripheren Region deutlich.

Die Bewohnerschaft setzt sich zu einem großen Teil aus Angehörigen alteingesessener
Familien zusammen; so wurden 11 der 16 Haushaltsvorstände in Andre Lopes geboren.
Von den fünf zugewanderten Familien haben sich drei erst im Laufe der 90er Jahre hier
angesiedelt. Nur zwei Familien sind von außerhalb des Vale do Ribeira zugewandert -
aus Espirito Santo und Paraná -, der Rest stammt aus den unmittelbar angrenzenden
Gebieten. Diese sehr bescheidene Zuwanderung läßt sich ebenfalls mit der fehlenden
ökonomischen Attraktivität des Raumes erklären. Die Entwicklung von Andre Lopes ist
also von einem allgemeinen Bevölkerungsrückgang geprägt.

Daß trotz dieser relativen Geschlossenheit, in der sich die Siedlung auf den ersten Blick
präsentiert, hier durchaus Menschen mit sehr verschiedenen Lebensgeschichten wohnen,
soll anhand von drei beispielhaft ausgewählten Lebensgeschichten verdeutlicht werden:

A ist 70 Jahre alt und bewirtschaftet heute noch das Land, auf dem er
schon geboren wurde, auf dem er heute noch wohnt und das er nie für länge-

187

re Zeit verlassen hat. Es liegt gut acht Kilometer vom Ort entfernt im PE Jacupiranga und ist nur zu Fuß über einen schwer passierbaren Trampelpfad zu erreichen. Seinen Angaben zufolge hat sein Vater den Erben damals insgesamt 200 alqueires (d.h. 484 ha) vermacht, wovon er heute 30 alqueires (72,6 ha) als seinen Besitz beansprucht. Er verfügt jedoch über keinen rechtmäßigen Besitz- oder Eigentumstitel. Seine Kinder, sind bis auf einen Sohn, alle aus dem Dorf abgewandert. Er lebt heute allein von einer bescheidenen Rente und betreibt nebenbei Landwirtschaft für den Subsistenzbedarf, wobei er über profunde Kenntnisse hinsichtlich unterschiedlicher Standortbedingungen und deren Indikatorpflanzen verfügt. Da abzusehen ist, daß er nicht mehr lange Zeit in der Lage sein wird, den notwendigen Weg ins Dorf zu bewältigen, tritt er nachdrücklich für den Ausbau des Trampelpfades zu einer befahrbaren Straße ein.

B (57 Jahre) ist der Neffe von A und lebt in der Siedlung Andre Lopes, unterhält jedoch noch Felder im PE Jacupiranga. Neben der Landwirtschaft arbeitet er als Tagelöhner in den Nachbarortschaften. Mehr als zehn Jahre lang lebte und arbeitete er außerhalb des Dorfes in den Städten São Paulo und Santos sowie in den Bundesstaaten Paraná und Rio Grande do Sul. Als er Ende der 80er Jahre nach Andre Lopes zurückkehrte, war nur noch ein kleines Stück Land vom Familienbesitz für ihn übrig. Er beklagt, daß der Boden in den letzten Jahren wegen Übernutzung zunehmend unfruchtbarer wird und daß immer mehr Fremde in das Dorf kommen, die es seiner Meinung nach nur auf Landspekulation abgesehen haben.

C (67 Jahre) lebt seit 1991 auf seinem Stück Land. Er wurde im Bundesstaat Espirito Santo geboren und hatte bereits mehr als zehn Jahre als Viehtreiber (*vaqueiro*) in Minas Gerais und Paraná gearbeitet, bevor er 1976 in die Stadt São Paulo zog, wo er in einer Fabrik arbeitete. Nach seiner Entlassung Ende der 80er Jahre konnte er keine Arbeit mehr finden und kaufte sich daraufhin das Stück Land in Andre Lopes, um fortan von der Landwirtschaft zu leben. Außerdem vermietet er eine mit Diesel betriebene Maschine, die beispielsweise als Maniokmühle eingesetzt werden kann, an seine Nachbarn. Er ist der Einzige im Ort, der die Größe seines Grundstücks auf eine Stelle hinter dem Komma genau angeben kann (4,3 *alqueires*) und der Grundsteuer an die Agrarbehörde INCRA bezahlt. Das wichtigste Problem für ihn ist das Fehlen einer Straßenverbindung in seinem Tal, für die er sich aktiv einsetzt, indem er beispielsweise regelmäßig bei der Munizipsverwaltung vorspricht. Seiner Meinung nach könnte nur die Straße den "Fortschritt" bringen.

Es gibt auffallende Unterschiede zwischen der Einstellung der alteingesessenen Bewohner und der Zuwanderer aus anderen Regionen. Letztere betonen das Leitziel der wirtschaftlichen Entwicklung für das Dorf und haben ein negatives Bild von den einheimischen Familien, die als faul, unkultiviert und als *"bichos do mato"* ("Waldtiere" oder "Wilde") bezeichnet werden. Auf der anderen Seite existieren z.T. große Ressentiments bei den "Traditionellen" gegenüber den Migranten. Viele Angehörige alteingesessener Familien betonen die "Ehrlichkeit der Landarbeit" und ihre Untauglichkeit für das Leben in der Stadt:

"Não posso viver na cidade. Não tenho estudo. E tambem tem desemprego na cidade. Aqui a vida é tranquilo. Se arrumar um lote, como eu vou viver quando nem tenho lugar para plantar uma bananeira. Tenho que comprar tudo na feira. Más para isso você precisa de dinheiro e eu não tenho profissão, não tenho estudo. Hoje se precisa de um estudo para tudo, até para catar lixo"

"Ich kann nicht in der Stadt leben. Ich habe keine Ausbildung. Und auch in der Stadt gibt es Arbeitslosigkeit. Selbst wenn ich ein Grundstück für mich auftreiben könnte - wie werde ich leben, wenn ich nicht einmal den Platz für eine Bananenstaude habe?! Dann muß ich alles auf dem Markt kaufen. Aber dafür braucht man Geld, und ich habe keinen Beruf, keine Ausbildung. Heute braucht man für alles eine Ausbildung, sogar zum Müllsammeln." (Übersetzung F.D.)

Obwohl die Verwandtschaftsbeziehungen sehr eng sind und sich noch einige Elemente der *caipira*-Kultur finden lassen, gibt es andererseits auch offenbare Anzeichen für einen dauerhaften Umbau der überlieferten Sozialstruktur. Neben der Abwanderung ist die Ausbreitung der neuen protestantischen Glaubensgemeinschaften, von denen allein in Andre Lopes drei verschiedene existieren, ein wichtiger Faktor bei dieser Entwicklung. Dabei geht es weniger um eine Abgrenzung der einzelnen Gemeinschaften untereinander als vielmehr gegenüber den "Ungläubigen" (*"católicos"*), die noch der katholischen Kirche angehören. Diese Gruppe dürfte allerdings in Andre Lopes und den Nachbarorten mittlerweile in der Minderzahl sein.

Die Zugehörigkeit zu einer evangelischen Freikirche erfordert eine grundsätzliche Neuorientierung des Lebensstils. So dürfen "crentes" ("Gläubige") beispielsweise keinen *mutirão* mehr durchführen, weil Alkohol, Musik und Tanz, die als fester Bestandteil des Rituals den Arbeitstag festlich abschließen, für sie tabu sind. Der frühere Zusammenhalt des *bairros* wird also zunehmend von der neuen Gemeinschaft der *comunidade* (Gemeinde) abgelöst, dessen Mitglieder sich oftmals täglich zum Gottesdienst treffen[59]. In den Kommentaren der *crentes* spiegelt sich ein Weltbild wider, das auf einer wörtlichen Auslegung der Bibel und der Erwartung eines baldigen Endes der Welt basiert. Armut gilt nicht als Manko, sondern als ein Zeichen von Bescheidenheit und damit als Tugend.

Da der Blick der Gemeinschaften stark auf das Jenseits gerichtet ist, üben sie wenig direkten Einfluß auf das öffentliche soziale und politische Leben aus, sondern propagieren eher den Rückzug aus den irdischen Angelegenheiten. So kommt es, daß sie als Institutionen keine Standpunkte bei den aktuellen Problemen der Siedlung - v.a. Naturschutz und Landkonflikte - vertreten. In diesen "weltlichen" Fragen ist dagegen eher die katholische Kirche aktiv, die die Kleinbauern in Fällen von Landkonflikten unterstützt.

---

[59]In einem Fall wurde die große Entfernung zur Kirche als ein Grund genannt, der für den Umzug in die Siedlung ausschlaggebend war.

5.2.3 Wirtschaftsstruktur und Überlebensstrategien

Welche Tätigkeiten üben die Bewohner von Andre Lopes aus? Passend zum Bild einer "traditionell" geprägten Siedlung liegt der absolute Schwerpunkt der lokalen Wirtschaftsstruktur auf der autonomen kleinbäuerlichen Landwirtschaft[60] (vgl. Abb. 9)

Andre Lopes

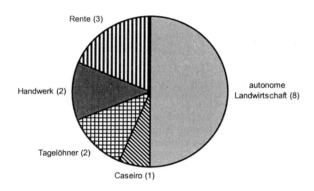

Abbildung 9: Haupteinkommensquellen der Haushalte in Andre Lopes 1996
Daten: eigene Erhebung

Die Darstellung der Haupttätigkeit gibt allerdings nur ein unvollständiges Bild der Überlebensstrategien, die meist auf einer Kombination unterschiedlicher Beschäftigungen basieren. Nur ein Haushalt lebt derzeit allein von der Landwirtschaft. In acht Familien, d.h. bei der Hälfte der befragten Haushalte, gehen Mitglieder zeitweise einer saisonalen Arbeit als Tagelöhner nach. Hierbei kann es auch zu mehrmonatigen Arbeitswanderungen in andere Regionen oder Städte kommen. Weitere Einnahmequelle ist der Bezug einer Rente (drei Haushalte), die Anstellung als *caseiro* (zwei Haushalte), der Verkauf von Andenken an Touristen (zwei Haushalte) und die zeitweise finanzielle Unterstützung durch Angehörige (ein Haushalt).

Die zentrale Stellung, die trotz dieser Nebentätigkeiten die Nutzung des eigenen Landes einnimmt, rückt die Frage in den Mittelpunkt, auf welche Weise das Land innerhalb des Dorfes verteilt wird, d.h. ob allein das Prinzip gilt, nach dem derjenige, der das Land nutzt, damit auch automatisch dessen Besitzer ist (*terra de trabalho*; vgl. Kap. 3.1.3). Die älteren Bewohner berichten übereinstimmend, daß früher das Land aufgrund von informellen Übereinkünften zwischen den Haushalten verteilt wurde:

> "Antigamente cada um escolheu um terreno para plantar. 'Eu planto aqui, você planta lá'."

---

[60]Das Ergebnis ist jedoch nur eingeschränkt aussagefähig. Immerhin wurde die Hälfte der Befragten - diejenigen, die nicht im Park wohnten - deswegen ausgesucht, weil sie noch Felder unterhielten. Diese Vorauswahl verzerrt das Ergebnis in Bezug auf die Stellung der Landwirtschaft.

"Früher hat sich jeder ein Stück Land zum Bepflanzen ausgesucht. 'Ich pflanze hier und du pflanzt dort'." (Übersetzung F.D.)

Damals herrschten jedoch grundsätzlich andere Rahmenbedingungen, denn es stand genug Fläche zur Verfügung, so daß es kaum zu Konflikten kam. Außerdem waren die verwandtschaftlichen Bindungen der Dorfbewohner untereinander so umfassend, daß das Land auf jeden Fall "in der Familie" blieb:

"O Vale da Boa Vista antigamente nos tempos do meu avô era um sítio só. Depois foi dividido pelos herdeiros. Muitos venderam um pedaço de terra. Eu nunca vendi. Antes tinha mais liberdade de plantar, porque tinha muita terra. Entraram pessoas de fora e grilaram a terra."

"Das Tal von Boa Vista [ein Nebental des Rio Ribeira do Iguape] war früher ein einziger Betrieb. Später wurde er von den Erben aufgeteilt. Viele haben ein Stück Land verkauft. Ich habe nie verkauft. Vorher gab es mehr Freiheit beim Arbeiten, weil es viel Land gab. Dann kamen Leute von außerhalb und haben das Land unrechtmäßig in Besitz genommen." (Übersetzung F.D.)

Die Entwicklung verläuft in Richtung einer zunehmenden Bedeutung formal-juristischer Absicherung des Landbesitzes auch bei alteingesessenen Familien vor allem gegenüber dem Konkurrenzdruck von außerhalb der Gemeinschaft. Dennoch stellen die Angaben der Bewohner über ihren Grundbesitz meist nur grobe Schätzungen dar, und fünf der sechzehn befragten Haushaltsvorstände konnten keinerlei genauere Angaben bezüglich der Größe ihres Besitzes machen[61].

Das Hauptgewicht bei der Landbewirtschaftung liegt auf der unabhängigen Nutzung des eigenen Landes. Lediglich ein größerer Betrieb von 95 *alqueires* (216 ha), dessen Eigentümer in São Paulo wohnt, wird von einem *caseiro* bewirtschaftet. Der individuelle Landbesitz eines Haushaltes muß dabei nicht räumlich zusammenhängen. Die Tradition der Bewirtschaftung von *capuavas*, d.h. von Feldern fernab des Dorfes, ist in Andre Lopes noch verbreitet. Auf diesen Landstücken befindet sich oft eine einfache Hütte, so daß der Bauer mehrere Tage oder Wochen dort verbringen kann. Wenn die aktuelle Haushaltsstrategie eine Bewirtschaftung der *capuava* nicht erfordert oder nicht möglich macht, kann das Land auch längere Zeit ungenutzt bleiben. Die meisten der weitab der Siedlung liegenden Lichtungen stellen solche nur sporadisch genutzten Kulturflächen dar.

Von der eigenen Fläche wird meist nur ein kleiner Teil tatsächlich für die Landwirtschaft genutzt, der Rest ist Brache, Sekundärwald in verschiedenen Stadien oder Primärwald. Das Hauptgewicht der landwirtschaftlichen Nutzung liegt auf der Pflanzenproduktion, die immerhin rund die Hälfte der aktuell bewirtschafteten Fläche einnimmt und meist auf kleinen Feldern von weniger als einem *alqueire* stattfindet. Der Rest der landwirtschaftlichen Nutzfläche dient zwar der Viehwirtschaft, wovon jedoch der größte Teil zu einer einzigen über 20 ha großen Weideparzelle gehört. Die

---

[61]Wegen der extremen Unsicherheit dieser Angaben wird hier auf eine nähere Darstellung der Grundbesitzstruktur verzichtet.

Viehhaltung beschränkt sich zumeist auf Geflügel oder Schweine, die ihr Futter selbständig im Wald suchen.

Die Produktion dient vor allem dem Eigenbedarf. Allein sechs Haushalte gaben an, daß sie Produkte verkaufen, wobei der Handel meist nur zwischen den Nachbarn und innerhalb des Dorfes stattfindet. Auf dem freien Agrarmarkt sind nach Einschätzung der meisten Befragten die Preise zu niedrig, als daß sich ein marktorientierter Anbau lohnen würde.

Die Bewirtschaftung stützt sich auf ein Rotationssystem mit einer Kombination von zwei unterschiedlich langen Brachezyklen. Zwischen jeder Anbauphase ist eine kurze Brache von ein bis zwei Jahren Länge geschaltet. Nach einigen Jahren Bewirtschaftung wird je nach Standortqualität eine Regenerationsperiode von bis zu 15 Jahren notwendig[62]. Diese Feldwechselwirtschaft ist notwendig, da keinerlei chemische oder biologische Betriebsmittel (Tierkot, synthetischer Dünger oder Kalk) eingesetzt werden und es deshalb zu einer raschen Abnahme der Bodenfruchtbarkeit kommt.

"A plantação é um peso para a terra. A mesma coisa quanto um peso para a gente. Eu carrego dez kilos: No começo nem sinto. Depois de um kilometro já fico cansado. Depois de cinco kilometros já tenho que descansar. A mesma coisa com a terra: Quando fica coberta de mato pode descansar."

"Der Anbau ist eine Last für den Boden. Es ist genauso wie bei uns. Ich trage 10 Kilo: Zu Beginn merke ich es nicht einmal. Nach einem Kilometer werde ich schon müde. Nach fünf Kilometern muß ich mich schon ausruhen. Genauso ist das mit dem Boden: Wenn er mit Wald bedeckt ist, kann er ausruhen." (Übersetzung F.D.)

Das System ist dabei nach Ansicht der "traditionellen" Landnutzer den natürlichen Rahmenbedingungen d.h. vor allem den lokalen Bodenverhältnissen gut angepaßt und nachhaltig.

"Esse sistema de rotação preserve a natureza. Pessoas de fora, nordestinos, querem plantar só num lugar. Acabam com a terra e têm que jogar veneno."

"Dieses Rotationssystem schützt die Natur. Fremde, Leute aus dem Nordosten, wollen immer nur eine Parzelle bewirtschaften. Sie ruinieren das Land und müssen anschließend Gift einsetzen." (Übersetzung F.D.)

Die Feldwechselwirtschaft trägt zur Entstehung der kleingekammerten Kulturlandschaft aus verschiedenen Sukzessionsstadien bei. Die Rodung eines Stück Landes ist also nicht unbedingt mit einem Rückgang des absoluten Waldanteils verbunden, wenn sie Teil

---

[62]Ein möglicher Erklärungsansatz für diesen doppelten Brachezyklus könnte folgendermaßen lauten: Die kurze Regenerationsphase dient in erster Linie dem Nachwachsen von Biomasse auf dem Feld, die nach dem Abbrennen als alkalisch wirkende Asche den niedrigen pH-Wert des Bodens kurzfristig für die Dauer der Kulturperiode anheben kann. Die längere Brachezeit gilt dagegen der generellen Regenation der Bodenfruchtbarkeit, d.h. beispielsweise des Nährstoffgehaltes oder der bodenpysikalischen Eigenschaften.

eines stabilen, in sich geschlossenen Systems von Kultur- und Bracheflächen ist. Allerdings ist diese Bewirtschaftungsform auf eine hohe Flächenverfügbarkeit angewiesen.

Die landwirtschaftliche Flächennutzung ist dabei tendenziell rückläufig, denn in dem beschriebenen Rotationssystem müßte ein Verhältnis von Brache zur Kulturfläche von etwa 7:1 existieren. Tatsächlich ist der Bracheanteil weitaus größer: Nach den Betriebsangaben der Befragten liegt er bei weniger als 15:1, und auch die Feldbeobachtungen bestätigen einen so hohen Anteil von Sukzessionsflächen. Die Spuren der Abwanderung aus der Region sind also durchaus direkt in der Landschaft sichtbar.

Die Monetarisierung der Arbeits- und Lebensverhältnisse ist insgesamt noch nicht stark ausgebildet. Das Hauptgewicht liegt auf der Familienarbeit, und allein der Betrieb, dessen Eigentümer in São Paulo lebt, beschäftigt von Zeit zu Zeit Tagelöhner. Die Tradition des *mutirão* ist jedoch vollkommen verschwunden, allenfalls "tauschen" Haushalte Arbeitstage (*troca dia*). Da die landwirtschaftliche Tätigkeit vor allem der Subsistenz dient, sind die Haushalte auf andere Bargeldquellen angewiesen. Dabei stellt der Extraktivismus von Palmherzen eine mögliche Alternative zur Lohnarbeit dar. Aufgrund seiner Illegalität sind direkte Angaben über diesen Wirtschaftszweig nur sehr schwer zu erhalten.

In Andre Lopes gab es nach Aussagen der älteren Bewohner in den 60er Jahren eine Phase vollkommener Abhängigkeit von der *palmito*-Wirtschaft, wie sie bereits für die nur wenige Kilometer entfernt liegende Siedlung Ivaporunduva in Kapitel 4.3.2 beschrieben wurde. Diese Zeit wird allgemein als *"luta do palmito"* ("der *palmito*-Kampf") bezeichnet.

"Antigamente meu pai trabalhava com palmito. Vendia para a pessoa da qual comprava alimentos. Antes tinhamos roça de milho, arroz, feijão, um pé de café em casa. O pai começou a trabalhar com palmito porque pensou que rendava mais. Depois de um tempo não tinha mais roça porque só trabalhava com palmito. Um dia decidiu, junto com meu tio Gustavo, de fazer uma roça de feijão e arroz por conta própria. Depois até podia pagar a dívida."

"Ehemals arbeitete mein Vater mit *palmito*. Er verkaufte es an die Person, von der er auch die Lebensmittel kaufte. Vorher hatten wir Felder mit Mais, Reis, Bohnen, einem Kaffeebusch. Mein Vater fing an, mit *palmito* zu arbeiten, weil er dachte, es brächte mehr ein. Nach einer Zeit hatte er keine Felder mehr, weil er nur noch mit *palmito* arbeitete. Eines Tages beschloß er zusammen mit meinem Onkel Gustavo, wieder ein eigenes Feld mit Bohnen und Reis anzulegen. Später konnte er sogar seine Schulden wieder zurückzahlen." (Übersetzung F.D.)

Bezüglich der heutigen Situation sind die Kommentare sehr widersprüchlich. Ein Teil der Befragten gibt an, daß heutzutage niemand mehr Palmherzen sammelt, weil die Bestände mittlerweile vollkommen aufgebraucht sind[63]. Ein anderer Teil der

---

[63]In der Tat findet man im Wald nur sehr selten Individuen von *Euterpe edulis*, die das fruchttragende Stadium erreicht oder überschritten haben. Sie wurden meist schon vorher geschlagen.

Bewohnerschaft behauptet, daß noch immer viel *palmito* extrahiert wird, und beschuldigt dabei oft die nächsten Nachbarn. Der Verfasser wurde mehrmals dazu aufgefordert, bestimmte Personen bei der Naturschutzverwaltung als Palmherzsammler zu melden und für ihre Bestrafung zu sorgen. Wahrscheinlich ist, daß der Extraktivismus noch immer einen wichtigen Wirtschaftszweig in der Region darstellt, besonders weil noch ausgedehnte Waldbestände in der Nähe vorhanden sind[64].

Eine andere Alternative zur Lohnarbeit ist der Verkauf von selbstgeflochtenen Körben an Touristen. Diese Tätigkeit stellt die Haupttätigkeit der beiden Familien dar, die dauerhaft in dem abgelegenen Gebiet nahe der Caverna do Diabo im Bereich des PE Jacupiranga wohnen. Es handelt sich hierbei um ein ertragreiches Geschäft: An guten Tagen, d.h. vor allem an Wochenenden, können drei bis vier Körbe zu je fünf Reais verkauft werden, wobei das Rohmaterial direkt aus dem Wald stammt und somit keinerlei Kosten verursacht. Andere Familien, die dauerhaft in der Siedlung im Tal wohnen, haben mittlerweile diesen lohnenden Wirtschaftszweig entdeckt und kommen jedes Wochenende die fünf Kilometer zur Caverna do Diabo hinauf, um ebenfalls Körbe zu verkaufen.

5.2.4 Einfluß umweltpolitischer Maßnahmen

Das Umland von Andre Lopes wird vom nördlichen Teil des PE Jacupiranga erfaßt, wobei sich die eigentliche Siedlung bereits außerhalb des Parks befindet. Die Grenze, die ca. 200 m von der Siedlung entfernt verläuft, ist in ihrem Verlauf jedoch nicht eindeutig festgelegt und strittig, so daß bei einigen Häusern unklar ist, ob sie innerhalb oder außerhalb des Schutzgebietes liegen, das seit seiner Gründung 1969 lange Zeit vollkommen vernachlässigt und bis vor einigen Jahren sich selbst überlassen wurde.

Im Park existieren zwei Stützpunkte für Parkwächter, einer an der BR 116 und der zweite an der Caverna do Diabo. Letzterer ist permanent mit sechs bis sieben Angestellten besetzt, die sich jedoch fast ausschließlich um die Bewachung der Höhle und die Betreuung der Besucher kümmern. Kontrollen der Landnutzung in Andre Lopes oder in anderen Nachbarorten im Park werden allenfalls sehr sporadisch durchgeführt. Außerdem verfügt das Parkpersonal über eine nur lückenhafte Ortskenntnis der näheren Umgebung. So wurde bei der Durchführung der Befragung ein größerer Betrieb in einem nur schwer einsehbaren Tal unweit des Stützpunktes "entdeckt", von dem keiner der Parkwächter Kenntnis hatte. Darüber hinaus sind die lokalen Angestellten des Parks dem Naturschutz gegenüber eher kritisch eingestellt und können den Sinn der Restriktionen nur schwer nachvollziehen.

Die Mitarbeiter der Schutzgebietsverwaltung, die in Registro und São Paulo angesiedelt ist, vertreten dagegen eine andere Sichtweise. Seit Beginn der 90er Jahre hatte sich das IF zum Ziel gesetzt, den Schutzstatus im PE Jacupiranga nach langer Versäumnis endlich in die Realität umzusetzen. Dabei wurde zunächst einigen Bauern in Andre Lopes mitgeteilt, daß sie ab sofort nur noch einen Hektar Land bewirtschaften dürften. Oft wußten sie zu diesem Zeitpunkt noch nichts von der Existenz des Parks. In jener Zeit verschlechterte sich das Verhältnis zwischen den Bewohnern und der Parkverwal-

---

[64]Der Betreiber einer nahen Fähre über den Rio Ribeira do Iguape beschwerte sich, daß er mehrmals jede Nacht von illegalen Palmitosammlern geweckt wird, die über den Fluß setzen wollen.

tung aus verständlichen Gründen, zumal die Bevölkerung vor vollendete Tatsachen gestellt wurde.

Unwissenheit über den eigenen rechtlichen Status, Unverständnis der Funktion des Parks und Unsicherheit über ihre Zukunft bewirken auf der einen Seite ein tiefes Mißtrauen der Bevölkerung von Andre Lopes gegenüber der Parkverwaltung. Auf der anderen Seite hat die Parkverwaltung nur ungenügende Informationen über die Bewohnerschaft und steht ihr mit Argwohn gegenüber. So wurde der Verfasser mehrmals aufgefordert, nicht unbewaffnet das Gebiet zu durchwandern und fremde Haushalte zu besuchen, da unter den Bewohnern zahlreiche "Verbrecher" seien. Zu dem Zeitpunkt der Befragung hatte das IF seine Strategie der rigiden Beschränkung der Landwirtschaft bereits wieder aufgegeben, ohne daß jedoch erneut der Kontakt zur Bevölkerung gesucht wurde. Es herrschte also eine Situation, in der die Parkverwaltung zwar keine neuen Maßnahmen mehr gegen die Bevölkerung unternahm, das Gesprächs-klima zwischen beiden Seiten jedoch durch die zurückliegenden Vorfälle nachhaltig gestört war.

Nur vier befragte Betriebe haben bislang einen Bußgeldbescheid von der PFM wegen Vergehen gegen Umweltgesetze erhalten, und alle Verfahren sind nach kurzer Zeit wieder eingestellt worden. Einen Bauern machte die PFM sogar auf die Vorteile einer *multa* aufmerksam:

> "Deram uma multinha porque rocei uma mata virgem. Dizeram para mim que posso usar essa multa como comprovante, que sou posseiro."

> "Sie gaben mir ein Strafzettelchen, weil ich Primärwald abgeholzt hatte. Sie sagten zu mir, daß ich diesen Strafzettel als Beweis dafür gebrau-chen könnte, daß ich *posseiro* bin." (Übersetzung F.D.)

Obwohl der Einfluß der direkten Kontrolle der Landnutzung und der Sanktionen eher klein ist, trägt die Tätigkeit der PFM und der Parkverwaltung dazu bei, daß auch bislang nicht betroffene Landnutzer ihre landwirtschaftliche Tätigkeit einschränken. Die Hälfte der Haushalte gab an, daß sie mehr Fläche bewirtschaften würden, wenn es keine Umweltauflagen gäbe.

Ein bedeutender Konfliktpunkt neben den Nutzungsrestriktionen ist die Weigerung des IF, den Bau einer Straße in ein Nebental des Rio Ribeira do Iguape, das bislang nur über einen Lehmpfad erreichbar ist, zu genehmigen. Die Bewohner drängen die Präfektur des Munizips Eldorado, die Verkehrsverbindung notfalls auch gegen das Veto der Umweltbehörde zu schaffen und beschuldigen sie, die Rechte der Bevölkerung an den PE Jacupiranga "verraten" zu haben.

Ein anderer wichtiger Streitpunkt zwischen Bewohnern und Parkverwaltung ist die Nutzung der isoliert in den Bergen liegenden Felder und Häuser, deren Besitzer in der Siedlung leben. Nach Ansicht der Naturschutzbehörde handelt es sich dabei um bereits aufgegebene Hofstellen, die von den vermeintlichen Besitzern nur noch pro forma von Zeit zu Zeit genutzt werden, um im Falle einer allgemeinen Enteignung Anspruch auf eine Entschädigung erheben zu können. Nach Darstellung der Besitzer handelt es sich dagegen um *capuavas*, die traditionsgemäß nur sporadisch bewirtschaftet werden.

In der Tat haben in der Vergangenheit einige Bewohner von Andre Lopes bereits mehrmals Land innerhalb des Parks an Auswärtige verkauft, die von der Existenz des Schutzgebietes nichts wußten. Diese Flächen wurden dabei erst kurz vor dem Verkauf gerodet und bepflanzt, um dann als seit langer Zeit bewirtschaftetes Land angepriesen zu werden, über das der Verkäufer bereits Nutzungsrechte ausübt. Eine Entscheidung, ob es sich bei einer Fläche um eine *capuava* oder um ein "Spekulationsobjekt" handelt, kann allein aufgrund der Kenntnis der Motive des Besitzers getroffen werden. Diese werden jedoch zum einen nur selten offen dargelegt, zum anderen müssen sie nicht immer eindeutig sein und über einen längeren Zeitraum unverändert bleiben. So kann z.B. der Verkauf einer *capuava* an Fremde eine vorteilhafte Alternative zu ihrer Bewirtschaftung darstellen, wenn die Nutzungsrestriktionen im Schutzgebiet schärfer durchgesetzt werden, ohne daß diese Funktion der Fläche von vornherein feststehen muß. Da die Schutzgebietsverwaltung den informellen Bodenkauf in keiner Weise kontrollieren kann, wurde bereits die Möglichkeit angedacht, an den wichtigsten Zufahrten zum Park Schilder aufzustellen, die vor dem Kauf von Grundstücken warnen. Angesichts des extrem hohen Anteils von Analphabeten dürfte diese Strategie jedoch keinen Erfolg haben[65]. In einem Fall zerstörten Angestellte des IF eine Lehmhütte auf einer *capuava*, die der Besitzer nach eigenen Angaben nur kurzzeitig ungenutzt gelassen hatte. Die regionale Interessenvertretung der Bewohner UMJI (vgl. Kap. 4.3.3) nahm dieses Ereignis auf und verbreitete die Nachricht, die Umweltbehörden würden systematisch die Häuser der Bewohner zerstören.

Die meisten Befragten erklärten, sie würden es vorziehen, weiterhin auf ihrem Land wohnen und wirtschaften zu dürfen, anstatt gegen eine Abfindung fortzuziehen. Die im Dorf Geborenen betonen dabei oft ihre Verwurzelung an dem Ort und ihr *"direito de ser daqui"* ("Recht der Einheimischen"):

> "Seria cero não deixar mais pessoas entrar. Agora agridir o coitado que mora aqui dentro não está certo. O pessoal que vem de fora já está acostumado com a vida lá fora. Eles podem sair. Agora nós aqui não temos lugar para ir."

> "Es wäre richtig, keine weiteren Personen mehr hereinzulassen. Jedoch den Armen, der schon hier wohnt, anzugreifen, ist nicht richtig. Die Leute von außerhalb sind schon an das Leben dort draußen gewöhnt. Wir haben aber haben keinen Platz, wo wir hingehen können." (Übersetzung F.D.)

Die Vorstände von den fünf zugewanderten Familien gaben an, daß sie, in Abhängigkeit von der Höhe der Abfindungssumme, bereit wären wegzuziehen. Es läßt sich also ein deutlicher Unterschied bezüglich der "Heimatverbundenheit" der beiden Gruppen, der Einheimischen und der Zugewanderten, feststellen. Eine eventuelle Ausweisung aller Bewohner aus dem Park, wie sie trotz knapper Geldmittel noch oft von Vertretern der Umweltbehörden propagiert wird, hätte dabei grundsätzlich unterschiedliche

---

[65]Der Verfasser hatte die Gelegenheit, einen "Kaufvertrag" über ein Grundstück einsehen zu können, der ihm von einer Familie als Beweis für die Rechtmäßigkeit ihres Eigentums präsentiert wurde. Es handelte sich hierbei um ein fahrig gezeichnetes Viereck - den Grundriß des Grundstücks -, das mit Kugelschreiber auf die Rückseite eines Flugblattes gemalt war. Darüber hinaus gab es weder Angaben über den Verkäufer noch über die ungefähre Lage des Landes.

Bedeutungen für diese beiden Gruppen: Für die einen wäre sie auf jeden Fall mit dem Verlust ihrer Heimat und ihres Lebensstils verbunden; für die anderen wäre sie eine, vielleicht sogar willkommene, Möglichkeit, mit Hilfe der Abfindungssumme eine neue Existenz aufzubauen.

Von den 16 Befragten gaben 9 an, ihr Leben wäre auf jeden Fall besser, wenn es kein Schutzgebiet hier gäbe. In nur einem Fall wurde der Park als ein positiver Faktor für die eigene Situation gesehen, da er Spekulanten und Landkonflikte aus dem Dorf fernhielt. Generell steht die Bevölkerung dem Flächenschutz verständnislos gegenüber: 12 Personen konnten auf die Frage nach der Funktion des PE Jacupiranga keine Antwort geben. Die restlichen vier Befragten nannten allgemeine Ziele, wie der Schutz der Natur oder der Wasserressourcen.

Bei der Begründung der ablehnenden Haltung wurden verschiedene Argumente vorgebracht, von denen die häufigsten hier kurz dargestellt werden sollen. Zum einen wurde betont, daß der Naturschutz von außen, d.h. von Fremden, ungerechterweise der Gemeinschaft aufgebürdet wurde:

> "O Meio Ambiente matou meu marido. Ele ficou tão revoltado que pegou no coração. Vinham essa gente de fora e queriam tirar ele do lugar dele e botar num lugar onde dá nada."

> "Die Umwelt [d.h. die Umweltbehörden] hat meinen Mann umgebracht. Er wurde so wütend, daß er es mit dem Herzen bekam. Kamen die Leute von außerhalb und wollten ihn von seinem Platz vertreiben und an einen Platz setzen, wo nichts wächst." (Übersetzung F.D.)

Daneben wird kritisiert, daß die Umweltpolitik den Menschen nicht die erste Priorität einräumt:

> "A nós não dão nenhum valor. Dão mais valor a uma fera do que ao homen."

> "Uns geben sie keinen Wert. Sie geben einem wilden Tier mehr Wert als dem Menschen." (Übersetzung F.D.)

Ein anderes, allgemein gehaltenes Argument sieht in der Einrichtung von Schutzgebieten eine Verschwendung von potentiellem Land für die Landwirtschaft[66]:

> "Na região tem muito parque em lugar produtivo. Com parque se compra os alimentos fora."

---

[66]Obwohl der Verweis auf die "Verschwendung" landwirtschaftlicher Nutzfläche durch den Naturschutz oft genannt wurde, stammt das folgende Zitat interessanterweise von einem Zuwanderer, der sich für eine Zeit dem *Movimento Sem Terra* angeschlossen hatte, bevor er in diese Region kam. Das "Produktivitäts-Argument" gehört zu den wichtigsten Kritikpunkten an den Latifundien, die die Bewegung für eine Agrarreform bereits seit Jahrzehnten vorbringt. Die in Kapitel 4.3.1 erwähnte Widerspruch zwischen den beiden Funktionen des Bodens, der Schutz der Natur und die landwirtschaftliche Produktion, wird hier aufgegriffen.

"In der Region gibt es viele Schutzgebiete auf produktivem Land. In Parks muß man die Nahrung außerhalb kaufen." (Übersetzung F.D.)

Vielen Bewohnern ist es außerdem unverständlich, daß ein strenges Schutzgebiet in einem bewohnten Raum existiert:

"Não somos contra o parque. Lá atrás da caverna tem bastante mata para preservar. Más não aqui embaixo onde moram pessoas."

"Wir sind nicht gegen den Park. Dort hinter der Caverna do Diabo gibt es viel Wald zu schützen. Aber nicht hier, wo Menschen wohnen." (Übersetzung F.D.)

Neben den Konflikten und dem gegenseitigen Mißtrauen zwischen Bewohnern und Naturschutzverwaltung existieren, wenn auch bescheidene, Anknüpfungspunkte für eine Zusammenarbeit im gemeinsamen Interesse. Da ist zum einen der Widerstand gegen das Staudammprojekt Tijuco Alto im Tal des Ribeira de Iguape, das auch die Siedlung Andre Lopes betreffen würde. In diesem Bereich vertreten die Bewohner und das Umweltministerium das gleiche Interesse und kooperieren bereits indirekt in dem Verbund der Staudammgegner.

Zum anderen stellt der Tourismus eine sehr begehrte Einnahmequelle dar. Wenn es der Schutzgebietsverwaltung gelänge, diesen Wirtschaftszweig zu intensivieren und zu lenken, so daß er vor allem der vom Naturschutz betroffenen lokalen Bevölkerung zugute käme, dann würde auch die Akzeptanz des Naturschutzes unter den Bewohnern steigen. Bislang sind solche Konzepte eines auf den Tourismus aufbauenden ICDP, das die gegenwärtige Konfliktsituation entschärfen könnte, im IF noch nicht angedacht worden. Derzeit fließen alle direkten Einnahmen aus den Eintrittsgeldern in den bürokratischen Apparat des Umweltministeriums, während die Naturschutzverwaltung in den informellen Sektor, d.h. in den Verkauf von Andenken, nicht eingreift und ihn damit "dem Recht des Stärkeren" überläßt. Dabei könnte das ökonomische Potential der Touristenattraktion für den Naturschutz durch eine gelenkte Beteiligung der lokalen Bevölkerung am wirtschaftlichen Gewinn sicherlich mehr gefördert werden, als dies unter den derzeitigen Umständen heute geschieht.

Es läßt sich abschließend feststellen, daß die vom Umweltministerium propagierte Strategie der Integration der "traditionellen Bevölkerung" in dieser Fallstudie nicht einmal in Ansätzen eine Umsetzung erfahren hat. Anstatt dessen suchte die Verwaltung zunächst die Konfrontation mit der Bevölkerung. In dieser relativ kurzen Phase des rigiden Vorgehens gegen die Landnutzer wurde dabei eine mögliche Basis für eine Zusammenarbeit zwischen beiden Parteien zerstört, ohne daß auf der anderen Seite der Schutz der Natur wesentlich gefestigt worden wäre. Angesichts der ungenügenden Kontrolle durch das Parkpersonal ist es darüber hinaus unwahrscheinlich, daß eine effektive Überwachung der Landnutzung jemals sichergestellt werden kann. Aufgrund dieser Schwierigkeiten muß der Naturschutz sozusagen "von den Bewohnern selber ausgehen", um dauerhaft zu sein. In Andre Lopes sind dabei Voraussetzungen für eine nachhaltige Landbewirtschaftung vorhanden, an die angeknüpft werden kann. Ganz anders stellt sich dies in der nun folgenden Fallstudie Bela Vista dar.

5.3 Bela Vista: Pionierfront innerhalb eines Naturschutzgebietes

5.3.1 Allgemeine Charakteristik und Geschichte

Bela Vista ist ein Beispiel von ungelenkter Landnahme innerhalb eines strengen Schutzgebietes und kann als ein Brennpunkt der Konflikte zwischen Naturschutz und lokaler Bevölkerung im Vale do Ribeira gesehen werden. Anhand einer Analyse dieser Siedlung lassen sich Erkenntnisse über die sozioökonomischen Ursachen des Nutzungsdrucks auf Schutzgebiete gewinnen und eine Bewertung der Strategie der Naturschutzplanung vornehmen.

Das Dorf liegt inmitten des PE Jacupiranga nahe der Bundesstraße BR 116, entlang derer sich seit den 80er Jahren eine rasche und nahezu ungehinderte Okkupation der Parkflächen vollzieht (vgl. Kap 4.3.1). Das Gebiet liegt an der Grenze der Munizipien Barra do Turvo und Cajati. Dieser Teil des Vale do Ribeira hob sich in den 80er Jahren von dem Rest der Region ab, da hier eine absolute Zunahme der Landbevölkerung stattfand, während in anderen Gebieten die Bevölkerungszahlen im ländlichen Raum stagnierten oder sogar zurückgingen (vgl. Kap. 4.1.3). Es ist anzunehmen, daß die Besiedlung der Flächen an der BR 116 zu dieser Entwicklung beitrugen. Derzeit leben hier nach Schätzungen des IF ca. eintausend Familien in rund 13 Siedlungen.

Da Bela Vista an der wichtigen Verkehrsverbindung von São Paulo nach Curitiba liegt, die auch von vielen interregionalen Busverbindungen frequentiert wird, kann die Bewohnerschaft der Siedlung einen engen sozialen und ökonomischen Kontakt mit der Stadt Curitiba unterhalten, aus der sie auch mehrheitlich stammt. Obwohl das Dorf also im Vale do Ribeira liegt und die regionalen Rahmenbedingungen bei seiner Entstehung und Entwicklung wesentlich wirksam waren, ist die Bevölkerung in keiner Weise in der Region verwurzelt. Soziale und wirtschaftliche Beziehungen zu Cajati oder Barra do Turvo sind die Ausnahme; die Bewohner fahren eher nach Curitiba als in die regionalen Städte, wenn sie z.B. landwirtschaftliche Produkte verkaufen wollen.

In fußläufiger Entfernung von dem Dorf befindet sich die Raststelle "Manecão" an der BR116, dessen Restaurant von den Dorfbewohnern Lebensmittel abnimmt. Eine kleine Agglomeration von rund 20 Häusern liegt ca. 200 m von der Straße entfernt und ist von ihr aus nicht einsehbar. Nach Auskunft der Bewohner ist dieser kleine Dorfkern, wo sich heute auch eine von den Bewohnern erbaute Schule und drei Freikirchen befinden, erst rund vier Jahre alt und entstand, nachdem der ehemalige Besitzer sein Grundstück in kleine Parzellen aufteilte, die dann wegen ihrer günstigen Lage nahe der BR 116 schnell Käufer fanden. In der Nähe dieses "Zentrums" ist heute alles Land besetzt, und viele Familien haben ihren Wohnsitz hierher verlegt, während ihre Kulturflächen bis zu zehn Kilometer entfernt im Wald liegen. Die Erreichbarkeit der Siedlung und besonders der weiter entfernten Betriebe, die nicht im Bereich der Agglomeration liegen, ist äußerst unzulänglich, denn lehmige Trampelpfade stellen die einzigen Verkehrswege dar und verwandeln sich nach Regenfällen in auch für Fußgänger nahezu unpassierbare Schlammpisten.

Die leicht hügelige Landschaft ist geprägt von einem Nebeneinander von ausgewachse-nen Wäldern und frisch gerodeten Kulturflächen, auf denen sich in der Regel noch vom Brand verkohlte Baumstümpfe und -stämme befinden. Sukzessionsflächen gibt es nur sehr wenige. Der Charakter der Landschaft spiegelt sich auch wider in der Bauweise der

Häuser, die aus Brettern gezimmert sind. Ausgewachsene Bäume als Rohstoff sind also noch ausreichend vorhanden, so daß die holzsparende Lehmbauweise, die in Andre Lopes vorherrscht, nicht angewendet werden muß. Für den Transport von Steinen sind die Verkehrsverbindungen nicht geeignet. Bela Vista weist also viele Kulturlandschaftselemente einer rezenten Pionierfront in ehemaligen Primärwäldern auf. Anders als in Andre Lopes findet hier eine Expansion der Kulturflächen statt, und es haben sich noch keine stabilen Landnutzungssysteme herausgebildet.

Bei dem Dorf handelt es sich um eine junge Besiedlung, die erst Ende der 80er Jahre einsetzte. Auf Luftbildern aus dem Jahr 1987 lassen sich noch keine Spuren menschlicher Tätigkeit finden, und das Gebiet ist vollständig mit Wald bedeckt. Heute leben hier ca. 100 Familien. Nach Erzählungen seit längerer Zeit ansässiger Siedler kam es in den ersten Jahren der Landnahme zu Konflikten zwischen den *posseiros* und Angestellten einer *fazenda*, dessen Besitzer ebenfalls Anspruch auf das Land erhob. Interessanterweise handelte es sich bei ihnen um die Familie des ehemaligen Gouverneurs des Bundesstaates São Paulo Ademar de Barros, unter dessen Regierung seinerzeit der PE Jacupiranga ausgewiesen wurde. Die Vorwürfe, der ehemalige Politiker hätte sich am Naturschutz, d.h. an der Enteignung, bereichern wollen (vgl. Kap. 4.3.1) sind dabei besonders gravierend, weil er bei der Auseinandersetzung mit den *posseiros* von der PFM massiv unterstützt worden sein soll. Nach einigen Jahren der Konfrontation und nachdem die erste Generation der Siedler ihre Parzellen zu einem großen Teil schon weiterverkauft hatte, war der Konflikt "eingeschlafen".

5.3.2 Bevölkerung und Migration

In der Siedlung wurden insgesamt 49 Haushaltsvorstände befragt, was etwa der Hälfte der hier wohnhaften Familien entspricht. Die demographische Struktur (Abb. 10) zeigt Ähnlichkeiten mit der Siedlung Andre Lopes.

Auch in Bela Vista ist die Gruppe mit einem Alter zwischen 20 - 49 Jahren unterrepräsentiert, und es herrscht ein Überhang an Personen, die älter sind als 50 Jahre. Dies ist zunächst erstaunlich, denn in ihrer Entwicklung unterscheiden sich die beiden Dörfer grundlegend. Während es sich bei Andre Lopes um einen Raum mit stagnierender bzw. rückläufiger Bevölkerung handelt, aus dem die jüngere Bevölkerung aufgrund mangelnder ökonomischer Alternativen abwandert, stellt Bela Vista eine rezente Pionierfront dar. Für eine Erklärung dieser Tatsache müssen die Migrationsverläufe und -motive näher beleuchtet werden.

Trotz ähnlicher Altersverteilung ist der allgemeine Bildungsstand der Siedler deutlich höher als in Andre Lopes. Hier bezeichnen sich "nur" rund ein Drittel der Haushaltsvorstände (35%) und ihrer Partnerinnen als Analphabeten. Weitere 42% haben zwar die Schule besucht und können lesen und schreiben, haben jedoch den *1°grau* nicht abgeschlossen. 17% konnten acht Schuljahre absolvieren und 6% sogar noch mehr.

200

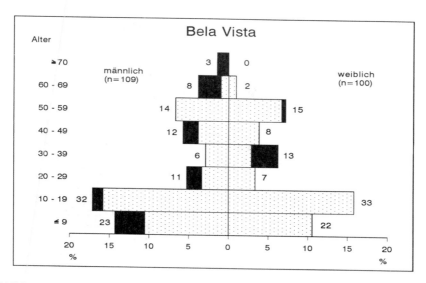

Abbildung 10: Altersstruktur der Bewohner von Bela Vista 1996
Daten: eigene Erhebung

Jahr der Ankunft	Zahl der Familien	% der aller Familien
1989 - 1990	2	4,1
1991 - 1992	16	32,6
1993 - 1994	17	34,7
1995 - 1996 (März)	14	28,6

Tabelle 9: Ankunftsjahr der Familien in Bela Vista
Daten: eigene Erhebung

Tabelle 9 zeigt, daß die weit überwiegende Mehrheit der Familien erst im Laufe der 90er Jahre zugewandert ist und daß niemand länger als acht Jahre hier wohnt. Dabei sind die Siedler der ersten Generation, die das Land Ende der 80er Jahre in Besitz genommen haben, bereits zu einem großen Teil wieder abgewandert. Die heute hier wohnhaften Siedler stellen also schon die zweite Generation dar, die ihr Land von den ursprünglichen *posseiros* kaufen mußte.

Woher kommen diese Siedler? 36 Familien (75%) haben, unmittelbar bevor sie nach Bela Vista zogen, im ca. 150 km entfernten Curitiba gelebt. Es handelt sich also um den ungewöhnlichen Fall einer Stadt-Land-Wanderung, in einer Region wie der Südosten Brasiliens, in der die Bevölkerungsbewegungen in umgekehrter Richtung, Landflucht und Verstädterung, die Entwicklung der letzten Jahrzehnte nachhaltig prägten. Betrachtet man jedoch die gesamte Lebens- und Migrationsgeschichte der befragten Personen und nicht allein die letzte Wanderungsetappe, dann zeigt sich ein etwas anderes Bild. 45 der 48 zur Migration befragten Haushaltsvorstände (d.h. 94%) wurden im ländlichen Raum geboren und haben dort ihre Kindheit verbracht, während ihre Eltern entweder als autonome Bauern, Pächter oder Landarbeiter in der Landwirtschaft tätig waren. Diese Personen haben also eine starke Bindung an den ländlichen Raum, und ihr Aufenthalt in der Stadt stellte eine mehr oder weniger lange Zwischenstation dar.

Hinsichtlich des Geburtsortes dominieren Paraná mit 18 Befragten (38%) sowie Minas Gerais und Espirito Santo (14 Befragte, d.h. 29%). Aus den südlichen Bundesstaaten Santa Catarina und Rio Grande do Sul stammen sieben (16%) und aus dem Nordosten fünf befragte Personen (11%). Nur vier Haushaltsvorstände (8%) wurden im Bundesstaat São Paulo geboren, keiner davon in der Untersuchungsregion. Dies bestätigt zum einen die Feststellung, daß diese Siedlung keine soziale Verankerung im Vale do Ribeira hat. Zum anderen wurde deutlich, daß es einen "Schlüsselraum" bei der Betrachtung der Migrationsgeschichten gibt: der Westen und Norden Paranás, der in den 50er und 60er Jahren als Expansionsfront viele Zuwanderer anzog, bevor in den 70er Jahren die Agrarmodernisierung und der Niedergang des Kaffeeanbaus zu einer massiven Freisetzung landwirtschaftlicher Arbeitskräfte führte (vgl. Kap. 3.1.2; KOHLHEPP 1989). 41 befragte Personen (d.h. 85%) verbrachten einen mehr oder minder großen Teil ihres Lebens in dieser Region. Einige von ihnen haben vor ihrer Ankunft in Bela Vista noch weitere Wanderungsetappen an jüngeren Agrarfronten durchlaufen, z.B. in Amazonien (Rondônia, Roraima) oder in Paraguay. Nach einer Phase des Lebens in der Metropole Curitiba sind diese Personen nun an eine neue, diesmal "lokale" Pionierfront gewandert.

Welche Motive waren bei der Migrationsentscheidung ausschlaggebend? Inwieweit läßt sich die Bevölkerung von Bela Vista in die Gruppe der *shifted cultivators* einordnen? Zunächst sollen für die Beantwortung dieser Fragen drei beispielhafte Biographien näher betrachtet werden:

> **D** (40 Jahre) ist einer der am längsten ansässigen Bewohner und einer der wenigen, die zur ersten Generation der Besiedlung gehören. Sein Vater hatte im Norden Paranás ein eigenes Stück Land. Mit 17 Jahren verließ er den familiären Betrieb und zog in die Stadt São Paulo, um als Hilfsarbeiter in der Industrie tätig zu sein. Zwischen 1981 und 1987 arbeitete er als Landarbeiter auf Betrieben in Paraná und im Bundesstaat São Paulo und war danach in Curitiba vor allem im Baugewerbe als saisonale Arbeitskraft tätig. 1990 nahm er sich in Bela Vista ein Grundstück, weil er nach eigener Aussage immer davon geträumt hatte, eines Tages eigenes Land zu besitzen, nachdem er sein Leben lang für Andere gearbeitet hat. Er lebt heute mit seiner fünfköpfigen Familie fast ausschließlich vom Anbau von Maniok, das an die Nachbarn, an den Rasthof sowie in Curitiba auf dem Markt verkauft wird. Daneben arbeitet er sporadisch als Lohnarbeiter auf Nachbarbetrieben. Er will auf jeden Fall in Bela Vista wohnen blieben, weil er meint, hier seinen Lebensunterhalt gesichert zu haben.

> **E** (58 Jahre) lebt mit seiner Frau und seiner jüngsten Tochter seit 1993 in Bela Vista. Geboren wurde er im ländlichen Raum des Bundesstaates São Paulo, die Familie zog jedoch bald nach seiner Geburt nach Nord-Paraná, wo sie einen kleinen Betrieb erworben hatte, der jedoch bald nach dem Umzug wegen finanzieller Schwierigkeiten wieder verkauft werden mußte. Danach verdingten sich die Mitglieder der Familie im Kaffeeanbau. 1970 ging dieser jedoch so stark zurück, daß E entlassen wurde und nach Curitiba übersiedelte, wo er im Baugewerbe arbeitete. In den letzten Jahren ver-

schlechterte sich die städtische Beschäftigungslage aber derart, daß er immer seltener eine kurzzeitige Anstellung fand. Nach dem Umzug nach Bela Vista sollte die Familie nun von der Landwirtschaft leben. Dieser Versuch ist jedoch seiner Meinung nach gescheitert, weil die Preise für landwirtschaftliche Produkte zu niedrig und die Transportmöglichkeiten ungenügend sind. Er will so bald wie möglich wieder nach Curitiba zurückkehren. Derzeit wird er von seinen erwachsenen Kindern, die in der Stadt wohnen, finanziell unterstützt, sonst könnte er nicht überleben.

Die Familie von **F** zog kurz nach seiner Geburt 1946 von Minas Gerais an die Pionierfront im Norden Paranás, wo sie einen kleinen Betrieb erwarb. Bis zum Alter von 35 Jahren blieb er auf dem familiären Betrieb, siedelte dann nach Curitiba über und arbeitete als Gehilfe auf dem Bau. 1985 erreichte ihn die Nachricht, daß bei der Kolonisation in Rondônia Bodenparzellen zu vergeben seien. Als er schließlich nach Amazonien gezogen war, konnte er jedoch kein Stück Land mehr erwerben und mußte als Tagelöhner in der Landwirtschaft arbeiten. Er kehrte nach einigen Jahren vor allem wegen der hohen Malariagefahr wieder in den Süden zurück und verdingte sich als Lohnarbeiter auf einer Kaffee-*fazenda* in Norden Paranás. Als vor drei Jahren dessen Eigentümer den Betrieb verkaufte, wurde die Produktion nahezu vollständig mechanisiert und alle Arbeiter entlassen. Als er in Bela Vista ein Stück Land erwarb, dachte er zunächst, daß es sich hier um ein Kolonisationsprojekt des brasilianischen Staates handelte, da das Gerücht umging, in naher Zukunft würden die Siedler offizielle Landbesitztitel erhalten. Er lebt heute von der autonomen Landwirtschaft für den Eigenbedarf und arbeitet als Tagelöhner auf Nachbarbetrieben.

Bei der Entscheidung der Haushalte, nach Bela Vista zu ziehen, wurden vor allem zwei Motive genannt: Zum einen gingen in den letzten Jahren aufgrund der schlechten konjunkturellen Lage viele Arbeitsplätze in der Stadt verloren. Die Schwierigkeiten, eine neue Arbeit nach der Entlassung zu finden, sind dabei besonders bei älteren Menschen groß. Daneben wurden auch die steigenden Lebenshaltungskosten in der Stadt als entscheidender Grund für den Umzug auf das Land genannt.

"Na cidade é caro e não pode plantar para sobreviver. Na minha idade é difícil achar um emprego."

"In der Stadt ist es teuer, und man kann nichts anpflanzen, um zu überleben. In meinem Alter ist es schwierig, eine Arbeit zu finden." (Übersetzung F.D.)

Neben diesen *push*-Faktoren gaben viele Befragte jedoch auch an, sie hätten schon lange vom "Leben auf dem Lande" geträumt und sich ein eigenes Stück Land gewünscht.

"Sempre gostei da roça, nunca esqueci da roça. Tambem é melhor para os filhos. Meu sonho era ter um terreno um dia. Então economizei dinheiro."

"Ich habe das Land immer gemocht und nie vergessen. Außerdem ist es besser für die Kinder. Mein Traum war, eines Tages eigenes Land zu besitzen. Also habe ich Geld gespart." (Übersetzung F.D.)

Die Bewohner von Bela Vista passen sich mit ihren Wanderungsmotiven also einerseits durchaus in das Profil von *shifted cultivators* ein. Dabei war bei dem Entschluß, aus der Stadt fortzuziehen, weniger die Eröffnung neuer Einkommensmöglichkeiten von Wichtigkeit als vielmehr die Minimierung der alltäglichen Ausgaben für Nahrung und Miete. Die Übersiedlung nach Bela Vista stellte also einen Rückzug in eine stärkere Selbstversorgung und damit, so war die Hoffnung, in eine größere Unabhängigkeit dar. Daneben waren aber auch andere Gründe als allein die Überlebenssicherung wichtig bei der Entscheidung. Für einige Personen bedeutete der Umzug nach Bela Vista die Erfüllung eines langgehegten Traumes und nicht der "letzte Ausweg". Immerhin mußte die überwiegende Mehrheit der Familien über genügend Kapital für den Kauf des Grundstücks verfügt haben. Einige haben dabei für den Erwerb eines Grundstückes ein Haus in Curitiba verkauft.

"Vim para cá em 1993. Meu vizinho me deu a informação. Disse que ia ter infrastrutura aqui. Vendemos nossa casa em Curitiba, vendi meu moto e meu sítio em Limeiras para comprar a terra aqui. Era o capital de 25 anos de trabalho. Agora vemos que vier foi um erro."

"Ich kam 1993 hierher. Mein Nachbar gab mir die Information. Er sagte, daß bald Infrastruktur käme. Wir verkauften unser Haus in Curitiba, ich verkaufte mein Motorrad und mein Land in Limeiras, um uns hier Land zu kaufen. Es war das Geld von 25 Jahren Arbeit. Jetzt wissen wir, daß es ein Fehler war zu kommen." (Übersetzung F.D.)

Dabei gingen die Käufer in der Regel von dem Glauben aus, es handele sich um eine "normale" Siedlung, in der der Staat in Kürze Landtitel an die ansässigen Bewohner verteilen würde.

"Quando cheguei falaram que logo entraria luz e essas coisas. Dizeram que a INCRA liberou a terra. Todos moradores têm cadastro da INCRA. Só depois atravéz do movimento cheguei a saber. Quando a gente começou a pedir investimento falaram que era parque. Ninguem veio avisar, era novo para nós."

"Als ich hierher kam erzählten sie, daß bald Strom und solche Sachen kommen würden. Sie sagten, daß die INCRA [die staatliche Behörde für Agrarreform und -kolonisation] das Land freigegeben hätte. Alle Bewohner sind bei der INCRA eingetragen. Erst nachher über die Bewegung [die Bewohnerorganisation] habe ich es dann erfahren. Als wir anfingen, Infrastruktur zu fordern, sagte man uns, daß das hier Park wäre. Niemand kam, um uns das zu sagen, es war neu für uns." (Übersetzung F.D.)

Die Hoffnungen vieler Bewohner, eine Existenz auf dem Lande neu aufzubauen und von der Landwirtschaft zu leben, wurden bald nach dem Zuzug enttäuscht. Nicht nur die Tatsache, daß sie innerhalb eines strengen Schutzgebietes wohnen, ist dafür verantwortlich. Die Erwartungen an die landwirtschaftliche Produktion stellen sich oft als zu hoch heraus. Der Transport ist ein großes Problem, und außerlandwirtschaftliche Arbeit ist so gut wie nicht vorhanden. Aus diesen Gründen wandern die Familien oft bereits nach kurzer Zeit wieder ab, und an vielen Häusern steht das Schild "Zu Verkaufen". Auf der

204

anderen Seite sind aber auch immer wieder Neuankömmlinge anzutreffen, die sich entweder ein Grundstück kaufen möchten, oder die bereits alleine hier leben und den Rest der Familie in Kürze aus der Stadt nachholen wollen. Es herrscht also eine hohe Fluktuation unter den Bewohnern, wobei die absolute Bevölkerungszahl tendenziell noch zunehmend ist, denn es werden derzeit in immer größerer Entfernung von der BR 116 stetig neue Flächen in Besitz genommen.

Wie stellt sich der soziale Zusammenhalt in dieser jungen Dorfgemeinschaft dar? Zwar ist auch hier der Einfluß der evangelischen Freikirchen spürbar, eine mit der religiösen Zersplitterung einhergehende soziale Fragmentierung ist jedoch nicht festzustellen. Ein wichtiges Element der sozialen Kohäsion stellt die sehr aktive Bewohnerorganisation dar, die sich z.B. bei den Munizipsverwaltungen und beim IF für die Belange der Bewohner einsetzt. Sie arbeitet eng mit der Landarbeitergewerkschaft (*Sindicato dos Trabalhadores Rurais*, STR) in Barra do Turvo zusammen und verfügt über eine relativ strikte interne Organisation der demokratischen Entscheidungsfindung. Bei Arbeiten, die im Interesse des Gemeinwesens durchzuführen sind, wie z.B. der Bau oder die Instandhaltung der Schule, wird in der Regel ein *mutirão* durchgeführt. Daneben stellen die von der *Associação dos Moradores* veranstalteten Feste und Lotterien die Höhepunkte des kulturellen Dorflebens dar. Der Grad der sozialen Geschlossenheit ist also in der neuen Siedlung Bela Vista weit größer als in dem "traditionellen" Dorf Andre Lopes, obwohl die Gemeinschaft kaum Elemente traditioneller *caipira*-Kultur aufweist. In jedem Fall ist hier auch wegen der engen Anbindung an gewerkschaftliche Strukturen die politische Durchsetzungskraft weit größer.

5.3.3 Wirtschaftsstruktur und Überlebensstrategien

Bezüglich der Einkommensquellen der Bewohner läßt sich noch eine enge Bindung an den urbanen Raum feststellen. Zwar gaben mehr als die Hälfte der Befragten an, daß ihre Haupttätigkeit in der eigenen Landwirtschaft liegt (Abb. 11), und bei insgesamt 41 Haushalten (84%) stellt die autonome Landbewirtschaftung überhaupt einen der Erwerbszweige dar. Es gibt jedoch nur einen Betrieb in Bela Vista, der allein von der Landwirtschaft und dem Verkauf seiner Produkte leben kann. Die Haushalte lassen sich grob in zwei Gruppen einteilen: Die Gruppe, die über irgendeine "außerlokale" Bargeldquelle verfügt (Renten, Lohnarbeit in der Stadt, Einnahmen aus Vermietung von Häusern, Unterstützung durch Verwandte) umfaßt insgesamt 35 Familien (71%). Der Rest (14 Haushalte, d.h. 29%) verfügt allein über lokale Einnahmen aus der autonomen Landwirtschaft oder aus Tagelöhnerarbeit auf den Nachbarbetrieben. Daneben soll der Extraktivismus von Palmherzen auch in dieser Siedlung einen wichtigen Wirtschaftszweig darstellen, nähere Informationen waren allerdings nicht zu erhalten.

Bei der Landwirtschaft dominiert die autonome Bewirtschaftung des eigenen Betriebs. Insgesamt werden nur 1% der Betriebsfläche durch einen *caseiro* verwaltet. Alle befragten Familien sind Besitzer eines Stück Landes. So stellt sich bei der Grundbesitzverteilung eine stark dekonzentrierte, fast egalitäre Struktur dar. Die Situation einer jungen Expansionsfront, in der die typischen Konzentrationsprozesse, wie sie z.B. COY (1988) für Rondônia beschrieben hat, noch kaum stattgefunden haben, spiegelt sich hierin wider. Allerdings legt die auffällige Homogenität der Grundstücksgröße - rund die Hälfte der Betriebe sind entweder genau fünf oder zehn *alqueires* groß - die Vermutung nahe, daß die Landnahme und der anschließende Verkauf des Landes durch die erste Generation von *posseiros* nicht vollkommen ungeordnet war, sondern daß zumindest in einigen Fällen das Land zur Veräußerung in gleich große Stücke parzelliert wurde. Die Vermutung kann sich jedoch nur auf dieses indirekte Indiz stützen, sonst liegen keine Hinweise auf eine organisierte Parzellierung vor, wie sie in anderen Teilen des PE Jacupiranga durchaus stattgefunden hat.

Bela Vista

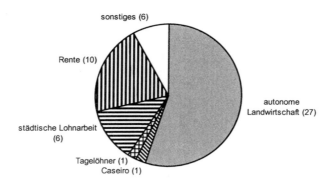

Abbildung 11: Haupteinkommensquellen der Haushalte in Bela Vista 1996
Daten: eigene Erhebung

Die Flächenanteile für Pflanzenbau und für Weide sind etwa gleich groß. Wirtschaftlich kommt der Viehhaltung jedoch eine eher untergeordnete Bedeutung zu. Die Marktanbindung der Betriebe ist noch relativ schwach ausgeprägt. So verkaufen nur 20 Haushalte (41%) einen Teil ihrer landwirtschaftlichen Produktion entweder in der Nachbarschaft, an den Rasthof oder in Curitiba. In vielen Fällen befindet sich die Landwirtschaft derzeit noch in der Aufbauphase.

> "Até agora só estou investindo. Ainda não posso dizer nada sobre a agricultura. Minha perspectiva é plantar para o gasto e vender o que sobrou."

> "Bis jetzt investiere ich nur. Noch kann ich nichts über die Landwirtschaft sagen. Mein Plan ist, für den Eigenverbrauch anzubauen und zu verkaufen was übrig ist." (Übersetzung F.D.)

In diesem Zeitraum geben viele Betriebe wieder auf, da die Produktions- und Vermarktungsbedingungen schlechter sind als erwartet und die Hoffnungen der Siedler auf baldige Schaffung von Infrastruktur (Straße, Strom etc.) vom IF enttäuscht werden.

Auch die landwirtschaftlichen Flächennutzungssysteme zeigen noch wenig Elemente eines stabilen Systems. Organische oder chemische Düngemittel werden wegen Kapitalmangels und Transportschwierigkeiten kaum eingesetzt, und nur vier Betriebe führen eine Form von Flächenrotation durch. Die restlichen Landnutzer bewirtschaften bislang immer die gleiche Fläche. Dabei wird die Fruchtbarkeit des Bodens sehr hoch eingeschätzt, und die Meinung, daß die Produktivität des Bodens mit der Länge der Bewirtschaftungszeit eher zu- als abnimmt, ist weit verbreitet.

> "Sempre planto na mesma área. Para fazer rotação tem que desmatar muito. Acho que a produção melhora cada vez."

> "Ich arbeite immer auf der gleichen Fläche. Um Rotation zu betreiben, muß man viel Wald roden. Ich glaube, daß die Produktion immer besser wird." (Übersetzung F.D.)

Bei der Bewertung der Stabilität der Nutzungssysteme muß beachtet werden, daß die Inkulturnahme der Fläche erst wenige Jahre zurückliegt und vor allem Primärwälder gerodet wurden. Dies bedeutet, daß der landwirtschaftliche Anbau derzeit noch von einem hohen Nährstoffgehalt, einer Senkung des pH-Wertes durch die alkalisch wirkende Asche und günstigen bodenphysikalischen Voraussetzungen profitieren kann. Einige Betriebe bemerken jedoch bereits Anzeichen sinkender Bodenfruchtbarkeit.

> "Este ano vou fazer rotação, deixar a terra descansar. A produção já cai e a grama toma conta da área."

> "Dieses Jahr werde ich mit der Rotation anfangen, den Boden ausruhen lassen. Die Produktion geht schon zurück, und das Gras breitet sich auf der Fläche aus." (Übersetzung F.D.)

Andere Landnutzer befinden sich derzeit noch in einer "Experimentierphase" und geben an, daß sie noch wenig Wissen über die Vor- und Nachteile einzelner Nutzungsstrategien hätten.

> "Ás vezes planto no mesmo lugar, ás vezes não. Ainda não dá para saber o que vou fazer no futuro."

> "Manchmal pflanze ich auf der gleichen Fläche, manchmal nicht. Noch kann ich nicht sagen, was ich in Zukunft tun werde." (Übersetzung F.D.)

Es ist also abzusehen, daß bei unveränderter Nutzungsintensität die Produktivität der Flächen in der näheren Zukunft sinken wird, wenn keine Nähstoffe in Form von Dünger zugeführt werden. Da dies nicht wahrscheinlich ist, ist die Inkulturnahme neuer Waldflächen gewissermaßen unausweichlich. Die Rodung der noch erhaltenen Primärwälder dürfte daher weiter voranschreiten, auch wenn die absolute Bevölkerungszahl nicht ansteigt oder gar leicht zurückgeht. Da zur Zeit durchschnittlich erst rund 31% der Grundstücke genutzt werden, sind noch Flächenreserven zur Expansion vorhanden.

Die Landnutzung in Bela Vista stellt ein ausgeprägtes Beispiel von *nutrient mining* dar, denn sie basiert nicht auf einem flächenstabilen System, sondern ist, da sie auf die Nutzung der im Primärwald vorhandenen Nährstoffreserven aufbaut, auf eine stetig Inkorporation neuer Flächen angewiesen. Die Kommentare der Bewohner zeigen dabei jedoch, daß *nutrient mining* nicht unbedingt eine bewußte Strategie der Landnutzer darstellen muß, wie es der Begriff suggerieren mag. Vielmehr sind fehlende Informationen, unrealistische Einschätzung der Zukunftsperspektiven und mangelndes Kapital wichtige Faktoren bei der Herausbildung dieses nicht nachhaltigen Nutzungsystems.

Die Arbeitskraft in der Landwirtschaft rekrutiert sich vor allem aus der Familie. Rund die Hälfte der Betriebe beschäftigt jedoch von Zeit zu Zeit Tagelöhner. Das sind meist diejenigen Personen, die über keine außerlokalen Einkommensquellen verfügen. Eine fast egalitär anmutende Sozialstruktur, wie sie sich in der Grundbesitzverteilung darstellt, herrscht also in Bela Vista nicht vor. Diese interne Differenzierung, die auf einen unterschiedlichen Zugang zu urbanen Bargeldquellen beruht, manifestiert sich allerdings noch kaum in Unterschieden bei der materiellen Ausstattung der Haushalte und Betriebe. Derzeit stellt die Kürze der Besiedlungszeit noch den dominanten Faktor dar, der die durchaus vorhandene sozioökonomische Schichtung noch überlagert. Nach einer ersten Etablierung der Haushalte dürfte sich eine Differenzierung der sozialen Struktur jedoch stärker herausbilden. In Bela Vista finden wir also nicht nur ein nicht nachhaltiges Landwirtschaftssystem vor, sondern auch eine instabile sozioökonomische Situation.

5.3.4 Einfluß der umweltpolitischen Maßnahmen

Bela Vista ist heute ein Brennpunkt der Zerstörung des Atlantischen Regenwaldes im Vale do Ribeira. In anderen Gebieten des PE Jacupiranga, wie an der östlichen und westlichen Grenze, ist das Schutzgebiet schon vollkommen decharakterisiert (vgl. Karte 7).

An der BR 116 gibt es außerdem Siedlungen, in denen die Entwicklung bereits weiter vorangeschritten ist, wie z.B. in der nördlich anschließenden Siedlung Conchas. Es ist jedoch nicht allein die ungeordnete Okkupation der Fläche durch Kleinbauern, die für die Abholzungsdynamik verantwortlich zu machen ist. Gegenüber von Bela Vista, auf der anderen Seite der BR 116, existieren zwei größere *fazendas*, die weite Flächen in Weideland umgewandelt haben. Eine davon, unmittelbar südlich des Rasthofes Manecão gelegen, ist derzeit in einen gewalttätigen Landkonflikt mit *posseiros* verwickelt. Nach Aussage lokaler Familien versucht der Betreiber der *fazenda*, seine Weidefläche kontinuierlich auszudehnen, wobei auch Flächen von lokalen Kleinbauern "überrollt" werden. Diese Großbetriebe existieren noch innerhalb des strengen Schutzgebietes, weil die Besitzer das Umweltministerium auf die Zahlung einer hohen Abfindungssumme verklagt haben. Der Fall befindet sich bereits seit Jahren vor Gericht[67].

Die intensivste Phase der Rodung in Bela Vista lag nach Auskunft der Bewohner in den Jahren 1994 und 1995. Das in Karte 7 ausgewertete Satellitenbild zeigt also eine Situation, in der die Abholzung noch immer stark voranschritt. Der Waldanteil dürfte bis zum Zeitpunkt der Befragung 1996 also noch weiter zurückgegangen sein. Wie konnte es zur Entstehung einer solchen naturzerstörerischen Pionierfront innerhalb eines strengen Schutzgebietes kommen, das eigentlich jegliche Nutzung verbietet? In den Kapiteln 3.4.3 und 4.3.1 wurde bereits auf die problematische Tradition der brasiliani-

---

[67]Die in Kapitel 4.3.1 angesprochene mangelnde juristische Präsenz der Umweltbehörden bei solchen Fällen der *desapropriação indireta* dürfte in diesem Fall u.a. zur Verzögerung der Verfahren geführt haben.

schen Umweltpolitik hingewiesen, einige Naturschutzgebiete weitgehend sich selbst zu überlassen. Der PE Jacupiranga ist ein Paradebeispiel eines solchen *paper parks*. Ist der desolate Zustand des Parks jedoch allein auf die mangelnde finanzielle und personelle Ausstattung der Parkverwaltung zurückzuführen, oder lassen sich auch andere Gründe aufzeigen? Diese Frage soll im folgenden u.a. im Vordergrund stehen.

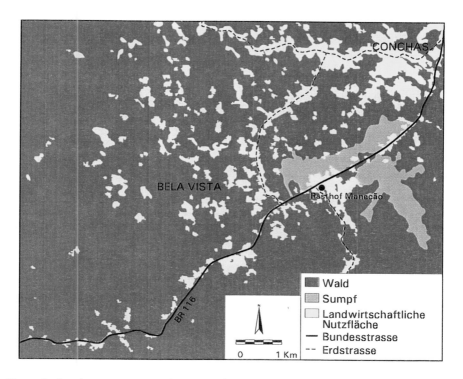

Karte 7: Landnutzungsmuster in Bela Vista 1994: Klassifikation eines Ausschnittes einer Landsat-TM-Szene vom 18.07.1994

Der Stützpunkt der Parkwächter liegt ca. zehn Kilometer entfernt von Bela Vista an der BR 116. Da die Siedlung Bela Vista und die Kulturflächen sich nicht direkt an der Bundesstraße befinden, sondern hinter einem gut 200m breiten Waldsaum liegen[68], müßten die Parkwächter das Gebiet zu Fuß aufsuchen, um es zu kontrollieren. Da dies nur in sehr seltenen Fällen gemacht wird, verfügen die Parkwächter und die Schutzgebietsverwaltung über sehr wenig Informationen über die Entwicklung in diesem Gebiet. So ist das IF bei der Bestimmung der Einwohnerzahl auf grobe Schätzungen

---

[68]Fährt man auf der BR 116 durch den PE Jacupiranga, läßt sich der Eindruck gewinnen, daß der Park in diesem Teil noch relativ gut erhalten ist, da nur sehr vereinzelt kleine Felder von der Straße aus einzusehen sind.

angewiesen, und es liegen den Umweltbehörden keine Kenntnisse über die sozioökonomische Struktur vor[69].

Ein wichtiger Faktor neben der schlechten "technischen Erreichbarkeit", d.h. dem mangelhaften Zustand der Straße, ist die latente Furcht der Parkwächter und der Angehörigen der Parkverwaltung vor den Bewohnern, unter denen sie viele aus Paraná über der Grenze geflüchtete Kriminelle vermuten[70]. Aufgrund dieses starken Mißtrauens gegenüber der Bevölkerung werden Kontrollen im äußersten Fall mit dem Auto durchgeführt[71]. Bela Vista, das nur zu Fuß zu erreichen ist, müßten die Parkwächter "ungeschützt" durchwandern. Aufgrund der Abwesenheit einer Kontrolle wußten viele Siedler nichts von der Existenz des Schutzgebietes, als sie hier Land kauften. Einige Befragte erzählten in den Interviews sogar von ihrer anfänglichen Verwunderung über die Existenz eines so großen dünn besiedelten Gebietes in dieser Lage.

> "Quando cheguei aqui até fiquei confuso: tanta mata tão perto de Curitiba."

> "Als ich hier ankam war ich zunächst sogar verwirrt: so viel Wald so nahe bei Curitiba." (Übersetzung F.D.)

Bei der Entscheidung, hier Land zu kaufen, scheint der INCRA (*Instituto Nacional de Colonização e Reforma Agrária*), der nationalen, für Agrarreform und -kolonisation zuständigen Behörde, eine Schlüsselrolle zuzukommen. Zum einen sind die Grundsteuern an diese Institution zu entrichten, die über einen gewissen Zeitraum gezahlt werden müssen, um eine *legitimação de posse* beantragen zu können. Die Behörde nimmt alle Zahlungen von *posseiros* an, ohne zu fragen, wo sich das Grundstück befindet, auf das Anspruch erhoben wird. Viele Kleinbauern glauben hingegen, die Quittung über ihre Zahlung an die INCRA stelle schon so etwas wie einen vorläufigen Besitztitel dar.

> "O parque tem que ser vigilado para ninguem entrar. Aqui todo mundo tem papel da INCRA. A INCRA não devia registrar uma área num parque."

> "Der Park sollte so überwacht werden, daß niemand mehr hereinkommt. Hier haben alle ein Papier von der INCRA. Die INCRA sollte keine Grundstücke innerhalb des Parks aufnehmen." (Übersetzung F.D.)

Daneben wurde einigen Käufern von den Vorbesitzern der Eindruck vermittelt, daß es sich bei Bela Vista um ein *assentamento* handle. Dabei scheinen in einigen Fällen sogar

---

[69]Dies erklärt auch die Angst der Bewohner, die in dieser Untersuchung erhobenen Daten könnten an das IF weitergegeben werden. Auf dieses Thema wird später noch eingegangen.

[70]Auch hier wurde der Verfasser eindringlich gewarnt, das Gebiet nicht unbewaffnet aufzusuchen. Mitglieder der Verwaltung rieten außerdem vollkommen von einer Befragung der Bewohner ab, da in Bela Vista die Gefahr zu groß sei. So war der Verfasser, als er das Gebiet aufsuchte, auch "auf das Schlimmste gefaßt", wurde jedoch in seinen Befürchtungen nicht bestätigt.

[71]Aber auch dabei ist der Respekt vor den Bewohnern groß. So stand bei einer Kontrollfahrt in der Siedlung Conchas ein kleines von Unbekannten aufgestelltes Kreuz auf der Straße. Die Parkwächter sahen hierin eine konkrete Drohung, und es wurden bis auf weiteres keine Fahrten nach Conchas mehr unternommen.

Mitarbeiter der INCRA Hinweise auf die Möglichkeit gegeben zu haben, hier Land zu erwerben.

"Já passei por Jacupiranga uma vez. Não sabia se era do estado ou latifundio. A INCRA do Paraná me deu a informação da área. A INCRA de Cajati me disse que tem gente lá e que pode comprar terreno. Não falaram que era parque."

"Ich bin schon einmal an Jacupiranga [d.h. am PE Jacupiranga] vorbeigefahren. Ich wußte nicht, ob es dem Staat gehörte oder ein Großgrundbesitz war. Die INCRA in Paraná gab mir den Hinweis auf das Areal. Die INCRA in Cajati sagte mir, daß dort Leute wohnen würden und daß man Land kaufen könnte. Keiner hat mir etwas vom Park gesagt." (Übersetzung F.D.)

Die Bewohner durchschauen oft nicht den Unterschied zwischen der INCRA und den Umweltbehörden und sehen den Staat als einen homogenen Akteur. Die "inneren Widersprüche" staatlichen Handelns zwischen den Zielen der Agrarreform einerseits, eine produktive Nutzung des Landes zu fördern, und der Naturschutzpolitik andererseits, eine Nutzung bestimmter Gebiete zu verhindern, sind ihnen nicht einsichtig.

Mittlerweile wissen die meisten Bewohner, daß ihre Anwesenheit im PE Jacupiranga illegal ist. 1995 gab es zwei Versammlungen der Bewohner mit Vertretern der Naturschutzbehörde, wobei bei einem Termin auch der damalige Direktor des IF Clayton Ferreira Lino anwesend war. Er machte bei diesem Anlaß den Bewohnern vage Versprechen bezüglich der Genehmigung von Infrastrukturmaßnahmen. Zum Zeitpunkt der Befragung war er als Direktor des Instituts bereits wieder abgesetzt worden, und die gemachten Zusagen paßten nicht mehr in die neue Strategie der Behörde, die nunmehr auf Konfrontation mit den Bewohnern ausgelegt war. Die *Associação dos Moradores* in Bela Vista ist nach dieser Enttäuschung nicht mehr zu einem Entgegenkommen und einem Dialog mit dem IF bereit. Die angesichts der derzeitigen Politik zunehmende Furcht der Bewohner vor Repressalien oder einer Ausweisung machte es im Vorfeld der Feldforschungen für den Verfasser notwendig, umfassende Überzeugungsarbeit und Vertrauensbildung auf mehreren Bewohnerversammlungen zu leisten, bevor mit der Befragung begonnen werden konnte. Das Protokoll der ersten dieser Sitzungen gibt ein Bild vom Grad des Mißtrauens gegenüber den Naturschutzbehörden und vom Selbstbild der Bewohner. Besondere Verärgerung löste ein Schreiben des IF aus, in dem die Bewohnerorganisation aufgefordert wurde, eine Erhebung der gesamten Bevölkerung des Bairros durchzuführen, damit die Naturschutzbehörde in der Lage wäre zu entscheiden, wer als "traditioneller Bewohner" angesehen werden und damit ein Bleiberecht erhalten könnte. Die restlichen Familien sollten ausgewiesen werden.

Es wird also deutlich, daß der Einfluß der direkten Landnutzungskontrolle durch die Parkwächter und die PFM auf die Landwirtschaft ähnlich wie in Andre Lopes eher gering einzustufen ist. Nur drei der Betriebe hatten jemals Kontakt mit den naturschutzfachlichen Kontrollorganen. Zwar gaben 25 Befragte (51%) an, daß sie gerne mehr Land bewirtschaften, d.h. roden würden. In 19 Fällen wurde dabei jedoch der Mangel an Arbeitskraft oder Kapital zur Beschäftigung von Tagelöhnern als Grund genannt und nur in drei Fällen die Furcht vor den Umweltbehörden. Zweimal wurde fehlender Grundbesitz als Ursache genannt. Angesichts dieser fehlenden Kontrolle beschweren sich einige Bewohner sogar über die rücksichtslose Naturzerstörung durch andere Dorfbewohner.

> "Tem gente aqui que cortam madeira, palmito e destrõem tudo e não deixam reserva na área. A PFM fecha olhos para coisas."

> "Es gibt hier Leute, die Bäume und Palmherzen schlagen und alles zerstören, ohne eine Reserve auf dem Grundstück zu lassen. Die PFM schließt die Augen dabei." (Übersetzung F.D.)

Der Hauptstreitpunkt zwischen den Bewohnern und dem IF ist nicht die Kontrolle der Landnutzung, sondern die Blockade von Infrastrukturmaßnahmen. Die Bewohnerorganisation fordert den Ausbau und Erhalt der das Bairro kreuzenden Straße und den Anschluß an das Stromnetz. Die Munizipsverwaltung von Barra do Turvo, die bereits seit Jahrzehnten gegen den Park ankämpft, wäre zur Leistung dieser Arbeiten bereit, erhält jedoch keine Erlaubnis vom IF[72]. Dabei hat der schlechte Zustand der Straße durchaus ambivalente Folgen für die Umweltsituation in Bela Vista: Einerseits ist die Befürchtung des IF sicherlich berechtigt, daß mit einer verbesserten Verkehrsanbindung auch der Besiedlungsdruck auf das Gebiet ansteigen würde. Andererseits wird aber auch die Kontrolle der Landnutzung beinahe unmöglich gemacht. Ein Landnutzer gab an, er hätte die Strategie, zuerst sein gesamtes Land zu roden und urbar zu machen und sich erst im Anschluß daran für die Schaffung einer Verkehrsverbindung einzusetzen. Die Patrouillen der PFM werden ihm dann keine *multa* mehr erteilen könnten, da es auf seinem Betrieb keine frisch abgeholzten Flächen mehr geben wird.

Angesichts der ungehindert voranschreitenden Abholzung und der spärlichen Präsenz der Umweltbehörden vertreten viele Bewohner die Meinung, daß Bela Vista nicht innerhalb eines strengen Schutzgebietes liegt, weil ja nur noch wenig Wald vorhanden ist, der geschützt werden müßte.

> "Se fosse um parque de verdade não tinham deixado entrar tanta gente, teria guardas. O parque fica para lá de Cajati e Jacupiranga, aqui não é parque. Se fosse parque teria fazenda?!"

> "Wenn dies ein wirklicher Park wäre, dann hätten sie nicht so viele Leute hereingelassen, dann wären hier Parkwächter. Der Park liegt dort bei Cajati und Jacupiranga, hier ist kein Park. Wenn es ein Park wäre, gäbe es dann Großbetriebe?" (Übersetzung F.D.)

Nach dieser Logik wird der faktischen Situation eine größere "Realität" zugeschrieben als abstrakten Planungsvorgaben. Die Bewohner stellen sich selbst als produktiv arbeitende Bevölkerung dar, die den Boden kultiviert und damit auch den erklärten Zielen des Staates entgegenkommt, die unproduktiven *latifundien* zu beseitigen. In vielen Fällen wurde auf die benachbarten *fazendas* verwiesen, die scheinbar noch immer ungehindert wirtschaften können.

---

[72]An diesem Fall läßt sich die in Kapitel 4.3.1 erwähnte Klage der Munizipien nachvollziehen, sie erhielten mit der Neuverteilung der Steuerzuweisungen durch den *ICMS Verde* zwar mehr Gelder, dürften aber auf der anderen Seite nicht frei über sie verfügen.

"Quando criaram o parque já existiam posseiros aqui dentro. Nunca barraram nada. Tem um posto de gasolina, tem fazendeiros. Agora só encomodam os pequenos. Se é parque vale para todos, não só para os pequenos."

"Als sie den Park gründeten, gab es hier schon *posseiros*. Nie haben sie etwas verhindert. Es gibt eine Tankstelle und Großbetriebe. Nun behindern sie nur die Kleinen. Wenn dies ein Park ist, dann gilt das für alle, nicht nur für die Kleinen." (Übersetzung F.D.)

Sollte es tatsächlich zu einer Ausweisung aller Bewohner kommen, dann besteht der schwierige Fall, daß sie zwar einerseits kaum offizielle Rechte besitzen, weil sie illegalerweise hier siedeln. Andererseits haben die meisten ihr Land von Dritten erworben, die nun nicht mehr auffindbar sind. Die Entwicklung in Bela Vista ist also bereits so weit vorangeschritten, daß soziale Härten nur noch schwer zu vermeiden sind, denn ein Großteil der Siedler hat sein gesamtes Kapitel in den Kauf des Landes investiert. Sie sind gewissermaßen hier "gefangen".

"Não temos condições para comprar outro sítio. A gente vendia a terra, más não vai dar para comprar outro sítio. Temos que ficar aqui."

"Wir haben kein Geld, um einen neuen Betrieb zu kaufen. Wir würden das Land verkaufen, aber das wird nicht reichen, um irgendwo einen anderen Betrieb zu kaufen. Wir müssen also hier bleiben." (Übersetzung F.D.)

Der Verfasser hatte während seines Aufenthaltes im Bairro die Gelegenheit, einer Versammlung beizuwohnen, auf der Arnaldo Neves Júnior, der Vorsitzende der UMJI (vgl. Kap. 4.3.3), den Anwesenden die Strategie der Bewohnerorganisation der EEJI darlegte, die eine Umwandlung des Schutzgebietes in eine *Reserva Extrativista* fordert. Der Vorschlag stieß in Bela Vista jedoch auf heftige Ablehnung, da es in diesen Schutzgebieten verboten ist, sein Land zu verkaufen. Dabei wurde angemerkt, daß sich die Siedler derzeit noch in einer Aufbau- und Experimentierphase befänden und sich aus diesem Grund die Option offenhalten müßten, im Notfall ihr Land wieder verkaufen zu können, wenn sich herausstellen sollte, daß sie nicht von der Landwirtschaft überleben könnten, zumal die Schaffung der notwendigen Infrastrukturmaßnahmen noch immer aussteht.

In Kapitel 3.1.3 wurde die Nutzungsstrategie des *nutrient mining* als eine Mischform aus Produktion, Extraktion und Spekulation herausgestellt, und tatsächlich ist ein deutliches "spekulatives Element" bei der Entwicklung in Bela Vista zu erkennen. Zum einen stützt sich die derzeitige landwirtschaftliche Nutzung noch stark auf die Abundanz von Boden, der billig zu erwerben ist. Bei höheren Preisen für Land wäre diese Form der Landwirtschaft nicht möglich. Zum anderen stellt die Möglichkeit, das Land wieder zu verkaufen, einen wichtigen Faktor bei der Überlebensstrategie der Bewohner dar, wobei beim Verkauf der Boden in erster Linie ein Spekulationsobjekt darstellt. Auch wenn die Fläche von den Bewohnern vor allem als Objekt der Arbeit angesehen wird (*terra de trabalho*; Nutzwert des Bodens), kommt ihrem Tauschwert (*terra de negócio*) dennoch eine fundamentale Bedeutung in den lokalen Handlungsstrategien zu. Könnten die Bewohner von Bela Vista jedoch deshalb zu Recht als "Spekulanten" bezeichnet werden? In Bela Vista läßt sich die in Kapitel 3.1.3 bereits angedeutete Schwierigkeit erkennen, daß landwirtschaftliche Produktion und Bodenspekulation oft nur schwer voneinander trennbar sind. Wie in der Fallstudie Andre Lopes bereits ausgeführt, stellen bei Kleinbauern Produktion und Spekulation häufig alternative Handlungsstrategien dar, deren Gewichtung sich im Laufe der Zeit immer wieder verschieben kann.

In jedem Fall ist es wahrscheinlich, daß die hohe Fluktuation in Bela Vista in den nächsten Jahren noch anhalten wird, wenn keine grundlegende Änderung der Schutzstrategie stattfindet. Das IF befindet sich derzeit diesbezüglich in einem Dilemma: Auf der einen Seite ist eine Ausweisung der Bewohner nicht möglich, da das Geld für die Enteignung fehlt. Eine gewaltsame Ausweisung ohne die Zahlung von Abfindungen ist aber zum anderen politisch nicht durchsetzbar. Statt dessen wird, wie auch in Andre Lopes, die Schaffung von Infrastruktur durch die Munizipien blockiert. Damit fördern die Umweltbehörden einen stets neuen Wechsel der Bewohnerschaft, denn viele Siedler geben nach kurzer Zeit wieder auf, weil die Rahmenbedingungen so ungünstig sind. Auch in nächster Zukunft wird kaum Mangel an potentiellen Käufern aus Curitiba herrschen. Eine Stabilisierung der Verhältnisse wird also verhindert, was negative Folgen für die Umweltsituation nach sich zieht, denn jeder neue Siedler rodet ein neues Stück Land.

Die Parkverwaltung hat jedoch bei weitem noch nicht alle Möglichkeiten zur Lösung oder wenigstens Eindämmung des Problems ausgeschöpft. Nach den beiden Versammlungen in Bela Vista wurde das Bairro mehr oder weniger sich selbst überlassen, und der Dialog, sofern er überhaupt bei den Treffen in Gang gekommen war, kam vollkommen zum Erliegen. Damit blieb das beiderseitige Informationsdefizit bestehen - die Parkverwaltung weiß wenig über die Bewohner, und die Bewohner bleiben im Unklaren über die Ziele der Umweltpolitik und über die Strategie des IF. Es ist also vor allem wichtig, die Kommunikation wieder aufzunehmen und gegebenenfalls unter Vermittlung durch eine dritte Partei ("neutrale" Nichtregierungsorganisationen, Universitäten, Entwicklungsorganisationen etc.) nach gemeinsamen Lösungswegen zu suchen.

Das Fallbeispiel illustriert, daß fehlende oder falsche Informationen und unrealistische Zukunftsperspektiven ganz wesentliche Ursachen von Naturzerstörung sein können. In Bela Vista wird der Wald nicht abgeholzt, weil es an Nahrungsmitteln für eine wachsende Bevölkerung fehlt, denn in der Tat ist die landwirtschaftliche Produktion der Siedlung eher gering. Die Bewohner roden den Wald auch nicht, weil sie keine anderen Alternativen haben, denn für viele bedeutet die Rückkehr auf das Land weniger den letzten Ausweg, sondern die Erfüllung eines Lebenstraumes. Es muß ebenfalls beachtet werden, daß sie, um das Land zu kaufen, über Kapital verfügen mußten; ihnen standen also damals durchaus verschiedene Handlungsalternativen zur Auswahl. Lassen sich durch eine stärkere Einbeziehung der Bewohner in das Schutzmanagement die bestehenden Konflikte entschärfen und die Umweltsituation verbessern? Die nächste Fallstudie, die in der EEJI angesiedelt ist, soll die Erfolge und Schwierigkeiten der dort verfolgten "modernen" Strategie aufzeigen.

5.4 Barro Branco: Tourismus und Hausverwalter

5.4.1 Allgemeine Charakteristik und Geschichte

Barro Branco ist wie Bela Vista eine Siedlung innerhalb eines strengen Schutzgebietes mit einem hohen Anteil an Zuwanderern; dennoch herrschen hier vollkommen andere sozioökonomische Rahmenbedingungen, denn die Bedeutung der autonomen Landbewirtschaftung ist bereits stark zurückgegangen. Dagegen prägen der Tourismus, die Beschäftigung als *caseiro* (Hausverwalter in Wochenendhäusern) und Lohnarbeit die lokale Wirtschaftsstruktur. Dementsprechend sind die Folgen des Naturschutzes grundsätzlich andere als in den beiden ersten Fallstudien.

Das *bairro* liegt in der Estação Ecológica Juréia-Itatins (EEJI; vgl. Kap. 4.3.3) und gehört zum Munizip Peruíbe. In der regionalen Analyse (vgl. Kap. 4) wurde dieses Munizip nicht mit zum Vale do Ribeira gezählt, da es sozialräumlich zum *litoral sul*, dem Küstenstreifen zwischen Santos und Peruíbe, zu rechnen ist, in dem der expandierende Tourismussektor in den letzten Jahrzehnten zu einem Bevölkerungswachstum sowie zu einer enormen Expansion der Siedlungsflächen geführt hat (WEHRHAHN 1994a). Die Siedlung Barro Branco, die an der Grenze zum Munizip Iguape liegt, ist jedoch in ihrer Charakteristik eher dem Vale do Ribeira zuzuordnen, zumal es sich hier um einen eindeutig ländlich geprägten Raum handelt.

Das Dorf ist über eine Erdstraße zu erreichen, die sich die meiste Zeit des Jahres auch mit PKW gut befahren läßt. Nach starken Regenfällen ist die Verkehrsverbindung, auf der normalerweise mehrmals am Tag ein Personenbus nach Peruíbe verkehrt, jedoch oft unpassierbar. Die Straße führt, nachdem sie Barro Branco gequert hat, weiter nach Barra do Una, einem kleinen Fischerdorf am Meer, das vor allem von Tagestouristen aus Peruíbe für den Strandbesuch aufgesucht wird. Ein weiterer Fahrweg, der in Barro Branco abzweigt, führt an den Wasserfall Cachoeira do Paraíso, der ebenfalls für Tagesausflüge von Peruíbe aus genutzt wird. Nach WEHRHAHN (1994, S. 164ff), der den Tourismus in der EEJI eingehend analysiert hat, frequentieren ca. 120.000 Besucher jährlich diese beiden Orte.

Bei der Ausweisung der EEJI spielte die soziale Dimension eine wesentliche Rolle, was sich auch anhand der Grenzziehung nachvollziehen läßt. So wurde u.a. die Siedlung Barro Branco mit in das Schutzgebiet aufgenommen, obwohl ihnen ein nur geringer ökologischer Wert zukommt. Der Grund dafür lag in den blutigen Landkonflikten zwischen lokalen *posseiros* und Bodenspekulanten, die seit Anfang der 80er Jahre bereits einige Tote gefordert hatte. Einige Bewohner erinnern sich noch an die Zeit, in der ihre Hütten niedergebrannt und sie von *janguços* (Privatsöldnern im Dienste von Großgrundbesitzern) mit dem Leben bedroht wurden. Mit der Einbeziehung dieses Raumes in die EEJI wollten die Verantwortlichen des Umweltministeriums diese Konflikte endgültig zugunsten der Kleinbauern befrieden, denen Nutzungskonzessionen und ein Bleiberecht eingeräumt werden sollten (SMA 1989; QUEIROZ 1992, S. 137). Mit der Ausweisung der EEJI fanden dann die gewaltsamen Auseinandersetzungen tatsächlich ein Ende. Seitdem können die Grundbesitzverhältnisse als relativ gefestigt angesehen werden.

Die Landschaft in Barro Branco wird entlang der Straße von landwirtschaftlichen Nutzflächen oder niedrigen Sekundärwäldern beherrscht. In größerer Entfernung vom

Verkehrsweg, an dem sich auch die Mehrzahl der Wohnhäuser befindet, ist der ausgewachsene Wald in der Regel erhalten geblieben. Mit seinen vorwiegend aus Stein gebauten Häusern, die alle an das Stromnetz angeschlossen sind, erweckt der Ort generell den Eindruck bescheidener Prosperität.

5.4.2 Bevölkerung und Migration

In Barro Branco wurden im Februar 1997 in 52 Haushalten Interviews geführt, was über der Hälfte der wohnhaften Familien in dieser Siedlung entspricht. Dabei ergab sich, daß die Altersverteilung in diesem Dorf nicht die deutliche Lücke bei den 20- bis 50-jährigen aufweist wie die Fallstudien Andre Lopes und Bela Vista. Eine Ursache dafür könnte in der großen Nähe und guten Erreichbarkeit des Arbeitsmarktes im Tourismusort Peruíbe liegen, in dem junge Familien eine außerlandwirtschaftliche Lohnarbeit finden können. Ein typisches Element eines ländlich geprägten Raumes ist hingegen der Überhang an Männern bei der Gruppe der über 50-jährigen.

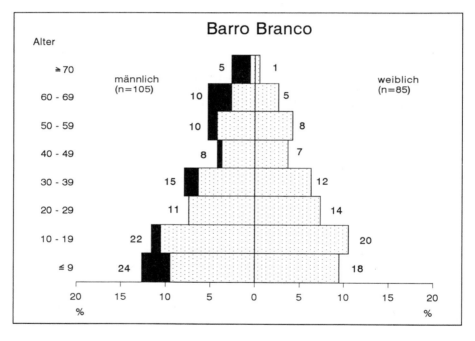

Abbildung 12: Altersstruktur der Bewohner von Barro Branco 1997
Daten: eigene Erhebung

Bezüglich der Schulbildung ist Barro Branco weniger einheitlich. Auf der einen Seite gibt es mit 42% (38 Fälle) einen relativ hohen Anteil an Analphabeten unter den

216

Haushaltsvorständen und ihren Partnerinnen. Auf der anderen Seite haben jedoch 13 Personen (14%) mehr als acht Jahre Schulbildung.

WEHRHAHN (1994a, S. 142ff) teilt auf der Grundlage einer Totalbefragung der Bewohner aus dem Jahre 1990 die *bairros* der EEJI in vier Klassen unterschiedlicher "regionaler Traditionalität" ein. Barro Branco gehört dabei in die Klasse der Dörfer, die am wenigsten traditionelle Elemente aufweisen. Tatsächlich wurde bei der Befragung nur eine Familie angetroffen, bei dem der Haushaltsvorstand in Barro Branco geboren wurde. Rund die Hälfte der Familien ist nach 1990 zugewandert, und 14 Familien (17%) siedelten sich im Zeitraum der letzten zwei Jahre vor der Befragung dort an. Es scheint also eine hohe Fluktuation in dem *bairro* zu herrschen, denn es ist davon auszugehen, daß die Bevölkerung in den letzten Jahren nicht wesentlich zugenommen hat.

Bei den Geburtsregionen dominiert der Nordosten Brasiliens mit 66% (34 Fälle), der bereits seit Jahrzehnten das wichtigste Herkunftsgebiet bei der Wanderung in die entwickelten Landesteile Südostbrasiliens darstellt. Die zweitstärkste Gruppe (10 Fälle; 19%) stammt aus dem Bundesstaat São Paulo. Nur zwei Haushaltsvorstände sind in der Region Vale do Ribeira geboren.

Der Stadt São Paulo kommt in Barro Branco eine ähnlich bedeutende Rolle als Zwischenetappe bei der Migration zu wie bei der Fallstudie Bela Vista der Stadt Curitiba. 30 Familien (58%) haben einen Teil ihres Lebens in dieser Metropole verbracht. Also auch in Barro Branco ist ein großer Anteil der Bewohner bereits mit dem Stadtleben vertraut. Jedoch dominiert auch dort der ländliche Raum als Herkunftsort.

   G (34 Jahre) wurde im Bundesstaat Pernambuco geboren, wo seine Familie einen kleinen Betrieb bewirtschaftete. Im Alter von 12 Jahren arbeitete er auf einer Zuckerrohrplantage im Bundesstaat Alagoas und mit 16 Jahren in einer Fabrik in der Stadt Recife. Nach zwei Jahren siedelte er in den Südosten Brasiliens über und nahm eine Arbeit in Cubatão an. Vor drei Monaten bot ihm der Eigentümer eines Hauses in Barro Branco an, für ihn als *caseiro* zu arbeiten. Er erhält einen Mindestlohn, arbeitet als Tagelöhner auf benachbarten Betrieben und bebaut ca. 2 ha Land für den Eigenverbrauch. Würde er eine ausreichende Abfindung von den Naturschutzbehörden erhalten, wäre er bereit wegzuziehen.

   Die Familie von H (64 Jahre) lebt von einer Rente (ein Mindestlohn) und einer kleinen Subsistenzlandwirtschaft (ca. 1 ha Gemüseanbau). Ehemals bewirtschafteten sie eine Bananenpflanzung. Vor einigen Jahren ist der Preis für Bananen jedoch so stark gesunken, daß sich ein Anbau nicht mehr lohnt. Sr. Antônio stammt aus dem Bundesstaat Pernambuco und arbeitete seit seinem 22sten Lebensjahr als Lastwagenfahrer in Santos. 1975 nahm er sich als *posseiro* ein Grundstück in Barro Branco. Damals konnte nach seinen Aussagen jeder problemlos ein Stück Land besetzen.

   I (56 Jahre) wurde in der Nähe von Presidente Prudente im Bundesstaat São Paulo geboren, wo sein Vater als Pächter arbeitete. Mit 25 Jahren arbeitete er in der Stadt São Paulo im Baugewerbe und kaufte 1980 ein kleines Grundstück in Barro Branco an der Straße nach Barra do Una, um von der Landwirtschaft zu leben. Da die Landwirtschaft jedoch mittlerweile mit umfangreichen Restriktionen belegt ist, arbeitet er im Baugewerbe in Peruíbe und verdingt sich als Tagelöhner in der Landwirtschaft. Die Flächen, die er zur Zeit noch für den Anbau von Bananen, Mais, Bohnen und Maniok nutzt, will er in naher Zukunft in Weidenutzung umwandeln, die weniger Arbeit und weniger Konflikte mit der Schutzgebietsverwaltung verursacht.

Der soziale Zusammenhalt im *bairro* ist schwach, und die Bewohnerschaft erscheint stark fragmentiert. Vor einigen Jahren hatte sich eine Bewohnerorganisation gegründet, die die Interessen der Bevölkerung besonders gegenüber der Schutzgebietsverwaltung und dem Munizip vertreten wollte. Mittlerweile ist sie jedoch wegen mangelnder Aktivität und zu unterschiedlicher Interessen der einzelnen Bevölkerungsgruppen wieder aufgelöst worden.

Für diese Situation ist weniger eine konfessionelle Zersplitterung verantwortlich, als vielmehr die unterschiedlichen Lebenssituationen der einzelnen Familien. Die Bewohner lassen sich grob in zwei Gruppen einteilen: Die Familien, die bereits seit längerer Zeit hier leben, sind in der Regel *posseiros* und haben den Landkonflikt Mitte der 80er Jahr noch mitgemacht. Die *caseiros* dagegen sind oft erst seit kurzer Zeit im Ort ansässig und wurden von den Hauseigentümern, die zu einem Großteil in der Stadt São Paulo leben und nur zum Wochenende und in den Ferien nach Barro Branco kommen, angeworben. Bei dieser Gruppe läßt sich eine hohe Fluktuation feststellen, denn viele Hausverwalter bleiben nicht länger als ein bis zwei Jahre in Barro Branco und nehmen danach eine andere Anstellung an.

5.4.3 Wirtschaftsstruktur und Überlebensstrategien

Bezüglich des Haupterwerbs der Haushalte dominiert die Tätigkeit als *caseiro* mit 35% (18 Haushalte). Diese erhalten in der Regel den Mindestlohn pro Monat. Der hohe Anteil von außerlandwirtschaftlicher Lohnarbeit als wichtigster Einnahmequelle (7 Haushalte; 13%) weist auf ein relativ hohes Arbeitsangebot hin. Rund ein Viertel der befragten Familien bestreitet einen Teil ihres Lebensunterhalts aus Lohnarbeit außerhalb der Landwirtschaft. Ein weiterer wichtiger Wirtschaftszweig stellt der Handel dar, der von insgesamt 11 Familien (21%) betrieben wird.

Hier zeigt sich der Einfluß des Tourismus, von dem die Haushalte durch das Betreiben von Bars, Verkaufsständen oder Campingplätzen entlang der Straße profitieren. Angesichts der Bedeutung des Tagestourismus und der Wochenendhäuser für die lokale Wirtschaftsstruktur meinte einer der Befragten:

"Aqui todo mundo depende dos turistas. Os caiçaras vivem dos paulistas. Trabalham todos para o pessoal de fora."

"Hier sind alle von den Touristen abhängig. Die *caiçaras* leben von den *paulistas* [die Einwohner der Stadt São Paulo]. Alle arbeiten für Leute von außerhalb." (Übersetzung F.D.)

Barro Branco

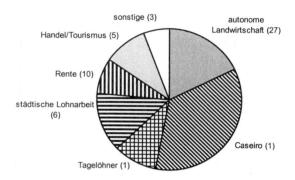

Abbildung 13: Haupteinkommensquellen der Haushalte in Barro Branco 1997
Daten: eigene Erhebung

Die Landwirtschaft stellt nur noch für 9 Familien (17%) den Haupterwerb dar, und lediglich die Hälfte der befragten Haushalte betreibt überhaupt noch eine Bewirtschaftung des Landes. Etwa die Hälfte der Fläche wird nicht mehr autonom, d.h. von einem in Barro Branco ansässigen Bauern bewirtschaftet, sondern durch einen *caseiro* verwaltet. Der Anteil der genutzten Fläche an der gesamten Betriebsfläche ist mit 22% relativ gering. Auf der restlichen Betriebsfläche finden sich weitgehend Sekundärwälder oder *capoeira*. Die durchschnittliche Betriebsfläche ist mit 14 *alqueires* (33,9 ha) deutlich größer als in Bela Vista. Die Flächengrößen schwanken jedoch zwischen 0,5 (1,2 ha) und 73 *alqueires* (176,7 ha). Die Grundbesitzstruktur ist also in Barro Branco nicht egalitär zu nennen.

Der Anteil von Weiden an der landwirtschaftlichen Nutzfläche liegt bei 57%. Bei den vielen Betrieben, die vor allem als Wochenenddomizil dienen, ist die landwirtschaftliche Produktivität der Fläche bestenfalls zweitrangig. Dementsprechend wird oft Weideland angelegt, das wenig Arbeit verursachen und die Fläche gegenüber potentiellen *posseiros* freihält.

Die marktorientierte Landwirtschaft ist in Barro Branco bereits stark zurückgegangen. Lediglich 14 Haushalte (27%) verkaufen einen Teil ihrer landwirtschaftlichen Produktion. Dabei handelt es sich zumeist um die Vermarktung von Maniokmehl oder anderen verarbeiteten Produkten. Der Bananenanbau, der ehemals die Landbewirtschaftung in dem *bairro* dominierte, ist inzwischen stark zurückgegangen:

> "Antes se plantava banana em Paraíso. Agora ninguém quer mais saber de banana. Só quer saber de turistas. Antigamente tinha caminhão que buscava a produção uma vez pro semana."

> "Früher wurden Bananen in Paraíso [einem Ortsteil von Barro Branco] angebaut. Heute will niemand mehr etwas von Bananen wissen, nur noch

von Touristen. Früher kam einmal pro Woche ein Lastwagen, der die Produktion aufgekauft hat." (Übersetzung F.D.)

Was waren die Gründe für diesen Rückgang? Insgesamt lassen sich drei Ursachen für diese Entwicklung finden. Zum einen verfielen die Preise für Bananen im Vale do Ribeira infolge der zunehmenden Konkurrenz vor allem der ecuadorianischen Produktion.

> "Eu tinha 15.000 pé de banana. Agora restou 2.000 pé. Não tem preço mais. E tem que adubar, não compensa. Pagam 3 Reais a cacha. Então parei de vender."

> "Ich hatte 15.000 Bananenpflanzen. Jetzt sind es nur noch 2.000. Sie bringen nichts mehr ein. Und man muß sie düngen, das lohnt sich nicht. Sie zahlen nur 3 Reais pro Kiste. Also habe ich aufgehört zu verkaufen." (Übersetzung F.D.)

Darüber hinaus frequentiert der ehemalige Aufkäufer die Siedlung nicht mehr. Der Transport der leicht verderblichen Bananenproduktion stellt aber besonders für Kleinproduzenten, die sich kein eigenes Fahrzeug leisten können, einen sehr wichtigen Faktor dar.

Nicht zuletzt stellen auch die Nutzungsrestriktionen der EEJI einen wichtigen Grund für den Rückgang des Bananenanbaus dar, denn diese Kultur bedarf eines hohen Einsatzes an Düngern und Pflanzenschutzmitteln. Der Einsatz ist jedoch innerhalb des Schutzgebietes streng verboten.

Barro Branco ist also ein *bairro*, dessen Wirtschaftsstruktur ehemals von der marktorientierten Landwirtschaft dominiert wurde und in dem heute ein starker Bedeutungsverlust der Agrarwirtschaft festzustellen ist. Dafür hat das ökonomische Gewicht der außerlandwirtschaftlichen Lohnarbeit, des Tourismus und der *caseiro*-Tätigkeit stark zugenommen. Zu dieser Entwicklung haben die Restriktionen der Landnutzung innerhalb der EEJI beigetragen.

5.4.4 Einfluß umweltpolitischer Maßnahmen

Anhand der Fallstudie Barro Branco lassen sich die lokalen Wirkungen der Schutzstrategie, die in der EEJI verfolgt wird, analysieren. Die Siedlung beginnt gleich hinter der Grenze des Schutzgebietes. Ein großer Stützpunkt der Parkverwaltung, der permanent mit mindestens fünf Parkwächtern besetzt ist, liegt an der Straße in unmittelbarer Nähe, und die das *bairro* querende Straße wird als wichtige Route bei Kontrollfahrten der Parkangestellten oft frequentiert. Im Vergleich zu den beiden vorangegangenen Fallstudien kann die Kontrolle der Landnutzung in Barro Branco also als nahezu lückenlos bezeichnet werden.

Die Grupo Litoral Sul, d.h. die Schutzgebietsverwaltung, hat jedoch durchsetzen können durchgesetzt, daß die PFM das Gebiet nicht mehr kontrolliert, sondern daß nur noch die lokalen Parkwächter für die Überwachung der Bestimmungen zuständig sind. Die Forstpolizei legte die Regeln zu restriktiv aus und hatte kein hohes Ansehen bei der

Bevölkerung. Deshalb war eine Zusammenarbeit mit ihr aus Sicht der Verwaltung, die es sich zum Ziel gemacht hatte, ein positives Verhältnis zu den Bewohnern aufzubauen, nicht mehr sinnvoll. Außerdem finden sich in der Grupo Litoral Sul einige Mitarbeiter, die ehemals gegen das Militärregime tätig waren. Bereits in Kapitel 4.3.1 wurde auf das schwierige Verhältnis von Naturschützern und der PFM aufmerksam gemacht.

Laut Aussage einiger Befragter hat sich mit dem Wegbleiben der Forstpolizei die Konfliktlage entschärft und die Situation der Bewohner verbessert.

"Quando cheguei aqui ainda não tinha a estação. Limpei um terreno e ninguém se ligou. Más depois eu tinha que parar de trabalhar. Já melhorou um pouco. Antigamente era muito pior. A Polícia rodava por aqui. A gente podia nem capinar. A polícia não vem mais. As guardas são muito maneira."

"Als ich hier ankam [1980] gab es die *Estação* noch nicht. Ich habe eine Fläche gerodet und niemand hat sich darum gekümmert. Aber danach mußte ich aufhören zu arbeiten. Es ist schon besser geworden. Früher war es schlimmer. Die Polizei kontrollierte hier. Wir durften nicht einmal das Gras mähen. Die Polizei kommt jetzt nicht mehr. Die Parkwächter sind in Ordnung." (Übersetzung F.D.)

Das Verhältnis der Bewohner zu den Angestellten des Schutzgebiets wird zum einen als positiv beschrieben. So kann die Infrastruktur der EEJI im Notfall von der Bevölkerung genutzt werden, z.B. bei akuten Krankentransporten in das nächste Krankenhaus. Zum anderen gibt es jedoch Berichte von Konflikten und z.T. tätlichen Übergriffen gegen das Parkpersonal. Besonders der Angestellte der EEJI, der in Barro Branco wohnt, beschwerte sich über die feindliche Haltung der Nachbarn seiner Familie gegenüber.

Wie sind nun die Auswirkungen der direkten Landnutzungskontrolle einzuschätzen? 34 Haushalte (65%) gaben an, daß sie gerne eine größere Fläche bewirtschaften würden. Davon nannten 15 Haushalte die Restriktionen der EEJI und 14 Haushalte den Mangel an Arbeitskraft und Kapital als wichtigsten Hinderungsgrund. Immerhin 10 Betriebe (19%) haben bereits einmal eine *multa* wegen Verstoßes gegen die Umweltauflagen erhalten. Der Naturschutz greift also in weitaus umfangreicherem Maße in die Landnutzung ein, als dies in Andre Lopes und Bela Vista der Fall ist. Bezüglich der tatsächlichen Zahlung dieser Strafgelder zeigt sich jedoch ein anderes Bild, denn in nur zwei Fällen wurde überhaupt das Verfahren weiter verfolgt und die Strafe schließlich bezahlt.

Besonders stark eingeschränkt wird die Rodung von Flächen und damit das Bewirtschaftungssystem der *shifting cultivation*. Das Problem der erzwungenen Verkürzung der Brachephasen wurde von mehreren Bewohnern angesprochen.

"Vivia da agricultura, más agora está proibido trabalhar. Até 1990 se podia roçar, agora não se pode mais. Se uma área passa quadro anos, não pode mais mexer. Tem que limpar antes. Não pode deixar um bom tempo. Normalmente tem que deixar cinco anos."

"Ich habe von der Landwirtschaft gelebt, aber nun ist es verboten zu arbeiten. Bis 1990 konnte man roden, jetzt darf man nicht mehr. Wenn eine

Fläche länger als vier Jahre brachliegt, kann man sie nicht mehr anrühren. Man muß vorher roden. Man kann sie nicht eine gute Zeit lassen. Normalerweise muß man sie fünf Jahre lassen." (Übersetzung F.D.)

Außerdem hat das Verbot des Einsatzes von Düngern und Pflanzenschutzmitteln zu einer starken Einschränkung des Bananenanbaus geführt und dazu beigetragen, daß vielfach der Anbau vollkommen eingestellt und statt dessen eine Lohnarbeit angenommen wurde oder daß die Familien ganz abwanderten.

> "Queria fazer uma plantação maior. Más não posso. O Meio Ambiente não deixa. Pro isso tenho que trabalhar fora."

> "Ich würde gerne eine größere Pflanzung anlegen, aber ich kann nicht. Der Naturschutz läßt mich nicht. Also muß ich außerhalb arbeiten." (Übersetzung F.D.)

Ein weiterer wichtiger Konfliktpunkt zwischen der Parkverwaltung und den Bewohnern ist die Pflicht, den Neu- oder Umbau von Häusern von der Verwaltung genehmigen zu lassen. Dahinter steht die Furcht der Naturschützer, der illegale Bau von Wochenendhäusern könne zu einer Zersiedlung der Fläche führen, wie dies im extremen Maße bereits in Peruíbe geschehen ist. Vor allem Familien, die vom Tourismus leben, bemängeln außerdem, daß der zeitweise schlechte Zustand der Zufahrtsstraße den Besucherstrom einschränken würde.

Angesichts dieser Einschränkungen würden viele *posseiros* es vorziehen, enteignet zu werden und eine Abfindungssumme zu erhalten, um an einem anderen Ort eine neue Existenz aufzubauen. Tatsächlich kursiert das Gerücht, das Umweltministerium würde in Kürze die Bewohner umsiedeln oder enteignen, obwohl hierfür nach Angaben der Schutzgebietsverwaltung keinerlei konkrete Pläne bestehen. Einige Bewohner sehen hinter den Nutzungsrestriktionen und der Blockade des Infrastrukturausbaus eine Form der "indirekten Enteignung" durch die Umweltbehörden:

> "Antigamente era libertado aqui. De ums cinco anos para cá estão querendo botar tudo mundo para fora. Querem que a gente abandone aqui. Diz que não vão indenizar."

> "Früher gab es hier keine Auflagen. Seit fünf Jahren wollen sie alle Bewohner vertreiben. Sie wollen, daß wir von alleine wegziehen. Es heißt, daß sie nicht abfinden werden." (Übersetzung F.D.)

Die Nutzungsrestriktionen und der mangelhafte Zustand der Verkehrswege schränken jedoch nicht alle Gruppen in der gleichen Weise ein. Besonders die *posseiros*, die von der autonomen Landwirtschaft leben, sind hiervon betroffen. Bei der großen Gruppe der *caseiros* läßt sich hingegen eine grundsätzlich andere Einstellung zu den Auflagen des Schutzgebietes feststellen:

> "Para nós que é empregado dos outros não faz differença. Aqui o dono faz lucro nenhum, é só lazer."

> "Für uns Angestellte ist das egal. Der Eigentümer macht hier keinen

Gewinn, es ist alles nur zur Erholung." (Übersetzung F.D.)

Die meisten *caseiros* äußerten den Wunsch, in Barro Branco wohnen bleiben zu dürfen. Der Grund hierfür liegt auf der Hand: Eine Enteignung würde für diese Gruppe nur den Verlust ihres jetzigen Arbeitsplatzes bedeuten, da sie als Angestellte keinen Anspruch auf eine Abfindung hätten.

"Queiro ficar, proque não vou ver nada da indenização. Seria tudo do patrão."

"Ich möchte bleiben, weil ich nichts von der Abfindung bekommen würde. Es wäre alles für den Eigentümer." (Übersetzung F.D.)

Posseiros und *caseiros* haben also prinzipiell unterschiedliche Interessen, die sich aus ihren verschiedenen Lebenssituationen ergeben. Die allgemeine Akzeptanz des Schutzgebietes liegt dabei in Barro Branco deutlich höher als in den beiden Fallstudien im PE Jacupiranga. Zwar geben 28 Befragte (54%) an, daß das Leben besser wäre, wenn es die EEJI nicht gäbe. Auf der anderen Seite äußerten jedoch 19 Befragte (37%), daß ihr Leben ohne das Schutzgebiet schlechter wäre. Folgende positive Faktoren wurden dabei genannt:

– Es wurde anerkannt, daß das Schutzgebiet das Ausmaß der Naturzerstörung entscheidend verringert hat.

"Sem IBAMA vai virar uma zona aqui. Acabam com a mata, não teria limite."

"Ohne die IBAMA [gemeint ist das IF] würde die Anarchie ausbrechen. Sie würden den Wald zerstören, es gäbe keine Regeln mehr." (Übersetzung F.D.)

Die verbesserte Umweltsituation wird dabei oft gegen die negativen Folgen für die eigene Wirtschaftsweise abgewogen.

"Num lado melhorou com o Meio Ambiente, não destrõem a mata. No outro lado prejudica a gente. Não pode construir casa e assim."

"Auf der einen Seite ist es mit dem Naturschutz besser geworden; der Wald wird nicht zerstört. Auf der anderen Seite schränkt es uns ein; man darf keine Häuser bauen und so." (Übersetzung F.D.)

– Viele Bewohner, die den Landkonflikt Mitte der 80er Jahre noch erlebt haben, sahen die Einrichtung der EEJI tatsächlich als einen positiven Schritt zur Befriedung der Auseinandersetzungen.

"Melhorou uma parte com a estação. Acabou a violência. Tinha problema de terra aqui. Antigamente o pessoal do bairro não deixou entrar estrangeiros. Você tinha que falar o nome de um conhecido que ia visitar. Se não tivesse parque eu estava preso ou morto."

"Es ist einerseits besser geworden mit der EEJI. Die Gewalt hat aufgehört. Es gab hier Probleme mit dem Land. Früher haben die Leute aus dem *bairro* keine Fremden hereingelassen. Man mußte den Namen des Bekannten sagen, den man besuchen wollte. Gäbe es den Park nicht, wäre ich im Gefängnis oder tot." (Übersetzung F.D.).

Die Strategie der Naturschutzbehörden, den bedrängten Kleinbauern in Barro Branco mit der Einbeziehung dieser Siedlung in die EEJI zu helfen, wird also von den Bewohnern positiv bewertet.

– Die Anwesenheit der Parkwächter im *bairro* wird als Beitrag zur "inneren Sicherheit" der Siedlung gesehen. Dem Personal des Schutzgebietes werden also u.a. "Polizeifunktionen" zugeschrieben.

"Sem o Meio Ambiente estava muito abandonado aqui. Hoje tem mais respeito. Antigamente estava cheio de bandidos e de grileiros. Estou contente com a IBAMA. Hoje temos paz e segurança."

"Ohne den Naturschutz war es hier sehr verwahrlost. Heute herrscht mehr Respekt. Früher wimmelte es vor Verbrechern und Landtitelfälschern. Ich bin zufrieden mit der IBAMA [gemeint ist das IF]. Heute herrscht Frieden und Sicherheit." (Übersetzung F.D.)

Insgesamt ist in Barro Branco das Konfliktpotential zwischen den Bewohnern und der Schutzgebietsverwaltung deutlich niedriger als in den beiden Fallstudien im PE Jacupiranga. Dies ist um so erstaunlicher, als die direkte Kontrolle der landwirtschaftlichen Bodennutzung in der EEJI sehr viel konsequenter durchgesetzt wird und die Bewohner eigentlich von den Naturschutzauflagen weitaus mehr betroffen sein müßten.

Die Bewohner in Barro Branco sind jedoch nicht mehr in ihrer Mehrheit von der Landbewirtschaftung abhängig. Die beiden wichtigen Einnahmequellen, der Tourismus und die Anstellung als *caseiro*, sind relativ wenig anfällig für die Naturschutzrestriktionen. Allerdings muß beachtet werden, daß die derzeitige Situation ein Ergebnis von zehn Jahren mehr oder weniger konsequenter Naturschutzplanung in dem Gebiet darstellt. Die Abwanderung vieler Familien, die ihre Grundstücke an Stadtbewohner verkauften, hat die Sozialstruktur des *bairros* bereits grundlegend verändert. In welchem Maße der Naturschutz zu diesem Prozeß beigetragen hat, läßt sich nicht klar bestimmen, da auch andere ländliche Gebiete eine ähnliche Entwicklung aufweisen. Ältere Bewohner erzählten jedoch, daß die meisten Familien wegen der Nutzungsrestriktionen abgewandert sind. Dieser Prozeß ist kritisch zu bewerten, da er dem erklärten Ziel der EEJI, eine natur- und sozialverträgliche kleinbäuerliche Landnutzung zu etablieren, zuwider läuft[73].

Nicht zuletzt hat aber auch die Politik der Schutzgebietsverwaltung dazu beigetragen, daß das Konfliktpotential in Barro Branco heute relativ niedrig ist. Dabei wurde in weit stärkerem Maße als im PE Jacupiranga darauf geachtet, eine Kommunikation mit den

---

[73]Ursprünglich sollte eine weitere Fallstudie in einer Siedlung von *caiçaras* innerhalb der EEJI durchgeführt werden. Angesichts der Tatsache, daß dort nur drei Familien wohnhaft waren, während der Rest bereits abgewandert war, mußte jedoch auf diese Untersuchung verzichtet werden.

Bewohnern zu suchen. Daneben ist das Parkpersonal angehalten, mit den Bewohnern zusammenzuarbeiten und sie wenn möglich zu unterstützen. Außerdem trägt die Tatsache, daß die Kontrollen der Umweltauflagen in dem Gebiet ohne die Mitarbeit der PFM durchgeführt werden, zu einer Entschärfung des Konfliktpotentials bei.

Das Beispiel Barro Branco macht also zum einen deutlich, daß es auch ohne allzu große Einschränkungen hinsichtlich des Schutzstatus eines Gebietes möglich ist, allein durch "vertrauensbildende Maßnahmen" und den Dialog mit den Bewohnern das Konfliktpotential zwischen Schutzgebietsverwaltungen und Bewohnern deutlich abzubauen. Zum anderen läßt sich in der Siedlung aber auch beobachten, daß der Naturschutz zu einem Rückgang der Landwirtschaft führen kann, der mit einem Eindringen kapitalkräftiger Personen einher geht, die die Betriebe nunmehr allein zu "Erholungszwecken" nutzen. Daß dieser Prozeß nicht allein in Barro Branco wirksam ist, zeigt auch die nächste Fallstudie.

5.5 Dois Irmãos: Gescheitertes Siedlungsprojekt der Agrarreform

5.5.1 Allgemeine Charakteristik und Siedlungsgeschichte

Nachdem in den bisherigen Fallstudien die Situation von Bewohnern strenger Schutzgebiete im Vordergrund standen, sollen nun anhand der Siedlung Dois Irmãos die Folgen der sektoralen Schutzbestimmungen näher beleuchtet werden. Da das *bairro* als Teil des einzigen *assentamento* der Region Vale do Ribeira, dem Siedlungsprojekt Fazenda Valformoso, eine herausragende Geschichte hat, kann bei der Analyse auf bereits vorliegende Arbeiten zur sozialen Lage zurückgegriffen werden (ZAN 1986; PEROSA 1992), die sich außerdem eingehender mit der Siedlungsgeschichte befassen.

Nach PEROSA (1992, S. 43ff) wurde das Gebiet spätestens seit Anfang der 50er Jahre von *posseiros* besiedelt. Mitte der 70er und Anfang der 80er Jahre kam es zu einer verstärkten Zuwanderung von Familien, die bislang ungenutztes Land für sich besetzten. Parallel zu dieser Entwicklung trat ein Konflikt zwischen den lokalen Kleinbauern und der in der Stadt São Paulo ansässigen Immobilienfirma FIELD auf, die eine Fläche von ca. 7.500 ha für sich beanspruchte, welche auch die Siedlung Dois Irmãos und einige Nachbardörfer umfaßte. Rechtlich einwandfreie Eigentumstitel konnte das Unternehmen jedoch nur für rund 1.500 ha vorweisen. Der restliche Anspruch stützte sich auf illegal oder semilegal erworbene Titel. Der Konflikt zwischen FIELD und den ca. 250 betroffenen Familien verschärfte sich in den folgenden zehn Jahren, und Mitte der 80er Jahre wurden zahlreiche *posseiros* von angeheuerten *jangyços* bedroht und einige Hütten niedergebrannt.

Nachdem eine neu gegründete Bewohnerorganisation Anfang der 80er Jahre an die Öffentlichkeit gegangen war und den Kontakt zu Nichtregierungsorganisationen und zur katholischen Kirche gesucht hatte, intervenierte 1986 die für die Durchführung der Agrarreform zuständige Behörde INCRA (Instituto Nacional de Colonização e Reforma Agrária) und leitete die Enteignung der Ländereien von FIELD ein. Es war geplant, auf dieser Fläche das *assentamento* Fazenda Valformoso einzurichten, zu dem auch die Siedlung Dois Irmãos gehören sollte.

Die Umsetzung dieser ad hoc-Entscheidung stellte sich jedoch als problematisch heraus. Während die an den Planungen beteiligte Entwicklungsbehörde SUDELPA für eine Beibehaltung und Legitimierung der gewachsenen Strukturen im *bairro* eintrat, bestand seitens der INCRA der Wunsch, den Boden zu parzellieren und eine möglichst große Zahl von Familien in dem Gebiet anzusiedeln. Diese seien auszuwählen auf der Grundlage der bestehenden Agrargesetzgebung (*Estatuto de Terra*), d.h. notfalls seien Familien von dem von ihnen beanspruchten Land zu vertreiben, wenn sie nicht zu den Gruppen gehörten, die nach dem Gesetz von einer Agrarreform profitieren sollen. Nachdem eine Auswahl der Familien bereits begonnen hatte, wobei die Haushaltsvorstände in Verhören ähnelnden Einzelsitzungen von Vertretern der INCRA befragt wurden (PEROSA 1992, S. 36f), stellte die Agrarreformbehörde 1990 sämtliche Tätigkeiten in dem Gebiet ein, nachdem juristische Schwierigkeiten bei der Umsetzung des *assentamento* aufgetreten waren. Seit diesem Zeitpunkt wurden die *posseiros* in Dois Irmãos wieder "sich selbst überlassen".

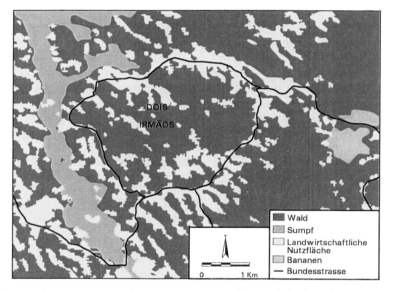

Karte 8: Landnutzungsmuster in Dois Irmãos 1994: Klassifikation eines Ausschnittes einer Landsat-TM-Szene vom 18.07.1994

Nach MARTINEZ (1995, S. 143ff) stellte Valformoso den ersten regionalen Fall dar, bei dem sich kleinbäuerlicher Widerstand gegen das Eindringen des Kapitalismus in einen vordem präkapitalistisch geprägten Wirtschaftsraum manifestierte. Außerdem griff der Bundesstaat São Paulo hier zum ersten Mal regulierend in bestehende Landkonflikte ein (PEROSA 1992, S. 30). Dennoch muß aus heutiger Sicht festgestellt werden, daß die symbolische Signalwirkung dieser Episode größer war, als die tatsächlichen Folgen der agrarpolitischen Eingriffe des Staates. Aus diesem Grund kann das *bairro* heute als typisches Beispiel einer "normalen" ländlichen Siedlung des Vale do Ribeira gelten, obwohl es eine besondere Geschichte aufweist. Abgesehen von der kurzen Intervention der INCRA wurde diese Siedlung von den gleichen sozioökonomischen Formungsprozessen erfaßt, die den ländlichen Raum des Vale do Ribeira insgesamt prägen.

Dois Irmãos liegt im Munizip Sete Barras in der Hügelzone zwischen dem Steilabfall der Serra de Paranapiacaba und der Küstenebene. Das Relief ist geprägt von einem Nebeneinander von ca. 30 m hohen Hügeln und breiten dazwischengelagerten alluvialen Verebnungen, in denen sich die landwirtschaftliche Nutzung konzentriert, während die Hang- und Kuppenbereiche oft bewaldet bleiben. Daneben orientieren sich die landwirtschaftlich genutzten Flächen an der relativ gut ausgebauten Erdstraße, über die die Siedlung leicht erreichbar ist und auf der zweimal am Tag ein Bus nach Sete Barras fährt.

5.5.2 Bevölkerung und Migration

Dois Irmãos, wo im April 1996 insgesamt 50 Haushalte befragt wurde, zeigt wie die Fallstudien Andre Lopes und Bela Vista in seiner Altersstruktur die für den ländlichen Raum typische Lücke bei den 20- bis 50 jähigen. Darüber hinaus sind hier keine Besonderheiten zu beobachten.

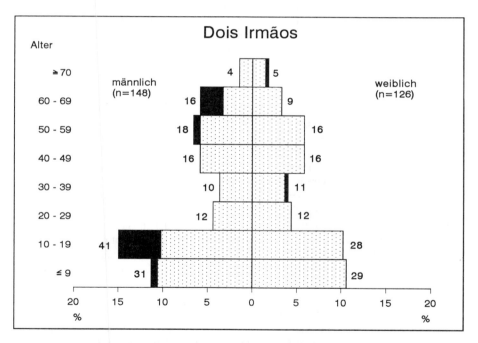

Abbildung 14: Altersstruktur der Bewohner von Dois Irmãos 1996
Daten: eigene Erhebung

Bezüglich der Herkunft lassen sich drei Gruppen unterscheiden: Ein kleiner Teil der befragten Haushaltsvorstände (sechs Personen, d.h. 12%) ist in dem *bairro* geboren. Allein vier von ihnen sind Geschwister, die mittlerweile jeweils eigene Familien haben. Bei einer größeren Gruppe von 19 Personen (38%) handelt es sich um Zuwanderer aus dem Vale do Ribeira, vorwiegend aus dem Munizip Sete Barras. Die anderen 50% der Haushalte (25 Befragte) stammen aus anderen Regionen Brasiliens. Dabei ist hier der Anteil der aus dem Nordosten zugewanderten Familien am höchsten (10 Haushalte).

Die Mehrzahl der Zuwanderer (33 Familien) kam erst nach 1980 in das Gebiet, 23 Familien sogar erst nach 1990. Die rezente Migrationsdynamik kann also auch in Dois Irmãos als eine das *bairro* prägende, wichtige Entwicklung gesehen werden. Anders als in Barro Branco und Bela Vista besteht hier jedoch noch ein Nebeneinander von zugewanderten und alteingesessenen Familien.

J (56 Jahre) wurde in Dois Irmãos geboren. Seine drei Brüder und ihre Familien sind seine Nachbarn. Er hat insgesamt sechs Kinder, von denen zwei Töchter heute in der Stadt São Paulo leben. Ein Sohn arbeitet als Tagelöhner auf den nahegelegenen Bananenpflanzungen und trägt so zum Unterhalt der Familie bei. Auch J geht einer Lohnarbeit im Bananenanbau nach, betreibt jedoch parallel dazu eine kleine Landwirtschaft. Auf rund sechs *alqueires* (14,5 ha) baut er in erster Linie Produkte für den Eigenverbrauch an. Daneben verkauft er gelegentlich Maniokmehl aus Eigenproduktion auf dem Markt in Sete Barras. Seiner Meinung nach hat sich die Qualität des Bodens in den letzten Jahrzehnten infolge fortschreitender Bodenparzellierung und Übernutzung nach und nach verschlechtert.

K (48 Jahre) stammt aus dem Munizip Sete Barras, wo seine Familie auf einer Bananenplantage angestellt war und wo er bis vor zehn Jahren selber beschäftigt war. Als die Bananenwirtschaft zunehmend unter Druck geriet, wechselte er seine Tätigkeit, blieb jedoch in Sete Barras und arbeitete als *caseiro* auf einer Fazenda. Vor vier Jahren nahm er eine Anstellung als *caseiro* auf einem Betrieb in Dois Irmãos an. Heute verdient er einen Mindestlohn; außerdem arbeitet sein Sohn (16 Jahre) ebenfalls als *caseiro*. Der Betrieb umfaßt vier *alqueires* (9,7 ha) Weidefläche für acht Rinder, die in erster Linie gehalten werden, da der Eigentümer, der in São Paulo wohnt, eine romantische Vorliebe für die Viehhaltung hat. Der Eigentümer hat vor, sein Grundstück zu verkaufen, konnte jedoch bislang noch keinen Interessenten finden. Was nach einem Verkauf aus der Familie von K wird, ist ungewiß.

L ist 43 Jahre alt und wurde im Norden des Bundesstaates Minas Gerais geboren, wo seine Familie einen eigenen kleinen Betrieb besaß. Mit 18 Jahren zog er in die Stadt São Paulo, weil der Hof nicht mehr die gesamte Familie ernähren konnte. In der Stadt verdingte er sich zunächst im Baugewerbe und in der Metallindustrie. Nach einigen Jahren nahm er eine Anstellung als *caseiro* für ein kleines Grundstück im Randbereich von São Paulo an. 1992 tauschte der Eigentümer dieses Grundstück gegen einen Betrieb von 28 *alqueires* (68 ha) in Dois Irmãos, den L seitdem verwaltet. Jedoch hat sich der Eigentümer seit dieser Zeit nicht mehr gemeldet und ist den Lohn schuldig geblieben. L verdient nun seinen Lebensunterhalt, indem er ein Stück des Landes an einen Nachbarn verpachtet. Außerdem nimmt er manchmal Gelegenheitsarbeiten in der Stadt São Paulo an.

In Dois Irmãos fand in den letzten Jahrzehnten ein tiefgreifender sozialer Wandel statt. Nach Berichten von alteingesessenen Familien war bis vor einigen Jahre der Brauch des *mutirão* noch weit verbreitet, wird heute jedoch nicht mehr durchgeführt. Als Grund für diese Entwicklung wurde vor allem der Rückgang der autonomen Landbewirtschaftung genannt. Außerdem ist der soziale Rahmen nicht mehr gegeben, in den der Brauch früher eingebettet war, denn der Großteil der ehemals angestammten Familien ist bereits abgewandert.

"Só tem dois famílias daquí, o resto foi tudo embora. A gente já pensou muitas vezes em vender".

"Es gibt nur noch zwei Familien von hier, der Rest ist abgewandert. Wir selbst haben auch schon oft daran gedacht, zu verkaufen." (Übersetzung F.D.)

Über die Verbundenheit dieser "traditionellen" Familien hinaus gibt es wenig Zusammengehörigkeit unter den Familien des *bairros*. Nachdem der Landkonflikt beigelegt wurde, erhielt die Bewohnerorganisation nur noch wenig Zulauf und stellte schließlich ihre Tätigkeit Mitte der 90er Jahre ein. PEROSA (1992, S. 104ff) stellte bei ihren Untersuchungen eine Spaltung der Bewohnerschaft in *crentes* und *católicos* fest und konstatierte einen langsamen Übergang vom Katholizismus zum Protestantismus, der sich bereits über mehrere Jahrzehnte hinzieht. Dennoch ist m.E. der Einfluß der Freikirchen in Dois Irmãos nicht größer als in den meisten anderen Siedlungen des Vale do Ribeira; es handelt sich hierbei also um eine die gesamte Region betreffende Entwicklung.

5.5.3 Wirtschaftsstruktur und Überlebensstrategien

Die Auflösung ehemaliger Sozialstrukturen manifestiert sich vor allem in der Form und Bedeutung der autonomen Landbewirtschaftung. Wie in Barro Branco kommt der kleinbäuerlichen Landwirtschaft nur noch eine untergeordnete Rolle im Rahmen der lokalen Wirtschaftsstruktur zu. Allein für 10 Familien (20%) stellt sie die wichtigste Einnahmequelle dar, und nur noch rund die Hälfte der Haushalte (27 Haushalte; 54%) betreiben überhaupt noch eigenverantwortliche Landwirtschaft. Die Lohnarbeit, meist in den nahen Bananenpflanzungen, ist der wichtigste Erwerbszweig in der Siedlung. Daneben gilt für immerhin 10 Familien (20%) die Anstellung als *caseiro* als Haupttätigkeit.

Dois Irmaos

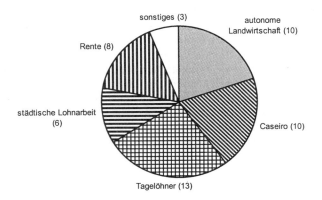

Abbildung 15: Haupteinnahmequellen der Haushalte in Dois Irmãos 1996
Daten: eigene Erhebung

Nach ZAN (1986, S. 74ff) und PEROSA (1992, S. 45ff) ist diese heutige Situation die Konsequenz einer Entwicklung, die besonders seit Mitte der 70er Jahre stattfindet. Bis in die 60er Jahre hinein entsprach die Bevölkerung noch dem Idealbild "traditioneller Kleinbauern" (vgl. Kap. 4.3.4): Es gab ein enges Netzwerk von Verwandtschaftsbeziehungen und die Landbewirtschaftung stützte sich auf *shifting cultivation*, da noch genügend Fläche zur Anlage von neuen Feldern zur Verfügung stand. In den 70er Jahren kam es infolge der Anbindung der Region durch die BR 116 einerseits zu einer verstärkten Zuwanderung und Landnahme durch Familien aus der Stadt São Paulo. Andererseits verstärkte sich die Nachfrage nach Land seitens kapitalkräftiger Unternehmen, wie z.B. der Firma FIELD. Als Folge dieser beiden Prozesse kam es zu einer Parzellierung des Bodens, der damit endgültig zu einem handelbaren Gut wurde (vgl. Diskussion um *terra de trabalho* und *terra de negócio* in Kap. 3.1.3).

Charakterisiert die Studie von PEROSA (1992) die 80er als eine Phase des Übergangs zur Lohnarbeit, der zunehmenden Marktanbindung und der Abwanderung der alteingesessenen Bevölkerung, so ist in den 90er Jahren als neuartiger Prozeß die Übernahme vieler Betriebe durch Stadtbewohner und ihre Bewirtschaftung zu Freizeitzwecken hinzugekommen. Rund 37% der landwirtschaftlichen Betriebsfläche wird mittlerweile nicht mehr autonom bewirtschaftet, sondern durch *caseiros*. Diese Tatsache spiegelt sich auch in der Landnutzungsstruktur wider, denn 81% der landwirtschaftlichen Betriebsfläche werden als Weide genutzt. Ein wichtiges Motiv für die Bewirtschaftung eines großen Teils dieser Flächen ist allein die Erholungsfunktion für den Eigentümer:

"É dificil que se vende um boi. Temos só para criar. É para o dono ter animais no sítio. E de vez em quando ele faz churrasco."

"Nur ganz selten verkaufen wir ein Rind. Wir haben sie zum Aufziehen, damit der Besitzer Tiere auf seinem Hof hat. Und manchmal macht er ein Grillfest." (Übersetzung F.D.)

Der Wandel der sozialen Struktur geht dabei nicht unbedingt mit einer Verminderung der Nutzungsintensität einher, denn auch für solche Weideflächen werden mitunter große Flächen abgeholzt. So berichtet beispielsweise ein "Freizeitlandwirt" aus der Stadt São Paulo, dessen Betrieb von zwei Verwaltern geführt wird:

"Em 1991 comprei um terreno de uma família que se mudou para São Paulo. Depois comprei mais um sítio. Agora tenho 46 alqueires. Dois alqueires de lavoura e 28 de pasto. Até agora não vendi nenhum gado. Quando tem a quantidade que o pasto não aguenta mais talvez vou vender. Deste que comprei o terreno limpei 20 alqueires. Estava abandonado, só capoeira. Queria comprar mais um terreno e ampliar a produção."

"1991 habe ich ein Grundstück von einer Familie, die nach São Paulo gezogen ist, gekauft. Danach habe ich noch ein Grundstück gekauft. Jetzt habe ich 46 *alqueires* (111 ha), zwei *alqueires* (4,8 ha) mit Pflanzenbau und 28 *alqueires* (67,8 ha) mit Weide. Bis jetzt habe ich noch kein Vieh verkauft. Wenn ich soviel habe, daß die Weide nicht mehr ausreicht, werde ich vielleicht verkaufen. Seit dem Kauf des Landes habe ich 20 *alqueires* (48,4 ha) gerodet: ungenutztes Land, nur *capoeira*. Ich würde gerne mehr Land kaufen und die Produktion erweitern." (Übersetzung F.D.)

Ein extremes Beispiel für den verbreiteten Absentismus ist ein Betrieb mit 53 *alqueires* (128,3 ha) Weideland und 40 Stück Vieh, dessen Eigentümer, ein Deutscher aus Pinneberg, im Höchstfall alle zwei Jahre für einige Tage zu Besuch kommt.

Wenn PEROSA (1992, S. 45ff) außerdem eine zunehmende Marktanbindung der Landwirtschaft während der 80er Jahre feststellte, so gilt dies heute nicht mehr für alle Betriebe. Zwar vermarkten insgesamt 18 Haushalte (d.h. 67% der 27 Landwirtschaft betreibenden Haushalte) einen Teil ihrer Produktion, jedoch handelt es sich dabei meist um den Verkauf kleinerer Mengen, z.B. von Maniokmehl, auf dem Markt von Sete Barras oder den Handel unter Nachbarn.

Viele der Befragten erzählten, sie hätten bis vor einigen Jahren noch marktorientierten Bananenanbau betrieben:

"Mexi com banana. Depois não tinha mais condições de tratar o bananal. Adubo, veneno e o comprador reclamou da qualidade. Há três anos só planto milho, feijão e mandioca para o gasto."

"Ich habe mit Bananen gearbeitet. Dann hatte ich nicht mehr die Mittel, die Bananenpflanzung richtig zu pflegen. Dünger, Pflanzenschutz - und der Aufkäufer hat sich über die Qualität beschwert. Seit drei Jahren pflanze

ich nur noch Mais, Bohnen und Maniok für den Eigenverbrauch."
(Übersetzung F.D.)

Derzeit konzentrieren sich nur noch einige wenige Betriebe auf den marktorientierten Pflanzenbau, wobei die Banane als wichtigste Anbaufrucht von der Passionsfrucht abgelöst wurde. Aber auch diese Kultur ist z.T. enormen Preisschwankungen auf dem regionalen und nationalen Markt ausgesetzt.

Neben den "Freizeitbetrieben" und denen mit enger Marktanbindung gibt es noch immer einen umfangreichen Subsistenzsektor. Das traditionelle Landnutzungssystem der Rotationswirtschaft ist jedoch schon allein aufgrund der vorangeschrittenen Bodenparzellierung und der damit verbundenen Verkleinerung der zur Verfügung stehenden Fläche mit Schwierigkeiten verbunden, und ältere Bewohner konstatieren eine allgemein abnehmende Bodenfruchtbarkeit:

> "A terra é mais fraca do que antigamente. Aumentou o pessoal no bairro. A terra foi muito dividida."

> "Der Boden ist schon schwächer als früher. Es sind mehr Leute geworden im *bairro*. Das Land wurde stark zerteilt." (Übersetzung F.D.)

Allgemein ist festzustellen, daß die klein- und mittelbetriebliche Agrarwirtschaft, die das Überleben des Haushaltes sicherstellen könnte, in Dois Irmãos die Ausnahme darstellt. Der Aufbau und die Förderung solcher Betriebe stellt indessen das zentrale Leitbild der brasilianischen Agrarreform dar: Das Projekt der INCRA muß also als gescheitert angesehen werden. Dabei ist allerdings zu beachten, daß die Planung und Realisierung des *assentamento* abrupt abgebrochen und nicht zu Ende geführt wurde. Neben diesen institutionellen Schwierigkeiten ist jedoch auch eine andere Frage relevant: Wie sinnvoll ist die Einrichtung eines Siedlungsprojektes in einer Region wie dem Vale do Ribeira, in dem die Umweltgesetzgebung die Landbewirtschaftung extrem einschränkt? Und wie verhalten sich die beiden Zieldimensionen bundesstaatlicher und nationaler Politik, der Schutz der Natur und die Agrarreform, zueinander?

5.5.4 Einfluß umweltpolitischer Maßnahmen

Dois Irmãos liegt nicht innerhalb eines strengen Schutzgebietes. Die wirtschaftliche Nutzung der natürlichen Ressourcen ist also im Gegensatz zu den vorigen Fallstudien grundsätzlich mit den Vorgaben der Planung und der Umweltgesetzgebung zu vereinbaren. Die Siedlung liegt zwar in der APA Serra do Mar, diese hat jedoch bislang aufgrund nicht vorhandener rechtlicher Umsetzung noch keinen direkten Einfluß auf die Landnutzung. In dieser Fallstudie sind also allein die sektoralen Schutzbestimmungen, die unabhängig vom Flächenschutz überall Gültigkeit haben, wirksam.

Eigentlich wäre zu erwarten, daß aus diesem Grund das Konfliktpotential zwischen Naturschutz und Landnutzung in Dois Irmãos niedriger sein müßte als in den drei vorangegangenen Fallstudien, denn laut Gesetz ist die Landwirtschaft nicht verboten, sondern lediglich eingeschränkt. Angesichts der Strenge der sektoralen Vorschriften existiert jedoch auch hier eine ausreichende gesetzliche Grundlage zur scharfen

Kontrolle der Landnutzung durch die PFM. So haben immerhin 15 Betriebe - d.h. 30% aller oder 56% der Landwirtschaft betreibenden Haushalte - bereits eine *multa* wegen Übertretung der Umweltgesetze erhalten; dies ist ein weit größerer Anteil als in den drei Fallstudien innerhalb der strengen Schutzgebiete.

Diese hohe Zahl hängt zu einem erheblichen Maße mit der guten Erreichbarkeit des *bairros* zusammen, aufgrund derer die PFM die Siedlung in regelmäßigen Abständen frequentiert. Anders als Parkwächter stellen die Mitglieder der Forstpolizei dabei für die Bewohner keine Ansprechpartner dar, die Fragen oder Beschwerden an eine zentrale Verhandlungsinstanz, wie z.B. die Parkverwaltung, weiterleiten könnte. Die Bewohner stehen allein dem restriktiven Kontrollorgan der PFM und einer anonymen Institution, dem DEPRN, gegenüber und sind oft bezüglich der Verbote verunsichert:

> "A polícia não explica as leis, que proibe e que não. Então o pessoal fica com medo de fazer qualquer coisa porque não sabe as regras. Não tem orientação."

> "Die Polizei erklärt die Gesetze nicht, was verboten ist und was nicht. Also haben die Leute Angst irgendwas zu machen, denn sie kennen die Regeln nicht. Es gibt keine Aufklärung." (Übersetzung F.D.)

Wie schwerfällig die "Naturschutzbürokratie" ist, wenn tatsächlich einmal der rechtlich richtige Verfahrensweg beschritten wird, zeigt die folgende Erzählung:

> "Faz oito anos que pedi uma autorização para desmatar uma área. Já fui várias vezes para Registro e até para São Paulo. Já foram feitos várias visitorias. Sempre me mandaram esperar. Agora, há 15 dias chegou uma carta dizendo que vai ter mais uma visitoria. Fui multado porque rocei uma parte do terreno com capoeira. Recorri várias instâncias e depois fiz um acordo de reflorestar o terreno. A Casa da Agricultura disse que é melhor não pedir autorização do DEPRN porque demora na burocracia."

> "Vor acht Jahren habe ich eine Erlaubnis zur Rodung einer Fläche beantragt. Ich bin schon mehrmals nach Registro [zum regionalen Büro des DEPRN] und sogar einmal nach São Paulo gefahren. Es wurden schon etliche Ortsbesichtigungen durchgeführt. Nun vor 15 Tagen kam ein weiterer Brief, in dem stand, daß noch eine Ortsbesichtigung stattfinden wird. Ich habe schon einen Bußgeldbescheid bekommen, weil ich einen Teil mit *capoeira* gerodet habe. Ich habe über mehrere Instanzen Einspruch erhoben und nachher den Kompromiß akzeptiert, daß ich das Gelände wieder aufforste. Im *Casa da Agricultura* [die staatliche Agrarberatungsstelle] hat man mir gesagt, es sei besser, erst keine Genehmigung von der DEPRN zu verlangen, weil die Bürokratie zu lange dauert." (Übersetzung F.D.)

Angesichts der beschriebenen Schwierigkeiten ist es nicht verwunderlich, daß insgesamt 15 der Befragten angaben, ohne die Tätigkeit der PFM wäre die Situation im *bairro* weitaus besser. Dies entspricht 44% der gesamten 31 Antworten auf diese Frage. Dabei wurden vor allem die Einschränkungen der Landnutzung als negativer Faktor genannt:

> "Tenho seis alqueires de mata que não posso mexer. Com lavoura

você fica preso, dão multa encima de você. Eu não vivo da lavoura, más outros vivem. Ficam preso. Eu ja tinha feito uma roça e um pasto. Bloquearam.
Eles tiram o espaço do pessoal expandir."

"Ich habe sechs *alqueires* [14,5 ha] mit Wald, den ich nicht anrühren
darf. Mit Pflanzenbau kommst du nicht weiter, dann drücken sie dir Bußgelder auf. Ich lebe nicht vom Anbau, aber andere leben davon. Sie kommen
nicht weiter. Ich hätte schon ein Feld und eine Weide angelegt. Sie haben
das blockiert. Sie nehmen den Leuten den Raum zu expandieren."
(Übersetzung F.D.)

Daneben wurden aber auch oft die schwache Nachfrage nach Land und sinkende
Bodenpreise als nachteilige Folgen angeführt. Die Option, das eigene Land zu
verkaufen, ist also als mögliche Handlungsalternative zur Landbewirtschaftung relevant:

"A PFM paralisou tudo mundo. Parou o trabalho, o serviço. Ninguem
compra mais terra. Quem tem mata no terreno tem problema. Não vale mais
nada."

"Die PFM hat alle gelähmt. Die Landbewirtschaftung und die Lohnarbeit in der Landwirtschaft sind vorbei. Keiner kauft mehr Land. Wer Wald
auf seinem Land hat, hat Probleme. Es ist nichts mehr wert." (Übersetzung
F.D.)

Auf der anderen Seite haben jedoch 10 Befragte die positiven und negativen Folgen der
Umweltbestimmungen gegeneinander abgewägt, und sechs Personen gaben an, ohne die
Tätigkeit der PFM wäre die Situation im *bairro* schlechter. Es handelte sich hierbei
ausschließlich um Mitglieder von Haushalten, die nicht auf die Landwirtschaft
angewiesen sind. Einige Bewohner äußerten sich dabei stark ablehnend gegenüber ihren
Nachbarn, wie beispielsweise dieser ehemalige Polizist, der in Dois Irmãos einen
"Freizeitbetrieb" hat:

"Os nativos daqui não querem trabalhar. Só bebem, tiram palmito e
caçam. A ação da PFM não leva a nada. Dão uma multa e o cara recorre no
sindicato. É tudo uma grande brancadeira. Sou a favor que a polícia pega
mais firme."

"Die Einheimischen wollen nicht arbeiten. Sie trinken nur, schlagen
palmito und jagen. Die Aktionen der PFM führen zu nichts. Sie geben eine
multa und der Typ legt mit Hilfe der Gewerkschaft Widerspruch ein. Es ist
alles nur ein großes Spielchen. Ich bin dafür, daß die Polizei härter durch-
greift." (Übersetzung F.D.)

Die Umweltbestimmungen treffen Haushalte, die von der Landwirtschaft abhängen, und
solche, die davon nicht abhängen, in unterschiedlicher Weise. Auch wenn für die
gleichen Verstöße die gleichen Strafen für alle verhängt werden, so haben diese doch
grundsätzlich verschiedene Folgen für die Betroffenen. Die folgenden beiden Zitate
sollen dies verdeutlichen. Zunächst ein Kommentar eines "Freizeitbauern" aus der Stadt
São Paulo :

234

"Já levei nove multas. Paguei uma e uma outra está no Forum. O resto não paguei, recorri. Tem que quidar da terra qu você esta encima. A PFM não entende isso. Por isto a área não está desenvolvida."

"Ich habe schon neun *multas* bekommen. Eine habe ich bezahlt und eine andere ist noch vor Gericht. Gegen den Rest habe ich Einspruch erhoben und nicht bezahlt. Du mußt das Land pflegen, auf dem du bist. Die PFM versteht das nicht. Deswegen ist das Gebiet auch so wenig entwickelt." (Übersetzung F.D.)

Daneben macht der folgende Bericht eines Bauern, der noch fast ausschließlich von der Landwirtschaft lebt, die großen Unterschiede bei der Wirkungsweise der verhängten Bußgelder deutlich:

"Fiz uma roça de arroz. Era capoeira, não tinha madeira de lei. Limpei, queimei e aí chegou a PFM. Dissem que é crime derrubar e queimar. Expliquei que tenho que derrubar e plantar, senão tenho nada para comer. E aí não fizeram multa. Depois de oito dias voltaram e deram uma multa de 343 Reais. Dizem para mim: 'Vai no DEPRN explicar'. Quase foi preso pela PFM. Recorri a multa e agora depois de 60 dias veio o papel dizendo que tenho que pagar. Agora não sei o que fazer."

"Ich habe ein Feld angelegt. Es war *capoeira*, keine Edelhölzer. Ich habe gerodet und gebrannt, da kam die PFM. Sie sagten, daß es ein Verbrechen sei, zu roden und zu brennen. Ich erklärte ihnen, daß ich roden und pflanzen muß, wenn ich etwas essen will. Da stellten sie keine *multa* aus. Nach acht Tagen kamen sie wieder und haben einen Bußgeldbescheid von 343 Reais mitgebracht und zu mir gesagt: 'Komm' mit zum DEPRN und erkläre es dort'. Fast wurde ich von der PFM festgenommen. Gegen diese *multa* habe ich Widerspruch eingelegt und jetzt nach 60 Tagen kommt das Papier, worin steht, daß ich bezahlen muß. Jetzt weiß ich nicht, was ich machen soll." (Übersetzung F.D.)

Besonders betroffen sind die kapitalextensiven Betriebe, die noch das System der *shifting cultivation* anwenden, denn auch außerhalb von strengen Schutzgebieten besteht das Problem der zwangsweise verkürzten Bracheperioden. Die lokale Landnutzung und die sozioökonomische Struktur hat sich bereits unter dem Einfluß der Umweltgesetzgebung nachhaltig verändert. So legen viele Bauern ihre Felder mittlerweile nur noch in größerer Entfernung von der Straße an, auf der die PFM das Gebiet kontrolliert. Der einzige kritische Zeitpunkt ist dabei das Brennen des Feldes, denn es ist nicht üblich, daß die Polizei das Gelände durchkämmt, ohne einen konkreten Hinweis zu haben.

In der Nähe der Straße sind viele ehemalige Felder in Weiden umgewandelt worden, die wenig Probleme mit der PFM bereiten. Der hohe Anteil an Weideflächen steht also auch in einem engen Zusammenhang mit der Umweltgesetzgebung.

"A gente tem que fazer nossa roça escondida. Ja chegamos a plantar duas vezes no mesmo lugar porque a área nossa é pequena e a PFM não deixa derrubar outra área. Ja formamos pasto numa parte porque não dá mais para plantar. Se não tivesse a PFM teria muito menos pasto e mais plantação."

"Wir müssen unsere Felder versteckt anlegen. Wir haben sogar schon ein Stück zweimal hintereinander bepflanzt, weil unsere Fläche so klein ist und die PFM uns nicht ein anderes Stück Land roden läßt. Wir haben in einem Teil schon Weide angelegt, weil es mit dem Pflanzenbau nicht mehr ging. Ohne die PFM gäbe es hier viel weniger Weide und mehr Felder." (Übersetzung F.D.)

Daneben haben die Umweltauflagen den Übergang der Haushalte von der autonomen Landwirtschaft zur Lohnarbeit verstärkt:

"Antigamente plantava mais. Agora tenho so uma pequena agricultura. Trabalho como diarista nas fazendas. Queria plantar mais, más a PFM não deixa. Por isso trabalho nas bananais."

"Früher habe ich mehr bepflanzt. Heute habe ich nur noch eine kleine Landwirtschaft. Ich arbeite als Tagelöhner auf den Großbetrieben. Ich würde gerne mehr pflanzen, aber die PFM läßt mich nicht. Deshalb arbeite ich auf den Bananenplantagen." (Übersetzung F.D.)

Ein Rückgang der Landwirtschaft geht aber auch mit einer Verkleinerung des lokalen agrarwirschaftlichen Arbeitsmarktes einher. Die Betriebe im *bairro*, die ehemals bei Arbeitsspitzen Tagelöhner eingestellt haben, fallen heute als Arbeitgeber weg, weil sie entweder die Landwirtschaft stark eingeschränkt haben oder ganz abgewandert sind. Es ist jedoch kaum möglich die genauen Auswirkungen der Umweltbestimmungen auf das Maß der Abwanderung aus dem *bairro* zu bestimmen. Dennoch lassen Erzählungen älterer Bewohner den Schluß zu, daß bereits mehrere Familien aufgrund der Restriktionen aus Dois Irmãos weggezogen sind.

"Muitas pessoas ja foram embora daqui porque não podiam mais plantar e também a área deles não deu para sustentar a família. Se não tem como fazer a roça não pode sobreviver. Se vê muita plantação abandonada por aí por causa do medo da PFM."

"Viele sind schon von hier weggezogen, weil sie nicht mehr anbauen konnten und außerdem ihre Fläche zu klein war, um die Familie zu ernähren. Wenn man kein Feld anlegen kann, kann man nicht überleben. Es gibt wegen der Angst vor der PFM hier viele verlassene Felder zu sehen." (Übersetzung F.D.)

Anhand des Beispiels Dois Irmãos zeigen sich deutlich die Schwierigkeiten bei der Verknüpfung der beiden gleichermaßen festgeschriebenen Leitbilder staatlichen Handelns, den sozialen Zielen einer Agrarreform auf der einen und den ökologischen Zielen der Umweltpolitik auf der anderen Seite. Die lokale Bevölkerung steht diesen alltäglich erfahrenen Widersprüchen zwischen den einzelnen Politiksektoren mit Unverständnis gegenüber.

"O Meio Ambiente é o que mais atrapalha. Com o estado tudo bem. A

236

INCRA dá títulos de terra para a gente. Manda trabalhar. Daqui a pouco vem o Meio Ambiente e multa. Eles estão contra o governo."

"Der Naturschutz stört am meisten. Mit dem Staat gibt es kein Problem. Die INCRA verteilt Landtitel an uns. Fordert uns auf zu arbeiten. Bald darauf kommt der Naturschutz und verteilt Strafbescheide. Die Naturschützer sind gegen die Regierung." (Übersetzung F.D.)

Daß nach PEROSA (1992, S. 27f) die PFM außerdem verdächtigt wird, während des Landkonfliktes mit der Firma FIELD zusammengearbeitet zu haben, trägt zusätzlich zum problematischen Verhältnis zwischen Landnutzern und Naturschutzinstitutionen bei. Die heutige Situation im *bairro* ist jedoch bereits so stark von dem Rückgang der autonomen Landwirtschaft und der Übernahme durch "Freizeitbetriebe" geprägt, daß lange nicht mehr alle Haushalte potentiell von den Umweltbestimmungen betroffen sind. Diese Entwicklung reduziert zwar das Konfliktpotential zwischen Bewohnern und dem Naturschutz, ist allerdings aus der Perspektive der Leitbilder der Agrarreform eindeutig als Mißerfolg zu sehen. Hinsichtlich der ökologischen Faktoren schreiben DULLEY & CARVALHO (1994, S. 14):

"A pressão social para ampliar o número de beneficiários e a dimensão do lote leva à ocupação de áreas de preservação trazendo à luz a contradição entre o interesse social imediato e de longo prazo. Este é o caso ... da Fazenda Valformoso, localizada no Vale do Ribeira de Iguape, em São Paulo. Este projeto está situada em área de proteção ambiental (APA) e, portanto, sujeito às condições determinadas para garantir o desenvolvimento sustentado."

"Der gesellschaftliche Druck, die Zahl der [durch die Agrarreform] Begünstigten und die Größe der Grundstücke zu erhöhen, führt zur Einbeziehung von geschützten Gebieten, worin sich der Widerspruch zwischen kurzfristigen und langfristigen sozialen Interessen widerspiegelt. Dies ist der Fall bei der Fazenda Valformoso im Vale do Ribeira im Bundesstaat São Paulo. Dieses Projekt befindet sich innerhalb einer APA und unterliegt aus diesem Grund Regeln, die eine nachhaltige Entwicklung garantieren sollen." (Übersetzung F.D.)

Die Aussage, die im übrigen auch bei PEROSA (1992, S. 25f) vorkommt, daß die Nutzungsrestriktionen auf die Existenz der APA zurückzuführen sind, stimmt in der Form nicht mehr. Die gesetzlichen Grundlagen, auf die sich die Kontrolle der Landnutzung durch die PFM und das DEPRN stützt, sind der *Código Florestal* und das *Lei 750/93* und gelten überall (vgl. Kap. 4.2.2).

Das Beispiel Dois Irmãos zeigt also, daß die sektoralen Naturschutzbestimmungen, die bislang in ihren Folgen noch kaum untersucht wurden, einen nachhaltigen Einfluß auf die Landnutzung und damit auch auf die soziale Struktur im ländlichen Raum haben können. Daß jedoch auch diese Bestimmungen unter jeweils verschiedenen Rahmenbedingungen unterschiedlich wirksam sind, zeigt die nächste Fallstudie.

5.6 Ribeirão da Motta: Stadt-Land Wanderung

5.6.1 Allgemeine Charakteristik und Geschichte

Ribeirão da Motta ist eine sehr junge Ansiedlung von *posseiros* in einem bis vor kurzer Zeit noch ungenutzten Waldstück nahe der Stadt Registro. Im Gegensatz zu den anderen Fallstudien kann hier noch nicht von einer konsolidierten Siedlung gesprochen werden, denn das *bairro* befindet sich derzeit noch in der Entstehungsphase. Die Analyse dieser Gemeinschaft von *posseiros* bietet die Gelegenheit, das Phänomen der Stadt-Land-Wanderung, das ja bereits in der Fallstudie Bela Vista als wichtige Triebkraft für die rezente Abholzungsdynamik identifiziert wurde, direkt untersuchen zu können.

Die Siedlung liegt in einem abgelegenen Waldstück nahe der Mündung des Rio Juquiá in den Rio Ribeira de Iguape. Erreichbar ist sie entweder über diese Flüsse mit dem Boot oder auf einem beschwerlichen Landweg: Nach einer ca. 10 Kilometer langen Fahrt auf einer schlecht erhaltenen Erdstraße müssen die restlichen vier Kilometer zu Fuß auf einem Trampelpfad zurückgelegt werden.

Ribeirão da Motta gehört zum Munizip Registro, d.h. es liegt in der ökonomisch dynamischen und landwirtschaftlich intensiv genutzen Zone des Vale do Ribeira. Aufgrund seiner isolierten Lage blieb der Bereich jedoch lange Zeit am Rande dieser Entwicklung. Während der 50er Jahre wurden hier für kurze Zeit Edelhölzer von einer Holzfirma ausgebeutet. Danach blieb das Gebiet bis in die 80er Jahre ungenutzt und der Wald konnte sich regenerieren. Nachdem sich gegen Ende der 80er Jahre herausstellte, daß der Eigentumstitel des bisherigen Besitzers juristisch nicht korrekt war, blieb das Gebiet *de facto* "herrenlos". In der Folgezeit wurden von zwei Seiten Besitz- bzw. Nutzungsansprüche angemeldet: Zum einen wollte der Besitzer der benachbarten Fazenda, der den einzigen passierbaren Landzugang kontrollierte, Ribeirão da Motta in seinen Betrieb "integrieren". Gleichzeitig erfuhren jedoch auch Mitglieder der Landarbeitergewerkschaft in Registro (Sindicato dos Trabalhadores Rurais, STR) von dem Waldstück, und die ersten *posseiros* begannen Anfang der 90er Jahre mit der Landnahme. Seit dieser Zeit ist die Zahl der Landbesetzer in diesem Gebiet auf rund 30 Familien angewachsen. Die Streitigkeiten mit dem Nachbarbetrieb haben sich ebenfalls verschärft, führten jedoch bislang noch nicht zu Gewalt gegen Personen.

Die Besiedlung und Inkulturnahme des Landes ist bislang noch sehr unregelmäßig und provisorisch. Bei einer Begehung der Ansiedlung passiert man die meiste Zeit einen gut ausgewachsenen Sekundärwald. Entlang des Weges und am Ende einiger Seitenpfade befinden sich vereinzelte, vor kurzer Zeit gerodete Lichtungen, auf denen noch größere Baumstämme liegen, die beim Abbrennen der Felder nicht vom Feuer mit erfaßt wurden. Die Häuser sind alle in der traditionellen Bauweise aus Ästen und Lehm gebaut (*pau de pique*). Die Intensität der Bewirtschaftung variiert stark zwischen den einzelnen Parzellen: Neben einigen landwirtschaftlich relativ intensiv genutzten Betrieben, auf denen sich auch permanent bewohnbare Häuser und Nebengebäude befinden, gibt es eine große Anzahl von Grundstücken, die noch vollständig bewaldet sind. Anhand dieser Gegensätze läßt sich erkennen, daß die jeweiligen Besitzer ein unterschiedliches Gewicht auf ihr "landwirtschaftliches Standbein" in Ribeirão da Motta legen, denn alle Bewohner haben noch einen anderen Wohnort und eine weitere Einnahmequelle in der Stadt. Die Untersuchung in Ribeirão da Motta gibt also eine Momentaufnahme eines in der Entstehung begriffenen *bairros*, das sich noch vor der Phase der eigentlichen Konsolidierung befindet.

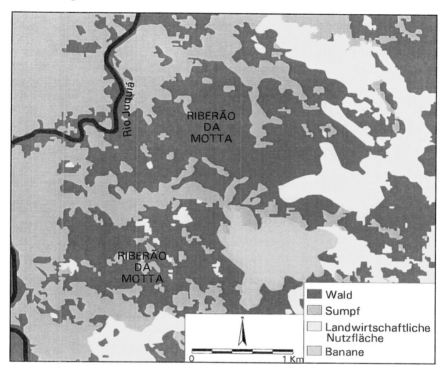

Karte 9: Landnutzungsmuster in Ribeirão da Motta 1994: Klassifikation eines Ausschnittes einer Landsat-TM-Szene vom 18.07.1994
Es ist zu beachten, daß zwischen diesem Zeitpunkt und dem Zeitpunkt der Befragung rund drei Jahre liegen, in denen die eigentliche Landnahme erfolgte.

5.6.2 Bevölkerung und Migration

Im Februar 1997 wurden insgesamt 17 der insgesamt ca. 30 Haushalte befragt, die in Ribeirão da Motta ein Grundstück besitzen. Bei der Befragung konnte der größte Teil der Gruppe abgedeckt werden, die ihre Parzelle in irgendeiner Weise nutzte. Die Erhebung wurde an mehreren Wochenenden im Gelände und bei einer Versammlung der Landarbeitergewerkschaft in Registro durchgeführt.

Das *bairro* stellt einen Sonderfall dar, denn fast alle Personen haben ihren Lebensmittelpunkt noch an einem anderen Ort. Aus diesem Grund lassen sich einige Kategorien,

239

mit denen in den anderen Fallstudien problemlos operiert werden konnte, in diesem Fall nicht anwenden. So läßt sich die Altersstruktur nicht mit den anderen Fallstudien vergleichen, denn zumindest ein Teil der Familie bleibt dauerhaft in der Stadt wohnen. In der Regel sind es nur ein oder zweiFamilienmitglieder, die regelmäßig oder sporadisch in Ribeirão da Motta leben und arbeiten. Eine Abgrenzung der Personen, die als "in der Siedlung wohnhaft" gelten könnten, kann unter diesen Umständen nur willkürlich sein.

Auch das Merkmal "Ankunft im *bairro*" bezeichnet hier nicht ein einmaliges Ereignis, den Umzug, sondern kann lediglich die Inbesitznahme der Parzelle und damit den Beginn einer langen Phase kennzeichnen, bei der - im Idealfall - der Lebensmittelpunkt nach und nach von der Stadt in den ländlichen Raum verlagert wird. Der größte Teil der Befragten (10 Personen) kam 1994 nach Ribeirão da Motta, was auf eine relativ geschlossene, organisierte Landnahme hinweist. Nur ein Haushalt war schon vorher hier ansässig und sechs kamen 1995 oder später hinzu.

Woher kommen diese Familien? Die meisten Familienvorständen wurden im Vale do Ribeira geboren (10 Personen). Drei der Befragten kamen aus dem Nordosten, weitere drei aus dem Bundesstaat Minas Gerais und einer aus dem Inneren des Bundesstaates São Paulo. Alle Familien waren zu dem Zeitpunkt der Inbesitznahme ihres Grundstücks im Vale do Ribeira wohnhaft, dreizehn davon in einer der beiden *favelas* in der Stadt Registro. Es handelt sich also, wie bereits im Fall Bela Vista, um Stadt-Land-Wanderungen. In dem vorliegenden Fall überschreiten diese jedoch keine regionalen Grenzen, sondern bleiben innerhalb des Vale do Ribeira. Auch die Biographien konzentrieren sich räumlich stärker auf die Region:

> **M** ist 45 Jahre alt und stammt aus dem Munizip Registro. Sein Vater unterhielt einen Pachtbetrieb mit Teeanbau. Mit 15 Jahren zog er in die Stadt Registro und lebte fortan von Gelegenheitsarbeiten als Maurer. Nach seiner Aussage hat sich die Beschäftigungslage in der Stadt in den letzten Jahren sehr verschlechtert und die Rückkehr in die Landwirtschaft stellt nun eine der wenigen Überlebensalternativen für ihn und seine Familie dar. Obwohl er sein Grundstück bereits seit 1994 besitzt, hat er bislang nur ein sehr kleines Stück Land gerodet und eine provisorische Hütte gebaut, in der er seine Geräte unterstellt und gelegentlich übernachtet. Er will in Zukunft eine Schweinezucht aufziehen und alternative Produktionszweige (Zucht von Wasserschweinen, Bienenhaltung, Palmherzbewirtschaftung) etablieren. Seine Frau und seine zwei erwachsenen Töchter leben dauerhaft in Registro. M engagiert sich im STR und stellt einen der Ansprechpartner für die *posseiros* dar. Er bemüht sich um einen Dialog mit der Munizipsverwaltung und den Umweltbehörden.

> **N** (43 Jahre) wurde im Munizip Sete Barras geboren und ist seit seiner Jugend auf einer Bananenpflanzung, die im Bereich der *várzea* des Rio Ribeira de Iguape liegt, als Lohnarbeiter angestellt. Nach dem "Jahrhunderthochwasser", das Anfang 1997 kurz vor dem Zeitpunkt der Befragung die Region heimsuchte und schwere Schäden bei der Bananenwirtschaft zur Folge hatte, fürchtet er jedoch, bald entlassen zu werden. Seit

sechs Monaten besitzt er sein Grundstück und hat bereits rund zwei *alquei-res* (4,8 ha) gerodet und Bananen gepflanzt. Er plant, in Zukunft nach Ribeirão da Motta umzusiedeln und vom Bananenanbau zu leben. Vorher muß jedoch eine Straße gebaut werden, damit die Siedlung für die Aufkäufer der Produktion erreichbar wird.

O (63 Jahre) kam mit 21 Jahren aus dem nordöstlichen Bundesstaat Alagoas über eine kurze Zwischenstation in der Stadt São Paulo nach Juquiá, wo er auf einer Bananenpflanzung arbeitete. Nach 14 Jahren zog er in die Stadt Registro, lebte von Gelegenheitsarbeiten und war zuletzt als Fischverkäufer auf dem Markt tätig. Innerhalb der drei Jahre, in denen er seine Parzelle besitzt, hat er eine kleine Landwirtschaft aufgebaut und pflanzt Maniok, Bananen, Bohnen und Mais. Er ist der einzige in der Siedlung, der einen Teil seiner Produktion vermarktet. Alles was O in Registro auf dem Markt verkauft, muß er allerdings zu Fuß hinaustragen. Er wohnt bereits überwiegend in Ribeirão da Motta, während seine Frau und sein Sohn (18 Jahre) die meiste Zeit in Registro leben.

Bei der Organisation der *posseiros* kommt dem STR eine Schlüsselposition zu. Diese Institution verteilt beispielsweise die Parzellen, führt *mutirões* bei Gemeinschaftsaufgaben durch und repräsentiert das *bairro* nach außen. So setzt sie sich beim Munizip für den Bau einer Verkehrsanbindung und die Anbindung an das Stromnetz ein. Zum Zeitpunkt der Befragung schien jedoch aufgrund interner Streitigkeiten der Fortbestand der Organisationsstrukturen der Gewerkschaft gefährdet.

Neben diesem institutionellen Rahmen sind viele Bewohner in soziale Netzwerke eingebunden, die sie aus Registro, wo sie oft in der gleichen Nachbarschaft wohnen, mitgebracht haben. Bislang blieb die Gruppe der Zuwanderer noch relativ eng auf den Kreis um die Mitglieder des STR beschränkt. Die Information, daß es nahe der Stadt Registro die Möglichkeit gibt, ein Stück Land zu besetzen, zieht jedoch zunehmend weitere Kreise. Eine Bevölkerungszunahme ist in Ribeirão da Motta zu erwarten, denn bislang wurden nur in seltenen Fällen Grundstücke wieder veräußert.

5.6.3 Wirtschaftstruktur und Überlebensstrategien

Der Charakter einer jungen Siedlung spiegelt sich auch in den Haushaltsstrategien der Familien wider. Eine größere Gruppe (neun Haushalte) hat als wichtigste Einkommensquelle die Lohnarbeit, meist im Baugewerbe, in der Stadt, und nur bei vier Haushalten ist es die Landwirtschaft. Insgesamt trägt allein bei sieben Familien, d.h. bei weniger als der Hälfte der Befragten, die Landbewirtschaftung überhaupt zum Lebensunterhalt bei.

In der Regel ist auf den Grundstücken nur während des Wochenendes jemand anzutreffen. Für den Weg von Registro nach Ribeirão da Motta haben die Bewohner einige Strapazen auf sich zu nehmen, denn sie müssen, sofern sie kein Fahrrad besitzen, von der BR 116 aus eine Strecke von rund 14 km zu Fuß zurücklegen und dabei alles Gepäck auf dem Rücken tragen. Da dies auch für den Rückweg gilt, ist es verständlich, daß der Vermarktungsgrad der landwirtschaftlichen Produkte sehr niedrig ist; tatsächlich verkauft nur ein Betrieb Teile seiner erwirtschafteten Erträge, die restlichen Betriebe produzieren allein für den Eigenverbrauch.

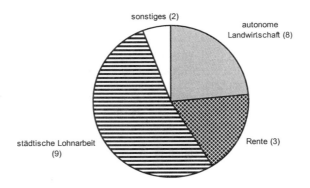

Ribeirao da Motta

sonstiges (2)

autonome
Landwirtschaft (8)

städtische Lohnarbeit
(9)

Rente (3)

Abbildung 16: Haupteinkommensquellen der Haushalte in Ribeirão da Motta 1997
Daten: eigene Erhebung

Die agrarwirtschaftliche Bodennutzung konzentriert sich ausschließlich auf den Pflanzenbau; Weideflächen existieren nicht. Meist wird dabei weniger als ein *alqueire* bewirtschaftet, und in der Regel arbeitet nur eine Person auf der Parzelle, der Rest der Familie bleibt dann in der Stadt. Die dominante Kultur in Ribeirão da Motta ist die Banane. Da der Abtransport der Früchte nicht möglich ist, werden die Bananen oft an die Hühner oder Schweine verfüttert. Angesichts der Transportsensibilität auf der einen Seite und der schlechten Erreichbarkeit des *bairros* andererseits dürfte die Konzentration auf dieses Produkt wohl eher auf soziokulturelle Faktoren - Bananenanbau als regionale "Tradition" - als auf ökonomisches Kalkül zurückzuführen sein.

Da es sich um eine rezente Besiedlung der Fläche handelt, hat sich noch kein Rotationssystem herausgebildet: Noch bewirtschaften alle Landnutzer das erste von ihnen angelegte Feld. Derzeit sind schätzungsweise erst weniger als ein Zehntel der Fläche gerodet, d.h. es sind noch umfangreiche Reserven an ungenutzten Wäldern vorhanden. Eine abnehmende Bodenfruchtbarkeit wurde bislang von niemandem konstatiert. Auf längere Sicht erscheint jedoch eine Entwicklung der abnehmenden Erträge, wie sie in Bela Vista bereits beginnt, unausweichlich, denn auch in Ribeirão da Motta ist das Landnutzungssystem ausschließlich explorativ und basiert auf *nutrient mining*.

Die Grundbesitzstruktur ist ähnlich egalitär wie in Bela Vista. Die Mehrheit (13 Betriebe) verfügt über genau fünf *alqueires* (12,1 ha). Die restlichen vier Grundstücke sind kleiner. Für diese Größenverteilung ist die Vergabepraxis des STR verantwortlich, wobei auf die Verteilung gleich großer Parzellen geachtet wurde. Auffällig ist außerdem, daß sich alle Bewohner bewußt als *posseiros* bezeichnen, und keiner der Befragten einen Anspruch auf Eigentum an seinem Land erhob. Dies ist zum einen darauf zurückzuführen, daß die Siedler hier, anders als in Bela Vista, noch die erste Generation darstellen. Niemand hat also für den Erwerb seines Landes etwas bezahlt, vielmehr wurden die Parzellen vom STR "zugewiesen". Zum anderen versuchen die

Generation darstellen. Niemand hat also für den Erwerb seines Landes etwas bezahlt, vielmehr wurden die Parzellen vom STR "zugewiesen". Zum anderen versuchen die Mitglieder der Landarbeitergewerkschaft zu verhindern, daß Siedler Boden verkaufen. Wer sein Land aufgeben will, so lautet der Grundsatz, muß es an das STR zurückgeben[74].

Bei einer rezenten Besiedlung wie Ribeirão da Motta sind nicht allein die faktischen Strukturen wie Grundbesitzsystem oder Landnutzungsmuster von Bedeutung. Ebenso wichtig sind die Zukunftspläne der Bewohner. Alle befragten Haushalte haben dabei die langfristige Perspektive, ihren Wohn- und Arbeitsort nach und nach vollständig nach Ribeirão da Motta zu verlegen.

"Vou fazer um ponto certo aqui. Uma casinha para vir nos dias de folga. Depois que me localizar aqui vou me me mudar para cá e viver da agricultura, se dá."

"Ich werde einen festen Sitz aufbauen. Ein Häuschen, um an freien Tagen hierher zu kommen. Wenn ich mich dann eingerichtet habe, werde ich hierher umziehen und von der Landwirtschaft leben, wenn das geht." (Übersetzung F.D.)

Warum wollen die Siedler aus der Stadt fortziehen? Es werden ähnliche Gründe genannt wie schon in Bela Vista. Zum einen trifft die Verengung der urbanen Arbeitsmärkte besonders ungelernte Gelegenheitsarbeiter, wie sie in Ribeirão da Motta häufig anzutreffen sind. Die Rückkehr in die Landwirtschaft ist in den Augen der Befragten eine Alternative zur Abhängigkeit von städtischer Lohnarbeit. Mit einem Umzug in den ländlichen Raum ist außerdem die Möglichkeit verbunden, die Fixkosten des Haushaltes, wie Ausgaben für Miete oder Lebensmittel zu reduzieren und in stärkerem Maße von der Subsistenzwirtschaft zu leben.

"Se eu tivesse força para me mudar, já estava morando aqui. Na cidade a situação fica mais difícil cada dia. Você tem que comprar tudo. Paga aluguel, luz, alimento. Tudo com salário baixo. Aqui na roça não precisa comprar quase nada. Com o tempo vai melhorar. Vou plantar banana e vender, fazer criação de porco e galinha, fazer farinha e vender."

"Wenn ich die Möglichkeit hätte umzuziehen, würde ich bereits hier wohnen. In der Stadt verschlimmert sich die Situation mit jedem Tag. Man muß alles kaufen. Man bezahlt Miete, Elektrizität, Lebensmittel. Alles von einem niedrigen Lohn. Hier auf dem Land muß man fast nichts kaufen. Mit der Zeit wird es besser. Ich werde Bananen anbauen und verkaufen, Hühner und Schweine züchten und Maniokmehl herstellen und verkaufen." (Übersetzung F.D.)

---

[74]Daß es dabei bereits erste Schwierigkeiten gibt, zeigt der Fall eines Bewohners, der im Verdacht steht, bereits zweimal Land verkauft zu haben. Er beanspruchte jeweils eine Parzelle, rodete sie teilweise und gab sie im Anschluß an einen neuen *posseiro* weiter, wobei er sich seine *benfeitorias*, d.h. die Rodung des Waldes, teuer bezahlen ließ. Im engeren Sinn hatte er also kein Land verkauft, konnte jedoch reichlich Gewinn aus den Transaktionen schlagen.

Für die Verwirklichung der Hoffnung, in Zukunft auch von der Vermarktung der landwirtschaftlichen Produkte leben zu können, ist der Bau einer Straße in das *bairro* unbedingte Voraussetzung. Die Fertigstellung der Verkehrsanbindung stellt für viele Bewohner den Zeitpunkt dar, ab dem sie eine permanente Übersiedlung nach Ribeirão da Motta und eine Ausweitung ihrer Kulturflächen ins Auge fassen.

> "Minha idéia é progredir na vida. Quando chega a estrada e a luz vou fazer um plantio e vender a produção."

> "Ich will im Leben vorankommen. Wenn die Straße und der Strom kommen, werde ich anpflanzen und verkaufen." (Übersetzung F.D.)

Sollte also in naher Zukunft ein befahrbarer Weg von der Munizipsverwaltung in die Siedlung ausgebaut werden, dann ist ein nachhaltiger Wandel der Haushaltsstrategien und damit des derzeitigen Landnutzungsmusters zu erwarten: eine größere Gewichtung der landwirtschaftlichen Tätigkeit gegenüber der städtischen Lohnarbeit, eine stärkere Marktanbindung und eine Ausweitung der landwirtschaftlichen Nutzfläche. Wie reagieren die Umweltbehörden auf die derzeitige Abholzung in Ribeirão da Motta und auf die Gefahr einer massiven Ausweitung der Rodungstätigkeit nach dem Bau der Straße?

5.6.4 Einfluß umweltpolitischer Maßnahmen

Das Geschehen in Ribeirão da Motta ist nicht unbemerkt seitens der Umweltbehörden verlaufen. Tatsächlich bestanden zeitweise enge Kontakte zwischen dem DEPRN und Vertretern des STR. Dabei wurde von beiden Seiten der Versuch unternommen, die Entwicklung der Siedlung in naturverträglichen Bahnen zu halten und ein Modellprojekt zur nachhaltigen Entwicklung zu etablieren. Aus den Schwierigkeiten bei der Umsetzung des Vorhabens und aus seinem letzlichen Scheitern lassen sich Lehren ziehen, die auch für die Entwicklung von Strategien zur Nachhaltigen Entwicklung wichtig sein könnten.

Ribeirão da Motta wurde vom Verfasser zweimal aufgesucht, im Mai 1996 und im Januar 1997. Während des ersten Aufenthaltes wurde ein neuartiges Projekt initiiert, in dem STR, DEPRN, die Fundação Florestal und die PFM mit Vermittlung und Beratung der Nichtregierungsorganisation "Vita Civilis" gemeinsam eine naturverträgliche und ökonomisch rentable Landnutzung im *bairro* fördern sollten. Es wurden solche Nutzungsformen ins Auge gefaßt, die auf Produkte der noch verbliebenen Bestände des Atlantischen Küstenregenwaldes zurückgreifen und durch solche ökonomische Impulse den Schutz der natürlichen Vegetation gewährleisten sollten. Ein besonderer Schwerpunkt lag auf der Extraktion von Heilpflanzen, wobei sich ein Mitglied von "Vita Civilis" anbot, seine engen Vermarktungskontakte zu Firmen in der Stadt São Paulo im Sinne der Bewohner zu nutzen sowie sein Wissen über Medizinalpfanzen weiterzugeben. Vertreter des DEPRN versprachen, einer solchen extraktiven Tätigkeit schnell und unbürokratisch eine Genehmigung zu erteilen. Im Gegenzug verpflichteten sich Mitglieder des STR, die Bewohner zu einem völligen Stop jeder weiteren Abholzung zu bewegen. Um dies zu überprüfen, sollte die PFM, ausgestattet mit einer vom STR ausgehändigten Liste aller Parzellen und ihrer Besitzer das Gebiet in regelmäßigen Abständen aufsuchen.

Der Verfasser hatte 1996 die Gelegenheit, der ersten und entscheidenden Sitzung in Registro beizuwohnen. Alle beteiligten Parteien erwarteten damals den Projektbeginn mit Optimismus und blickten mit "vorsichtiger Euphorie" auf die zukünftige Entwicklung des *bairros*. Während der zweiten Reise mußte dann eine ernüchternde Bilanz gezogen werden: Die Abholzung war weiter vorangeschritten, nicht wenige Bewohner hatten einen Strafgeldbescheid von der PFM erhalten, und die Bewohnerschaft und die meisten Mitglieder des STR waren nicht mehr bereit, mit den Umweltbehörden zusammenzuarbeiten. Wie kam es zu dieser drastischen Verschlechterung der Situation?

In der rückblickenden Perspektive lassen sich Versäumnisse bei nahezu allen Beteiligten feststellen. Die Versprechen der Mitglieder der Nichtregierungsorganisation waren zu hoch gegriffen. Die meisten Bewohner fühlten sich angesichts eines neuen, für sie unbekannten Wirtschaftszweiges verunsichert, denn ihre Informationen über die einzelnen Pflanzen und deren Extraktion waren sehr unzureichend, nachdem sie eine halbtägige Einführung erhalten hatten. Erste Versuche einiger Siedler, mit dem Sammeln von Heilpfanzen Geld zu verdienen, waren nach ihren eigenen Aussagen desillusionierend. Sie hatten die möglichen Extraktionsmengen überschätzt sowie den Verlust durch die Weiterverarbeitung (Trocknung) und den notwendigen Arbeitsaufwand unterschätzt.

Die Vertreter des STR, von denen das Projekt ausgearbeitet wurde, hatten sich hingegen nicht genügend des Rückhaltes in der Bewohnerschaft versichert, als sie Entscheidungen für das *bairro* trafen. Bei der Befragung wurde festgestellt, daß die Mehrheit der Siedler die Perspektive hat, eines Tages von der Landwirtschaft, d.h. von der Markt- und Subsistenzproduktion leben zu können. Alternative Nutzungsformen stellen vor allem ein potentielles Risiko dar. Angesichts ungewisser Vermarktungschancen halten die Haushalte eher am Anbau von Produkten für den Eigenverbrauch fest, die zwar keinen Gewinn, dafür jedoch einen sicheren Beitrag zum Lebensunterhalt liefern können. Diese Personen fühlten sich nun von den Entwicklungen im Projekt "überfahren", besonders nachdem die PFM den vereinbarten Kontrollgang durch das *bairro* gemacht hatte und sechs Bewohner mit z.T. erheblichen Geldbußen belegte (Journal Regional vom 30.08.96). Von diesem Zeitpunkt an war die Vertrauensbasis zwischen den für das Projekt verantwortlichen Vertretern des STR und dem Gros der Bewohner nachhaltig gestört. So stellt sich der Verlauf der Dinge in der Interpretation eines von der polizeilichen Aktion Betroffenen nun folgendermaßen dar:

> "Tinha um cara que queria enganar o povo. A gente tinha que mexer com ervas medicinais. Ningem quis! Então ele ficou com raiva e chamou a PFM. Veio e deu multa para todo mundo. A PFM não vem assim, só quando alguem faz denúncia."

> "Es gab einen, der wollte die Leute betrügen. Wir sollten mit Medizinalpflanzen arbeiten. Niemand wollte das. Also wurde er wütend und rief die PFM. Die kam und verteilte Strafbescheide an alle. Die PFM kommt nicht einfach so, nur wenn jemand einen Hinweis gibt." (Übersetzung F.D.)

Das DEPRN schien in der Folgezeit das Interesse an einer Umsetzung der für Ribeirão da Motta erarbeiteten Strategie verloren zu haben. Der Besitzer der benachbarten

Fazenda verhandelte mit der Behörde über eine Erlaubnis zur Rodung eines Stück Landes. Als Ausgleich für den entstehenden Umweltschaden bot er an, einen Teil seines Besitzes als privates Schutzgebiet (*Reserva Particular de Patrimônio Nacional*) dauerhaft von einer Nutzung auszuschließen. Bei diesem angebotenen Areal handelte es sich allerdings um Ribeirão da Motta, auf das er keinen rechtmäßigen Anspruch besaß. Die Tatsache, daß das DEPRN wohlwollend auf dieses Angebot reagierte, zeigt, daß der Versuch einer Einigung und Zusammenarbeit mit den hier siedelnden *posseiros* mittlerweile aufgegeben worden war. Für die Siedler bestätigte dieser Schritt des DEPRN die ohnehin latent existierende Meinung, daß die Umweltbehörden mit den mächtigen Großgrundbesitzern zusammenarbeiten.

Ribeirão da Motta liegt nicht innerhalb eines strengen Schutzgebietes. Aus diesem Grund haben die Umweltbehörden hier nur wenig Einfluß auf Entscheidungen, die die Schaffung von Infrastruktur betreffen. Der Bau einer Straßenverbindung, der wahrscheinlich eine Zunahme der Abholzungstätigkeit zur Folge haben würde, kann also von Seiten des Naturschutzes nicht direkt verhindert werden. Alle Pläne wurden bislang jedoch durch den Besitzer der benachbarten Fazenda blockiert, der einem Straßenbau auf seinem Grundstück nicht zustimmt, obwohl dies zu einer Wertsteigerung seines Bodens führen würde. Es liegt nicht fern, hinter dieser Weigerung eine Abstimmung zwischen den Umweltbehörden und dem Grundbesitzer zu vermuten - Rodungserlaubnis gegen Blockade der Straße. Allerdings gibt das DEPRN hierzu keine Auskünfte.

Für das Scheitern des Projektes können also nicht nur direkte ökonomische Gründe verantwortlich gemacht werden, denn zu einem konsequenten Versuch, die angedachten naturverträglichen Nutzungsformen auszuprobieren, kam es erst gar nicht. Mangelnde Kooperationsbereitschaft auf beiden Seiten, gegenseitiges Mißtrauen und fehlende Informationen spielten eine ebenso große Rolle beim Mißlingen dieses Versuches, Ribeirão da Motta als einen Impulsgeber für eine Nachhaltige Entwicklung der Region zu etablieren.

6. Diskussion und Fazit
Naturschutz als Beitrag zu einer Nachhaltigen Entwicklung der Region?

Die vorliegende Arbeit, die ihren Ausgangspunkt in globalen Konzepten und Erklärungsansätzen nahm, ist nunmehr bei der Analyse von einzelnen Dörfern und Haushalten angelangt. Bei den auf diesem Weg durchlaufenen räumlichen Ebenen - national, regional und lokal - haben sich jeweils maßstabsspezifische Erkenntnisse ergeben, die nicht ohne weiteres auf andere räumliche Ebenen zu übertragen sind. BLAIKIE (1995b, S. 13f) weist darauf hin, daß bei verschiedenen räumlichen Betrachtungsausschnitten jeweils andere Erklärungsmuster für Mensch-Umwelt-Beziehungen gelten müssen. Allein der Terminus "Umweltdegradation" setzt die Wahl eines bestimmten Maßstabs voraus, auf dem der soziale Gewinn und der ökologische Verlust gegeneinander aufgerechnet werden. Bei den folgenden bilanzierenden Ausführungen soll die Region im Vordergrund stehen und der Frage nachgegangen werden, ob und in welcher Weise der Naturschutz einen Beitrag zur Nachhaltigen Entwicklung des Vale do Ribeira liefern kann. Es sind dafür allerdings auch die Ergebnisse anderer räumlicher Betrachtungsebenen relevant, denn der regionale Rahmen stellt den Rahmen dar, in der sich die Folgen lokalen Handelns einerseits und der Entscheidungen der bundesstaatlichen und nationalen Planung und Politik andererseits niederschlagen.

6.1 Diskussion der Fallstudien

6.1.1 Typisierung der *bairros*

Bei den lokalen Fallstudien stehen die Lebenswelten der Bewohner sowie deren Einstellungen, Entscheidungen und Strategien im Vordergrund. Die Betrachtung solcher kleinräumigen Ausschnitte liefert zwar lebensnahe, detaillierte Kenntnisse, die jedoch oft in sich widersprüchlich, unübersichtlich und dynamisch erscheinen. Um diese Komplexität zu reduzieren, müssen die Ergebnisse der Fallstudien zunächst systematisiert und soweit wie möglich verallgemeinert werden.

Ein erster Schritt ist dabei die Gegenüberstellung der unterschiedlichen Charakteristika der untersuchten *bairros* (Tab. 9), wobei Ähnlichkeiten zwischen einzelnen Fallstudien deutlich werden. Die untersuchten Siedlungen lassen sich bezüglich ihrer sozioökonomischen Struktur und Entwicklungsdynamik in drei Grundtypen einteilen:

- **Dynamische Expansionsräume** (Bela Vista und Ribeirão da Motta): Es handelt sich um Fälle von nicht staatlich gelenkter Okkupation bislang ungenutzter Waldgebiete. Als wichtige Triebkraft dieser Entwicklung kann die Stadt-Land-Wanderung einkommensschwacher urbaner Bevölkerungsschichten gelten. Die Biographien zeigen jedoch, daß viele Personen ihre Wurzeln im ländlichen Raum hatten, bevor sie in die Stadt abwanderten. Es kann also von einer Rückwanderung gesprochen werden. Die Grundbesitzstruktur ist relativ egalitär, und die Landnutzungssysteme sind noch wenig konsolidiert, d.h. die Kleinbauern befinden sich in einer Experimentierphase. Insgesamt ist das derzeitige Landnutzungsmuster stark von den jeweiligen Zukunftsperspektiven und Hoffnungen der Siedler bestimmt und stellt kein stabiles System dar, da die Produktion zu einem großen Teil auf *nutrient mining* basiert. Diese beiden *bairros* sind derzeit die Brennpunkte der Abholzungsdynamik

Fallstudie	Charakteristik	Schutzstatus	Abholzungs-dynamik	Bevölkerung	Bedeutung der autonomen Landwirtschaft	Grundbesitzsystem	Konfliktpotential Bevölkerung / Naturschutz
Andre Lopes	traditionell geprägt mit Abwanderungs-tendenz	strenger Flächenschutz	rückläufig / Sukzession überwiegt	abnehmend	noch groß	stabiles, informelles System / Konflikte mit externen Akteuren	hoch
Bela Vista	dynamische Pionierfront mit interregionaler Migration	strenger Flächenschutz	starke Abholzung in letzten fünf Jahren	schnell zunehmend	derzeit noch als Nebentätigkeit	aktive Landnahme mit informellen Besitzrechten / externe und kleinere interne Konflikte	sehr hoch
Dois Irmãos	ehemals kleinbäuerlich mit zunehmender Bedeutung von Freizeitbetrieben	kein Flächenschutz / sektorale Naturschutz-bestimmungen	stabil / kaum Vegetations-rückgang	stabil	zunehmend als Nebentätigkeit	in 80er Jahren Landkonflikt nach Eingreifen der Agrarreformbehörde beigelegt / informelle und formelle Besitzrechte	mittel
Barro Branco	viele Freizeitbetriebe und Fluktuation von Hausverwaltern	strenger Flächenschutz	stabil bis rückläufig	stabil	zunehmend als Nebentätigkeit	stabil / formelle und informelle Besitzrechte	mittel
Ribeirão da Motta	dynamische Pionierfront mit intraregionaler Migration	kein Flächenschutz / sektorale Naturschutz-bestimmungen	starke Abholzung in letzten drei Jahren	schnell zunehmend	derzeit noch als Nebentätigkeit	aktive Landnahme mit informellen Besitzrechten / externe und kleinere interne Konflikte	sehr hoch

Tabelle 10: Charakterisierung der Fallstudien

im Vale do Ribeira. Trotz weitgehender Gemeinsamkeiten lassen sich allerdings auch Unterschiede ausmachen. Da ist zum einen der Schutzstatus: Bela Vista liegt in einem strengen Schutzgebiet und Dois Irmãos nicht. Zum anderen dominiert bei den Biographien der Siedler in Bela Vista die interregionale Migration, während intraregionale Wanderungen für die Entstehung von Ribeirão da Motta ausschlaggebend sind. In Bela Vista siedelt bereits die zweite Generation von Familien, die ihr Stück Land gekauft hat. Dies hat Konsequenzen für das Selbstverständnis der Bewohner: In Bela Vista bezeichnen sich die Siedler als Eigentümer, in Ribeirão da Motta hingegen als *posseiros*. In Bela Vista läßt sich außerdem bereits eine starke Fluktuation der Bevölkerung feststellen, in Ribeirão da Motta findet noch ausschließlich Zuwanderung statt.

– **Räume mit einem Wandel einer ehemals kleinbäuerlichen Struktur** (Dois Irmãos und Barro Branco): Dieser Wandel äußert sich vor allem in einem verstärkten Übergang der Kleinbauern zur Lohnarbeit und einem Eindringen kapitalstarker städtischer Gruppen, die Betriebe zu Freizeitzwecken nutzen und die *caseiros* auf ihren Höfen anstellen. Die Grundbesitzstruktur stützt sich sowohl auf informelles Gewohnheitsrecht als auch auf formelle Eigentumstitel. Die Siedlungen verfügen beide außerdem über relativ gute Verkehrsanbindungen. Der Anteil der Pflanzenbaufläche an der landwirtschaftlichen Nutzfläche ist relativ gering, was mit der rückläufigen Bedeutung der Landbewirtschaftung für die lokalen Haushaltsstrategien zusammenhängt. Auch zwischen diesen beide Fallstudien existieren allerdings Unterschiede. In Barro Branco ist die beschriebene Entwicklung bereits weiter vorangeschritten als in Dois Irmãos, wo sich noch ein Bevölkerungsteil alteingesessener Familien finden läßt. Auch in diesem Fall liegt eine Siedlung innerhalb und eine außerhalb eines strengen Schutzgebietes.

– **Kleinbäuerliche Stagnationsräume** (Andre Lopes): Von diesem Typ, in dem sich noch Spuren traditioneller Strukturen finden lassen, wurde nur ein Fall untersucht[48]. Es dominieren Abwanderung der jüngeren Generation und Überalterung der Bevölkerung in diesem Siedlungstyp. Die auf *shifting cultivation* basierenden Landnutzungssysteme sind kapitalextensiv sowie arbeits- und flächenintensiv, können jedoch als relativ stabil bezeichnet werden. Die Grundbesitzstruktur stützt sich fast ausschließlich auf informelles Gewohnheitsrecht, das unter den Familien allgemein anerkannt wird. Es ist wahrscheinlich, daß ein Großteil der Siedlungen dieses Typs heute innerhalb strenger Schutzgebiete liegt, die sich ebenfalls in den peripheren Gebieten räumlich konzentrieren.

Wie ist nun das Konfliktpotential zwischen Bewohnern und der Naturschutzplanung in den einzelnen Siedlungstypen einzuordnen? Dabei ist zunächst festzuhalten, daß mit höherem Schutzstatus nicht unbedingt die Spannungen mit der lokalen Bevölkerung größer sein müssen. Die Konsequenz der Naturschutzauflagen ist also nicht, daß das de jure bestehende Verbot wirtschaftlicher Aktivität innerhalb strenger Schutzgebiete auch automatisch zu starken Konflikten mit den Landnutzern führt. Den sozioökonomischen Rahmenbedingungen und der Strategie der jeweiligen Schutzgebietsverwaltung kommen in diesem Zusammenhang mehr Gewicht zu.

---

[48] Eine Siedlung innerhalb der EEJI, die ursprünglich neben Andre Lopes als zweite Fallstudie dieses Typs vorgesehen war, wurde nicht untersucht, da sie mittlerweile nur noch aus wenigen Familien besteht.

Auch der tatsächliche Beitrag der landwirtschaftlichen Bodennutzung im Rahmen der lokalen Haushaltsstrategien scheint für das Verhältnis zwischen Naturschutz und Bewohnern nicht direkt ausschlaggebend zu sein, denn wie das Beispiel Ribeirão da Motta zeigt, spielen die Einnahmen aus der Landwirtschaft oft noch eine untergeordnete Rolle. Betrachtet man jedoch neben der tatsächlichen Situation auch die Hoffnungen der Kleinbauern, dann ist ein Zusammenhang erkennbar, denn sowohl in Bela Vista als auch in Ribeirão da Motta nimmt die Landwirtschaft bei den Zukunftsperspektiven der Bewohner eine bedeutende Stellung ein, d.h. sie <u>wollen</u> von der autonomen Landbewirtschaftung leben.

Daß bei einer höheren Abholzungsrate auch gleichzeitig größere Konflikte mit den Naturschutzbehörden auftreten, ist unmittelbar einsichtig. Jedoch stellt sich dieser Zusammenhang in Andre Lopes anders dar: Dort gibt es zwar einen Netto-Rückgang der landwirtschaftlichen Nutzfläche, d.h. es wächst mehr Wald nach, als abgeholzt wird. Trotzdem treten starke Differenzen zwischen der Parkverwaltung und den Bewohnern auf. Das ist u.a. sicherlich darauf zurückzuführen, daß die Bewohner im Rahmen ihrer Landnutzung (*shifting cultivation*) noch immer Flächen mit Sekundärwald roden müssen.

6.1.2 Naturschutz gegen "lokale Bevölkerung"?

Die Untersuchung der Fallstudien hat gezeigt, daß nicht alle Bewohner in der gleichen Weise von den Schutzmaßnahmen betroffen sind, auch wenn diese für alle gleichermaßen gelten. Allein durch seine räumliche Ausrichtung auf die Bergländer und den dünnbesiedelten Küstenraum gerät der strenge Flächenschutz vor allem in Konflikt mit kleinbäuerlicher Landwirtschaft, die sich ebenfalls in diesen Räumen konzentriert.

Auch innerhalb der einzelnen Siedlungen sind die Bewohner in unterschiedlicher Weise von den Restriktionen betroffen. Deutlich werden diese Abweichungen z.B. bei einem Vergleich zwischen *posseiros* und *caseiros*. Die Fallstudien Dois Irmãos und Barro Branco haben gezeigt, daß unterschiedliche Einkommensquellen und Haushaltsstrategien dazu führen, daß diese beiden Gruppen bezüglich der Schutzpolitik andere Forderungen und Präferenzen haben. So bestehen in Barro Branco grundsätzlich verschiedene Präferenzen bezüglich der Wahl zwischen Bleibe- und Nutzungsrechten oder Enteignung und Ausweisung. Eine noch größere Diskrepanz läßt sich zwischen alteingesessenen Bewohnern und Eigentümern von Freizeitbetrieben feststellen.

Was bedeutet unter diesen Umständen der in der Naturschutzdiskussion - und auch in dieser Arbeit - oft gebrauchte Terminus der "lokalen Bevölkerung"? Ein Kleinbauer aus einer seit Generationen ansässigen Familie, ein *posseiro*, der lange Zeit für einen Eigentumstitel auf sein Land gekämpft hat, und ein *caseiro*, der durch eine zufällige Entscheidung seines Arbeitgebers in das *bairro* verschlagen wurde: Sie alle werden unter dieser Bezeichnung zusammengefaßt, weil sie in der gleichen Siedlung wohnen. Bereits in Kapitel 2.1.3 wurde an der lokalistischen Perspektive bemängelt, sie setze räumliche Nähe gleich mit Interessenkongruenz. Dieser Kritikpunkt läßt sich durch die Erkenntnisse aus den Fallstudien bekräftigen.

Es sind jedoch nicht allein die unterschiedlichen Haushaltsstrategien, die gegen das von FURZE, DE LACY & BRICKHEAD (1996, S.9) zu Recht angezweifelte "*harmony*

250

model of community life" sprechen. Eine relativ homogene Sozialstruktur muß nicht unbedingt mit einem ausgeprägten lokalen Gemeinsinn einher gehen. So stützt sich der soziale Zusammenhalt in Andre Lopes vor allem auf mehrere evangelische Freikirchen, die sich untereinander abgrenzen und die die Interessen ihrer Mitglieder in keiner Weise gegenüber den Naturschutzbehörden vertreten.

Ganz anders stellt sich die Situation dagegen in Bela Vista und Ribeirão da Motta dar. Dort existieren starke, in gewerkschaftliche Netzwerke eingebundene Organisationen, die in der Lage sind, gemeinschaftliche Aktionen durchzuführen, die Belange der Bewohner zu vertreten und die Naturschutzbehörden unter Druck zu setzen. Im Fall von Ribeirão da Motta wurde die gesamte Entstehung der Siedlung und ihre derzeitige Entwicklung von dieser Institution gelenkt. Nicht zuletzt bewirkt diese institutionelle Einbindung auch, daß dort Problembewußtsein, Definition der eigenen Position und Einstellung zum Naturschutz relativ einheitlich sind. Im Fall dieser auf junge Landbesetzungen zurückgehenden Siedlungen zeigte sich eine inhaltliche Nähe der Argumentation zu den Grundideen des MST, dessen Verhältnis zur Umweltbewegung und zum Naturschutzgedanken schon immer kritisch war (vgl. Kap. 3.3).

Nach MOORE (1993), manifestieren sich Ressourcenkonflikte nicht nur in einer Auseinandersetzung unterschiedlicher materieller Nutzungsansprüche, sondern werden ebenso über eine Konfrontation der verschiedenen ideologischen Rechtfertigungen dieser bestehenden Interessen ausgetragen. Wendet man den Ansatz auf die Situation im Vale do Ribeira an, so lassen sich drei grundsätzlich unterschiedliche Argumentationslinien ausmachen, die von den verschiedenen Akteuren benutzt werden:

— Für die Mitglieder der Naturschutzbehörden umfaßt das Vale do Ribeira vor allem Bestände des stark dezimierten Atlantischen Küstenregenwaldes. Aus **globaler Verantwortung** sind große Anstrengungen zum Schutz dieser letzten Reste notwendig. Die gegenwärtige Nutzung ist darüber hinaus wenig produktiv und von spekulativen Motiven geleitet. Es muß also ein "harter Schnitt" gemacht werden und den Menschen, sofern sie nicht nachhaltig wirtschaften, die Nutzung verboten werden.

— Die alteingesessenen Bewohner sehen sich als die "eigentlichen Naturschützer", denn immerhin lebten sie bereits seit langer Zeit in diesem Raum, der nun gegen sie "geschützt" werden soll. Die allgemeine Dimension der globalen oder nationalen Waldzerstörung soll Sache derjenigen bleiben, die sie zu verantworten haben. Der Raum, in dem sie leben, ist nicht nur Standort natürlicher Wälder, sondern bedeutet vor allem **Heimat**. Der zentrale Unterschied besteht zwischen den Einheimischen und den Fremden, seien es Naturschützer oder Zuwanderer.

— Die Neusiedler stützen die Rechtfertigung ihres Handelns vor allem auf Argumente hinsichtlich der nationalen Agrarproblematik. Sie sehen sich im Widerstand gegen mächtige Absichten, wobei zwischen dem Großgrundbesitz und dem Naturschutz eine Interessenkoalition besteht. Der entscheidende Faktor ihres Selbstverständnisses ist die **Arbeit**, die sie auf dem Boden einsetzen. Sie haben ein Recht auf das Land, vor allem weil sie es bearbeiten.

In dieser hier pointiert ausgeführten Reinform wurden die Agumentationslinien allerdings nur selten vertreten. Nicht wenige Befragte wägten bei ihren Antworten zwischen diesen Positionen ab. "Globale Verantwortung", "Heimat" und "Arbeit" können dennoch als die drei Pole gelten, um die die Diskussion zwischen Naturschutz und Landnutzern kreist.

Zu einer wirklichen Auseinandersetzung, d.h. zu einem argumentativen Austausch der einzelnen Positionen, kommt es allerdings nur in Ausnahmefällen. Die Kommunikation zwischen den Verantwortlichen der Naturschutzplanung und den Landnutzern ist unzureichend. Dadurch kommt es zu erheblichen Informationsmängeln auf beiden Seiten, d.h sowohl bei den zuständigen Behörden als auch bei der betroffenen Bevölkerung. Das Umweltministerium hat nur lückenhaftes Wissen bezüglich der Lebens- und Wirtschaftsbedingungen der Bevölkerung sowohl außerhalb als auch innerhalb von Schutzgebieten, wo z.T. die Zahl der dort lebenden Familien nicht bekannt ist. Andererseits ist der Apparat von Gesetzen, Dekreten und Verwaltungsvorschriften für die Betroffenen nicht nachvollziehbar. Oft verfügt die lokale Bevölkerung nicht einmal über grundsätzliche Informationen. Der einzige Kontakt mit der Umweltpolitik besteht für viele Landnutzer allein in der restriktiven Tätigkeit der vollziehenden Organe.

Darüber hinaus herrscht Unverständnis für die Handlungen und die Motive der Gegenseite. Das Vorgehen der Naturschutzbehörden ist für viele Bewohner vollkommen unvorhersehbar und steht in Widerspruch zu einigen anderen politischen Leitlinien, mit denen sie bislang konfrontiert waren, z.B. der Agrar- oder Infrastrukturpolitik. Als besonders ausgeprägte Beispiele für einen uneinheitlichen und willkürlichen Politikstil müssen für die Betroffenen allerdings die nicht seltenen Fälle gelten, in denen grundsätzliche Differenzen zwischen den Verlautbarungen und dem Handeln der Naturschutzbehörden auftreten. Andererseits stehen die Verantwortlichen der Naturschutzplanung oft vor einem diffusen und widersprüchlichen Gemenge unterschiedlicher individueller Interessen in den *bairros*. Aufgrund ihrer Unkenntnis der lokalen Situation können sie dabei auch bei internen Streitigkeiten zwischen einzelnen Bewohnern instrumentalisiert werden. Darüber hinaus herrscht zwischen den einzelnen Abteilungen der Naturschutzpolitik eine ungenügende Kommunikation.

6.1.3 Der Faktor Erreichbarkeit

Ein Vergleich der konkreten Wirkung der Naturschutzbestimmungen auf die Landnutzung in den einzelnen Fallstudien zeigt, daß Differenzen nur zum Teil auf einen unterschiedlichen Schutzstatus zurückzuführen sind. Es hat sich herausgestellt, daß sektorale Bestimmungen ähnlich umfassende Möglichkeiten zur Kontrolle der Landnutzung geben wie strenge Schutzgebiete. Für die vorhandenen Unterschiede ist vor allem der Faktor der Erreichbarkeit des *bairros* von entscheidender Bedeutung und zwar in zweierlei Hinsicht. Zum einen hängt die Dichte der durchgeführten Kontrollen eng mit der Qualität der Verkehrsanbindung des *bairros* zusammen. Schlecht erreichbare Gegenden werden selten und nur auf Hinweise hin aufgesucht. Nur so ist es möglich, daß in Bela Vista die Bewohner zu den Naturschutzbehörden kaum Kontakt haben und gleichzeitig die Abholzung stetig voranschreitet.

Zum anderen stellt die Verkehrsanbindung auch einen grundsätzlichen Konfliktbereich dar. Da die direkte Verteilung von *multas* nur wenig Wirkung zeigt, konzentrieren sich die Bemühungen der Naturschutzplanung auf die Beeinflussung der

Rahmenbedingungen der Landnutzung, d.h. der infrastrukturellen Ausstattung. Sowohl in Andre Lopes, in Bela Vista als auch in Ribeirão da Motta steht der von der Bevölkerung geforderte Bau einer Straße im Mittelpunkt der Konfrontation mit den Naturschutzbehörden. Die Furcht vor einer ungelenkten Zuwanderung in die *bairros* ist für dieses Vorgehen ausschlaggebend. Innerhalb strenger Schutzgebiete verfügt die Verwaltung dabei über ein sehr viel effektiveres Instrumentarium zur Blockade heikler Infrastrukturmaßnahmen als außerhalb.

Diesen Zusammenhang sieht auch STENGEL (1995) und beschreibt ihn mit dem Vokabular der Ökonomie und unter Berücksichtigung der Eigentumsfrage folgendermaßen:

"Natürliche Charakteristika eines Landes bestimmen auch, in welchem Maße bei Auftreten bestimmter Externalitäten Internalisierung möglich ist. Die Zugänglichkeit von Regionen muß dabei aus Umweltsicht ambivalent betrachtet werden. Einerseits sind unzugängliche und unwirtliche Gebiete in stärkerem Maße vor menschlicher Störung geschützt. (...) Andererseits wandelt sich dieser Vorteil leicht in einen Nachteil, wenn menschliche Eingriffe erst einmal erfolgen. (...) Externalitäten treten dadurch auf, daß diese Gebiete häufig open-access-Charakter aufweisen, wenn nicht de jure so doch aufgrund der Unkontrollierbarkeit de facto. Die Übernutzung wird dadurch gefördert, daß die potentiell Geschädigten vom Schaden nicht oder erst mit erheblicher Verspätung erfahren. Die Überwachung der Einhaltung von Eigentumsrechten ist schwierig, kostspielig und gefährlich. Transaktionskosten sind dementsprechend hoch." (STENGEL 1995, S. 150)

Der Faktor Erreichbarkeit ist also auf durchaus zwiespältige Weise für den Naturschutz von Bedeutung: Eine gute Anbindung erleichtert die Kontrolle, läßt aber einen weiteren Zustrom von Landbesetzern befürchten. Die Isolierung eines *bairros* verhindert andererseits eine direkte Lenkung der Landnutzung, läßt jedoch hoffen, daß die Abholzung irgendwann zum Erliegen kommt und daß es infolge der schlechten Rahmenbedingung von alleine zu einer umfangreichen Aufgabe der Betriebe kommt, ohne daß die Naturschutzbehörden direkt eingreifen müßten.

6.1.4 Landbewirtschaftung, Spekulation und Grundbesitzsicherheit

Das Vale do Ribeira wurde in Kapitel 4.1 als Region bezeichnet, in der die Bedeutung der kleinbäuerlichen Landwirtschaft noch groß ist. Ein deutliches Ergebnis der Fallstudien war nun, daß zumindest in den konsolidierten Siedlungen die autonome Landbewirtschaftung eine zunehmend untergeordnete Rolle spielt. Diese Entwicklung ist bereits so weit vorangeschritten, daß die Frage gestellt werden muß, ob die untersuchten Siedlungen denn wirklich noch kleinbäuerlich geprägte *bairros* darstellen. Nimmt man die wichtigste Einkommensquelle der Haushalte als Maß, dann ist die Mehrheit der Befragten nicht mehr als Kleinbauer zu bezeichnen. Dennoch ist die eigenständige Bewirtschaftung der Fläche im Rahmen der Haushaltsstrategien und für das Selbstverständnis der Bewohner von großer Wichtigkeit, auch wenn ihr Beitrag lediglich in einer Ergänzung des Eigenverbrauchs an Nahrung besteht. Die enge Vorstellung von einem "Kleinbauern", der ausschließlich von der eigenen landwirtschaftlichen Markt- oder Subsistenzproduktion lebt, ist angesichts der in der Regel starken Diversifizierung der einzelnen Wirtschaftszweige, die zum Einkommen beitragen, nicht anwendbar. Darüber hinaus zeigen die Biographien, daß die Zusammenstellung von Haupt-, Neben- und Komplementärtätigkeiten nicht selten variiert wird und oft den ländlichen wie auch den städtischen Arbeitsmarkt gleichermaßen einbezieht.

In einem gewissen Widerspruch zu dieser Feststellung steht der Befund, daß der Gegensatz zwischen dem Leben in der Stadt und dem Leben auf dem Land für das Weltbild und das Selbstverständnis der Bewohner von großer Bedeutung ist. Dies ist nicht nur bei Personen der Fall, die noch nie in der Stadt gewohnt haben und für die die urbane Umwelt ein fremde Umgebung darstellt. Auch für ehemalige Stadtbewohner, die oftmals mehrere Jahrzehnte in der Stadt verbrachten, geht der Schritt, zurück auf das Land zu ziehen, mit dem Wunsch nach einem grundsätzlichen Wandel der Lebensart einher. Dies bedeutet nicht allein eine Reduzierung der Kosten im Haushalt (Miete, Wasser, Lebensmittel) und eine höhere Selbstversorgung. Auch ideelle Werte spielen daneben eine Rolle: Das Leben auf dem Land bedeutet "ehrliche Arbeit" und "Lauterkeit" im Gegensatz zur "unehrlichen, kriminellen" städtischen Umwelt. Das Führen eines eigenen Betriebes ist "selbstbestimmtes Arbeiten" gegenüber der "Abhängigkeit von Lohnarbeit" in der Stadt. Es wird also ein "nicht entfremdetes Leben" angestrebt. Die Feststellung von BIANCHI (1983; vgl. Kap. 4.1.3), die Landwirtschaft repräsentiere nicht mehr eine eigene Lebensform sondern nur noch eine Einkommensmöglichkeit neben anderen, muß somit aufgrund der Erkenntnisse aus den Fallstudien eingeschränkt werden. Auch wenn der tatsächliche wirtschaftliche Beitrag zum materiellen Lebensunterhalt nicht besonders hoch sein mag, scheint der dieser Tätigkeit beigemessene Beitrag zur ideellen Lebensform weitaus höher zu sein. Dies gilt sowohl für alteingesessene Familien als auch für zugewanderte Personen.

Wenn der landwirtschaftlichen Tätigkeit positive Werte beigemessen werden, weshalb geben dennoch viele Haushalte ihren Betrieb wieder auf? Sogar in Bela Vista, das erst seit einigen Jahren existiert und noch immer einen Netto-Zuwachs der Bevölkerung verzeichnet, spielt die Abwanderung bereits eine große Rolle. Allein Ribeirão da Motta verzeichnet noch keinen Wegzug; dort ist allerdings bislang noch keine Familie endgültig zugezogen.

In älteren, abgelegenen Siedlungen wie Andre Lopes sind die geänderten Präferenzen der jüngeren Generation von Bedeutung, d.h. beispielsweise der Wunsch nach einem Schulbesuch der Kinder und nach Gesundheitsversorgung. Hinzu kommt der äußerst enge Arbeitsmarkt, auf den nahezu alle Familien in irgendeiner Form angewiesen sind. Im Fall Bela Vista haben die Neuzuwanderer in der Regel ungenügende Informationen über die Region sowie die hier herrschenden Schwierigkeiten und wurden oft von ihren Vorbesitzern falsch aufgeklärt, z.B. über den Schutzstatus des Gebietes. Das gegenwärtige Landnutzungsmuster wird dort und in Ribeirão da Motta noch in hohem Maße bestimmt durch die subjektive Bewertung der einzelnen Akteure und deren Zukunftsperspektiven bzw. Hoffnungen. Dieser Zustand befindet sich nicht im Gleichgewicht, und so sind dort auch nicht nachhaltige, langfristig unwirtschaftliche Nutzungsformen zu finden, wie *nutrient mining*-Systeme, die auf lange Sicht ihre eigene Ressourcenbasis zerstören und die Familien zur erneuten Abwanderung zwingen, solange die Rahmenbedingungen (Verkehrsanbindung, Möglichkeiten der außerlandwirtschaftlichen Lohnarbeit etc.) sich nicht positiv verändern.

254

Ist es aus der Sicht eines Bewohners von Bela Vista jedoch wirklich unökonomisch, auf diese Weise zu handeln, wenn er sein Land wieder verkauft, und dies vielleicht zu einem höheren Preis als er es gekauft hat, weil er "Kultivierungsmaßnahmen" geltend machen kann? In einem engen Zusammenhang mit dieser Problematik steht die bereits in Kapitel 3.1.3 gestellte Frage: Können *posseiros* und Kleinbauern generell von dem Vorwurf der Bodenspekulation ausgeschlossen werden, weil sie den Boden allein als Mittel zur Arbeit (*terra de trabalho*) auffassen und nicht als Handelsobjekt (*terra de negócio*)? Wäre ein *posseiro* aus Ribeirão da Motta, der sein Land an Dritte verkauft, nachdem er einige Jahre mit geringem Erfolg Landwirtschaft betrieben hat, ein Spekulant zu nennen? Die Erkenntnisse aus den Fallstudien machen deutlich, daß in vielen Fällen weder ausschließlich spekulative oder nicht-spekulative Motive vorliegen. Zur Spekulation gehört eine von Anfang an bestehende Orientierung der Handlungen an nicht produktiven Gewinnen aus dem Land. In der Regel stellt der Verkauf des Landes jedoch eine wichtige Option neben der Landbewirtschaftung dar, mit der Familien beispielsweise auf unvorhergesehene Ereignisse wie z.B. Krankheit reagieren können. Obwohl die Motive der handelnden Personen in den meisten Fällen nur einen "spekulativen Anteil" aufweisen, ist das Ergebnis das gleiche wie bei tatsächlicher Bodenspekulation: Die Abholzung schreitet voran, obwohl das Land nicht produktiv genutzt wird.

Gebräuchliche Kategorien ("genutzt" oder "nicht genutzt", "Produktion" oder "Spekulation") vermögen die lokale Realität nicht ausreichend wiederzugeben. Angesichts dieser Feststellung ist es kritisch zu bewerten, daß bei der gegenwärtigen Diskussion über den Naturschutz im Vale do Ribeira vor allem mit feststehenden "Personentypen" operiert wird - *grileiros* (Besitztitelfälscher und Spekulanten), *capitalistas, palmiteiros* (Palmherzsammler), *posseiros* oder *tradicionais*. Dadurch wird der Blick auf die Tatsache verstellt, daß die meisten Personen in mehrere dieser Kategorien einzuordnen wären, und die komplexe und dynamische Situation im ländlichen Raum allzusehr auf abstrakte Kontraste reduziert.

Es lassen sich jedoch bei der Untersuchung der Fallstudien auch Anzeichen für allgemein wirksame Prozeßabläufe in der Region erkennen. Blickt man auf die Geschichte der Siedlungen, die heute einen großen Teil von Freizeitbetrieben aufweisen (Dois Irmãos und Barro Branco), dann dominierten dort bis Mitte der 80er Jahre noch *posseiros*, die ihr Nutzungsrecht auf die faktische kleinbäuerliche Bewirtschaftung des Bodens stützten. In beiden *bairros* kam es in den 80er Jahren zu gewalttätigen Landkonflikten, die durch das Eingreifen des Staates beigelegt werden konnten. Bis dahin waren die Landeigentumsrechte extrem unsicher, und in der Folgezeit kann man von einer mehr oder weniger konsolidierten Grundbesitzstruktur sprechen, die nun auch Absentismus zuläßt. Erst ab diesem Zeitpunkt war eine Übernahme der Betriebe durch städtische "Freizeitlandwirte" möglich. Die heutige sozioökonomische Struktur in diesen Dörfern hängt also eng mit der Befriedung der Landkonflikte in den 80er Jahren zusammen.

SCHNEIDER (1994, S. 19ff) spricht im Zusammenhang der amazonischen Pionierfront von einem *sell-out*-Effekt. Das Vordringen des Staates und die damit verbundene steigende Rechtssicherheit in Fragen des Bodeneigentums verschiebt das bis dahin bestehende Gleichgewicht auf dem Bodenmarkt in peripheren Regionen. Der Kauf von Land ist nun einerseits für kapitalstarke städtische Gruppen interessant, und durch die steigenden Bodenpreise wird andererseits der Verkauf des Landes für die bisherigen Siedler attraktiver, auch wenn sich die Rahmenbedingungen ihrer Landbewirtschaftung nicht unbedingt verschlechtert haben. In den beiden untersuchten *bairros*, die derzeit einen Wandel der ehemals kleinbäuerlichen Struktur erleben, hat sich ein solcher Prozeß in den letzten zehn Jahren vollzogen. Der Staat, der durch seinen zunehmenden Einfluß eine stärkere Sicherung der Eigentumsrechte garantiert, intervenierte in Dois Irmãos in Gestalt der Agrarreformbehörde INCRA in die Entwicklung der Siedlung. In Barro Branco leitete dagegen die Naturschutzplanung durch die Ausweisung der EEJI einen Wandel der Sozialstruktur ein.

Auch Barro Branco und Dois Irmãos stellten während ihrer "Gründerzeit", d.h. als dort das Land von zugewanderten *posseiros* besetzt wurde, dynamische Expansionsräume dar. Angesichts dieser Tatsache ist eine ähnliche Entwicklung in Zukunft auch in Bela Vista und in Ribeirão da Motta nicht auszuschließen. In Bela Vista zeigen sich bereits erste Anzeichen einer sozialen Differenzierung der Bewohnerschaft. Dennoch sind in beiden Fallstudien zwei fundamentale Voraussetzungen für einen solchen Prozeß noch nicht gegeben: akzeptable Verkehrsverbindungen und konsolidierte Grundbesitzverhältnisse. Dies sind gleichzeitig zwei der wichtigsten Forderungen der Interessenvertretung der Bewohner in beiden *bairros*. Die Argumentation der Bewohner ist also anzuzweifeln, erst ein Verkehrsanschluß und die Sicherung der Besitzrechte würde die Bewohner auf ihrem Land "fixieren", so daß sich ein nachhaltiges Bodennutzungssystem etablieren könnte. Selbst wenn damit eine Stabilisierung der bisherigen Landnutzungsdynamik herbeigeführt werden könnte, läßt sich aus den bisherigen Ausführungen schließen, daß die Bewohner, die gegebenenfalls davon profitieren würden, nicht mehr die gleichen wären.

Lassen sich auch Zusammenhänge zwischen dynamischen Expansionsräumen und Gebieten mit Wandel der kleinbäuerlichen Struktur in anderer Richtung ausmachen? Die Biographien der Stadt-Land-Migranten in Bela Vista und Ribeirão da Motta, die früher fast alle auf dem Land gewohnt haben, zeigen, daß mit der Aufgabe der Landwirtschaft und der Abwanderung in die Stadt der oben beschriebene Prozeß nicht beendet sein muß, sondern eine Rückkehr auf das Land zumindest nicht ausgeschlossen ist. Bei diesem Wanderungstyp mag es sich um ein nebensächliches Phänomen im Vergleich zu den anderen bedeutenderen Migrationsströmen Brasiliens handeln. Für die Umweltsituation im Vale do Ribeira ist dieser Vorgang allerdings von großer Wichtigkeit, denn die Bewegung richtet sich auf die letzten natürlichen, d.h. "herrenlosen" Räume: in Bela Vista auf ein strenges Schutzgebiet und in Ribeirão da Motta auf ein isoliert gelegenes Waldstück.

6.1.5 Erklärungskraft der Thesen zur Tropenwaldvernichtung

Wie ist nun die Erklärungskraft der in Kapitel 2.2 beschriebenen Thesen zu den sozioökonomischen Ursachen der Tropenwaldvernichtung für die Beurteilung der lokalen Verhältnisse in den Fallstudien einzuschätzen? Bevor eine solche Überprüfung vorgenommen werden kann, muß einschränkend angemerkt werden, daß sich die Untersuchung von vornherein auf kleinbäuerlich geprägte Räume beschränkt hat. Dies bedeutet, daß beispielsweise mögliche Zusammenhänge zwischen Tropenwaldvernichtung und großbetrieblicher Landnutzung, die zweifellos in anderen Teilen des Vale do Ribeira wirksam sind, gar nicht erst in das Blickfeld geraten.

Rückschlüsse von den Fallstudien auf die Beantwortung der Frage, warum der Wald in der Region zerstört wird, sind also nur in eingeschränktem Maße zu ziehen. Außerdem ist zu beachten, daß nicht in allen Fallstudien ein spürbarer Netto-Verlust an Wald zu verzeichnen ist. Der Schwerpunkt der Vegetationszerstörung liegt eindeutig in den beiden als Expansionsräume bezeichneten *bairros* (Bela Vista und Ribeirão da Motta).

- Der in der **Bevölkerungsthese** postulierte direkte Zusammenhang zwischen steigender Bevölkerungszahl und Zunahme der Abholzungsdynamik ist auf lokaler Ebene zunächst unmittelbar nachvollziehbar, denn in den beiden *bairros*, in denen der Wald in besonders großem Umfang vernichtet wird, steigt auch die Zahl der Bewohner, während in Andre Lopes gleichzeitig die Bevölkerungszahl zurückgeht und der Wald nachwächst. Dennoch ist dieser Bezug auf der lokalen Ebene nicht sehr aussagekräftig, da der überwiegende Teil der Bevölkerungsbewegungen auf Migration (Ab- und Zuwanderung) zurückzuführen ist. Es wäre also zu fragen, ob die Siedler aus Regionen mit Überbevölkerung stammen. Da es sich bei den Zuwanderern in den Expansionsräumen vor allem um Menschen städtischer Herkunft handelt, ist eine Überprüfung der potentiellen Beziehung zwischen Bevölkerungsentwicklung und Tropenwaldvernichtung nur für einen Großraum sinnvoll. Für Brasilien wurde eine solche Korrelation bereits bestritten (vgl. Kap. 3.1.4). Der Bevölkerungsthese kommt also wenig Erklärungskraft für die Situation im Vale do Ribeira zu.

- Auch die **Armutsthese** scheint für die Beurteilung der Abholzungsdynamik nur eingeschränkt gültig zu sein. Gegen sie - wie übrigens auch gegen die Bevölkerungsthese - spricht die Tatsache, daß ein großer Teil der gerodeten Flächen bislang landwirtschaftlich nur wenig produktiv ist. Es kann also nicht allein die Sicherung des blanken Überlebens sein, die die Menschen zur Abholzung treibt. Die Bodennutzung in den Expansionsräumen leistet zwar einen wichtigen Beitrag zur Haushaltsführung, dennoch entsprechen in der Regel die Aufwendungen an Arbeitskraft und Kapital bislang noch nicht dem direkten Erlös aus der Landwirtschaft. Die Familien in diesen *bairros* befinden sich also noch in einer Phase der Investition in einen Wirtschaftszweig, der ihnen zukünftig das Überleben sichern soll. Die Inkulturnahme neuer Flächen in Bela Vista und Ribeirão da Motta kann aus diesem Grund nicht den "letzten Strohhalm" darstellen, an den sich die Familien klammern. Die Betrachtung der Situation und der Motive der Siedler in Bela Vista und Ribeirão da Motta bestätigt dies: Die meisten von ihnen lassen sich nicht in das Bild von *shifted cultivators* einpassen. Sie stammen zwar aus den unteren gesellschaftlichen Schichten der Städte, verfügen - oder verfügten bis zum Kauf des Landes - jedoch über ein bescheidenes Kapital. Die meisten gehen noch einer Arbeit in der Stadt nach, verfügen über eine kleine Rente, und einige besitzen sogar Häuser in der Stadt. Der Schritt, ein Stück Land zu besetzen oder zu kaufen, stellt für Siedler den Versuch dar, sich einen "Lebenstraum" zu erfüllen. Auch eine weitere Grundannahme der These vom "Teufelskreis der Armut" muß aufgrund der Erkenntnisse aus den Fallstudien in Frage gestellt werden: die Behauptung, daß die Verursacher von Naturzerstörung, die Kleinbauern, auch gleichzeitig ihre Opfer sind. Für den Fall eines *posseiros*, der sein besetztes Stück Land rodet und anschließend verkauft, trifft dies z.B. in keiner Weise zu. Er kann vielmehr einen konkreten Gewinn aus der Vegetationszerstörung schlagen. Die Armutsthese geht in ihrem Grundgedanken zu stark von einer statischen Situation im ländlichen Raum aus und läßt sich aus diesem Grund nur schwer auf Brasilien anwenden, wo auch der ländliche Raum in den letzten Jahrzehnten entscheidend von Wanderungsbewegungen geprägt wurde. Die Tatsache, daß Migration heute zu einem festen Bestandteil der Haushaltsstrategien vieler Familien zählt, und die Möglichkeit, das erworbene oder besetzte Land wieder zu verkaufen, tragen dazu bei, daß die Beziehungen zwischen Verursachern und Opfern von Naturzerstörung komplexer sind, als daß sie sich durch den einfachen Grundgedanken der Armutsthese erklären ließen.

– Bei den **Thesen der Umweltökonomie** sei an dieser Stelle der Schwerpunkt auf die Frage der Sicherung der Eigentumsrechte gelegt. Ein direkter Zusammenhang zwischen dem Grundbesitzsystem und dem Grad der Abholzung ist nicht von der Hand zu weisen. In den Expansionsräumen, wo die Vegetationszerstörung rasch voranschreitet, findet sich eine "dynamische Grundbesitzstruktur": Nutzungs- und Besitzansprüche stützen sich vor allem auf die faktische Besetzung des Landes. In den Räumen, in denen sich zur Zeit eine Transformation der ehemaligen kleinbäuerlichen Struktur abzeichnet (Dois Irmãos und Barro Branco) und in denen die Abholzungsdynamik eher gering ist, existiert ein gefestigteres Grundbesitzsystem. Zwar finden sich auch hier *posseiros*, die ihr Besitzrecht auf die Nutzung des Landes stützen, diese erscheinen jedoch stärker abgesichert als in den Expansionsräumen. Außerdem verfügen vor allem die Freizeitbetriebe nicht selten über legale Eigentumstitel. Ist diese Beziehung jedoch wirklich ein Ursache-Wirkungs-Zusammenhang? Wird in Barro Branco und in Dois Irmãos weniger Wald abgeholzt, <u>weil</u> dort die Grundbesitzstruktur relativ gefestigt ist? Es ist zu beachten, daß die sozioökonomische Struktur eine bedeutende Rolle spielt. In diesen *bairros* finden sich viele Freizeitbetriebe, die von *caseiros* geführt werden. Diese sind zum einen nicht auf die produktive Nutzung des Bodens angewiesen, weshalb sie oft die Fläche als extensive Weide nutzen. Zum anderen verfügen die städtischen Eigentümer über mehr Kapital und können so auf dem "formalen Bodenmarkt" ihr Land erwerben. Nicht zuletzt würden Freizeitbetriebe, bei denen der Eigentümer überwiegend abwesend ist, unter den Rahmenbedingungen, die sich in den Expansionsräumen finden lassen, nicht lange bestehen können. So gibt es in Bela Vista mehrere Fälle von ehemaligen *caseiros*, die sich wegen ihrer faktischen Anwesenheit auf der Fläche nunmehr als Besitzer des Landes bezeichnen. Es sind also zwei verschiedene Gruppen, *posseiros* und Eigentümer von Freizeitbetrieben, die zum einen das Land in unterschiedlicher Weise nutzen und zum anderen grundsätzlich gegenteilige Ansprüche an die staatliche Kontrolle der Bodenrechte durch den Staat haben.

– Dependenztheoretische Ansätze, wie sie von einem Zweig der **Politischen Ökologie** vertreten werden, lassen sich für das Vale do Ribeira nicht unmittelbar nachvollziehen. Das Ausmaß der Abholzung ist dort nicht abhängig von bewußter Außensteuerung oder mittelbar wirksamen Weltmarktprozessen. Allerdings lassen sich in den Biographien der Bewohner von Bela Vista die Auswirkungen der Verdrängung von Kleinbauern im Norden Paranás durch die Expansion der exportorientierten, modernen Landwirtschaft nachvollziehen. Diese Entwicklungen sind jedoch für die Beurteilung der derzeitigen Situation im Vale do Ribeira allenfalls indirekt relevant. Die perspektivistischen Ansätzen der Politischen Ökologie lassen sich dagegen nicht erklärend auf die gegenwärtige Abholzungsdynamik in der Region anwenden, denn sie haben ja vor allem die "Dekonstruktion" allgemeingültiger, "objektiver" Erklärungsversuche zum Inhalt.

Danach müßte der Atlantische Küstenregenwald als eine "Arena" gesehen werden, in der die Interessen und Wahrnehmungen der verschiedenen Akteure aufeinandertreffen. In dieser Arbeit zu treffende Aussagen über Rodung und über deren Ursachen stellten dabei streng genommen nur eine weitere "Stimme im Konzert der Diskurse" dar. Der Verfasser könnte nicht für sich in Anspruch nehmen, den Austragungsort der Auseinandersetzung wissenschaftlich und "von außen" beschreiben zu können.

Keine der vier Ansätze ist also in der Lage, die Abholzung im Vale do Ribeira vollständig zu erklären. Was bei globaler Betrachtungsweise als kausale Ursache der Abholzung ausgemacht wurde, erfährt auf lokaler Ebene nicht nur eine Differenzierung. Generell stellen sich aus der Ferne postulierte direkte Ursache-Wirkungs-Zusammenhänge bei detaillierter Betrachtung als Bestandteile von Ursache-Feldern heraus, die in ihrer Zusammensetzung und Wirksamkeit in hohem Maße von der geschichtlichen Entwicklung, der regionalen Besonderheit und von "freien" Entscheidungen und Handlungen einzelner Individuen abhängen.

6.2 Naturschutz im Vale do Ribeira

6.2.1 Die regionalen Problemlage

Das Vale do Ribeira ist eine zentrumsnahe, jedoch wirtschaftlich unterentwickelte Region, die lange Zeit außerhalb der dominanten Entwicklungsachsen Brasiliens lag, da sich die nationale Wachstumspolitik vor allem auf leicht modernisierbare Räume konzentrierte. Aus diesem Grund war in diesem Gebiet auch der Prozeß der Modernisierung der Agrarwirtschaft, der anderorts zur massivern Verdrängung des kleinbäuerlichen Sektors geführt hat, nicht so tiefgreifend. Seit den 70er Jahren läßt sich jedoch auch hier eine zunehmende Auflösung der Sozial- und Wirtschaftsstrukturen der autochthonen, kleinbäuerlichen Subsistenzwirtschaft feststellen. Gleichzeitig erhöht sich der externe Druck auf bislang ungenutzte, naturbelassene Räume durch landsuchende Zuwanderer. So findet man im Vale do Ribeira neben einer fortschreitenden Auflösung landwirtschaftlicher Kleinbetriebe zur selben Zeit eine Inkulturnahme neuer Flächen. Außerdem werden viele aufgegebene kleinbäuerliche Betriebe von Stadtbewohnern aufgekauft und als Freizeitbetriebe genutzt.

Seit den 80er Jahren bildete sich ein verändertes Umweltbewußtsein bei der städtischen Mittelschicht heraus, das in der Folge auch seinen Eingang in neue bundesstaatliche und nationale Leitbilder fand. Die Umweltpolitik erkannte den herausragenden Wert des Vale do Ribeira für den Schutz des Atlantischen Küstenregenwaldes. Die Region stellt nun wegen ihrer natürlichen Reichtümer ein "nationales Erbe" dar, dessen Erhalt in globalem Interesse steht. In diesem Zusammenhang ist es allerdings wichtig zu betonen, daß das Nebeneinander von ländlicher Armut und relativ intakter Natur in der Region nicht zufällig ist, wenn man die geschichtliche Entwicklung betrachtet. In Brasilien gingen wirtschaftliches Wachstum und Umweltzerstörung eng miteinander einher, und das Vale do Ribeira blieb dabei am Rande dieser beiden Entwicklungen. Die Initiative für den verstärkten Schutz der Natur geht nun in erster Linie von der urbanen Mittelschicht aus, d.h. von den Gruppen, die in den letzten Jahren von der wirtschaftlichen Entwicklung profitieren konnten.

Die sozioökonomischen Prozesse im Vale do Ribeira sind vor allem von außen induziert worden, d.h. regionale Entwicklungen stellen oft lediglich "Echos" externer Vorgänge dar und sind weniger auf endogene Faktoren zurückzuführen. Deutlich wird dies beispielsweise im Fall Bela Vista, aber auch in Dois Irmãos und Barro Branco: Bei den dort wirksamen Prozessen spielen jeweils externe Akteure eine bedeutende Rolle, seien es Zuwanderer, *caseiros* oder Besitzer von Freizeitbetrieben. Gleiches gilt für die Naturschutzplanung, denn die Initiative zur Unterschutzstellung des Atlantischen Küstenregenwaldes hat wenig Verankerung in der Region selbst, sondern geht in erster Linie zentralistisch von der Metropole São Paulo aus. Dies wird anhand der Tatsache deutlich, daß in der Regel nur die Parkwächter, also die "Befehlsempfänger", aus der Region stammen, während die Posten mit Entscheidungsbefugnissen mit Personen von außerhalb besetzt werden. So herrscht in der Region das Meinungsbild vor, daß die Probleme der Region vor allem auf den Eingriffen des Staates in die regionalen Strukturen beruhen und nicht endogener Natur sind (vgl. Engecorps & SMA 1992, S. 51f). Der Umweltschutz erscheint dabei als eine weitere Form der Außensteuerung, und die Umweltpolitik trägt wenig zur Widerlegung dieser Ansicht bei.

In Kapitel 4.1.2 wurde die Region aufgrund ihrer neueren Entwicklungen und ihrer derzeitigen Konfliktlage als ein "Erwartungsraum" bezeichnet, d.h. als ein Gebiet, das für die Zukunftsprojektionen unterschiedlicher Akteure (Zuwanderer, autochtone Bevölkerung, Naturschützer etc.) noch "offen" ist. Dabei ist es grundsätzlich schwierig, den Vorgaben der Naturschutzplanung Gewicht zu verleihen, denn in einer Region, die deutliche Charakteristika einer Pionierfront aufweist, entscheidet die Schaffung von Fakten bei der Verteilung der meist informellen Nutzungsrechte oder der Austragung von Interessenkonflikten. Die physische Besetzung einer Fläche durch Abholzung dokumentiert einen Besitzanspruch weit stärker als die Existenz eines offiziellen Papiers oder die Eintragung ins Grundbuch. In dieser Situation stellt der Naturschutz nur einen Nutzungsanspruch unter anderen dar, der sich darüber hinaus im Gelände nur auf relativ schwache Manifestationen seiner Anwesenheit - die Tätigkeit der Forstpolizei und der Parkwächter sowie Hinweisschilder - stützen kann. Dieser Mangel liegt gewissermaßen im Wesen des Naturschutzes, der im Gegensatz zu anderen Planungsvorgaben des Staates gerade die <u>Abwesenheit</u> von (menschlich geschaffenen) Fakten zum Inhalt hat.

6.2.2 Umsetzungsprobleme oder konzeptionelle Mängel im Naturschutz?

Kann jedoch grundsätzlich davon ausgegangen werden, daß die Umsetzung aller bestehenden Naturschutzbestimmungen wünschenswert wäre, daß also alle Probleme im Grunde auf mangelnde Umsetzung zurückzuführen sind? In diesem Sinne sieht FUCHS (1996, S. 45) die Kernfrage in dem problematischen Nebeneinander von mangelnder Gesetzestreue sowie zweifelhaftem Umweltbewußtsein auf der einen Seite und einem schlecht ausgestatteten, ineffizienten Überwachungsapparat auf der anderen Seite. Außerdem stellt er die Problematik der sektoralen Naturschutzbestimmungen folgendermaßen dar: Die Vorschriften schränken die wirtschaftliche Nutzung durch die lokalen Kleinbauern so stark ein, daß die Gefahr besteht, das Gesetz würde nicht befolgt werden. Angesichts dieser Tatsache plädiert er für mehr Kontrolle durch die zuständigen Institutionen. Da jedoch die weiten unzugänglichen Gebiete nicht effektiv kontrolliert werden können, sollte anstatt dessen in diesen Räumen verstärktes Gewicht auf der Umweltbildung liegen.

Diese Argumentation erscheint m.E. aus drei Gründen kritikwürdig:

- Die Konzentration der Kontrolle und Durchsetzung der Restriktionen auf gut erreichbare Gebiete führt in erster Linie zu einer räumlichen Neuordnung der Abholzungstätigkeit und nicht unbedingt zu ihrem absoluten Rückgang. Dieses komplexe Zusammenspiel von verschiedenen Faktoren wie Erreichbarkeit, Bodenpreisen, Entwicklung von Pionierfronten und Vegetationszerstörung wurde in den Fallstudien deutlich.

- Wenn die Umweltgesetzgebung die lokalen Formen der Landwirtschaft stark einschränkt, dann können Maßnahmen der Umweltbildung nicht viel ausrichten. Die schwer zugänglichen Bergländer, in denen zugleich die Bestände des Atlantischen Küstenregenwaldes zu finden sind, stellten ja schon seit der frühen Besiedlung Rückzugsräume für die kleinbäuerliche, subsistenzorientierte Landwirtschaft dar. Die Überlebensstrategien der hier lebenden Familien weisen in der Regel nicht genug Flexibilität auf, die es ihnen ermöglichen würde, "freiwillig" und allein aufgrund von Einsicht in die Notwendigkeit, die Umweltgesetzgebung zu befolgen.

- Angesichts der Tatsache, daß die Bestimmungen im Widerspruch zu vielen regionalen Formen der kapitalextensiven Landwirtschaft stehen, wäre konsequente Durchsetzung dieser Auflagen überhaupt nicht wünschenswert. Dabei spielen zum einen mögliche ungeplante Konsequenzen eine Rolle, die sich wiederum nachteilig auf die Umweltsituation auswirken können, wie z.B. im Falle der Bodendegradation aufgrund verkürzter Bracheperioden. Zum anderen würde eine gravierende Beeinträchtigung gerade der ärmeren Bevölkerungsschichten den Prinzipien der Nachhaltigkeit entgegenstehen.

Innerhalb der strengen Schutzgebiete blockiert der bestehende gesetzliche Status darüber hinaus auch die Möglichkeit für Initiativen, die eine nachhaltige Nutzung etablieren helfen könnten. Die Bewohner wohnen dort illegalerweise, d.h. eigentlich sollten die Gebiete menschenleer sein. Wie festgestellt wurde, ist eine Ausweisung aller Familien jedoch aufgrund finanzieller Mängel, juristischer Schwierigkeiten und sozialer Bedenken nicht möglich. Andererseits läßt sich eine Durchführung von ICDP's, die die Abholzungsdynamik vermindern könnten, innerhalb eines *de jure* unbewohnten Schutzgebietes nicht rechtfertigen. Dabei könnte das Geld aus dem *ICMS-Verde* innerhalb von Schutzgebieten sehr gut zur Finanzierung gezielter Maßnahmen verwendet werden. Eine notwendige Lösung der Bewohner- und Nutzungsfrage in den strengen Schutzgebieten wird in erster Linie durch die ausstehende politische Entscheidung über den Verbleib der Menschen blockiert. In der derzeitigen Situation wird deshalb nicht deutlich, in welcher Weise die Schutzgebiete zur sozialen und ökonomischen Entwicklung der Region beitragen, wie es im Rahmen von Nachhaltiger Entwicklung zu fordern wäre.

Die von den Naturschutzbehörden ausgerufene Maxime, allein die "traditionelle Bevölkerung" in das Schutzgebietsmanagement einzubeziehen, erweist sich nicht als Ausweg aus diesem Dilemma, wie in Kapitel 4.3.5 gezeigt werden konnte. In den Fallstudien wurde deutlich, daß sich das Idealbild von *capuavas, ribeirinhos* oder *caiçaras* in der Realität kaum noch finden läßt. Auf der Ebene ganzer Siedlungen ist zwar festzustellen, daß sich in Andre Lopes noch Elemente traditioneller Gesellschaften finden lassen. Diese Siedlung ist allerdings überaltert, und es scheint eine Frage der Zeit zu sein, bis die Reste traditioneller Lebensform auch hier verschwinden werden. Bei den anderen vier Fallstudien ist dies bereits bedeutend problematischer. Soll Barro Branco aufgrund der längeren Wohndauer der Bewohner als "traditioneller" bezeichnet werden als Bela Vista, wo die Bewohner die Hoffnung haben, sich wieder der Subsistenzwirtschaft anzunähern? Fanden sich nicht bei den traditionellen Gruppen im Vale do Ribeira viele Nachfahren ehemaliger Zuwanderer, wie sie heute in den dynamischen Expansionsräumen zu finden sind? Noch komplizierter erscheint eine Kategorisierung wenn sie auf Haushaltsebene erfolgen sollte. Die Kombination "traditioneller" und "nicht-traditioneller" Einkommensquellen sind beispielsweise eher die Regel als die Ausnahme. Und ist ein *caseiro*, der keinen Anbau mehr betreibt jedoch aus einer alteingesessenen Familie stammt, traditioneller als ein Neusiedler, der versucht von der autonomen Landwirtschaft zu leben? Diese zentrale Diskussion über die Definition von "Traditionalität" führt m.E. in eine neue Sackgasse.

6.2.3 Regionale Lösungsansätze

Um Möglichkeiten zum Abbau der gegenwärtigen Konflikte zwischen Naturschutz und Landnutzern erarbeiten zu können, muß zunächst der grundsätzlichen Frage nach dem Inhalt der sich gegenüberstehenden Positionen nachgegangen werden: Handelt es sich bei den Konflikten nun um ein Aufeinandertreffen zweier grundsätzlich verschiedener Gesellschaftsentwürfe oder vielmehr um ein Feilschen um Vergünstigungen und Vorteile?

QUEIROZ (1992, S. 204) meint, daß sich bei der Diskussion um die Nutzungsrestriktionen keine nicht zu vereinbarenden Grundeinstellungen gegenüberstehen, sondern daß bei der Auseinandersetzung vor allem persönliche Interessen und politische Strategien im Vordergrund stehen. Ein deutlicher Kontrast läßt sich allerdings doch in den Grundpositionen der beiden Seiten ausmachen: In den Dokumenten des Umweltministeriums und der Umweltgruppen steht der Gedanke im Vordergrund, daß im Vale do Ribeira die letzten Reste des Atlantischen Küstenregenwaldes zu finden sind, die unter allen Umständen vor dem ungehinderten Fortschreiten des bisherigen Entwicklungsstils zu schützen sind, der sich als naturzerstörerisch erwiesen hat. Diese Argumentation ist von einer globalistischen Sichtweise geprägt. Die Bewohner hingegen betonen ausgehend von der lokalistischen Perspektive den bisher naturverträglichen Umgang der lokalen Bevölkerung mit den natürlichen Ressourcen und sehen in den staatlichen Eingriffen Störungen von außen, die das fragile System aus dem Gleichgewicht gebracht und die Menschen von ihrer Umwelt "entfremdet" haben.

Bei der Betrachtung dieser Frage ist dennoch auffällig, daß sich die grundlegenden Leitideen in den schriftlichen Verlautbarungen der beiden Seiten, des Umweltministeriums und der Interessenvertretung der Bewohner, nur wenig unterscheiden. Beide Seiten betonen das Ziel einer harmonischen Beziehung von Mensch und Natur sowie die gleichberechtigte Bedeutung der sozialen und der ökologischen Dimension. In dieser Hinsicht wird deutlich, daß die Leitidee der Nachhaltigen Entwicklung mit all ihrer Ambivalenz ein gemeinsames normatives Fundament darstellen kann, auf das sich Lösungsvorschläge stützen können. Im folgenden sollen Perspektiven aufgezeigt werden, wie der Naturschutz zur Nachhaltigen Entwicklung der Region beitragen kann:

- Der Ausbildung der PFM und der Parkwächter ist mehr Gewicht einzuräumen. Immerhin sind sie es, die die Naturschutzbestimmungen vor Ort durchsetzen und vertreten müssen. Sie sind die Repräsentanten der Naturschutzidee bei den Bewohnern. Bei dem Training muß auf folgende Faktoren gleichermaßen geachtet werden: Kenntnis der juristischen Grundlagen, Vermittlung der Ziele des Naturschutzes, Verständnis für die Bedürfnisse und Wirtschaftsweise der betroffenen Bevölkerung sowie die Unterweisung in Fähigkeiten der Kommunikation und der Bewältigung von Konflikten.

- GUIMARÃES (1997) macht institutionelle Mängel für die derzeitig schwierige Situation verantwortlich: vor allem die Fragmentierung der öffentlichen Planung sowie mangelnde Koordination, Information und Aufteilung der Kompetenzen zwischen den verantwortlichen Stellen. Die ungenügende Zusammenarbeit zwischen der PFM, dem DEPRN und dem IF kann dabei als gutes Beispiel für diesen Mangel gelten. Notwendig sind eine verstärkte Vernetzung, eindeutige Aufgabenverteilung und Zusammenfassung der Organe unter einem die allgemeinen Leitlinien und Rahmenbedingungen der Naturschutzplanung klar definierenden Zentralorgan.

- Eine Nachhaltige Entwicklung muß sich auf eine möglichst breite gesellschaftliche Basis stützen können, damit sie nicht wieder in isolierte, miteinander konkurrierende Planungssektoren zerfällt. Der Kontakt der Naturschutzplanung zu anderen Institutionen, die in der Region von Bedeutung sind (Nichtregierungsorganisationen, Kirchen, Gewerkschaften, Bewohnerorganisationen etc.) beschränkte sich bislang auf die Durchführung von Kongressen in sporadischen Abständen. Erforderlich ist jedoch eine permanente, d.h. auch "alltägliche" Zusammenarbeit mit den wichtigen regionalen Institutionen.

- Die Kommunikation zwischen den Verantwortlichen in den Naturschutzbehörden und der lokalen Bevölkerung muß verbessert werden. Die gegenwärtig von den Verantwortlichen gezeigte grundsätzliche, in erster Linie aber passive Gesprächsbereitschaft reicht nicht aus. Die Distanz zu den Bewohnern ist zu groß und diese sind zu wenig mit dem Umgang mit Behörden vertraut, als daß zu erwarten wäre, daß sie von alleine ihre Probleme vortragen würden. Sporadische Versammlungen reichen zur Schaffung einer Gesprächsbasis nicht aus. Bisherige Erfahrungen haben gezeigt, daß die Betroffen zu diesen Anlässen in erster Linie "Dampf ablassen" und die Vertreter der Naturschutzinstitutionen ihre Entscheidungen verteidigen. Solche direkten Konfrontationen sind für beide Seiten zwar wichtig, produktive Kommunikation kann jedoch erst im Anschluß daran aufgebaut werden. Außerdem ist es wichtig, daß die Ziele, Strategien und Methoden der Naturschutzplanung der Bevölkerung so weit wie möglich transparent gemacht werden, daß also staatliches Handeln für die Betroffenen berechenbar wird. Erste Ansätze dafür sind von MARETTI (1995) bereits erarbeitet worden.

- In gravierenden Konfliktfällen, wie beispielsweise in Bela Vista, sollte die Einschaltung einer dritten, vermittelnden Partei in Betracht gezogen werden. Dies setzt natürlich voraus, daß die Naturschutzbehörden bereit sind, sich grundsätzlich auf einen ausgearbeiteten Kompromiß einzulassen, und das Beharren auf der Umsetzung der unrealistischen gesetzlichen Bestimmungen aufgeben.

– Die politisch Verantwortlichen müssen rasch eine endgültige, gesetzlich verankerte und durchsetzungsfähige Entscheidung in der Bewohnerfrage in den strengen Schutzgebieten fällen. Ein solcher Schritt stellt eine unabdingbare Voraussetzung für die Beendigung der oben beschriebenen "Selbstblockade" der Naturschutzpolitik dar.

– Die Diskussion über das Verhältnis des Naturschutzes zur lokalen Bevölkerung und deren Landnutzung sollte nicht weiter um verschiedene Definitionen von "Traditionalität" kreisen. Anstatt dessen verspricht eine Auseinandersetzung der verschiedenen Interessenvertreter über eindeutige Richtlinien für eine "naturverträgliche Nutzung" eher zu einem Ergebnis zu führen.

– Mit der Erarbeitung ökologisch verträglicher Landnutzungsalternativen wurde bereits vereinzelt begonnen, wie sich im Fall des Palmherz-Extraktivismus (vgl. Kap. 4.3.2) sehen läßt. Bislang stecken diese Versuche jedoch noch in ihren Anfängen. Außerdem kümmern sich diese Initiativen zu wenig um die Frage, wie Nutzungsformen in die bestehenden kleinbäuerlichen Haushaltsstrategien zu integrieren sind. Dabei geht es nicht nur um Probleme der Produktion, sondern vor allem auch um die Schaffung von Vermarktungsstrukturen für solche Produkte. Der Einsatz von "Öko-Labeln" wäre dabei ein möglicher Weg, das Umweltbewußtsein der Konsumenten in den nahen Absatzmärkten São Paulo und Curitiba für den Schutz der Wälder im Vale do Ribeira dienstbar zu machen. Innerhalb und im nahen Umkreis strenger Schutzgebiete bietet sich die Durchführung von ICDP's an. Möglichkeiten eröffnen sich im bislang nur ungenügend ausgebauten Bereich des Ökotourismus. Dennoch sollten die Erwartungen in diesen Wirtschaftszweig nicht zu hoch gesteckt werden, denn Räume mit ausreichendem touristischem Potential existieren lediglich in den Strandbereichen und um die Tropfsteinhöhlen.

– Die gegenwärtige Gesetzesgrundlage sollte überprüft und gegebenenfalls entschärft werden, um den Behörden umsetzbare Vorlagen für die Kontrolle der Landnutzung an die Hand zu geben. Dies könnte auch eine konkrete Rückstufung strenger Schutzgebiete im Ganzen oder einzelner Bereiche in *Reservas Extraktivistas* oder *Multiple-Use-Zones* umfassen. Ebenso ist beispielsweise eine Revision des Decreto 750/93 ins Auge zu fassen. Gefährlich wäre ein solcher Schritt allerdings, würde er nicht einhergehen mit einem grundsätzlich gewandelten Stil der konsequenten Umsetzung dieser Bestimmungen.

– Um eine engere Abstimmung des Naturschutzes mit den Besonderheiten der Region zu erreichen, muß den regionalen Behörden (DPRN, Schutzgebietsverwaltungen etc.) mehr Gewicht gegenüber den zentralen, in der Stadt São Paulo ansässigen Institutionen (IF, SMA usw.) eingeräumt werden. Dies fängt bei der räumlichen Verlegung einiger Verwaltungsbereiche aus der Hauptstadt in das Vale do Ribeira an und umfaßt die Verbesserung der personellen und finanziellen Ausstattung. Außerdem müßten die Kompetenzen der regionalen Behörden erweitert werden, so daß sie innerhalb der gegebenen Leitlinien der bundesstaatlichen und nationalen Naturschutzpolitik selbständig die konkreten Richtlinien und vor allem bürokratischen Prozeduren den regionalen Gegebenheiten anpassen könnten.

– Parallel zu einer Dezentralisierung der Naturschutzplanung wäre eine Bündelung der Partizipationsmöglichkeiten der Betroffenen sinnvoll. Dabei könnte man an die Initiativen der 80er Jahre anknüpfen, als die Bildung von Bewohnerorganisationen

(*Associações de Moradores*) in den *bairros* massiv gefördert wurde. Durch die Schaffung solcher Strukturen könnten die Interessen der Bevölkerung gegenüber den Naturschutzbehörden effektiver vertreten werden, die ihrerseits ein klarer erkennbares Gegenüber bei der Auseinandersetzung über Nutzungsrestriktionen oder Infrastukturmaßnahmen hätten. Sollen solche Organsiationen unterstützt werden, dann müssen sie jedoch auch in die Lage versetzt werden, wichtige Funktionen zu erfüllen. *Associações de Moradores* müßten mehr Rechte - und damit auch mehr Verantwortung - bei der Umsetzung von Nachhaltiger Entwicklung bekommen. Es könnten beispielsweise gemeinschaftliche Nutzungsrechte von ihnen intern verwaltet und nach außen verantwortet werden.

- Eine Stärkung der Ebene des *bairros* gegenüber den Munizipien wäre auch über eine neue Verteilung der finanziellen Kompensationen für die geschützte Fläche über den *ICMS-Verde* zu erreichen. Nach der bisherigen Praxis kommt ein großer Teil der Ausgleichszahlungen nicht denjenigen Menschen zu, die unter den eigentlich zu kompensierenden Nachteilen zu leiden haben. Hier müßten alternative Konzepte ausgearbeitet werden, um die vom Naturschutz Betroffenen zielgenauer unterstützen zu können. Eine Möglichkeit wäre die Schaffung eines Fonds mit einem Teil des *ICMS-Verde*, aus dem lokal begrenzte oder thematisch klar definierte ICDP's finanziert werden könnten, die auch unter der Regie von Nichtregierungsorgansiationen stehen könnten.

- Die regionalen und lokalen Untersuchungen haben deutlich gezeigt, daß die derzeitigen Grundbesitzverhältnisse im Vale do Ribeira ein entscheidendes Hindernis für die Nachhaltige Entwicklung der Region darstellen. Sie begünstigen die unproduktive Rodung von Waldflächen, blockieren langfristige Investitionen, begünstigen die Bodenspekulation, sind Anlaß gewalttätiger Landkonflikte und behindern nicht zuletzt die staatliche Planung. Die Konsolidierung des Bodeneigentums gehört zu den vordringlichen Aufgaben in der Region. Aus diesem Grund muß das IT, das derzeit mit dieser enormen Aufgabe befaßt und dabei überfordert ist, mehr finanzielle, personelle und institutionelle Unterstützung erhalten. Zukünftig sollte auch über die Möglichkeit diskutiert werden, Nutzungs- und Besitzrechte an ganze *bairros* zu übertragen und so dem oben beschriebenen *sell-out*-Effekt entgegenzuwirken. Erfahrungen können derzeit in der Siedlung Ivaporunduva gesammelt werden, das als annerkannte "traditionelle Siedlung" ein solches Gemeinschaftsrecht erhalten hat.

6.3 Notwendiger Wandel der nationalen Rahmenbedingungen

Die Probleme und Widersprüche im Vale do Ribeira lassen sich nicht allein auf regionaler Ebene lösen, denn die hier dominierenden Prozesse sind eng eingebunden in Rahmenbedingungen, Entwicklungen und Entscheidungen auf nationaler Ebene, die in Kapitel 3 bereits eingehend untersucht wurden:

- Bei der Naturschutzstrategie ist ein grundsätzliches Überdenken des bislang verfolgten Weges notwendig. So sollte das Gewicht der Planung nicht wie bislang auf Kontroll- und Weisungsinstrumenten liegen, sondern sich vielmehr vermehrt auf ökonomische Anreize und technische Hilfe stützen. Wie die Erfahrung im Vale do

Ribeira gezeigt hat, geht die Verteilung von Bußgeldern angesichts des Ausmaßes der Armut vieler "Umweltsünder" an der Realität vorbei.

- Bereits in Kapitel 3.3 wurde festgestellt, daß in Brasilien ein von der Realität isolierter Gesetzgebungs- und Planungsdiskurs vorherrscht. Die Summierung und Überlagerung von immer neuen sektoralen Bestimmungen und Planungsvorlagen des Flächenschutzes entfernt sich dabei zunehmend von den Tatsachen "vor Ort". So ist es möglich, daß ein und derselbe Baum im Vale do Ribeira durch sieben unterschiedliche Gesetze und Dekrete geschützt wird - vier Schichten des Flächenschutzes, APP, RFL, *Decreto 750/93* (vgl. Kap. 4.2). Dennoch ist es wahrscheinlich, daß das Fällen dieses Baum dadurch nicht verhindert werden kann. Es sollten also neue Prioritäten bei der Erarbeitung von gesetzlichen Grundlagen für den Naturschutz gesetzt werden: Schwächere Gesetze, die dafür konsequent umgesetzt werden, sind dem derzeitigen "juristischen Elephantismus" vorzuziehen.

- Im Laufe der Untersuchung hat sich immer wieder gezeigt, daß die Ziele des Naturschutzes mit denen einer Agrarreform zumindest vordergründig kollidieren. Die allgemeine Strategie des Naturschutzes, Flächen so weit wie möglich von einer Nutzung freizuhalten, steht dem Leitbild der Agrarpolitik gegenüber, unproduktives Grundeigentum zu bekämpfen. Die soziale Funktion des Bodens als landwirtschaftlicher Produktionsstandort ist also mit der sozialen Funktion des Bodens als Standort von erhaltener Natur zu konfrontieren. Dieser Widerspruch wird besonders im Vale do Ribeira deutlich, wo die Eigentumsverhältnisse ungeklärt sind. Die beiden Leitziele, Schutz der Tropenwälder und Schaffung einer produktiven, sozial gerechten Agrarstruktur, sind jedoch keineswegs als absolute Gegensätze aufzufassen. Sie erscheinen als solche lediglich vor dem Hintergrund der gegenwärtigen dualistischen Grundbesitzverteilung, die es zu durchbrechen gilt. Die Durchführung einer Agrarreform, d.h. die Enteignung unproduktiver Latifundien und die geordnete Ansiedlung von Landsuchenden, muß auch aus Sicht des Naturschutzes ein wichtiges langfristiges Anliegen sein. Bei der Konzeption von *assentamentos* sollte mehr auf die ökologischen Rahmenbedingungen geachtet werden. Ebenso sollte bei Naturschutzvorhaben die agrarstrukturelle Dimension stärker in die Überlegungen einbezogen werden. Jedoch ist die Durchführung von Ansiedlungen nicht das einzige mögliche Instrument einer Agrarreform. Gerade im Vale do Ribeira, wo noch Reste eines regional verankerten kleinbäuerlichen Sektors vorhanden sind, sollte dem Erhalt von bestehenden Betrieben Vorrang eingeräumt werden vor der Ansiedlung neuer Bauern.

- Den allgemeinen Hintergrund der in dieser Arbeit analysierten Problematik bildet die kritische wirtschaftliche Lage des Landes. Brasilien ist, zumindest für die meisten seiner Einwohner, ein Entwicklungsland. Jedoch lassen sich nicht alle Schwierigkeiten auf diesen Umstand zurückführen. Der während der letzten Jahrzehnte verfolgte und in Teilen auch heute noch gültige Entwicklungsstil der "Nachholenden Entwicklung" trug in nicht unerheblichem Maße zu der gegenwärtigen Situation bei. Die Unterordnung der Grundbedürfnisbefriedigung und der sozialen Gerechtigkeit unter das Primat des wirtschaftlichen Wachstums hat nicht zuletzt dazu beigetragen, daß der Nutzungsdruck auf die noch erhaltenen Naturräume bestehen bleibt.

Eine allgemeine Schwierigkeit der Naturschutzplanung in der Dritten Welt ist jedoch, daß sie als materielles Faktum im Raum nur wenig präsent sein kann, denn ihr Endziel besteht gerade in der Abwesenheit menschlicher Spuren. Gleichzeitig ist sie als "Schutz vor etwas" im eigentlichen Sinne niemals abgeschlossen, denn sie stellt ein permanentes Gegensteuern gegen eine unkontrollierte Entwicklung dar. Dieser Schutz macht dabei eigentlich nur Sinn, wenn er für einen unbegrenzten Zeitraum konzipiert ist, denn wenn heute der Verlust einer Tier- oder Pflanzenart einen nicht zu verantwortenden Schaden für die Menschheit bedeutet, dann wird dies auch in hundert oder tausend Jahren nicht anders sein. Im Unterschied dazu haben die meisten Ressourcennutzer einen weitaus engeren Zeithorizont: das eigene Überleben sichern; ein Lebensziel erreichen; den Kindern ein besseres Leben ermöglichen. In einem noch kürzeren Zeitrahmen bis zur nächsten Wahl bewegen sich oft die Überlegungen der politischen Entscheidungsträger.

Dieses Gegenüber vollkommen unterschiedlicher Zeitperspektiven macht deutlich, daß der Naturschutz nicht politisch neutral ist und sich nicht auf biologisch-technische Kriterien allein stützen kann. Naturschutzgebiete sind soziale Räume insofern, als sie von Menschen zur Beeinflussung menschlichen Handelns geschaffen, von Menschen in ihrer Funktion erhalten und von Menschen als solche wahrgenommen werden. In der gleichen Weise regeln sektorale Naturschutzgesetze nicht nur das Mensch-Umwelt-Verhältnis, sondern auch das Verhältnis von Menschen untereinander. Damit wird deutlich, daß die Beachtung sozialer, ökonomischer, politischer und kultureller Faktoren für die Erarbeitung, Durchsetzung und Bewertung von Naturschutzmaßnahmen enorm wichtig ist. In der Folge der zunehmenden Geltung von Nachhaltiger Entwicklung als Konsensformel kam es in den letzten Jahrzehnten zu einer zunehmenden Auflösung der starren Front des Naturschutzes gegen den Menschen. Diese Leitidee ist weniger konkret nachzuvollziehen als die Idee vom Erhalt menschenleerer Wildnis, zumal es keine abschließende Definition Nachhaltiger Entwicklung geben kann. Jede der in dieser Untersuchung betrachteten Gruppen (Naturschützer, Kleinbauern, Neusiedler, Touristen) würde wahrscheinlich Nachhaltige Entwicklung anders definieren. Gerade deswegen sind Fragen zu den Formen gesellschaftlicher Konfliktregulierung und Entscheidungsfindung von fundamentaler Bedeutung. Die fünf von PRETTY & PIMBERT (1997; vgl. Kap. 2.3.6) aufgestellten Grundprinzipien einer Naturschutzplanung, die sich als Lernprozeß versteht, können dazu m.E. einen größeren Beitrag leisten als fest definierte, global wirksame Naturschutzstrategien.

Das Vale do Ribeira ist kein Einzelfall. Die Fülle neuerer Untersuchungen zu Konflikten zwischen Naturschutz und Landnutzern macht deutlich, daß die vorliegende Arbeit einen Problembereich untersucht hat, der global von Bedeutung ist. Es ist zu hoffen, daß sich die Prophezeiung von GHIMIRE (1991, S. 34) nicht erfüllt, der Naturschutz könnte in naher Zukunft den größten Konfliktherd im ländlichen Raum der Dritten Welt darstellen.

7. Zusammenfassung

Wie können tropische Regenwälder wirkungsvoll vor Abholzung bewahrt werden? Ist es in Entwicklungsländern sinnvoll und ausreichend, große Naturschutzgebiete einzurichten oder per Dekret das Schlagen von Bäumen generell zu verbieten? Was bedeuten solche strengen Umweltmaßnahmen für Regionen, in denen die Haushaltsstrategien vieler Bewohner unmittelbar von der Nutzung der natürlichen Ressourcen abhängt? Welche sozialen Gruppen sind in welcher Weise von diesen Maßnahmen betroffen? Welche Möglichkeiten könnte es geben, die Ziele des Naturschutzes mit den Bedürfnissen der lokalen Bevölkerung in Einklang zu bringen? Die vorliegende Arbeit geht diesem Fragenkomplex im Vale do Ribeira, einer Region im brasilianischen Bundesstaat São Paulo nach. Auf der Grundlage von Planungsliteratur, Expertengesprächen und Befragungen in insgesamt fünf Fallstudien werden die Folgen umweltpolitischer Maßnahmen für verschiedene Gruppen von Ressourcennutzern -z.B. traditionelle Kleinbauern oder neue Zuwanderer- und damit für die gesamte soziale Struktur des ländlichen Raumes analysiert.

Als normativer Bezugsrahmen bei der Bewertung der untersuchten Prozesse dient das Ziel der Nachhaltigen Entwicklung, laut dem die Prinzipien der ökonomischen Effizienz, der sozialen Gerechtigkeit und der ökologischen Verträglichkeit auf allen inhaltlichen und räumlichen Betrachtungsebenen gleichermaßen berücksichtigt werden sollten. Eine Inhaltsanalyse der verschiedenen Deutungen, die der Begriff der Nachhaltigen Entwicklung in der Entwicklungsländerforschung erfahren hat, ergibt, daß grundsätzlich zwischen einer "lokalistischen" und einer "globalistischen" Sichtweise unterschieden werden muß. Die Vertreter der ersten Perspektive betonen das vitale Interesse, das die Bevölkerung in den Entwicklungsländern am Erhalt der von ihnen genutzten Lebensgrundlagen hat, und treten dafür ein, daß die lokalen Nutzer die Kontrolle über ihre natürlichen Ressourcen zurückerhalten. Dagegen rückt der "globalistische" Blickwinkel die sich stetig verdichtenden globalen Verflechtungen in den Mittelpunkt und tritt für eine strategische Planung ein. Um diesen Gegensatz zu überwinden, wird in der vorliegenden Arbeit gezeigt, daß auf globaler, nationaler, regionaler und lokaler Ebene jeweils andere Zusammenhänge wirksam sind und andere Kriterien handlungsleitend sein müssen.

Für die Erarbeitung von Wegen zum Schutz der Tropenwälder ist es wichtig, die sozioökonomischen Ursachen der derzeitigen Zerstörungsdynamik zu erkennen. Dabei existieren vier verschiedene Erklärungsschemata, aus denen jeweils unterschiedliche Folgerungen gezogen werden können:

– Die Tragfähigkeits-These identifiziert das Bevölkerungswachstum als wichtigste Triebkraft der heutigen Naturzerstörung.

– Hinter der Armuts-These steht die Überlegung, daß Naturzerstörung und Armut sich gegenseitig bedingen, denn die lokale Bevölkerung in Entwicklungsländern muß oft ihre natürlichen Lebensgrundlagen übernutzen, allein um ihr Überleben zu sichern. Dies führt wiederum zu einer zunehmenden Verarmung, und nur das Eingreifen einer grundbedürfnisorientierten Entwicklungspolitik kann diesen Teufelskreis durchbrechen.

- Die Ansätze der Umweltökonomie betonen das Versagen freier Marktkräfte und falsche wirtschaftspolitische Impulse als Ursachen der Tropenwaldzerstörung. Hohe Priorität hat demnach die Regulierung des Bodenmarktes besonders an der Agrarfront.

- Die Sichtweise der Politischen Ökologie stellt die Bedeutung von Faktoren wie Ungleichheit, Dependenz, Machtstrukturen und die Pluralität von Rationalitäten stärker in den Vordergrund. Gefordert wird nicht nur eine Umverteilung von Reichtümern und Umweltrisiken, sondern auch eine Demokratisierung der Identifikation und Bewertung von Umweltproblemen.

In der geschichtlichen Entwicklung des Naturschutzes läßt sich eine konzeptionelle Gewichtsverlagerung vom früheren Leitbild einer menschenleeren Natur hin zur stärkeren Einbeziehung der Belange der lokalen Bevölkerung nachweisen. Die neuen Schutzkategorien der IUCN (International Union for Conservation of Nature) bieten dabei die planerischen Grundlagen für eine veränderte Schutzstrategie. Begleitende Entwicklungsprojekte (Integrated Conservation and Development Projects, ICDP's) und die Schaffung effektiver Partizipationsstrukturen sollen helfen, den Naturschutz als einen positiven Faktor der ländlichen Entwicklung zu begreifen. "Lokalistische" Argumente haben außerdem zu einer neuen Bewertung indigener Völker geführt, die nunmehr als "ursprüngliche Naturschützer" gesehen werden. Kritiker sehen jedoch noch immer eine Dominanz der klassischen Schutzideologie und fordern weitere und stärker basisdemokratisch orientierte Reformen der Politik zum Schutz der Tropenwälder.

Brasilien stand als Land mit dem höchsten Anteil an den globalen tropischen Regenwäldern Ende der 80er Jahre im Zentrum der Kritik von Naturschutzorganisationen. Eine Analyse des brasilianischen Entwicklungsstils zeigt, daß das Ziel der "nachholenden Entwicklung" zur Verschärfung gesellschaftlicher Gegensätze und zur Naturzerstörung geführt hat. Dabei treten die Umweltprobleme, die direkt auf die Modernisierung der Agrarwirtschaft zurückzuführen sind, hinter den indirekten ökologischen Folgen der massiven Freisetzung von landwirtschaftlichen Arbeitskräften zurück, die an die stetig voranschreitende Pionierfront abwanderten. Als ein weiterer wichtiger Faktor bei der Herausbildung des umweltzerstörerischen Wirtschaftsstils der *frontier economics* können das brasilianische Landrecht (*Estatuto de Terra*) und die Bodenspekulation in Verbindung mit der dualistische Grundbesitzstruktur gelten.

Der brasilianischen Umwelt- und Naturschutzpoltik, die über lange Zeit vor allem eine Alibifunktion ausfüllte, wurden seit Mitte der 80er Jahre immer mehr rechtliche Instrumente in die Hand gegeben, die eine umweltverträgliche Lenkung der Landnutzung ermöglichen sollen. Das wichtigste Problem ist jedoch die mangelnde Verwirklichung der bestehenden Vorschriften. Dies gilt insbesondere für den Flächenschutz, bei dem zwar derzeit innovative Ideen der internationalen Naturschutzdiskussion in den Entwurf eines nationalen Schutzgebietssystems mit einfließen, dessen tatsächliche Umsetzung jedoch auf zahlreiche Probleme stößt (mangelnde Finanzen, Konflikte mit der lokalen Bevölkerung, juristische Schwierigkeiten).

Das Vale do Ribeira, dem sich die Untersuchung der regionalen Ebene widmet, ist ein wirtschaftlich unterentwickeltes Gebiet im Süden des Bundesstaates São Paulo. Die derzeitige Sonderstellung der Region besteht spätestens seit der Phase des Kaffeeanbaus, der die wirtschaftliche Vormachtstellung São Paulos in Brasilien begründete und der im Vale do Ribeira, einer feucht-warmen Küstenebene mit nährstoffarmen Böden, keine geeigneten natürlichen Rahmenbedingungen vorfand, womit eine Entwicklung zu einer "zentrumsnahen Peripherie" bereits vorgezeichnet war. Ein noch immer starkes Gewicht der regionalen Wirtschaftsstruktur auf der Landwirtschaft, eine große Zahl von unterhalb der Armutsgrenze lebenden Familien und das häufige Auftreten von teilweise bewaffneten Landkonflikten kennzeichnen die derzeitige Problemlage im ländlichen Raum.

Da sich in der Region rund 60 % der im Bundesstaat São Paulo noch erhaltenen Bestände des hochgradig gefährdeten Atlantischen Küstenregenwaldes befinden, konzentriert sich die bundesstaatliche Naturschutzpolitik vor allem auf diesen Raum. Rund ein Viertel der regionalen Fläche ist derzeit per Gesetz streng geschützt und damit von jeglicher wirtschaftlicher Nutzung ausgeschlossen. Daneben existieren zusätzlich sektorale Schutzbestimmungen, die das Abholzen von Beständen des Atlantischen Küstenregenwaldes generell verbieten. An einer gesetzlichen Basis zum Schutz der verbleibenden Bestände natürlicher Vegetation mangelt es also nicht.

Bei der Umsetzung der Vorgaben der Naturschutzplanung zeigen sich jedoch schwerwiegende Probleme:

- Die zuständigen Kontrollinstanzen, wie die Forstpolizei, die Naturschutzbehörden oder die Verwaltungen der Schutzgebiete, sind finanziell und personell schlecht ausgestattet und untereinander nur ungenügend vernetzt.
- Die sektoralen Bestimmungen, die für ganz Brasilien gelten, sind den regionalen Verhältnissen nicht angepaßt und mit einem großen bürokratischen Aufwand verbunden. Die für das Vale do Ribeira typischen kleinbäuerlichen und kapitalextensiven Landnutzungssysteme, die auf *shifting cultivation* basieren, sind de facto verboten.
- Die strengen Schutzgebiete (*Parque Estadual* und *Estação Ecológica*) bestehen oft nur "auf dem Papier". Unsichere Grenzverläufe und ungeklärte Grundbesitzverhältnisse stellen dabei die wichtigsten formal-juristischen Probleme dar. Der überwiegende Teil der Schutzgebiete wurde außerdem in Räumen ausgewiesen, die zu diesem Zeitpunkt bereits seit langer Zeit bewohnt und bewirtschaftet waren. Das daraus resultierende Bewohnerproblem wird zusätzlich durch eine punktuelle Rodungstätigkeit infolge der Zuwanderung und Landnahme von Neusiedlern verschärft.
- Das Verbot des Extraktivismus und der Verarbeitung von Palmherzen (*Euterpe edulis*) führte nicht zu dem erhofften Rückgang der Sammelmengen, sondern zu einem "Abtauchen" des regional bedeutsamen Wirtschaftszweiges in die Illegalität. Dadurch wurde zum einen erhebliches Konfliktpotential in der Region geschaffen und andererseits die rein explorative, nicht tragfähige Gewinnung gefördert. Die Entwicklung von Strategien zur nachhaltigen Bewirtschaftung wird jedoch durch die mangelnde Durchsetzbarkeit von individuellen oder gemeinschaftlichen Eigentumsrechten erschwert.

Die Umweltbehörden werden für ihre restriktive Politik von seiten der betroffenen Bevölkerung, aber auch von Wissenschaftlern und Vertretern von NGO's, scharf kritisiert. Der Vorwurf, mit der bisherigen Vorgehensweise würde eine nachhaltige

Entwicklung der Region eher behindert als gefördert werden, trifft mittlerweile auch bei Vertretern des Umweltministeriums auf wachsende Zustimmung. Die seit Anfang der 90er Jahre verfolgte Leitlinie, der traditionellen Bevölkerung Nutzungsrechte an den natürlichen Ressourcen und ein Bleiberechte innerhalb der strengen Schutzgebiete einzuräumen, nimmt dabei inhaltliche Impulse der internationalen Naturschutzdiskussion auf und stützt sich auf "lokalistische" Argumente. Eine nähere Analyse der Geschichte und der aktuellen Situation kleinbäuerlicher Gruppen in der Region zeigt jedoch, daß diese Gesellschaften zum einen in den letzten Jahren einen tiefgreifenden sozialen Wandel erfahren haben und daß es zum anderen keine problemlose Definition von "Traditionalität" geben kann, da es sich hierbei um eine Lebensart und nicht um eine ethnisch abgrenzbare Gemeinschaft handelt. Problematisch ist, daß dieser vage Terminus nun dazu dienen soll, über den faktischen Zugang der einzelnen Familien zu natürlichen Ressourcen zu entscheiden.

In fünf Fallstudien wurden die konkreten lokalen Auswirkungen des Naturschutzes auf die Landnutzung, die sozioökonomische Struktur und auf die Lebenswelten des ländlichen Raumes des Vale do Ribeira detailliert untersucht. Die Analyse der *bairros* sollte einerseits die verschiedenen naturschutzplanerischen Instrumente (Flächenschutz, sektorale Bestimmungen) in ihren Folgen vergleichen und andererseits die Konsequenzen des Naturschutzes unter verschiedenen sozioökonomischen Rahmenbedingungen verdeutlichen. Bei den empirischen Untersuchungen, deren Kernstück eine Reihe von Haushaltsbefragungen auf der Basis von vertieften Leitfadengesprächen darstellt, wurde dabei auf Ansätze der qualitativen Sozialforschung zurückgegriffen (Gegenstandsbezug, ideographische Herangehensweise, offener Forschungsprozeß, breite relevante Datenbasis).

Andre Lopes ist ein *bairro*, in dem sich noch deutliche Elemente traditioneller Gruppen finden lassen. In den letzten Jahrzehnten wird die Siedlung jedoch geprägt von Abwanderung, einer zunehmenden Überalterung der Bevölkerung und einer graduellen Aufgabe der autonomen Landwirtschaft zugunsten der abhängigen Lohnarbeit. Wesentlich verstärkt wurde diese Entwicklung durch den Einfluß des Naturschutzes, denn das *bairro* liegt innerhalb des Parque Estadual Jacupiranga, einem strengen Schutzgebiet. Es besteht dort zwar de jure ein Verbot der landwirtschaftlichen Nutzung, dies wird jedoch de facto aufgrund mangelnder personeller und finanzieller Ausstattung der Parkverwaltung nicht durchgesetzt. In Andre Lopes lassen sich trotz bestehender Widersprüche zwischen dem Schutzstatus einerseits und den Überlebensstrategien der lokalen Bevölkerung andererseits Anknüpfungspunkte für die Förderung einer nachhaltigen Entwicklung finden. Derzeit besteht das größte Problem noch in einer mangelnden Gesprächsbereitschaft beider Seiten, der Naturschutzbehörden und der Landnutzer.

Bela Vista ist ein Beispiel ungelenkter Landnahme innerhalb eines strengen Schutzgebietes (ebenfalls Parque Estadual Jacupiranga) und stellt einen Brennpunkt der Abholzung in der Region dar. An einer überregionalen Verkehrsverbindung gelegen besteht die Siedlung seit Beginn der 90er Jahre, wobei heute auf den Parzellen bereits die zweite Generation von Siedlern wohnt, die den Boden von den ursprünglichen Landbesetzern gekauft hat. Obwohl die Familien fast alle aus Curitiba kommen und wir damit also einen ungewöhnlichen Fall von Stadt-Land-Wanderung vorfinden, lassen sich im Gesamtbild der Biographien die allgemeinen Wanderungsbewegungen der in Folge der Agrarmodernisierung marginalisierten ländlichen Bevölkerung Brasiliens wiederfinden. Die gegenwärtige Form der Landwirtschaft basiert auf einem nicht nachhaltigen *nutrient mining* und ist mit einer stetig voranschreitenden Abholzung von Primärwäldern verbunden, denn die Parkverwaltung ist auch hier nicht in der Lage, eine effektive Kontrolle der Landnutzung sicherzustellen, da das Gebiet nur schlecht erreichbar ist. Um eine weitere Zunahme der Okkupation zu bremsen, versuchen die Umweltbehörden jedoch, den von den Anwohnern geforderten Bau einer Straße in das *bairro* zu blockieren.

Eine stärkere Einbindung der Bewohner in das Schutzkonzept wird in der Estação Ecológica de Juréia-Itatins angestrebt, in der die dritte Fallstudie Barro Branco liegt. In dieser Siedlung ist die Bedeutung der Landwirtschaft gegenüber der Lohnbeschäftigung und der Tätigkeit im Tourismusbereich bereits stark zurückgegangen. Kennzeichnend für dieses *bairro* ist hohe Zahl von Betrieben, die von Stadtbewohnern aufgekauft wurden und die heute allein zu Freizeitzwecken genutzt werden, wobei in der Regel ein *caseiro*, d.h. ein Verwalter, dauerhaft auf der Parzelle lebt. Generell ist die Akzeptanz der Naturschutzmaßnahmen in dieser Siedlung höher als in den beiden vorangegangenen Fallstudien, was zum einen auf die besonnenen, Konflikte möglichst vermeidenden Vorgehensweise der Parkverwaltung aber auch auf die in dieser Siedlung bereits fortgeschrittene Auflösung traditioneller, kleinbäuerlicher Sozial- und Wirtschaftsstrukturen zurückzuführen ist.

Bei der Fallstudie Dois Irmãos handelt es sich um ein ehemaliges Ansiedlungsprojekt der Agrarreformbehörde INCRA, das jedoch Anfang der 90er Jahre abgebrochen wurde. Da das *bairro* außerhalb strenger Schutzgebiete liegt, lassen sich die Folgen der sektoralen Bestimmungen näher untersuchen. Hierbei ist auffällig, daß die Landwirte bei der Nutzung der natürlichen Ressourcen restriktiv kontrolliert werden und bereits viele von ihnen eine Strafe für Umweltvergehen erhalten haben. Die Erreichbarkeit der Siedlung für die Forstpolizei ist dabei ein bedeutender Faktor, der die direkten Auswirkungen der Naturschutzbestimmungen in größeren Maße bedingt als der rechtliche Schutzstatus der Fläche. Ähnlich wie in Barro Branco werden auch hier immer mehr Betriebe in "Freizeithöfe" umgewandelt und steigt die Zahl der *caseiro*.

Die letzte Fallstudie Ribeirão da Motta befindet sich in einem erst nach 1994 besiedelten Waldstück, das aufgrund seiner isolierten Lage lange Zeit von einer Nutzung ausgeschlossen blieb. Die Siedler, die fast alle aus der nahegelegenen Stadt Registro kommen, wohnen und wirtschaften bislang noch fast ausschließlich während der Wochenenden in der Siedlung und gehen ansonsten einer Lohnarbeit in der Stadt nach. Vertreter der Bewohnerorganisation und der Umweltbehörden unternahmen 1996 den Versuch, die Abholzung des Atlantischen Küstenregenwaldes in diesem Raum zu bremsen, indem der Extraktivismus natürlicher Heilpflanzen als naturverträglicher und ökonomisch rentabler Wirtschaftszweig gefördert werden sollte. Das Projekt scheiterte jedoch, weil die Mehrzahl der Bewohner der neuen unbekannten Nutzungsform ablehnend gegenüberstand und keine ausreichende Vertrauensbasis zwischen Landnutzern und Umweltbehörden vorhanden war.

Ein abschließender Vergleich der untersuchten Fallstudien zeigt, daß der Naturschutz sehr heterogene Auswirkungen auf die Landnutzung und die sozioökonomische Struktur der jeweiligen *bairros* hat. Bei dieser Differenzierung ist nicht allein die unterschiedliche rechtliche Basis des Naturschutzes ausschlaggebend (strenger Flächenschutz oder sektorale Bestimmungen), sondern auch andere Faktoren sind relevant, wie Erreichbarkeit, Bedeutung der autonomen Landwirtschaft oder Grundbesitzstruktur. Generell trägt der Naturschutz zum Rückgang der kleinbäuerlichen Landbewirtschaftung bei, der sich in den letzten Jahrzehnten in der Region abzeichnet. Wechselwirkungen mit anderen agarsozialen Prozessen, wie dem Eindringen kapitalstarker urbaner Gruppen oder den Wandel der Agrarverfassung, werden aufgezeigt und bewertet.

Der Naturschutz trägt derzeit nur in begrenztem Maße zur Nachhaltigen Entwicklung der Region bei. Auf regionaler Ebene werden Vorschläge gemacht, wie die bestehenden Konflikte zwischen Naturschutz und Landnutzern bewältigt oder zumindest abgeschwächt werden könnten. Wichtig sind dabei u.a. die Erarbeitung neuer Leitlinien der Naturschutzplanung, die Schaffung von festen Kommunikationskanälen zwischen den Behörden und den Betroffenen sowie die Beseitigung der Grundbesitzunsicherheit im Vale do Ribeira. Um die derzeit bestehenden Mängel beseitigen zu können, müssen sich allerdings auch die nationalen Rahmenbedingungen, wie die Stellung der Umweltpolitik, die Agrarverfassung oder der allgemeine Entwicklungsstil, ändern.

6. Literatur

ADAMS, J.S. & T.O. Mc SHANE (1992): The Myth of Wild Africa: Conservation Without Illusion. New York, London.

ADAMS, W.M. (1990): Green Development. Environment and Sustainability in the Third World. London.

AGUIAR, R.C. (1993): Crise Social e Meio Ambiente: Elementos de um Mesmo Problema. In: M. BURSZTYN (Hrsg.): Para Pensar o Desenvolvimento Sustentável. São Paulo. S. 115 - 127.

AGUIRRE, B.M.B. & A.M. BIANCHI (1989): Refleções Sobre a Organização do Mercado de Trabalho Agrícola. In: Revista de Economia Política 9 (1). S. 31 - 46.

ALLEGRETTI, M.H. (1994): Reservas Extrativistas: Parâmetros para uma Política de Desenvolvimento Sustentável na Amazônia. In: R.A. ARNT (Hrsg.): O Destino da Floresta. Reservas Extrativistas e Desenvolvimento Sustentável na Amazônia. Rio de Janeiro. S. 17 - 48.

ALLEN, J. C. & D. F. BARNES (1985): The Causes of Deforestation in Developing Countries. In: Annals of the Association of American Geographers 75. S. 163 - 184.

ALMEIDA, V.U. (1957): Condições de Vida do Pequeno Agricultor no Município de Registro. (Estudos de Antropologia Teórica e Aplicada 6) São Paulo.

AMEND, S. & T. AMEND (1992): Habitantes en los Parques Nacionales. ¿Una Contradicción Insoluble? In: S. AMEND & T. AMEND (Hrsg.): ¿Espacios Sín habitantes? Caracas. S. 457 - 472..

ANDERSEN, L. E. (1992): Modelling the Relationship between Government Policy, Economic Growth, and Deforestation in the Brazilian Amazon. (Aarhus-Department Economy Working Paper 1992-2) Aarhus.

ANDERSON, D. & P. GROVE (1987): The Scramble for Eden: Past, Present and Future in African Conservation. D. ANDERSON & P. GROVE (Hrsg.): Conservation in Africa: People, Policies and Practice. Cambridge. S. 1 - 12.

ANDREOLI, C.V. (1992): Principais Resultados da Política Ambiental Brasileira: O Setor Público. In: Revista de Administração Público 26 (4). S. 10 - 31.

ANTE, U. (1989): Zu aktuellen Leitlinien der Politischen Geographie. In: Zeitschrift für Wirtschaftsgeographie 33. S. 30 - 40.

ARAÚJO, D.S.D. & L.D. LACERDA (1992): A Natureza das Restingas. In: Eco-Brasil (Ciencia Hoje). São Paulo. S. 26 - 32.

ARAÙJO FILHO, J.R. (1951): A Baixada do Rio Itanhaem. Estudo de Geografia Regional. São Paulo.

ARNT, R.A. (1994): Sería Mais Prático Ladrilhar? In: R.A. ARNT (Hrsg.): O Destino da Floresta. Reservas Extrativistas e Desenvolvimento Sustentável na Amazônia. Rio de Janeiro. S. 7 - 16.

ATTESLANDER, P. (1995): Methoden der empirischen Sozialforschung. 8. Auflage. Berlin, New York.

AUFENANGER, S. (1991): Qualitative Analyse semi-struktureller Interviews - Ein Werkstattbericht. In: D. GARZ & K. KRAIMER (Hrsg.): Qualitativ-empirische Sozialforschung. Konzepte, Methoden, Analysen. Opladen. S. 35 - 60.

AZZONI, C.R. & J.Y. ISAI (1992): Custo de Protecão de Áreas com Interesse Ambiental no Estado de São Paulo. In: Estudos Econômicos 22 (2). S. 253 - 271.

BACHA, C.J.C. (1992): As Unidades de Conservação do Brasil. In: Revista de Economia e Sociologia Rural 30 (4). S. 339 - 358.

BÄHR, J.C. JENTSCH & W. KULS (1992): Bevölkerungsgeographie. Berlin, New York.

BARBIER, E.B.; J.C. BURGESS & C. FOLKE (1994): Paradise Lost. The Ecological Economy of Biodiversity. London.

BARBIER, E.B.; J.C. BURGESS & A. MARKANDYA (1991): The Economics of Tropical Deforestation. In: Ambio 20 (2). S. 55 - 58.

BARRACLOUGH, S. & K. GHIMIRE (1990): The Social Dynamics of Deforestation in Developing Countries: Principal Issues and Research Priorities. (UNRISD Discussion Paper 16) Genf.

BARRETT, C. & P. ARCESE (1995): Are Integrated Conservation-Development Projects (ICDP's) Sustainable? On the Conservation of Large Mammals in Sub-Saharan Africa. In: World Development 23 (7). S. 1073 - 1084.

BATISSE, M. (1993): Biosphere Reserves: An Overview. In: Nature & Resources 29 (4). S. 3 - 5.

BATTERBURY, S.; T. FORSYTH & K. THOMSON (1997): Environmental Transformation in Developing Countries: Hybrid Research and Democratic Policy. In: Geographical Journal 163 (2). S. 126 - 132.

BECKER, B. (1995): Undoing Myths: The Amazon, an Urbanized Forest. In: M. CLÜSENER-GODT & I. SACHS (Hrsg.): Brasilian Perspectives on Sustainable Development of the Amazon Region. (MAB Series 35) Paris, New York. S. 53 - 90.

BERKES, F.; C. FOLKE & M. GADGIL (1995): Traditional Ecological Knowledge, Biodiversity, Resilence and Sustainability. In: C.H. PERRINGS et al. (Hrsg.): Biodiversity Conservation. Problems and Policies. Dordrecht, Boston, London. S. 281 - 299.

BIANCHI, A.M. (1983): Mobilidade, Estratégia de Sobreviver. São Paulo.

BILSBORROW, R.E. & H.W.O.O. OGENDO (1992): Population-Driven Changes in Land Use in Developing Countries. In Ambio 21 (1). S. 37 - 45.

BISHOP, J.; B. AYLWARD & E.B. BARBIER (1991): Guidelines for Applying Environmental Economics in Developing Countries. (Gatekeeper Series 91-02) London.

BLAIKIE, P. (1995a): Changing Environments or Changing Views? A Political Ecology for Developing Countries. In: Geography 80 (3). S. 203 - 214.

BLAIKIE, P. (1995b): Understanding Environmental Issues. In: S. MORSE & M. STOCKING (Hrsg.): People and Environment. London. S. 1 - 30.

BLAIKIE, P. & H. BROOKFIELD (1987): Land Degradation and Society. London.

BLAIKIE, P. & S. JEANRENAUD (1997): Biodiversity and Human Welfare. In: K.B. GHIMIRE & M.P. PIMBERT (Hrsg.): Social Change and Conservation. Environmental Politics and Impacts of National Parks and Protected Areas. London. S. 46 - 70.

BOESCH, M. (1988): Engagierte Geographie. Zur Rekonstruktion der Raumwissenschaft als politisch orientierte Geographie. (Erdkundliches Wissen 98) Stuttgart.

BORN, G.C.C. (1992): Comunidades Tradicionais na Estação Ecológica de Juréia-Itatins. In: SMA (Secretaria do Meio Ambiente do Estado de São Paulo)(Hrsg.): Anais do 2° Congresso Nacional sobre Essências Nativas. Conservação da Biodiversidade. (=Revista do Instituto Florestal, Edição Especial) São Paulo. S. 804 - 807.

BOSERUP, E. (1965): The Conditions of Agricultural Growth. The Economics of Agrarian Change under Population Pressure. London.

BRESSAN JÚNIOR, A. (1992): Principais Resultados da Política Ambiental Brasileira. In: Revista de Administração Pública 26 (1). S. 96 - 122.

BRITO, M.C.W. (1987): The Land Conflict Resolution Team Project. An Approach to Implementation Problems in São Paulo-Brazil. (unveröffentlichter Bericht) Otawa.

BROAD, R. (1994): The Poor and the Environment: Friends or Foes? In: World Development 22 (6). S. 811 - 822.

BROSIUS, J. P. (1997): Endangered Forest, Endangered People: Environmental Representations of Indigenous Knowledge. In: Human Ecology 25 (1). S. 47 - 69.

BROWDER, J.O. (1989): Development Alternatives for Tropical Rain Forests. In: J. LEONARD (Hrsg.): Environment and the Poor: Strategies for a Common Agenda. (US-Third World Policy Perspectives 11) New Brunswick. S. 107 - 120.

BROWN, K. et al. (1993): Economies and the Conservation of Global Biological Diversity. (Global Environment Facility Working Paper 2) Washington D.C.

BRYANT, R.L. (1996): Romancing Colonial Forestry: The Discourse of 'Forestry as Progress' in British Burma. In: The Geographical Journal 162 (2). S. 169 - 178.

BRYANT, R.L. (1997): Beyond the Impasse: The Power of Political Ecology in Third World Environmental Research. In: Area 29 (1). S. 5 - 19.

CALCAGNOTTO, G. (1990): Umweltpolitik und nachholende Industrialisierung: Das Beispiel Brasilien. In: Nord-Süd aktuell 1990 (1). S. 86 - 92.

CÂMARA, I.G. (1991): Plano de Ação para a Mata Atlântica. São Paulo.

CÂMARA, I.G. (1994): O Homen e a Biodiversidade. In: Fundação SOS Mata Atlântica & Fundação Konrad Adenauer (Hrsg.): Mata Atlântica e Imprensa. Relato do Laboratório Ambiental para Imprensa Realizado no Vale do Ribeira. São Paulo. S. 33 - 40.

CAMPOS, F.P. (1994): A Implantação da Estação Ecológica. In: Fundação SOS Mata Atlântica & Fundação Konrad Adenauer (Hrsg.): Mata Atlântica e Imprensa. Relato do Laboratório Ambiental para Imprensa Realizado no Vale do Ribeira. São Paulo. S. 19 - 22.

CÂNDIDO, A. (1987): Os Parceiros do Rio Bonito. Estudos sobre o Caipira e a Transformação dos seus Meios de Vida. 7. Auflage. São Paulo.

CANELADA, M. & P. JOVCHELEVICH (1992): Manejo Agroflorestal das Populações Tradicionais na Estação Ecológica de Jureia-Itatins. In: SMA (Secretaria do Meio Ambiente do Estado de São Paulo)(Hrsg.): Anais do 2° Congresso Nacional sobre Essências Nativas. Conservação da Biodiversidade. (=Revista do Inistuto Florestal, Edição Especial) São Paulo. S. 913 - 919.

CAPOBIANCO, J.P. (1994): O Vale do Ribeira É um Desafio. In: Fundação SOS Mata Atlântica & Fundação Konrad Adenauer (Hrsg.): Mata Atlântica e Imprensa. Relato do Laboratório Ambiental para Imprensa Realizado no Vale do Ribeira. São Paulo. S. 9 - 11.

CARRUTHERS, J. (1989): Creating a National Park, 1910 to 1926. In: Journal of Southern African Studies 15 (2). S. 188 - 216.

CARVALHO, R.C.M. (1988): Camponeses no Brasil. Petrópolos.

CASTELL, F. & M. VEREECKEN (1995): Influence de la Créacion de la Station Ecologique Juréia-Itatins sur la Dynamique Agraire de la Communauté de Despraiado (São Paulo - Brésil). o.O.

CHAMBERS, R. (1994): The Poor and the Environment: Whose Reality Counts? (Institute of Development Studies, Working Papers 3) Brighton.

CIMA (Commissão Interministrial para Preparação da Conferência das Nações Unidas sobre Meio Ambiente e Desenvolvimento)(1991): O Desafio do Desenvolvimento Sustentável. Relatório do Brasil para a Conferência sobre Meio Ambiente e Desenvolvimento. Brasília.

COLCHESTER, M. (1993): Colonizing the Rainforest. The Agents and Causes of Deforestation. In: M. COLCHESTER & L. LOHMANN (Hrsg.): The Struggle for Land and the Fate of the Forest. Penang, Dorset, London. S. 1 - 15.

COLCHESTER, M. (1994): Salvaging Nature: Indigenous Peoples, Protected Areas and Biodiversity. (UNRISD Discussion Paper 10) Genf.

Consórcio Mata Atlântica & Universidade Estadual de Campinas (1992): Reserva da Biosfera da Mata Atlântica: Plano de Ação. São Paulo, Campinas.

CORDELL, J. (1993): Boundaries and Bloodlines: Tenure of Indigenous Homelands and Protected Areas. In: E. KEMPF (Hrsg.): Indigenous People and Protected Areas: The Law of Mother Earth. London. S.61 - 68.

COX, P.A. & T. ELMQUIST (1991): Indigenous Control of Tropical Rainforest Reserves: An Alternative Strategy for Conservation. In: Ambio 20 (7). S. 317 - 321.

COY, M. (1988): Regionalentwicklung und regionale Entwicklungsplanung an der Peripherie in Amazonien. Probleme und Interessenkonflikte bei der Erschließung einer jungen Pionierfront am Beispiel des brasilianischen Bundestaates Rondônia. (Tübinger Geographische Studien 97) Tübingen.

COY, M. & R. LÜCKER (1993): Der brasilianische Mittelwesten. Wirtschafts- und sozialgeographischer Wandel eines peripheren Agrarraumes. (Tübinger Geographische Studien 108). Tübingen.

CROOK, C. & R.A. CLAPP (1998): Is Market-Oriented Forest Conservation a Contradiction in Terms? In: Environmental Conservation 25 (2). S. 131 - 145.

CUSTÓDIO, H.B. (1993): A Questão Constitucional: Propriedade, Ordem Econômica e Dano Ambiental. Competência Legislativa Concorrente. In: A.H. BENJAMIN (Hrsg.): Dano Ambiental: Prevenção, Reparação e Repressão. São Paulo. S. 115 - 143.

CUT (Central Unica dos Trabalhadores)(o.J.): Relatório de Política Ambiental. Situação dos Moradores das Unidades de Conservação do Vale do Ribeira. (unveröffentlichter Bericht) Registro.

DALBY, S. (1992): Ecopolitical Discourse: 'Environmental Security' and Political Geography. In: Progress in Human Geography 16 (4). S. 503 - 522.

DAVEY, S. (1993): Creative Communities: Planing and Co-Managing Protected Areas. In: E. KEMPF (Hrsg.): Indigenous People and Protected Areas: The Law of Mother Earth. London. S. 197 - 204.

DAVIS, S.H. (1993): Introduction: The Social Challenge of Biodiversity Conservation In: S.H. DAVIS (Hrsg.): The Social Challenge of Biodiversity Conservation. (GEF Working Paper 1) Washington D.C. S. 1 - 4.

DAVIS, S.H. & A. WALI (1994): Indigenous Land Tenure and Tropical Forest Management in Latin America. In: Ambio 23 (8). S. 485 - 490.

DEAN, W. (1983): Deforestation in Southeastern Brazil. In: R. TUCKER & J.F. RICHARDS (Hrsg.): Global Deforestation and the Ninteenth-Century World Economy. Durham. S. 50 - 67.

DEAN, W. (1996): A Ferro e Fogo. A História e a Devastação da Mata Atlântica Brasileira. São Paulo.

DEPRN (Departamento Estadual de Proteção de Recursos Naturais)(1994): DEPRN-Responde. (unveröffentlichter Bericht) São Paulo.

DI CASTRI, F. (1995). The Chair of Sustainable Development. In: Nature & Resources 31 (3). S. 2 - 7.

DIAS, D.S. & J.P. CAPOBIANCO (1993): As Organizações Não Governamentais e a Legislação Ambiental: A Experiência da Fundação SOS Mata Atlântica. In: A.H. BENJAMIN (Hrsg.): Dano Ambiental: Prevenção, Reparação e Repressão. São Paulo. S. 389 - 394.

DIEGUES, A.C. (1988): Biological Diversity and Traditional Cultures in Coastal Wetlands of Brasil. (Programa de Pesquisa sobre Populações Humanas e Áreas Úmidas do Brasil, Série Trabalhos e Estudos) São Paulo.

DIEGUES, A.C. (1993): Populações Tradicionais em Unidades de Conservação: O Mito Moderno da Natureza Intocada. (Núcleo de Pesquisa sobre Populações Humanas e Áreas Úmidas do Brasil, Documentos e Relatórios de Pesquisa 1) São Paulo.

DIEGUES, A.C.; M.E. BENETTON; S.B.S. SANTOS; W.T.P. MALDONADO & H. SCHEUNEMANN (1991): A Caxeta no Vale do Ribeira (S.P.): Estudo Sócio-Econômico da População Vinculada à Extração e ao Desdobro da Caxeta. (Programa de Pesquisa sobre Populações Humanas e Áreas Úmidas do Brasil) São Paulo.

DIEGUES, A.C. & P.J. NOGARA (1994): Nosso Lugar Virou Parque: Estudo Sócio-Ambiental do Saco de Mamanguá - Paratí - Rio de Janeiro. (Programa de Pesquisa sobre Populações Humanas e Áreas Úmidas do Brasil) São Paulo.

DINERSTEIN, E.; D.M. OLSON; D.J. GRAHAM; A.L. WEBSTER; S.A. PRIMM; M.P. BOOKBINDER & G. LEDEC (1995): A Conservation Assessment of the Terrestrial Ecoregions of Latin America and the Caribbean. Washington D.C.

DIXON, J.A. & P.B. SHERMAN (1990): Economics of Protected Areas. A New Look at Benefits and Costs. Washington.

DOVE, M.R. (1993): A Revisionist View of Tropical Deforestation and Development. In: Environmental Conservation 20 (1). S. 17 - 24.

DULLEY, R.D. & Y.M.C. CARVALHO (1994): Uso do Solo e Meio Ambiente nos Assentamentos. In: A.R. ROMEIRO (Hrsg.): Reforma Agrária: Produção, Emprego e Renda. O Relatório da FAO em Debate. Rio de Janeiro. S. 145 - 153.

DURHAM, W.H. (1995): Political Ecology and Environmental Destruction in Latin America. In: M. PAINTER & W.H. DURHAM (Hrsg.): The Social Causes of Environmental Destruction in Latin America. Michigan. S. 249 - 264.

DÜRR, H. & G. HEINRITZ (1987): Zentralismus - Regionalismus: Zur Einführung. In: Geographische Rundschau 39 (10). S. 524 - 525.

EHRLICH, P.R. & A.H. EHRLICH (1972): Bevölkerungswachstum und Umweltkrise. Die Ökologie des Menschen. Frankfurt a.M.

ELLENBERG, L.; B. BEIER & M. SCHOLZ (1997)(Hrsg.): Ökotourismus: Reisen zwischen Ökonomie und Ökologie. Heidelberg.

ELLIOT, J.A. (1994): An Introduction to Sustainable Development. The Developing World. London.

Engecorps & SMA (Secretaria do Meio Ambiente do Estado de São Paulo)(1992): Macrozoneamento do Vale do Ribeira, Dinâmica Sócio-Econômico. São Paulo.

ENGELHARDT, W. (1993): UNCED, Anspruch, Wirklichkeit und Konsequenzen. In: W. ENGELHARD & H. WEINZIERL (Hrsg.): Der Erdgipfel. Perspektiven für die Zeit nach Rio. Bonn. S. 107 - 136.

ESCOBAR, A. (1996): Constructing Nature: Elements for a Poststructural Political Ecology. In: R. PEET & M. WATTS (Hrsg.): Liberation Ecologies: Environment, Development, Social Movements. London. S. 46 - 68.

EVERNDEN, N. (1992): The Social Creation of Nature. Baltimore.

FALKNER, R. (1991): Tropenwaldvernichtung in Brasilien: Umweltschutz und ökonomische Entwicklung in der Dritten Welt als Verteilungsproblem. (Arbeitspapiere zu Problemen der Internationalen Politik und Entwicklungsländerforschung 8) München. S. 7 - 24.

FASSMANN, H.; J. KYTIR & R. MÜNZ (1990): 'Die demographische Apokalypse?' - Zur Entwicklung der Weltbevölkerung bis zum Jahr 2025. In: H. FRANZ (Hrsg.): Die Bevölkerungsentwicklung und ihre Auswirkungen auf die Umwelt. (Veröffentlichungen der Kommission für Humanökologie) Wien.

FATHEUER, T.H. (1993): Nachholende Verschmutzung und ihre Konsequenzen: Umweltbewegung und Umweltpoltik in Brasilien. In: Peripherie 51/52. S. 86 - 102.

FEARNSIDE, R.M. (1993): Deforestation in Brazilian Amazon: The Effect of Population and Land Tenure. In: Ambio 22 (8). S. 537 - 545.

FEENEY, D.; F. BERKES; B. Mc CAY & J.M. ACHESON (1990): The Tragedy of the Commons: Twenty-Two Years Later. In: Human Ecology 18 (1). S. 1 - 19.

FELDMANN, F. (1992): Guia da Ecologia. São Paulo.

FELDMANN, F. (1993): Decreto Mata Atlântica. In: Reforma Agrária 23 (1). S. 106 - 107.

FNP - Consulória e Comércio (1996): Agrianual 96. Anuário Estatístico da Agricultura Brasileira. São Paulo.

FONT, M.A. (1992): City and Countryside in the Onset of Brazilian Industrialization. In: Studies in Comparative International Development 27 (3). S. 26 - 56.

FORMAN, S. (1975): The Brasilian Peasentry. New York, London.

Fórum de ONG´s Brasileiras (1992): Meio Ambiente e Desenvolvimento. Uma Visão das ONG´s e dos Movimentos Sociais Brasileiros. Relatório do Fórum de ONG´s Brasileiras Preparatório para a Conferência da Sociedade Civil sobre Meio Ambiente e Desenvolvimento. Rio de Janeiro.

FRANÇA, S.C. (1984): A Ocupação de Matas Primitivas no Vale do Ribeira - Desmatamento e Desenvolvimento. (Tese de Graduação, Universidade Estadual de São Paulo) Jaboticabal.

FRIEDMANN, J. (1992): Empowerment. The Politics of Alternative Development. Cambridge, Oxford.

FRIEDMANN, J. & C. WEAVER (1979): Territory and Function. The Evolution of Regional Planning. London.

FUCHS, A. (1996): Lösungsansätze für den Konflikt zwischen Ökonomie und Ökologie im tropischen und subtropischen Regenwald am Beispiel der Mata Atlântica Brasiliens. (Kölner Forschungen zur Wirtschafts- und Sozialgeographie 45) Köln.

Fundação SOS Mata Atlântica (1993): Parque Estadual de Jacupiranga. Diagnóstico Preliminar. São Paulo.

Fundação SOS Mata Atlântica & INPE (Instituto Nacional de Pesquisas Espaciais) (1992): Evolução dos Remanescentes Florestais e Ecossistemas Associadas da Mata Atlântica no Período 1985 - 1990, Relatório. São Paulo.

FURZE, B.; T. DE LACY & J. BIRCKHEAD (1996): Culture, Conservation and Biodiversity. The Social Dimension of Linking Local Level Development and Conservation through Protected Areas. Chichester.

GADGIL, M., F. BERKES & C. FOLKE (1993): Indigenous Knowledge for Biodiversity Conservation. In: Ambio 22 (2-3). S. 151 - 156.

GANDY, M. (1996): Crumbling Land: The Postmodernity Debate and the Analysis of Environmental Problems. In: Progress in Human Geography 20 (1). S. 23 - 40.

GARCIA FILHO, D.P. (1994): Moradores de Unidades de Conservação: Um Problema Não Resolvido. (unveröffentlichter Bericht) São Paulo.

GARE, A. (1995): Postmodernism and the Environmental Crisis. London.

GEISER, U. (1993): Ökologische Probleme als Folge von Konflikten zwischen endogen und exogen geprägten Konzepten der Landressourcen-Bewirtschaftung. Zur Diskussion um Landnutzungsstrategien und ökologisches Handeln im ländlichen Raum der Dritten Welt am Beispiel Sri Lanka. (Sri Lanka Studies 5) Zürich.

GEISLER, C.C. (1993): Adapting Social Impact Assessment in Protected Area Development. In: S.H. DAVIS (Hrsg.): The Social Challenge of Biodiversity Conservation. (GEF Working Paper 1) Washington D.C. S. 25 - 43.

GEIST, H. (1992): Die orthodoxe und die politisch-ökologische Sichtweise von Umweltdegradierung. In: Die Erde 123 (4). S. 283 - 295.

GEIST, H. (1993): Wie tragfähig ist das Tragfähigkeitstheorem? In: M. MASSARAT; B. SOMMER; G. SZELL & H.J. WENZEL (Hrsg.): Die Dritte Welt und Wir. Bilanz und Perspektiven für Wissenschaft und Praxis. Freiburg i.B. S. 191 - 202.

GHAI, D. & J. M. VIVIAN (1992): Introduction. In: D. GHAI & J. M. VIVIAN (Hrsg.): Grassroots Environmental Action. People's Participation in Sustainable Development. London. S. 1 - 22.

GHIMIRE, K.B. (1991): Parks and People: Livelihood Issues in National Parks. Management in Thailand and Madagascar. (UNRISD Discussion Paper 29) Genf.

GHIMIRE, K.B. (1992): Forest or Farm? The Politics of Poverty and Land Hunger in Nepal. New Delhi.

GHIMIRE, K.B. & M.P. PIMBERT (1997): Social Change and Conservation: An Overview of Issues and Concepts. In: K.B. GHIMIRE & M.P. PIMBERT (Hrsg.): Social Change and Conservation. Environmental Politics and Impacts of National Parks and Protected Areas. London. S. 1 - 45

GILLIS, M. & R. REPETTO (1988): Deforestation and Government Policy. (International Center for Economic Growth, Occasional Paper 8) San Francisco.

GOMÉZ-POMPA, A. & A. KAUS (1992): Taming the Wilderness Myth. In: Bioscience 42 (4). S. 271 - 279.

GOUVÊA, Y.M.G. (1993): Unidades de Conservação. In: A.H. BENJAMIN (Hrsg.): Dano Ambiental: Prevenção, Reparação e Repressão. São Paulo. S. 408 - 431.

Governo do Estado de São Paulo (1981): Programa de Desenvolvimento Agrícola e Mineral do Vale do Ribeira, PRO-RIBEIRA. São Paulo.

Governo do Estado de São Paulo (1995): Apresentação da Proposta de Programa de Ação Governamental para o Desenvolvimento Sustentável da Bacia do Rio Ribeira, Sudoeste de São Paulo. São Paulo.

GRABER, D.M. (1995): Resolute Biocentrism: The Dilemma of Wilderness in National Parks. In M. SOULÉ & G. LEASE (Hrsg.): Reinventing Nature? Responses to Postmodern Deconstruction. Washington D.C. S. 123 - 135.

GRAHAM, D.H.; H. GAUTHIER & J.R.M. BARROS (1987): Thirty Years of Agricultural Growth in Brazil: Crop Performance, Regional Profile and Recent Policy Review. In: Economic Development and Cultural Change 36 (1). S. 1 - 34.

GRAINGER, A. (1993): Controlling Tropical Deforestation. London.

GRAZIANO NETO, F. (1982): Questão Agrária e Ecologia: Crítica da Moderna Agricultura. São Paulo.

GROOMBRIDGE, B. (1992): Global Biodiversity. Status of the Earth's Living Resources. A Report Compiled by the World Conservation Monitoring Centre. London.

GROVE, P. (1987): Early Themes in African Conservation: The Cape in the Nineteenth Century. In: D. ANDERSON & P. GROVE (Hrsg.): Conservation in Africa: People, Policies and Practice. Cambridge. S. 21 - 39.

280

GUIMARÃES, R.P. (1991): The Ecopolitics of Development in the Third World: Politics and Environment in Brazil. Boulder.

GUIMARÃES, R.P. (1992a): Políticas de Meio Ambiente para o Desenvolvimento Sustentável: Desafios Institucionais e Setoriais. In: Desenvolvimento e Políticas Públicas 7. S. 57 - 79.

GUIMARÃES, R.P. (1992b): Development Pattern and Environment in Brazil. In: CEPAL Review 47. S. 47 - 62.

GUIMARÃES, R.P.; J.M.B. CARNEIRO & S. Mc DOWELL (1992): Gasto na Gastão Ambiental no Estado de São Paulo: Um Estudo Preliminar. In: Revista de Administração Pública 26 (2). S. 155 - 171.

GUIMARÃES, R.P.; S.F. Mc DOWELL & J. DEMAJOROVIC (1997): Fiscalização do Meio Ambiente no Estado de São Paulo. In: Revista de Administração Pública 31 (1). S. 96 - 111.

GUIVANT, M. (1994): Encontros e Desencontros da Sociologia Rural com a Sustentabilidade Agrícola. Uma Revisão Temática. In: Boletim Informativo e Bibligráfico de Ciências Sociais 38 (2). S. 51 - 78.

GUTBERLET, J. (1991): Industrieproduktion und Umweltzerstörung im Wirtschaftsraum Cubatão/São Paulo (Brasilien). Eine Fallstudie zur Erfassung und Bewertung ausgewählter sozio-ökonomischer und ökologischer Konflikte unter besonderer Berücksichtigung der atmosphärischen Schwermetallbelastung. (Tübinger Geographische Studien 106) Tübingen.

HAGEMANN, H. (1985): Hohe Schornsteine am Amazonas. Umweltplünderung, Politik der Konzerne und Ökobewegung in Brasilien. Freiburg i.B.

HAGEMANN, H. (1994): Not Out of the Woods Yet. The Scope of the G-7 Initiative for a Pilot Programme for the Conservation of the Brazilian Rainforest. (Forschungen zu Lateinamerika 32) Mainz.

HAGEMANN, H. (1995): Banken, Brandstifter und Tropenwälder: Die Rolle der Entwicklungszusammenarbeit bei der Zerstörung der brasilianischen Tropenwälder. Gießen.

HÄGERSTRAND, T. (1992): The Global and the Local. In: U. SVEDIN & B. AVIANSSON (Hrsg.): Society and the Environment. A Swedish Research Perspective. Dordrecht. S. 13 - 21.

HALL, A. (1997): Sustaining Amazonia. Grassroots Action for Productive Conservation. Manchester, New York.

HAMPIKE, U. (1991): Naturschutz - Ökonomie. Stuttgart.

HARDIN, G. (1968): The Tragedy of the Commons. In: Science 162. S. 1243 - 1248.

HAUFF, V. (Hrsg.)(1987): Unsere gemeinsame Zukunft. Der Brundtland-Bericht der Weltkommission für Umwelt und Entwicklung. Greven.

HECHT, S. (1992): Valuing Land Uses in Amazonia: Colonist Agriculture, Cattle, and Petty Extraction in Comparative Patterns. In: K.H. REDFORD & C. PADOCH (Hrsg.): Conservation in Neotropical Forest. Working from Traditional Resource Use. New York, Oxford. S. 379 - 399.

HECHT, S. (1993): Brazil: Landlessness, Land Speculation and Pasture-Led Deforestation. In: M. COLCHESTER & L. LOHMANN (Hrsg.): The Struggle for Land and the Fate of the Forest. Penang, Dorset, London. S. 164 - 178.

HECHT, S. & A. COCKBURN (1989): The Fate of the Forest. Developers, Destroyers and Defenders of the Amazon. London, New York.

HEES, W. (1994): Ökologischer Landbau. Elemente im Überlebenskampf brasilianischer Kleinbauern. Hintergründe der Marginalisierung und Entwicklung durch Basisbewegungen am Beispiel der Nordregion Minas Gerais. Mettingen.

HEIN, W. (1992): Wachstum-Grundbedürfnisbefriedigung-Umweltorientierung: Zur Kompatibilität einiger entwicklungspolitischer Ziele. In: W. HEIN (Hrsg.): Umweltorientierte Entwicklungspolitik. (Schriften des Deutschen Übersee-Instituts Hamburg 14). 2. Auflage. Hamburg. S. 3 - 36.

HILL, K.A. (1991): Zimbabwe's Wildlife Conservation Regime: Rural Farmers and the State. In: Human Ecology 19 (1). S. 19 - 34.

HOFFMANN, R. (1990): Distribuição de renda e Pobreza na Agricultura Brasileira. In: G.C. DELGADO (Hrsg.): Agricultura e Políticas Públicas. Brasília. S. 10 - 45.

HOFFMANN, R. (1992): A Dinâmica da Modernização de Agricultura em 157 Micro-Regiões Homogêneas do Brasil. In: Revista de Economia e Sociologia Rural 30 (4). S. 271 - 290.

HOFFMANN, R. & A.A. KAGEYAMA (1987): Crédito Rural no Brasil: Concentração Regional e por Cultura. In: Revista de Economia e Sociologia Rural 25 (4). S. 29 - 50.

HUECK, K. (1972): Die Wälder Südamerikas. Stuttgart.

IBAMA (Instituto Brasileiro do Meio Ambiente e dos Recursos Renováveis) & SMA (Secretaria do Meio Ambiente do Estado de São Paulo) (1993): O Manejo de Rendimento Sustentado do Palmiteiro Juçara. São Paulo.

IBGE (Instituto Brasileiro de Geografia e Estatística)(1992): Manual Técnico da Vegetação Brasileira. Rio de Janeiro.

IBGE (Instituto Brasileiro de Geografia e Estatística)(1994): Unidades de Conservão Federais do Brasil. Rio de Janeiro.

IBGE (Instituto Brasileiro de Geografia e Estatística)(1995): Anuário Estatístico do Brasil. Rio de Janeiro.

INCRA (Instituo Brasileiro de Colonização e Reforma Agrária) & MIRAD (Ministério da Reforma Agrária e do Desenvolvimento)(1986): Plano Regional de Reforma Agrária - São Paulo. Brasília.

Instituto Sócioambiental (1996)(Hrsg.): Quadro Comparativo das Differentes Versões do Projeto de Lei N° 2.892, de 1992 - (do Poder Executivo) -Mensagem N° 276/92, Que Dispõe sobre os Objetivos Nacionais de Conservação da Natureza, Cria o Sistema Nacional de Unidades de Conservação, Estabelece Medidas de Preservação da Diversidade Biológica e Dá Outras Providências. São Paulo.

IPT (Instituto de Pesquisas Tecnológicas do Estado de São Paulo)(1981): Mapa Geomorfológico do Estado de São Paulo. São Paulo.

IPT (Instituto de Pesquisas Tecnológicas do Estado de São Paulo)(1992): Unidades de Conservação Ambiental e Áreas Correlatas no Estado de São Paulo. São Paulo.

ISHWARAN, N. (1992): Biodiversity, Protected Areas and Sustainable Development. In: Nature and Resources 28 (1). S. 18 - 25.

IUCN (International Union for Conservation of Nature)(Hrsg.)(1980): World Conservation Stategy. Gland.

IUCN (International Union for Conservation of Nature)(Hrsg.)(1991): Caring for the Earth. A Strategy for Sustainable Living. Gland.

JAGANNATHAN, N.V. (1989): Poverty, Public Policies and the Environment. (World Bank; Environment Working Paper 24) Washington D.C.

JAROSZ, L. (1993): Defining and Explaining Tropical Deforestation: Shifting Cultivation and Population Growth in Colonial Madagaskar (1896-1940). In: Economic Geography 96. 366 - 379.

KECK, M.E. (1995): Social Equity and Environmental Politics in Brazil. Lessons from the Rubber Tappers of Acre. In: Comparative Politics 27 (4). S. 409 - 424.

KEMPF, E. (1993): In Search of a Home: People Living In or Near Protected Areas. In: E. KEMPF (Hrsg.): Indigenous People and Protected Areas: The Law of Mother Earth. London. S. 3 - 11.

KOHLHEPP, G. (1979): Brasiliens problematische Antithese zur Agrarreform: Agrarkolonisierung in Amazonien. Evaluisierung wirtschafts- und sozialgeographischer Prozeßabläufe an der Peripherie im Lichte wechselnder agrarpolitischer Strategien. In: H. ELSENHANS (Hrsg.): Agrarreform in der Dritten Welt. Frankfurt a.M., New York. S. 471 - 504.

KOHLHEPP, G. (1989): Strukturwandel in der Landwirtschaft und Mobilität der ländlichen Bevölkerung in Nord-Paraná. In: Geographische Zeitschrift 77 (1). S. 42 - 62.

KOHLHEPP, G. (1991): Umweltschutz Brasilien. Unter besonderer Berücksichtigung der Umweltpolitik Brasiliens zum Schutz der tropischen Regenwälder und der Prüfung von NRO-Projektanträgen. Gutachten im Auftrag der Konrad-Adenauer-Stiftung. Tübingen.

KOHLHEPP, G. (1994a): Strukturprobleme des brasilianischen Agrarsektors. In D. BRIESEMEISTER et al. (Hrsg.): Brasilien heute. Politik, Wirtschaft, Kultur. Frankfurt a.M. S. 277 - 292.

KOHLHEPP, G. (1994b): Bergbau und Energiewirtschaft. In D. BRIESEMEISTER et al. (Hrsg.): Brasilien heute. Politik, Wirtschaft, Kultur. Frankfurt a.M. S. 293 - 303.

KOHLHEPP, G. (1995): Raumwirksame Staatstätigkeit in Lateinamerika. Am Beispiel der Sukzession staatlicher Regionalpolitik. In: M. MOLS & J. THESING (Hrsg.): Der Staat in Lateinamerika. Mainz. S. 195 - 210.

KRELL, A. (1993): Kommunaler Umweltschutz in Brasilien. Juristische Rahmenbedingungen und praktische Probleme. (Schriften der Deutsch-Brasilianischen Juristenvereinigung 21) Frankfurt a.M.

KROMREY, H. (1995): Empirische Sozialforschung. Modelle und Methoden der Datenerhebung und Datenauswertung. 7. Auflage. Opladen.

KRÜGER, F. & B. LOHNERT (1996): Der Partizipationsbegriff in der geographischen Entwicklungsforschung: Versuch einer Standortbestimmung. In: Geographische Zeitschrift 85 (1). S. 43 - 53.

KUHLMANN, W. (1996): Nationalparke - Schutz vor dem Menschen oder Schutz durch den Menschen? In: J. WOLTERS (Hrsg.): Leben und Leben lassen. Biodiversität, Ökonomie, Kultur- und Naturschutz im Widerstreit. (Ökozid 10) Gießen. S. 126 - 141.

KYLE, S.C. & A.S. CUNHA (1992): National Factor Markets and the Macroeconomic Context for Environmental Destruction in the Brasilian Amazon. In: Development and Change 23. S. 7 - 33.

LAMNEK, S. (1988): Qualitative Sozialforschung. München, Weinheim.

LEACH, M. & J. FAIRHEAD (1996): Misreading African Landscape: Society and Ecology in a Forest-Savanna Mosaic. Cambridge.

LÉLÉ, S. (1991): Sustainable Development: A Critical Review. In: World Development 19. S. 607 - 621.

LENTZ, C. (1992): Qualitative und quantitative Erhebungsverfahren im fremdkulturellen Kontext. Kritische Anmerkungen aus ethnologischer Sicht. In: C. REICHE; E.K. SCHEUCH & H.D. SEIBEL (Hrsg.): Empirische Sozialforschung über Entwicklungsländer. Methoden, Probleme und Praxisbezug. (Kölner Beiträge zur Entwicklungsländerforschung 15) Köln. S. 317 - 339.

LEONARD, H.J. (1989): Environment and the Poor: Development Strategies for a Common Agenda. In: H.J. LEONARD (Hrsg.): Environment and the Poor: Development Strategies for a Common Agenda. (US-Third World Policy Perspectives 11) New Brunswick. S. 3 - 48.

LEONEL, C. (1992): As Formações Vegetais do Vale do Ribeira. In: SMA (Secretaria do Meio Ambiente do Estado de São Paulo)(Hrsg.): Programa de Educação Ambiental do Vale do Ribeira. São Paulo. S. 149 - 194.

LEPSCH, I.F.; I.R. SARAIVA; P.L. DONZELI; M.A. MARINHO; E. SAKAI; J.R. GUILLAUMON; R.M. PFEIFER; I.F.A. MATTOS; W.J. ANDRADE & C.E.F. SILVA (1990): Macrozoneamento das Terras da Região do Ribeira de Iguape, SP. (Boletim Científico do Instituto Agronómico 19). Campinas.

LOHMANN, L. (1993): Against the Myths. In: M. COLCHESTER & L. LOHMANN (Hrsg.): The Struggle for Land and the Fate of the Forest. Penang, Doset, London. S. 16 - 34.

LOSKE, R (1997): Kein Platz für Menschen? Der Konflikt zwischen Naturschutz und Nachhaltigkeit. In: Universitas 52. S. 423 - 435.

LUTZENBERGER, J. & M. SCHWARZKOPFF (1988): Giftige Ernte. Tödlicher Irrweg der Agrarchemie. Beispiel: Brasilien. Greven.

MAB (Movimento dos Atingidos por Barragens)(1995): Informativo do MAB 12. o.O.

MACHADO, P.A.L. (1994): Estudos de Direito Ambiental. São Paulo.

MACHADO, P.A.L. (1995): Direito Ambiental Brasileiro. 5. Auflage. São Paulo.

MAIMON, D. (1992): Política Ambiental no Brasil. Estocolmo 72 a Rio 92. In: D. MAIMON (Hrsg.): Ecologia e Desenvolvimento. Rio de Janeiro. S. 59 - 76.

MARETTI, C. (1994): Metodologia e Refleções para o Zoneamento Ecológica-Econômico e o Plano de Gestão da APA (federal) de Cananéia, Iguape e Peruíbe. (unveröffentlichter Bericht) São Paulo.

MARETTI, C. (1995): Planos de Manejo. Proposta Preliminar e Parcial de Metodologia. (unveröffentlichter Bericht) São Paulo.

MARTIN, C. (1993): Introduction. In: E. KEMPF (Hrsg.): Indigenous People and Protected Areas: The Law of Mother Earth. London. S. XV - XIX.

MARTINE, G. (1990): Fases e Faces da Modernização Agrícola Brasileira. In: Planejamento e Políticas Públicas 90 (3). S. 3 - 44.

MARTINE, G. (1992): População e Meio Ambiente: A Complexidade das Interações e a Diversidade de Níveis. In: Planejamento e Políticas Públicas 92 (7). S. 5 - 25.

MARTINEZ, M.C. (1995): A Ação Governamental e a Resistência Camponesa no Vale do Ribeira - 1968/1986. (Tese de Mestrado, Universidade de São Paulo) São Paulo.

MATTOS, N.S. (1992): A Região Lagunar-Estuarina de Iguape-Cananéia-Paranaguá. In: SMA (Secretaria do Meio Ambiente do Estado de São Paulo)(Hrsg.): Programa de Educação Ambiental do Vale do Ribeira. São Paulo. S. 85 - 118.

MAX-NEEF, M.A. (1991): Human Scale Development. Conception, Application and Further Reflection. New York, London.

Mc CAY, B. & J.M. ACHESON (Hrsg.)(1987): The Question of the Commons. The Culture and Ecology of Communal Resources. Tuscon.

Mc CRACKEN, J. (1987): Introduction: Conservation Priorities and Rural Communities. In: ANDERSON, D. & P. GROVE (Hrsg.): Conservation in Africa: People, Policies and Practice. Cambridge. S. 189 - 192.

Mc IVOR, C. (1997): Management of Wildlife Tourism and Local Communities in Zimbabwe. In: K.B. GHIMIRE & M.P. PIMBERT (Hrsg.): Social Change and Conservation. Environmental Politics and Impacts of National Parks and Protected Areas. London. S. 239 - 269.

Mc KENZIE, J.M. (1987): Chivalry, Social Darwinism and Ritualized Killing: The Hunting Ethos in Central Africa Up to 1914. In: ANDERSON, D. & P. GROVE (Hrsg.): Conservation in Africa: People, Policies and Practice. Cambridge. S. 41 - 61.

Mc KINNON, J. (1986): Management Protected Areas in the Tropics. Gland.

Mc NEELY, J.A. (1991): Common Property Resource Management or Government Ownership: Improving the Conservation of Biological Resource. In: Internationel Relations 10 (3). S. 211 - 226.

Mc NEELY, J.A. (1993): Economics for Conserving Biodiversity: Lessons from Africa. In: Ambio 11 (2/3). S. 144 - 150.

Mc NEELY, J.A. (1994): Protected Areas for the Twenty-First Century: Working to Provide Benefits for Society. In: Unasylva 176 (45). S. 3 - 7.

Mc NEELY, J.A.; J. HARRISON & P. DINGWALL (1994): Introduction: Protected Areas in the Modern World. In: Mc NEELY; J. HARRISON & P. DINGWALL (Hrsg.): Protecting Nature. Regional Reviews of Protected Areas. Gland. S. 1 - 28.

Mc NEELY, J.A. & K.R. MILLER (1984)(Hrsg.): National Parks, Conservation, and Development: The Role of Protected Areas in Sustaining Society. Washington D.C.

MEADOWS, D.; E. ZAHN & P. MILLING (1972): Die Grenzen des Wachstums. Bericht des Club of Rome zur Lage der Menschheit. Reinbek.

MEGALE, J.F. (1975): A Bananicultura do Litoral Paulista: Um Estudo de Geografia Econômica. (Tese de Mestrado, Universidade de São Paulo). São Paulo.

MELO, A.C.; E.M. SALAROLI; E.P. FIRME; F.C. AZEVEDO; N.P. ROMARO; R.L. D'ERCOLE; W.A. COSTA & A. MENDES (o.J.): Relatório Final. Diagnóstico Ambiental e Propostas para o Desenvolvimento Agrícola nos Bairros Porto dos Pilões e Maria Rosa. (unveröffentlichter Bericht) São Paulo.

MENDONÇA, R. & A.L.F. MENDONÇA (o.J.): Aspectos da Presença Humana na Estação Ecológia de Juréia-Itatins. (unveröffentlichter Bericht) São Paulo.

MENZEL, U. (1992): 40 Jahre Entwicklungsstrategie = 40 Jahre Wachstumsstrategie. In: D. NOHLEN & F. NUSCHELER (Hrsg): Handbuch der Dritten Welt. Band 1 (Grundprobleme, Theorien, Strategien). 3. Auflage. Bonn. S. 131 - 155.

MEYER-STAMER, J. (1994): Industrialisierungsstrategie und Industriepolitik. In: D. BRIESEMEISTER et al. (Hrsg.): Brasilien heute. Politik, Wirtschaft, Kultur. Frankfurt a.M. S. 304 - 317.

MILANELO, M. (1992): Comunidades Tradicionais do Parque Estadual e a Ameaça do Turismo Emergente. In: SMA (Secretaria do Meio Ambiente do Estado de São Paulo)(Hrsg.): Anais do 2° Congresso Nacional sobre Essências Nativas. Conservação da Biodiversidade. (=Revista do Instituto Florestal, Edição Especial) São Paulo. S. 1109 - 1111.

MILLINGTON, A. (1987): Environmental Degradation, Soil Conservation and Agricultural Policies in Sierra Leone, 1895-1984. In: ANDERSON, D. & P. GROVE (Hrsg.): Conservation in Africa: People, Policies and Practice. Cambridge. S. 229 - 248.

MIRABELLI, H. & V.L. VIEIRA (1992): A Ocupação e o Povoamento do Vale do Ribeira. In: SMA (Secretaria do Meio Ambiente do Estado de São Paulo)(Hrsg.): Programa de Educação Ambiental do Vale do Ribeira. São Paulo. S. 53 - 84.

MIRRA, A.L.V. (1994): Inovações da Jurispondência em Matéria Ambiental. In: Sequência 29. S. 30 - 45.

MMA (Ministério do Meio Ambiente e da Amazônia Legal)(Hrsg.): Documentos do Workshop "Políticas de Unidades de Conservação", Promovido pelo Ministério do Meio Ambiente, dos Recursos Naturais, dos Recursos Hídricos e da Amazônia Legal no Período de 29/11 a 02/12/94. Brasília.

MONBIOT, G. (1993): Brazil: Land Ownership and the Flight to Amazonia. In: M. COLCHESTER & L. LOHMANN (Hrsg.): The Struggle for Land and the Fate of the Forest. Penang, Dorset, London. S. 139 - 163.

MOORE, D. S. (1993): Contesting Terrain in Zimbabwe's Eastern Highlands: Political Ecology, Ethnography and Peasant Ressource Struggles. In: Economic Geography 69. S. 380 - 401.

MORÃO, F.A.A. (1988): Pescadores no Litoral Sul do Estado de São Paulo. In: Ciências Sociais e o Mar no Brasil. (Programa de Pesquisa sobre Populações Humanas e Áreas Úmidas do Brasil) São Paulo. S. 76 - 78.

MUELLER, C.C. (1992): Dinâmica e Impactos Socioambientais de Evolução da Fronteira Agrícola no Brasil. In: Revista de Administração Pública 26 (3). S. 64 - 87.

MÜLLER, G. (1980): Estado, Estrutura Agrária e População. Ensaio sobre Estagnação e Incorporação Regional. São Paulo.

MÜLLER, G. (1992): O Agrário Verde-Amarelo, Hoje e Amanhã. In: Revista Brasileira de Geografia 54 (4). S. 29 - 47.

MÜLLER, M. (1994): Ökologie als Waffe? Umweltaußenpolitik in Brasilien. In: D. JUNKER; D. NOHLEN & H. SANGMEISTER (Hrsg.): Lateinamerika am Ende des 20. Jahrhunderts. München. S. 213 - 234.

MÜLLER, N.L. (1951): Sítios e Sitiantes no Estado de São Paulo. São Paulo.

MUSUMECI, L. (1988): O Mito da Terra Libertada. São Paulo.

MYERS, N. (1992): Population/Environment Linkages: Discontinuities Ahead? In: E. IMHOFF; E. THEMEN & F. WILKENS (Hrsg.): Population, Environment and Development. Amsterdam. S. 15 - 32.

MYERS, N. (1993): Tropical Forests: The Main Deforestation Fronts. In: Environmental Conservation 20 (1). S. 9 - 16.

MYERS, N. (1995): Population and Biodiversity. In: Ambio 24 (1). S. 56 - 57.

NABHAN, C. (1995): Cultural Parallax in Viewing North American Habitats. In: M.E. SOULÉ & G. LEASE (Hrsg.): Reinventing Nature. Responses to Postmodern Deconstruction. Washington D.C. S. 87 - 103.

NEVES JÚNIOR, A.R. (1994): A Organização dos Moradores e Proprietários. In: Fundação SOS Mata Atlântica & Fundação Konrad Adenauer (Hrsg.): Mata Atlântica e Imprensa. Relato do Laboratório Ambiental para Imprensa Realizado no Vale do Ribeira. São Paulo. S. 49 - 52.

NIEDZWETZKI, K. (1984): Möglichkeiten, Schwierigkeiten und Grenzen qualitativer Verfahren in den Sozialwissenschaften. Ein Vergleich zwischen qualitativer und quantitativer Methode unter Verwendung empirischer Ergebnisse. In: Geographische Zeitschrift 72. S. 65 - 80.

NITSCH, M. (1993): Vom Nutzen des systemtheoretischen Ansatzes für die Analyse von Umweltschutz und Entwicklung - mit Beispielen aus dem brasilianischen Amazonasgebiet. In: H. SAUTTER (Hrsg.): Umweltschutz und Entwicklung. (Schriften des Vereins für Sozialpolitik 226) Berlin. S. 18 - 31.

NOHLEN, D. & F. NUSCHELER (1992): Was heißt Entwicklung? In: D. NOHLEN & F. NUSCHELER (Hrsg): Handbuch der Dritten Welt. Band 1 (Grundprobleme, Theorien, Strategien). 3. Auflage. Bonn. S. 55 - 75.

NOVAES, W. (1994): A Contabilidade Ambiental. In: Fundação SOS Mata Atlântica & Fundação Konrad Adenauer (Hrsg.): Mata Atlântica e Imprensa. Relato do Laboratório Ambiental para Imprensa Realizado no Vale do Ribeira. São Paulo. S. 65 - 72.

NUGENT, S. (1991): The Limitations of Environmental 'Management': Forest Utilization in the Lower Amazon. In: D, GOODMAN & M. REDCLIFT (Hrsg.): Environment and Development in Latin America. The Politics of Sustainability. Manchester, New York. S. 141 - 154.

OLIVEIRA, A. (1991): A Agricultura Camponesa no Brasil. São Paulo.

OLIVEIRA, E.R. (1992): Populações Humanas da Estação Ecológica de Juréia-Itatins. (unveröffentlichter Bericht) São Paulo.

OLIVEIRA CUNHA, L.H. & M.D. ROUGUELLE (1989): Comuniades Litorâneas e Unidades de Proteção Ambiental: Convivência e Conflitos. O Caso de Guaraqueçaba (Paraná). (Programa de Pesquisa sobre Populações Humanas e Áreas Úmidas do Brasil, Estudo de Caso 2) São Paulo.

OODIT, D. & U.E. SIMONIS (1992): Poverty and Sustainable Development. In: F.J. DIETZ; U.E. SIMONIS & J. STRAATEN (Hrsg.): Sustainability and Environmental Policy. Restraints and Advances. Berlin. S. 237 - 266.

PÁDUA, J.A. (1987): Natureza e Projeto Nacional: As Origens da Ecologia Política no Brasil. In: J.A. PÁDUA (Hrsg.): Ecologia e Política no Brasil. Rio de Janeiro. S. 11 - 62.

PÁDUA, J.A. (1990): O Nascimento da Política Verde no Brasil: Fatores Exógenos e Endógenos. In: Ciências Sociais Hoje 90. S. 190 - 216.

PARDO, C. (1994): South America. In: J.A. Mc NEELY; J. HARRISON & P. DINGWALL (Hrsg.): Protecting Nature. Regional Reviews of Protected Areas. Gland. S. 347 - 371.

PEARCE, D.W. & J.J. WARFORD (1993): World Without End. Economics, Environment, and Sustainable Development. Washington D.C.

PEET, R. & M. WATTS (1993): Introduction: Development Theory and Environment in the Age of Market Triumphalism. In: Economic Geography 69. S. 227 - 253.

PELUSO, N.L. (1992a): Rich Forests, Poor Pepole. Ressource Control and Resistance in Java. Berkley, Los Angeles, Oxford.

PELUSO, N.L. (1992b): The Political Ecology of Extraction and Extractive Reserves in East Kalimantan, Indonesia. In: Development and Change 23 (4). S. 49 - 74.

PEROSA, E.P. (1992): A Questão Possessoria no Vale do Ribeira - São Paulo: Conflito, Permanência e Transformação. (Tese de Mestrado, Universidade de São Paulo) São Paulo.

PERREAULT, T. (1996): Nature Preserves and Community Conflict: A Case Study in Highland Ecuador. In: Mountain Research and Development 16 (2). S. 167 - 175.

PERRINGS, C.A. (1995): Ecology, Economics and Ecological Economics. In: Ambio 24 (1). S. 60 - 64.

PERRINGS, C.A.; K.G. MÄLER; C. FOLKE; C.S. HOLLING & B.O. JANSSON (1995): Biodiversity Conservation and Economic Development: The Policy Problem. In: PERRINGS, C.A.; K.G. MÄLER; C. FOLKE; C.S. HOLLING & B.O. JANSSON (Hrsg.): Biodiversity Conservation. Problems and Policies. (Ecology, Economy and Environment 4) Dordrecht. S. 3 - 21.

PETRONE, P. (1966): A Baixada do Ribeira. Estudo de Geografia Humana. São Paulo.

PICHÓN, F.J. (1996): Settler Agriculture and the Dynamics of Resource Allocation in Frontier Environments. In: Human Ecology 24 (3). S. 341-371.

PIMBERT, M.P. & J.N. PRETTY (1997): Parks, People and Professionals: Putting 'Participation' into Protected-Area Management. In: K.B. GHIMIRE & M.P. PIMBERT (Hrsg.): Social Change and Conservation. Environmental Politics and Impacts of National Parks and Protected Areas. London. S. 297 - 330.

POLLAK, H.; M. MATTOS & C. UHL (1995): A Profile of Palm Heart Extraction in the Amazon Estuary. In: Human Ecology 23 (3). S. 357 - 385.

POOLE, P.J. (1993): Indigenous Peoples and Biodiversity Protection. In: S.H. DAVIS (Hrsg.): The Social Challenge of Biodiversity Conservation. (GEF Working Paper 1) Washington D.C. S. 14 - 24.

POR, F.D.(1992): Sooretama. The Atlantic Rain Forest of Brazil. Den Haag.

PRADO JÚNIOR, C. (1972): História Econômica do Brasil. São Paulo.

PRICE, M. (1994): Ecopolitics and Environmental Nongovernamental Organisations in Latin America. In: Geographical Review 84 (1). S. 42 - 58.

QUEIROZ, M.I.P. (1969): Vale do Ribeira - Pesquisas Sociológicas. São Paulo.

QUEIROZ, M.I.P. (1970): O Campesinato Brasileiro. Ensaios sobre Civilização e Grupos Rústicos no Brasil. Petrópolis.

QUEIROZ, M.I.P. (1973): Bairros Rurais Paulistas, Dinâmica das Relações Bairro Rural - Cidade. São Paulo.

QUEIROZ, R.C. (1992): Atores e Reatores na Juréia: Idéias e Práticas do Ecologismo. (Tese de Mestrado, Universidade Estadual de Campinas) Campinas.

QUEIROZ, R.S. (1983): Caipiras Negros no Vale do Ribeira: Um Estudo de Antopologia Econômica. São Paulo.

RAUCH, T. & A. REDDER (1987): Autozentrierte Entwicklung in ressourcenarmen ländlichen Regionen durch kleinräumige Wirtschaftskreisläufe. Theorie und Methodik. In: Die Erde 118. S. 109 - 126.

REDCLIFT, M. (1987): Sustainable Development. Exploring the Contradictions. London.

REDCLIFT, M. (1992): Sustainable Development and Popular Participation: A Framework for Analysis. In: D. GHAI & J. M. VIVIAN (Hrsg.): Grassroots Environmental Action. People´s Participation in Sustainable Development. London. S. 23 - 44.

REDCLIFT, M. (1994): Sustainable Development: Economics and the Environment. In: M. REDCLIFT & C. SAGE (Hrsg.): Strategies for Sustainable Development: Local Agendas for the Southern Hemisphere. Chichester. S. 17 - 34.

REDWOOD, J. (1993): World Bank Approaches to the Environment in Brazil. A Review of Selected Projects. (World Band Operations Evaluation Study) Washington D.C.

REED, D. (Hrsg.)(1996): Structural Adjustment, the Environment and Sustainable Development. London.

REIS, A.; A.C. FATINI; M.S. REIS & R.O. NODARI (1994): Relatório Final das Atividades. Desenvolvimento de Pesquisas sobre o Manejo em Regimento Sustentado com Populações sob Controle Demográfico do Palmiteiro (**Euterpe edulis** Martius). (unveröffentlichter Bericht) Florianópolis.

REPETTO, R. (1997): Macroeconomic Policies and Deforestation. In: P. DESGUPTA & K.G. MÄLER (Hrsg.): The Environment and Emerging Development Issues. Oxford. S. 463 - 481.

REZENDE, G.C. & I. GOLDIN (1993): A Agricultura Brasileira na Década de 80: Crescimento numa Economia em Crise. Rio de Janeiro (Série IPEA 138). Rio de Janeiro.

RICHARDS, M. (1996): Protected Areas, People and Incentives for Sustainable Forest Conservation in Honduras. In: Environmental Conservation 23 (3). S. 207 - 217.

RIZZINI, C.T.(1991): Brazilian Ecossystems. Rio de Janeiro.

RODRIGUES, I. & C.A. SOARES (1992): Migração em São Paulo: Região de Governo de Registro. (Textos Núcleo de Estudos de Populações 22) Campinas.

ROGERS, M. (1996a): Poverty and Degradation. In: T.M. SWANSON (Hrsg.): The Economics of Environmental Degradation. Tragedy for the Commons? Cheltenham, Brookfield. S. 109 - 127.

ROGERS, M. (1996b): Societal Poverty: Indebtedness and Degradation. In: T.M. SWANSON (Hrsg.): The Economics of Environmental Degradation. Tragedy for the Commons? Cheltenham, Brookfield. S. 128 - 142.

ROSS, J.L.S. (1995): A Sociedade Industrial e o Ambiente. In: J.L.S. ROSS (Hrsg.): Geografia do Brasil. São Paulo. S. 209 - 237.

RUNTE, A. (1979): National Parks. An American Experience. Lincoln, London.

RUSSO, R. & S. RAIMUNDO (o.J.): Áreas de Preservação Permanente EEJI. (unveröffentlichter Bericht) São Paulo.

SABEL, K.J. (1981): Beziehungen zwischen Relief, Böden und Nutzung im Küstengebiet des südlichen Mittelbrasilien. In: Zeitschrift für Geomorphologie 39. S. 95 - 107.

SACHS, I. (1992): Transition Strategies for the 21st Century. In: Nature & Resources 28 (1). S. 4 - 17.

SACHS, W. (1993): Globale Umweltpolitik im Schatten des Entwicklungsdenkens. In W. SACHS (Hrsg.): Der Planet als Patient. Über die Widersprüche globaler Umweltpolitik. Berlin. S. 15 - 42.

SAGE, C. (1994): Population, Consumption and Sustainable Development. In: M. REDCLIFT & C. SAGE (Hrsg.): Strategies for Sustainable Development: Local Agendas for the Southern Hemisphere. Chichester. S. 35 - 59.

SALES, R.R. (1994): Desenvolvimento e Preservação. In: Fundação SOS Mata Atlântica & Fundação Konrad Adenauer (Hrsg.): Mata Atlântica e Imprensa. Relato do Laboratório Ambiental para Imprensa Realizado no Vale do Ribeira. São Paulo. S. 41 - 46.

SANDNER, G. (1971): Die Hauptphasen der wirtschaftlichen Entwicklung in Lateinamerika in ihrer Beziehung zur Raumerschließung. In: G.G. BORCHERT; G. OVERBECK & G. SANDNER (Hrsg.): Wirtschafts- und Kulturräume der außereuropäischen Welt. Festschrift für A. Kolb. (Hamburger Geographische Studien 24) Hamburg. S. 311 - 334.

SANSON, F.E. (1994): Reservas Extrativistas no Brasil. Da Exploração da Borracha à Conservação da Natureza. (Tese de Mestrado, Universidade de São Paulo) São Paulo.

SATO, J. (1995): Mata Atlântica: Direito Ambiental e a Legislação. Exame das Restrições ao Uso da Propriedade. São Paulo.

SAWYER, D.R. (1992): Campesinato e Ecologia na Amazônia. In: D.J. HOGAN & P.F. VIEIRA (Hrsg.): Dilemas Sócioambientais e Desenvolvimento Sustentável. Campinas. S. 211 - 234.

SAYER, J. (1991): Buffer Zone Management in Tropical Broadleaf Forests. Gland.

SCHARF, R. (1997): Competition over Access to Natural Resources: A Brasilian Tale. In: Development 40 (4). S. 51 - 53.

SCHERER-WARREN, J. (1990): Movimentos Sociais Rurais e Meio Ambiente. In: SMA (Secretaria do Meio Ambiente do Estado de São Paulo); IBAMA (Instituto Brasiliero do Meio Ambiente e dos Recursos Renováveis) & Universidade de Santa Catarina (Hrsg.): III Seminário Nacional sobre Universidade e Meio Ambiente. Florianópolis. S. 206 - 230.

SCHMINK, M. & C.H. WOOD (1987): The 'Political Ecology' of Amazonia. In: P.D. LITTLE & M.M. HOROWITZ (Hrsg.): Lands at Risk in the Third World: Local Level Perspectives. Boulder, London. S. 38 - 57.

SCHNEIDER, R. (1994): Government and the Economy on the Amazon Frontier. (Latin America and the Carribean Technical Department; Regional Studies Program; Report 34) Washington D.C.

SCHUBART, H.O.R. (1992): Zoneamento Ecológico-Econômico da Amazônia. In: VELLOSO, J.P.R. (Hrsg.): Ecologia e o Novo Padrão de Desenvolvimento no Brasil. São Paulo. S. 153 - 166.

SCHWARZ, N.B. (1995): Colonization, Development, and Deforestation in Petén, Northern Guatemala. In: M. PAINTER & W.H. DURHAM (Hrsg.): The Social Causes of Environmental Destruction in Latin America. Michigan. S. 101 - 130.

SEADE (Fundação Sistema Estadual de Análise de Dados)(1993): O Novo Retrato de São Paulo. Avaliação dos Primeiros Resultados do Censo Demográfico de 1991. 2. Auflage. São Paulo.

SEP (Secretaria de Economia e Planejamento do Estado de São Paulo)(1990): Programa de Ação Comunitária Integrada do Vale do Ribeira. São Paulo.

SERRA, R. (1996): The Causes of Environmental Degradation: Population, Scarcity and Growth. In: T.M. SWANSON (Hrsg.): The Economics of Environmental Degradation. Tragedy for the Commons? Cheltenham, Brookfield. S. 82 - 108.

SHIVA, V. (1993): Einige sind immer globaler als andere. In: W. SACHS (Hrsg.): Der Planet als Patient. Über die Widersprüche globaler Umweltpolitik. Berlin. S. 173 - 183.

SHYAMSUNDAR, P. (1996): Constraints on Socio-Buffering around the Mantadia National Park in Madagascar. In: Environmental Conservation 23 (1). S. 67 - 73.

SHYAMSUNDAR, P. & R. KRAMER (1997): Biodiversity Conservation - At What Cost? A Study of Households in the Vicinity of Madagascar's Mantadia National Park. In: Ambio 26 (3). S. 180 - 187.

SILVA, E. (1994): Thinking Politically about Sustainable Development in the Tropical Forests of Latin America. In: Development and Change 25 (4). S. 697 - 721.

SILVA, J.G. (1993): A Industrialização e a Urbanização da Agricultura. In: São Paulo em Perspectiva 7 (3). S. 2 - 10.

SILVA, J.R. (1994): Terra no 'Quilombo' É Comunitária e Produtiva. In: Fundação SOS Mata Atlântica & Fundação Konrad Adenauer (Hrsg.): Mata Atlântica e Imprensa. Relato do Laboratório Ambiental para Imprensa Realizado no Vale do Ribeira. São Paulo. S. 55 - 58.

SILVA, M.M.D.; M.L.M.N. DA COSTA; M.L. LUDUVICE & J.S. FREITAS (1987): Áreas de Proteção Ambiental: Abordagem Histórica e Técnica. (Secretaria Especial do Meio Ambiente) Brasília.

SILVEIRA, J.D. (1950): Baixadas Litorâneas Quentes e Úmidas. São Paulo.

SMA (Secretaria do Meio Ambiente do Estado de São Paulo)(1989): Despraiado, Diagnóstico da Ocupação Humana e Formação de sua Compatibilização com a Preservação Ambiental. (unveröffentlichter Bericht) São Paulo.

SMA (Secretaria do Meio Ambiente do Estado de São Paulo)(1990a): Áreas de Proteção Ambiental Estaduais. Proposta de Normas Gerais para Disciplinamento do Uso e Ocupação do Solo nas APAs. (unveröffentlichter Bericht) São Paulo.

SMA (Secretaria do Meio Ambiente do Estado de São Paulo)(1990b): Macrozoneamento do Complexo Estuarino-Lagunar de Iguape e Cananéia. Plano de Gerenciamento Costeiro. São Paulo.

SMA (Secretaria do Meio Ambiente do Estado de São Paulo)(1991a): Educação Ambiental em Unidades de Conservação e de Proteção. São Paulo.

SMA (Secretaria do Meio Ambiente do Estado de São Paulo)(1991b): Projeto PETAR. Parque Estadual Turístico do Alto Ribeira. (unveröffentlichter Bericht) São Paulo.

SMA (Secretaria do Meio Ambiente do Estado de São Paulo)(1991c): Desenvolvimento Sustentado. Síntese de Conferências e Paneis do I. Seminário de Desenvolvimento Sustentado Realizado em Outubro de 1989. São Paulo.

SMA (Secretaria do Meio Ambiente do Estado de São Paulo)(1991d): Projeto Agroecológico, Microzoneamento Agrícola. (unveröffentlichter Bericht) São Paulo.

SMA (Secretaria do Meio Ambiente do Estado de São Paulo)(1992a): Serra do Mar: Uma Viagem á Mata Atlântica. São Paulo.

SMA (Secretaria do Meio Ambiente do Estado de São Paulo)(1992b): Áreas de Proteção Ambiental do Estado de São Paulo. Propostas de Zoneamento. São Paulo.

SMA (Secretaria do Meio Ambiente do Estado de São Paulo)(1992c): Plano de Ação Emergencial. Implantação e Manejo de Unidades de Conservação, DRPE (Divisão de Reservas e Parques Estaduais) - IF (Instituto Florestal): 1993/1994. (unveröffentlichter Bericht) São Paulo.

SMA (Secretaria do Meio Ambiente do Estado de São Paulo)(1994a): Workshop sobre Populações e Parques. São Paulo.

SMA (Secretaria do Meio Ambiente do Estado de São Paulo)(1994b): Relatório da Reunião Geral. Avaliação das Atividades Desenvolvidas no Período 1991-1994 e Prioridades para a Gestão 1995-1999, DRPE (Divisão de Reservas e Parques Estaduais) - IF (Instituto Florestal). (unveröffentlichter Bericht) São Paulo.

SMA (Secretaria do Meio Ambiente do Estado de São Paulo)(1995a): Encontro sobre Comunidades e Parques. (unveröffentlichter Bericht) São Paulo.

SMA (Secretaria do Meio Ambiente do Estado de São Paulo)(1995b): Projeto de 'Preservação da Floresta Tropical Mata Atlântica no Estado de São Paulo', SMA (Secretaria do Meio Ambiente do Estado de São Paulo) e KfW (Kreditanstalt für Wiederaufbau). São Paulo.

SMA (Secretaria do Meio Ambiente do Estado de São Paulo)(1996): Projeto de Preservação da Mata Atlântica. Síntese, Histórica, Programática, Financeira. São Paulo.

SMA (Secretaria do Meio Ambiente do Estado de São Paulo)(o.J.a): Levantamentos e Análise do Quadro Ambiental e Proposta de Zoneamento Ambiental da APA Serra do Mar. (unveröffentlichter Bericht) São Paulo.

SMA (Secretaria do Meio Ambiente do Estado de São Paulo)(o.J.b): Acompanhamento dos Valores da Cota Parte dos Municípios, Referente à Área Preservada. (unveröffentlichter Bericht) São Paulo.

SMA (Secretaria do Meio Ambiente do Estado de São Paulo) & IBAMA (Instituto Brasileiro do Meio Ambiente e dos Recursos Renováveis) (1994): Programa Ambiental de Apoio aos Municípios. Textos Básicos. São Paulo.

SMA (Secretaria do Meio Ambiente do Estado de São Paulo) & THEMAG (1990): Levantamentos e Análise do Quadro Ambiental e Proposta de Zoneamento da APA Serra do Mar. (unveröffentlichter Bericht) São Paulo.

SOULÉ, M. (1995): The Social Siege of Nature. In: M. SOULÉ & G. LEASE (Hrsg.): Reinventing Nature? Responses to Postmodern Deconstruction. Washington D.C. S. 137 - 170.

SOULÉ, M & G. LEASE (1995): Preface. In: M. SOULÉ & G. LEASE (Hrsg.): Reinventing Nature? Responses to Postmodern Deconstruction. Washington D.C. S. XI - XVII.

SOUTHGATE, D. (1990): The Causes of Land Degradation along "Spontaneously" Expanding Agricultural Frontiers in the Third World. In: Land Economics 66 (1). S. 93 - 101.

SOUTHGATE, D. & H.L. CLARK (1993): Can Conservation Projects Save Biodiversity in South America? In: Ambio 22 (2). S. 163 - 166.

SOUZA, J.B.M. (1994): Direito Agrário. Lições Básicas. 3. Auflage. São Paulo.

SOUZA MARTINS (1991): Expropriação e Violência. A Questão Política no Campo. 3. Auflage. São Paulo.

SPEHR, C. (1993): Die Jagd nach Natur. Zur historischen Entwicklung des gesellschaftlichen Naturverhältnisses in den USA, Deutschland, Großbritanien und Italien am Beispiel von Wildnutzung, Artenschutz und Jagd. Frankfurt a.M.

SPEHR, C.; D. HOFER & W. SCHRÖDER (1996): Von der Plüschtierökologie zur subversiven Verantwortung. Artenschutz und die Widersprüche des gesellschaftlichen Naturverhältnisses. In: WOLTERS, J. (Hrsg.): Leben und Leben lassen. Biodiversität, Ökonomie, Kultur- und Naturschutz im Widerstreit. (Ökozid 10) Gießen. S. 140 - 155.

SPRANDEL, M.A. (1993): Conflitos em Fronteiras Internacionais: O Caso dos Chamados Brasiguaios. In: Reforma Agrária 23 (3). S. 17 - 25.

SPVS (Sociedade de Pesquisa Selvagem e Educação Ambiental)(1992): Plano Integrado de Conservação para a Região de Guaraqueçaba, Paraná, Brasil. Curitiba.

STAHL, K. (1992): 'Sustainable Development' als öko-soziale Entwicklungsalternative? Anmerkungen um die Diskussion südlicher Nichtregierungsorganisationen im Vorfeld der UN-Konferenz 'Umwelt und Entwicklung'. In: W. HEIN (Hrsg.): Umweltorientierte Entwicklungspolitik. (Schriften des Deutschen Übersee-Instituts Hamburg 14). 2. Auflage. Hamburg. S. 467 - 494.

STENGEL, H. (1995): Grenzen und Spielräume nachhaltiger Entwicklung der Dritten Welt. (Abhandlungen zur Nationalökonomie 2) Berlin.

STILES, D. (1994): Tribals and Trade: A Strategy for Cultural and Ecological Survival. In: Ambio 23 (2). S. 106 - 111.

STOCKING, M.; S. PERKIN & K. BROWN (1995): Coexisting With Nature in a Developing World. In: S. MORSE & M. STOCKING (Hrsg.): People and Environment. London. S. 155 - 186.

STÖHR, W. B. (1981): Development from Below: The Bottom-Up and Periphery-Inward Development Paradigma. In: W.B. STÖHR & D.R.F. TAYLOR (Hrsg.): Development from Above or Below? The Dialectics of Regionale Planning in Developing Countries. Chichester. S. 39 - 72.

STONE, R.D. (1991): Wildlands and Human Needs: Reports from the Field. Baltimore.

STREETEN, P.P. (1992): Human Sustainable Development. In: F.J. DIETZ; U.E. SIMONIS & J. STRAATEN (Hrsg.): Sustainability and Environmental Policy. Berlin. S. 129 - 138.

SUDELPA (Superintendência do Desenvolvimento do Litoral Paulista) (1984): Plano de Ação. (unveröffentlichter Bericht) São Paulo.

SUDELPA (Superintendência do Desenvolvimento do Litoral Paulista) (1985a): Proposta para Discussão e Encaminhamentos Governamentais Derivados do Encontro Regional de Trabalhadores Rurais do Vale do Ribeira pela Reforma Agrária, 25/08/85. (unveröffentlicher Bericht) São Paulo.

SUDELPA (Superintendência do Desenvolvimento do Litoral Paulista) (1985b): Relatório Estação Ecológica de Juréia - Itatins. (unveröffentlicher Bericht) São Paulo.

SUDELPA (Superintendência do Desenvolvimento do Litoral Paulista) (1986): A Questão Fundiária no Desenvolvimento do Vale do Ribeira. São Paulo.

SUDELPA (Superintendência do Desenvolvimento do Litoral Paulista) (1987): Plano Básico de Desenvolvimento Auto-Sustentado para a Região Lagunar de Iguape e Cananéia. São Paulo.

SWANSON, T.M. & R. CERVIGNI (1996): Policy Failure and Ressource Degradation. In: T.M. SWANSON (Hrsg.): The Economics of Environmental Degradation. Tragedy for the Commons? Cheltenham, Brookfield. S. 55 - 81.

TCHAMIE, T.T.K. (1994): Learning from Local Hostility to Protected Areas in Togo. In: Unasylva 176 (45). S. 22 - 27.

TSUKAMOTO, R.Y. (1994): A Teicultura no Brasil: Subordinação e Dependência. (Tese de Doutorado, Universidade de São Paulo). São Paulo.

TURNER, R.K. & D.W. PEARCE (1993): Sustainable Economic Development: Economic and Ethical Principles. In: BARBIER, E.B. (Hrsg.): Economics and Ecology. New Frontiers and Sustainable Development. London. S. 177 - 194.

UMUC (União dos Moradores das Unidades de Conservação do Estado de São Paulo)(1994): Primeiro Encontro de Moradores das Unidades de Conservação do Estado de São Paulo. (unveröffentlicher Bericht) Iguape.

UMUC (União dos Moradores das Unidades de Conservação do Estado de São Paulo)(1995): Segundo Encontro de Moradores das Unidades de Conservação do Estado de São Paulo, Resumo das Resoluções. (unveröffentlicher Bericht) Iguape.

UNCTAD (United Nations Conference on Trade and Development)(1996): Poverty and the Environment. An Analysis of the Linkages between Poverty and Sustainable Development, and Examination of Implications for the Poor. National and International Policies Relating to the Environment. New York.

URENIUK, G. (1992): Os Recursos Hídricos da Bacia do Rio Ribeira de Iguape do Litoral Sul. In: SMA (Secretaria do Meio Ambiente do Estado de São Paulo)(Hrsg.): Programa de Educação Ambiental do Vale do Ribeira. São Paulo. S. 119 - 148.

UTTING, P. (1993): Trees, People and Power. London.

VIANNA, L.P. (1996): Considerações sobre a Construção da Idéia da População Tradicional no Contexto das Unidades de Conservação. (Tese de Mestrado, Universidade de São Paulo) São Paulo.

VIANNA, L.P. & C. ADAMS (1995): Conflitos Entre Populações Humanas e Áreas Naturais Protegidas na Mata Atlântica (Versão Preliminar). (Núcleo de Pesquisa sobre Populações Humanas e Áreas Úmidas do Brasil, Documentos e Relatórios de Pesquisa 21) São Paulo.

VILARINHO, C.R.O. (1992): O Brasil e o Banco Mundial Diante da Questão Ambiental. In: Perspectivas 15. S. 37 - 57.

VIOLA, E.J. (1988): The Ecologist Movement in Brasil (1974-1986): From Environmentalism to Ecopolitics. In: International Journal of Urban and Regional Research 12 (2). S. 211 - 228.

VIVIAN, J.M. (1992): Foundations for Sustainable Development. Participation, Empowerment and Local Resource Management. In: D. GHAI & J.M. VIVIAN (Hrsg.): Grassroots Environmental Action. People's Participation in Sustainable Development. London. S. 50 - 77.

WACHTER, D. (1992a): Bodenbesitzunsicherheit und Bodendegradation in Entwicklungsländern - Ist Landtitelvergabe die Lösung? In: Zeitschrift für Wirtschaftsgeographie 36 (3). S. 156 - 164.

WACHTER, D. (1992b): Die Bedeutung des Landtitelbesitzes für eine nachhaltige landwirtschaftliche Bodennutzung. Eine empirische Fallstudie in Honduras. In: Geographische Zeitschrift 80. S. 174 - 183.

WACHTER, D. (1995): Landbesitzunsicherheit - Bedeutung für die Bodendegradation in Entwicklungsländern. In: Geographica Helvetica 50 (1). S. 29 - 34.

WCMC (World Conservation Monitoring Centre)(1992): Global Biodiversity: Status of the Earth's Living Resouces. London.

WEHRHAHN, R. (1994a): Konflikte zwischen Naturschutz und Entwicklung im Bereich des Atlantischen Regenwaldes im Bundesstaat São Paulo. Untersuchungen zur Wahrnehmung von Umweltproblemen und zur Umsetzung von Schutzkonzepten. (Kieler Geographische Schriften 89) Kiel.

WEHRHAHN, R. (1994b): São Paulo: Umweltprobleme einer Großstadt. In: Geographische Rundschau 46 (6). S. 359 - 367.

WEHRHAHN, R. (1995): Raumplanung und Küstenmanagement in der Küstenzone von São Paulo, Brasilien. In: U. RADTKE (Hrsg.): Vom Südatlantik bis zur Ostsee - Neue Ergebnisse der Meeres- und Küstenforschung. (Kölner Geographische Arbeiten 66) Köln. S. 161 - 172.

WEHRHAHN, R. & S. BOCK (1998): Landnutzungswandel und Umweltveränderungen im Küstenraum von São Paulo: Untersuchungen anhand von Luftbildern und Landsat-TM-Daten. In: Die Erde 129. S. 177 - 194.

WELLS, M.P. & K.E. BRANDON (1992): People and Parks: Linking Protected Area Management with Local Communities. Washington D.C.

WELLS, M.P. & K.E. BRANDON (1993): The Principles and Practices of Buffer Zones and Local Participation in Biodiversity Conservation. In: Ambio 22 (2/3). S. 157 - 162.

Weltbank (1992): Weltentwicklungsbericht 1992: Entwicklung und Umwelt. Washington D.C.

WESSEL, K. (1996): Empirischers Arbeiten in der Wirtschafts- und Sozialgeographie. Eine Einführung. München.

WEST, P.C. & S.R. BRECHIN (Hrsg.)(1991): Resident People and National Parks. Social Dilemmas and Strategies in International Conservation. Tuscon.

WILKEN, G.C. (1989): Transferring Traditional Technology: A Bottom-Up Approach for Fragile Lands. In: J.O. BROWDER (Hrsg.): Fragile Lands in Latin America: Strategies for Sustainable Development. Boulder, San Fransisco, London. S. 46 - 55.

WILSON, J.; J. HAY & M. MARGOLIS (1989): The Bi-National Frontier of Eastern Paraguay. In: D. SCHUMANN & W. PARTRIDGE (Hrsg.): The Human Ecology of Tropical Land Settlement in Latin America. Boulder. S. 199 - 237.

WRI (World Ressources Institute)(1994): World Resources 1994-95. Oxford.

ZAN, J.R. (1986): Conflito de Terra no Vale do Ribeira, Estudo sobre Pequenos Posseiros em Luta pela Terra no Município de Sete Barras. (Tese de Mestrado, Universidade de São Paulo) São Paulo.

ZICHE, J. (1992): Some Critical Aspects in Gathering Socio-Economic Data in Rural Areas of Non-Western Societies. In: C. REICHE; E.K. SCHEUCH & H.D. SEIBEL (Hrsg.): Empirische Sozialforschung über Entwicklungsländer. Methoden, Probleme und Praxisbezug. (Kölner Beiträge zur Entwicklungsländerforschung 15) Köln. S. 307 - 316.

ZIMMERER, K. (1991): Wetland Production and Smallholder Persistence: Agricultural Change in a Highland Peruvian Region. In: Annals of the Association of American Geographers 81. S. 443 - 463.

ZULAUF, W.E. (1994): Brasil Ambiental. Síndromes e Potencialidades. São Paulo.

Band IX

*Heft 1 S c o f i e l d, Edna: Landschaften am Kurischen Haff. 1938.

*Heft 2 F r o m m e, Karl: Die nordgermanische Kolonisation im atlantisch-polaren Raum. Studien zur Frage der nördlichen Siedlungsgrenze in Norwegen und Island. 1938.

*Heft 3 S c h i l l i n g, Elisabeth: Die schwimmenden Gärten von Xochimilco. Ein einzigartiges Beispiel altindianischer Landgewinnung in Mexiko. 1939.

*Heft 4 W e n z e l, Hermann: Landschaftsentwicklung im Spiegel der Flurnamen. Arbeitsergebnisse aus der mittelschleswiger Geest. 1939.

*Heft 5 R i e g e r, Georg: Auswirkungen der Gründerzeit im Landschaftsbild der norderdithmarscher Geest. 1939.

Band X

*Heft 1 W o l f, Albert: Kolonisation der Finnen an der Nordgrenze ihres Lebensraumes. 1939.

*Heft 2 G o o ß, Irmgard: Die Moorkolonien im Eidergebiet. Kulturelle Angleichung eines Ödlandes an die umgebende Geest. 1940.

*Heft 3 M a u, Lotte: Stockholm. Planung und Gestaltung der schwedischen Hauptstadt. 1940.

*Heft 4 R i e s e, Gertrud: Märkte und Stadtentwicklung am nordfriesischen Geestrand. 1940.

Band XI

*Heft 1 W i l h e l m y, Herbert: Die deutschen Siedlungen in Mittelparaguay. 1941.

*Heft 2 K o e p p e n, Dorothea: Der Agro Pontino-Romano. Eine moderne Kulturlandschaft. 1941.

*Heft 3 P r ü g e l, Heinrich: Die Sturmflutschäden an der schleswig-holsteinischen Westküste in ihrer meteorologischen und morphologischen Abhängigkeit. 1942.

*Heft 4 I s e r n h a g e n, Catharina: Totternhoe. Das Flurbild eines angelsächsischen Dorfes in der Grafschaft Bedfordshire in Mittelengland. 1942.

*Heft 5 B u s e, Karla: Stadt und Gemarkung Debrezin. Siedlungsraum von Bürgern, Bauern und Hirten im ungarischen Tiefland. 1942.

Band XII

*B a r t z, Fritz: Fischgründe und Fischereiwirtschaft an der Westküste Nordamerikas. Werdegang, Lebens- und Siedlungsformen eines jungen Wirtschaftsraumes. 1942.

Band XIII

*Heft 1 T o a s p e r n, Paul Adolf: Die Einwirkungen des Nord-Ostsee-Kanals auf die Siedlungen und Gemarkungen seines Zerschneidungsbereiches. 1950.

*Heft 2 V o i g t, Hans: Die Veränderung der Großstadt Kiel durch den Luftkrieg. Eine siedlungs- und wirtschaftsgeographische Untersuchung. 1950. (Gleichzeitig erschienen in der Schriftenreihe der Stadt Kiel, herausgegeben von der Stadtverwaltung).

*Heft 3 M a r q u a r d t, Günther: Die Schleswig-Holsteinische Knicklandschaft. 1950.

*Heft 4 S c h o t t, Carl: Die Westküste Schleswig-Holsteins. Probleme der Küstensenkung. 1950.

Band XIV

*Heft 1 K a n n e n b e r g, Ernst-Günter: Die Steilufer der Schleswig-Holsteinischen Ostseeküste. Probleme der marinen und klimatischen Abtragung. 1951.

*Heft 2 L e i s t e r, Ingeborg: Rittersitz und adliges Gut in Holstein und Schleswig. 1952. (Gleichzeitig erschienen als Band 64 der Forschungen zur deutschen Landeskunde).

Heft 3 R e h d e r s, Lenchen: Probsteierhagen, Fiefbergen und Gut Salzau: 1945 - 1950. Wandlungen dreier ländlicher Siedlungen in Schleswig-Holstein durch den Flüchtlingszustrom. 1953. X, 96 S., 29 Fig. im Text, 4 Abb.   5,—DM

*Heft 4 B r ü g g e m a n n, Günther: Die holsteinische Baumschulenlandschaft. 1953.

Sonderband

*S c h o t t, Carl (Hrsg.): Beiträge zur Landeskunde von Schleswig-Holstein. Oskar Schmieder zum 60. Geburtstag. 1953. (Erschienen im Verlag Ferdinand Hirt, Kiel).

Band XV

*Heft 1 L a u e r, Wilhelm: Formen des Feldbaus im semiariden Spanien. Dargestellt am Beispiel der Mancha. 1954.

*Heft 2 S c h o t t, Carl: Die kanadischen Marschen. 1955.

*Heft 3 J o h a n n e s, Egon: Entwicklung, Funktionswandel und Bedeutung städtischer Kleingärten. Dargestellt am Beispiel der Städte Kiel, Hamburg und Bremen. 1955.

*Heft 4 R u s t, Gerhard: Die Teichwirtschaft Schleswig-Holsteins. 1956.

Band XVI

*Heft 1 L a u e r, Wilhelm: Vegetation, Landnutzung und Agrarpotential in El Salvador (Zentralamerika). 1956.

*Heft 2 S i d d i q i, Mohamed Ismail: The Fishermen's Settlements of the Coast of West Pakistan. 1956.

*Heft 3 B l u m e, Helmut: Die Entwicklung der Kulturlandschaft des Mississippideltas in kolonialer Zeit. 1956.

Band XVII

*Heft 1 W i n t e r b e r g, Arnold: Das Bourtanger Moor. Die Entwicklung des gegenwärtigen Landschaftsbildes und die Ursachen seiner Verschiedenheit beiderseits der deutsch-holländischen Grenze. 1957.

*Heft 2 N e r n h e i m, Klaus: Der Eckernförder Wirtschaftsraum. Wirtschaftsgeographische Strukturwandlungen einer Kleinstadt und ihres Umlandes unter besonderer Berücksichtigung der Gegenwart. 1958.

*Heft 3 H a n n e s e n, Hans: Die Agrarlandschaft der schleswig-holsteinischen Geest und ihre neuzeitliche Entwicklung. 1959.

Band XVIII

Heft 1 H i l b i g, Günter: Die Entwicklung der Wirtschafts- und Sozialstruktur der Insel Oléron und ihr Einfluß auf das Landschaftsbild. 1959. 178 S., 32 Fig. im Text und 15 S. Bildanhang.   9,20 DM

Heft 2 S t e w i g, Reinhard: Dublin. Funktionen und Entwicklung. 1959. 254 S. und 40 Abb.   10,50 DM

Heft 3 D w a r s, Friedrich W.: Beiträge zur Glazial- und Postglazialgeschichte Südostrügens. 1960. 106 S., 12 Fig. im Text und 6 S. Bildanhang.   4,80 DM

Band XIX

Heft 1 H a n e f e l d, Horst: Die glaziale Umgestaltung der Schichtstufenlandschaft am Nordstrand der Alleghenies. 1960. 183 S., 31 Abb. und 6 Tab.
                                                                            8,30 DM

*Heft 2 A l a l u f, David: Problemas de la propiedad agricola en Chile. 1961.

*Heft 3 S a n d n e r, Gerhard: Agrarkolonisation in Costa Rica. Siedlung, Wirtschaft und Sozialgefüge an der Pioniergrenze. 1961. (Erschienen bei Schmidt & Klaunig, Kiel, Buchdruckerei und Verlag).

Band XX

*L a u e r, Wilhelm (Hrsg.): Beiträge zur Geographie der Neuen Welt. Oskar Schmieder zum 70. Geburtstag. 1961.

Band XXI

*Heft 1 S t e i n i g e r, Alfred: Die Stadt Rendsburg und ihr Einzugbereich. 1962.

Heft 2 B r i l l, Dieter: Baton Rouge, La. Aufstieg, Funktionen und Gestalt einer jungen Großstadt des neuen Industriegebiets am unteren Mississippi. 1963. 288 S., 39 Karten, 40 Abb. im Anhang.   12.00 DM

*Heft 3 D i e k m a n n, Sibylle: Die Ferienhaussiedlungen Schleswig-Holsteins. Eine siedlungs- und sozialgeographische Studie. 1964.

Band XXII

*Heft 1 E r i k s e n, Wolfgang: Beiträge zum Stadtklima von Kiel. Witterungsklimatische Untersuchungen im Raum Kiel und Hinweise auf eine mögliche Anwendung in der Stadtplanung. 1964.

*Heft 2 S t e w i g, Reinhard: Byzanz - Konstantinopel - Istanbul. Ein Beitrag zum Weltstadtproblem. 1964.

*Heft 3 B o n s e n, Uwe: Die Entwicklung des Siedlungsbildes und der Agrarstruktur der Landschaft Schwansen vom Mittelalter bis zur Gegenwart. 1966.

Band XXIII

*S a n d n e r, Gerhard (Hrsg.): Kulturraumprobleme aus Ostmitteleuropa und Asien. Herbert Schlenger zum 60. Geburtstag. 1964.

Band XXIII

Heft 1 W e n k, Hans-Günther: Die Geschichte der Geographischen Landesforschung an der Universität Kiel von 1665 bis 1879. 1966. 252 S., mit 7 ganzstg. Abb.
14,00 DM

Heft 2 B r o n g e r, Arnt: Lösse, ihre Verbraunungszonen und fossilen Böden, ein Beitrag zur Stratigraphie des oberen Pleistozäns in Südbaden. 1966. 98 S., 4 Abb. und 37 Tab. im Text, 8 S. Bildanhang und 3 Faltkarten. 9,00 DM

*Heft 3 K l u g, Heinz: Morphologische Studien auf den Kanarischen Inseln. Beiträge zur Küstenentwicklung und Talbildung auf einem vulkanischen Archipel. 1968. (Erschienen bei Schmidt & Klaunig, Kiel, Buchdruckerei und Verlag).

Band XXV

*W e i g a n d, Karl: I. Stadt-Umlandverflechtungen und Einzugbereiche der Grenzstadt Flensburg und anderer zentraler Orte im nördlichen Landesteil Schleswig. II. Flensburg als zentraler Ort im grenzüberschreitenden Reiseverkehr. 1966.

Band XXVI

*Heft 1 B e s c h, Hans-Werner: Geographische Aspekte bei der Einführung von Dörfergemeinschaftsschulen in Schleswig-Holstein. 1966.

*Heft 2 K a u f m a n n, Gerhard: Probleme des Strukturwandels in ländlichen Siedlungen Schleswig-Holsteins, dargestellt an ausgewählten Beispielen aus Ostholstein und dem Programm-Nord-Gebiet. 1967.

Heft 3 O l b r ü c k, Günter: Untersuchung der Schauertätigkeit im Raume Schleswig-Holstein in Abhängigkeit von der Orographie mit Hilfe des Radargeräts. 1967. 172 S., 5 Aufn., 65 Karten, 18 Fig. und 10 Tab. im Text, 10 Tab. im Anhang. 12,00 DM

Band XXVII

Heft 1 B u c h h o f e r, Ekkehard: Die Bevölkerungsentwicklung in den polnisch verwalteten deutschen Ostgebieten von 1956-1965. 1967. 282 S., 22 Abb., 63 Tab. im Text, 3 Tab., 12 Karten und 1 Klappkarte im Anhang. 16.00 DM

Heft 2 R e t z l a f f, Christine: Kulturgeographische Wandlungen in der Maremma. Unter besonderer Berücksichtigung der italienischen Bodenreform nach dem Zweiten Weltkrieg. 1967. 204 S., 35 Fig. und 25 Tab. 15.00 DM

Heft 3 B a c h m a n n, Henning: Der Fährverkehr in Nordeuropa - eine verkehrsgeographische Untersuchung. 1968. 276 S., 129 Abb. im Text, 67 Abb. im Anhang. 25.00 DM

Band XXVIII

*Heft 1 W o l c k e, Irmtraud-Dietlinde: Die Entwicklung der Bochumer Innenstadt. 1968.

*Heft 2 W e n k, Ursula: Die zentralen Orte an der Westküste Schleswig-Holsteins unter besonderer Berücksichtigung der zentralen Orte niederen Grades. Neues Material über ein wichtiges Teilgebiet des Programm Nord. 1968.

*Heft 3 W i e b e, Dietrich: Industrieansiedlungen in ländlichen Gebieten, dargestellt am Beispiel der Gemeinden Wahlstedt und Trappenkamp im Kreis Segeberg. 1968.

Band XXIX

Heft 1 V o r n d r a n, Gerhard: Untersuchungen zur Aktivität der Gletscher, dargestellt an Beispielen aus der Silvrettagruppe. 1968. 134 S., 29 Abb. im Text, 16
Tab. und 4 Bilder im Anhang.
12.00 DM

Heft 2 H o r m a n n, Klaus: Rechenprogramme zur morphometrischen Kartenaus-
wertung. 1968. 154 S., 11 Fig. im Text und 22 Tab. im Anhang. 12.00 DM

Heft 3 V o r n d r a n, Edda: Untersuchungen über Schuttentstehung und Ablage-
rungsformen in der Hochregion der Silvretta (Ostalpen). 1969. 137 S., 15 Abb.
und 32 Tab. im Text, 3 Tab. und 3 Klappkarten im Anhang.
12.00 DM

Band 30

*S c h l e n g e r, Herbert, Karlheinz P f a f f e n, Reinhard S t e w i g (Hrsg.):
Schleswig-Holstein, ein geographisch-landeskundlicher Exkursionsführer. 1969.
Festschrift zum 33. Deutschen Geographentag Kiel 1969. (Erschienen im Verlag Fer-
dinand Hirt, Kiel; 2. Auflage, Kiel 1970).

Band 31

M o m s e n, Ingwer Ernst: Die Bevölkerung der Stadt Husum von 1769 bis 1860. Versuch einer historischen Sozialgeographie. 1969. 420 S., 33 Abb. und 78 Tab. im Text,
15 Tab. im Anhang
24,00 DM

Band 32

S t e w i g, Reinhard: Bursa, Nordwestanatolien. Strukturwandel einer orientalischen
Stadt unter dem Einfluß der Industrialisierung. 1970. 177 S., 3 Tab., 39 Karten, 23
Diagramme und 30 Bilder im Anhang.
18.00 DM

Band 33

T r e t e r, Uwe: Untersuchungen zum Jahresgang der Bodenfeuchte in Abhängigkeit
von Niederschlägen, topographischer Situation und Bodenbedeckung an ausgewählten Punkten in den Hüttener Bergen/Schleswig-Holstein. 1970. 144 S., 22 Abb., 3
Karten und 26 Tab.
15.00 DM

Band 34

*K i l l i s c h, Winfried F.: Die oldenburgisch-ostfriesischen Geestrandstädte. Ent-
wicklung, Struktur, zentralörtliche Bereichsgliederung und innere Differenzierung.
1970.

Band 35

R i e d e l, Uwe: Der Fremdenverkehr auf den Kanarischen Inseln. Eine geographische
Untersuchung. 1971. 314 S., 64 Tab., 58 Abb. im Text und 8 Bilder im Anhang.
24,00 DM

Band 36

H o r m a n n, Klaus: Morphometrie der Erdoberfläche. 1971. 189 S., 42 Fig., 14 Tab.
im Text.
20,00 DM

Band 37

S t e w i g, Reinhard (Hrsg.): Beiträge zur geographischen Landeskunde und Regio-
nalforschung in Schleswig-Holstein. 1971. Oskar Schmieder zum 80. Geburtstag.
338 S., 64 Abb., 48 Tab. und Tafeln.
28,00 DM

Band 38

S t e w i g, Reinhard und Horst-Günter W a g n e r (Hrsg.): Kulturgeographische
Untersuchungen im islamischen Orient. 1973. 240 S., 45 Abb., 21 Tab. und 33 Photos.
29,50 DM

Band 39

K l u g, Heinz (Hrsg.): Beiträge zur Geographie der mittelatlantischen Inseln. 1973.
208 S., 26 Abb., 27 Tab. und 11 Karten.
32,00 DM

Band 40

S c h m i e d e r, Oskar: Lebenserinnerungen und Tagebuchblätter eines Geogra-
phen. 1972. 181 S., 24 Bilder, 3 Faksimiles und 3 Karten.
42,00 DM

Band 41

K i l l i s c h, Winfried F. und Harald T h o m s: Zum Gegenstand einer interdisziplinären Sozialraumbeziehungsforschung. 1973. 56 S., 1 Abb.
7,50 DM

Band 42

N e w i g, Jürgen: Die Entwicklung von Fremdenverkehr und Freizeitwohnwesen in ihren Auswirkungen auf Bad und Stadt Westerland auf Sylt. 1974. 222 S., 30 Tab., 14 Diagramme, 20 kartographische Darstellungen und 13 Photos.   31.00 DM

Band 43

*K i l l i s c h, Winfried F.: Stadtsanierung Kiel-Gaarden. Vorbereitende Untersuchung zur Durchführung von Erneuerungsmaßnahmen. 1975.

Kieler Geographische Schriften
Band 44, 1976 ff.

Band 44

K o r t u m, Gerhard: Die Marvdasht-Ebene in Fars. Grundlagen und Entwicklung einer alten iranischen Bewässerungslandschaft. 1976. XI, 297 S., 33 Tab., 20 Abb.
38,50 DM

Band 45

B r o n g e r, Arnt: Zur quartären Klima- und Landschaftsentwicklung des Karpatenbeckens auf (paläo-) pedologischer und bodengeographischer Grundlage. 1976. XIV, 268 S., 10 Tab., 13 Abb. und 24 Bilder.   45.00 DM

Band 46

B u c h h o f e r, Ekkehard: Strukturwandel des Oberschlesischen Industrreviers unter den Bedingungen einer sozialistischen Wirtschaftsordnung. 1976. X, 236 S., 21 Tab. und 6 Abb., 4 Tab. und 2 Karten im Anhang.   32,50 DM

Band 47

W e i g a n d, Karl: Chicano-Wanderarbeiter in Südtexas. Die gegenwärtige Situation der Spanisch sprechenden Bevölkerung dieses Raumes. 1977. IX, 100 S., 24 Tab. und 9 Abb., 4 Abb. im Anhang.   15.70 DM

Band 48

W i e b e, Dietrich: Stadtstruktur und kulturgeographischer Wandel in Kandahar und Südafghanistan. 1978. XIV, 326 S., 33 Tab., 25 Abb. und 16 Photos im Anhang.
36.50 DM

Band 49

K i l l i s c h, Winfried F.: Räumliche Mobilität - Grundlegung einer allgemeinen Theorie der räumlichen Mobilität und Analyse des Mobilitätsverhaltens der Bevölkerung in den Kieler Sanierungsgebieten. 1979. XII, 208 S., 30 Tab. und 39 Abb., 30 Tab. im Anhang.   24,60 DM

Band 50

P a f f e n, Karlheinz und Reinhard S t e w i g (Hrsg.): Die Geographie an der Christian-Albrechts-Universität 1879-1979. Festschrift aus Anlaß der Einrichtung des ersten Lehrstuhles für Geographie am 12. Juli 1879 an der Universität Kiel. 1979. VI, 510 S., 19 Tab. und 58 Abb.   38.00 DM

Band 51

S t e w i g, Reinhard, Erol T ü m e r t e k i n, Bedriye T o l u n, Ruhi T u r f a n, Dietrich W i e b e und Mitarbeiter: Bursa, Nordwestanatolien. Auswirkungen der Industrialisierung auf die Bevölkerungs- und Sozialstruktur einer Industriegroßstadt im Orient. Teil 1. 1980. XXVI, 335 S., 253 Tab. und 19 Abb.   32,00 DM

Band 52

B ä h r, Jürgen und Reinhard S t e w i g (Hrsg.): Beiträge zur Theorie und Methode der Länderkunde. Oskar Schmieder (27. Januar 1891 - 12. Februar 1980) zum Gedenken. 1981. VIII, 64 S., 4 Tab. und 3 Abb.   11,00 DM

Band 53

M ü l l e r, Heidulf E.: Vergleichende Untersuchungen zur hydrochemischen Dynamik von Seen im Schleswig-Holsteinischen Jungmoränengebiet. 1981. XI, 208 S., 16 Tab., 61 Abb. und 14 Karten im Anhang.   25,00 DM

Band 54

A c h e n b a c h, Hermann: Nationale und regionale Entwicklungsmerkmale des Bevölkerungsprozesses in Italien. 1981. IX, 114 S., 36 Fig.   16,00 DM

Band 55

D e g e, Eckart: Entwicklungsdisparitäten der Agrarregionen Südkoreas. 1982. XXVII, 332 S., 50 Tab., 44 Abb. und 8 Photos im Textband sowie 19 Kartenbeilagen in separater Mappe.
49.00 DM

Band 56

B o b r o w s k i, Ulrike: Pflanzengeographische Untersuchungen der Vegetation des Bornhöveder Seengebiets auf quantitativ-soziologischer Basis. 1982. XIV, 175 S., 65 Tab. und 19 Abb.
23,00 DM

Band 57

S t e w i g, Reinhard (Hrsg.): Untersuchungen über die Großstadt in Schleswig-Holstein. 1983. X, 194 S., 46 Tab., 38 Diagr. und 10 Abb.
24,00 DM

Band 58

B ä h r, Jürgen (Hrsg.): Kiel 1879 - 1979. Entwicklung von Stadt und Umland im Bild der Topographischen Karte. 1:25 000. Zum 32. Deutschen Kartographentag vom 11. - 14. Mai 1983. III, 192 S., 21 Tab., 38 Abb. mit 2 Kartenblättern in der Anlage. ISBN 3-923887-00-0
28.00 DM

Band 59

G a n s, Paul: Raumzeitliche Eigenschaften und Verflechtungen innerstädtischer Wanderungen in Ludwigshafen/Rhein zwischen 1971 und 1978. Eine empirische Analyse mit Hilfe des Entropiekonzeptes und der Informationsstatistik. 1983. XII, 226 S., 45 Tab., 41 Abb. ISBN 3-923887-01-9.
30,00 DM

Band 60

P a f f e n †, Karlheinz und K o r t u m, Gerhard: Die Geographie des Meeres. Disziplingeschichtliche Entwicklung seit 1650 und heutiger methodischer Stand. 1984. XIV, 293 S., 25 Abb. ISBN 3-923887-02-7.
36.00 DM

Band 61

*B a r t e l s †, Dietrich u. a.: Lebensraum Norddeutschland. 1984. IX, 139 S., 23 Tabellen und 21 Karten. ISBN 3-923887-03-5.
22.00 DM

Band 62

K l u g, Heinz (Hrsg.): Küste und Meeresboden. Neue Ergebnisse geomorphologischer Feldforschungen. 1985. V, 214 S., 66 Abb., 45 Fotos, 10 Tabellen. ISBN 3-923887-04-3
39.00 DM

Band 63

K o r t u m, Gerhard: Zückerrübenanbau und Entwicklung ländlicher Wirtschaftsräume in der Türkei. Ausbreitung und Auswirkung einer Industriepflanze unter besonderer Berücksichtigung des Bezirks Beypazari (Provinz Ankara). 1986. XVI, 392 S., 36 Tab., 47 Abb. und 8 Fotos im Anhang. ISBN 3-923887-05-1.
45.00 DM

Band 64

F r ä n z l e, Otto (Hrsg.): Geoökologische Umweltbewertung. Wissenschaftstheoretische und methodische Beiträge zur Analyse und Planung. 1986. VI, 130 S., 26 Tab., 30 Abb. ISBN 3-923887-06-X.
24,00 DM

Band 65

S t e w i g, Reinhard: Bursa, Nordwestanatolien. Auswirkungen der Industrialisierung auf die Bevölkerungs- und Sozialstruktur einer Industriegroßstadt im Orient. Teil 2. 1986. XVI, 222 S., 71 Tab., 7 Abb. und 20 Fotos. ISBN 3-923887-07-8.
37,00 DM

Band 66

S t e w i g, Reinhard (Hrsg.): Untersuchungen über die Kleinstadt in Schleswig-Holstein. 1987. VI, 370 S., 38 Tab., 11 Diagr. und 84 Karten. ISBN 3-923887-08-6.
48,00 DM

Band 67

A c h e n b a c h, Hermann: Historische Wirtschaftskarte des östlichen Schleswig-Holstein um 1850. 1988. XII, 277 S., 38 Tab., 34 Abb., Textband und Kartenmappe. ISBN 3-923887-09-4.
67,00 DM

Band 68

B ä h r, Jürgen (Hrsg.): Wohnen in lateinamerikanischen Städten - Housing in Latin American cities. 1988, IX, 299 S., 64 Tab., 71 Abb. und 21 Fotos. ISBN 3-923887-10-8.

44,00 DM

Band 69

B a u d i s s i n -Z i n z e n d o r f, Ute Gräfin von: Freizeitverkehr an der Lübecker Bucht. Eine gruppen- und regionsspezifische Analyse der Nachfrageseite. 1988. XII, 350 S., 50 Tab., 40 Abb. und 4 Abb. im Anhang. ISBN 3-923887-11-6.

32,00 DM

Band 70

H ä r t l i n g, Andrea: Regionalpolitische Maßnahmen in Schweden. Analyse und Bewertung ihrer Auswirkungen auf die strukturschwachen peripheren Landesteile. 1988. IV, 341 S., 50 Tab., 8 Abb. und 16 Karten. ISBN 3-923887-12-4.

30,60 DM

Band 71

P e z, Peter: Sonderkulturen im Umland von Hamburg. Eine standortanalytische Untersuchung. 1989. XII, 190 S., 27 Tab. und 35 Abb. ISBN 3-923887-13-2.

22,20 DM

Band 72

K r u s e, Elfriede: Die Holzveredelungsindustrie in Finnland. Struktur- und Standortmerkmale von 1850 bis zur Gegenwart. 1989. X, 123 S., 30 Tab., 26 Abb. und 9 Karten. ISBN 3-923887-14-0.

24,60 DM

Band 73

B ä h r, Jürgen, Christoph C o r v e s & Wolfram N o o d t (Hrsg.): Die Bedrohung tropischer Wälder: Ursachen, Auswirkungen, Schutzkonzepte. 1989. IV, 149 S., 9 Tab., 27 Abb. ISBN 3-923887-15-9.

25.90 DM

Band 74

B r u h n, Norbert: Substratgenese - Rumpfflächendynamik. Bodenbildung und Tiefenverwitterung in saprolitisch zersetzten granitischen Gneisen aus Südindien. 1990. IV, 191 S., 35 Tab., 31 Abb. und 28 Fotos. ISBN 3-923887-16-7.

22.70 DM

Band 75

P r i e b s, Axel: Dorfbezogene Politik und Planung in Dänemark unter sich wandelnden gesellschaftlichen Rahmenbedingungen. 1990. IX, 239 S., 5 Tab., 28 Abb. ISBN 3-923887-17-5.

33.90 DM

Band 76

S t e w i g, Reinhard: Über das Verhältnis der Geographie zur Wirklichkeit und zu den Nachbarwissenschaften. Eine Einführung. 1990. IX, 131 S., 15 Abb. ISBN 3-923887-18-3.

25.00 DM

Band 77

G a n s, Paul: Die Innenstädte von Buenos Aires und Montevideo. Dynamik der Nutzungsstruktur, Wohnbedingungen und informeller Sektor. 1990. XVIII, 252 S., 64 Tab., 36 Abb. und 30 Karten in separatem Kartenband. ISBN 3-923887-19-1.

88,00 DM

Band 78

B ä h r, Jürgen & Paul G a n s (eds): The Geographical Approach to Fertility. 1991. XII, 452 S., 84 Tab. und 167 Fig. ISBN 3-923887-20-5.

43,80 DM

Band 79

R e i c h e, Ernst-Walter: Entwicklung, Validierung und Anwendung eines Modellsystems zur Beschreibung und flächenhaften Bilanzierung der Wasser- und Stickstoffdynamik in Böden. 1991. XIII, 150 S., 27 Tab. und 57 Abb. ISBN 3-923887-21-3.

19,00 DM

Band 80

A c h e n b a c h, Hermann (Hrsg.): Beiträge zur regionalen Geographie von Schleswig-Holstein. Festschrift Reinhard Stewig. 1991. X, 386 S., 54 Tab. und 73 Abb.
ISBN 3-923887-22-1. 37,40 DM

Band 81

S t e w i g, Reinhard (Hrsg.): Endogener Tourismus. 1991. V, 193 S., 53 Tab. und 44 Abb. ISBN 3-923887-23-X. 32,80 DM

Band 82

J ü r g e n s, Ulrich: Gemischtrassige Wohngebiete in südafrikanischen Städten. 1991. XVII, 299 S., 58 Tab. und 28 Abb. ISBN 3-923887-24-8. 27,00 DM

Band 83

E c k e r t, Markus: Industrialisierung und Entindustrialisierung in Schleswig-Holstein. 1992. XVII, 350 S., 31 Tab. und 42 Abb. ISBN 3-923887-25-6. 24,90 DM

Band 84

N e u m e y e r, Michael: Heimat. Zu Geschichte und Begriff eines Phänomens. 1992. V, 150 S. ISBN 3-923887-26-4. 17,60 DM

Band 85

K u h n t, Gerald und Z ö l i t z - M ö l l e r, Reinhard (Hrsg.): Beiträge zur Geoökologie aus Forschung, Praxis und Lehre. Otto Fränzle zum 60. Geburtstag. 1992. VIII, 376 S., 34 Tab. und 88 Abb. ISBN 3-923887-27-2. 37,20 DM

Band 86

R e i m e r s, Thomas: Bewirtschaftungsintensität und Extensivierung in der Landwirtschaft. Eine Untersuchung zum raum-, agrar- und betriebsstrukturellen Umfeld am Beispiel Schleswig-Holsteins. 1993. XII, 232 S., 44 Tab., 46 Abb. und 12 Klappkarten im Anhang. ISBN 3-923887-28-0. 23,80 DM

Band 87

S t e w i g, Reinhard (Hrsg.): Stadtteiluntersuchungen in Kiel. Baugeschichte, Sozialstruktur, Lebensqualität, Heimatgefühl. 1993. VIII, 337 S., 159 Tab., 10 Abb., 33 Karten und 77 Graphiken. ISBN 3-923887-29-9. 24,00 DM

Band 88

W i c h m a n n, Peter: Jungquartäre randtropische Verwitterung. Ein bodengeographischer Beitrag zur Landschaftsentwicklung von Südwest-Nepal. 1993. X, 125 S., 18 Tab. und 17 Abb. ISBN 3-923887-30-2. 19,70 DM

Band 89

W e h r h a h n, Rainer: Konflikte zwischen Naturschutz und Entwicklung im Bereich des Atlantischen Regenwaldes im Bundesstaat São Paulo, Brasilien. Untersuchungen zur Wahrnehmung von Umweltproblemen und zur Umsetzung von Schutzkonzepten. 1994. XIV, 293 S., 72 Tab., 41 Abb. und 20 Fotos. ISBN 3-923887-31-0. 34,20 DM

Band 90

S t e w i g, Reinhard: Entstehung und Entwicklung der Industriegesellschaft auf den Britischen Inseln. 1995. XII, 367 S., 20 Tab., 54 Abb. und 5 Graphiken.
ISBN 3-923887-32-2. 32,50 DM

Band 91

B o c k, Steffen: Ein Ansatz zur polygonbasierten Klassifikation von Luft- und Satellitenbildern mittels künstlicher neuronaler Netze. 1995. XI, 152 S., 4 Tab. und 48 Abb.
ISBN 3-923887-33-7 16,80 DM

Band 92

M a t u s c h e w s k i, Anke: Stadtentwicklung durch Public-Private-Partnership in Schweden. Kooperationsansätze der achtziger und neunziger Jahre im Vergleich. 1996. XI, 246 S., 34 Abb., 16 Tab. und 20 Fotos. ISBN 3-923887-34-5. 23,90 DM

Band 93

Ulrich, Johannes und Kortum, Gerhard: Otto Krümmel (1854 - 1912). Geograph und Wegbereiter der modernen Ozeanographie. 1997. VIII, 310 S., 84 Abb. und 8 Karten. ISBN 3-923887-35-3.

46,90 DM

Band 94

Schenck, Freya S.: Strukturveränderungen spanisch-amerikanischer Mittelstädte untersucht am Beispiel der Stadt Cuenca, Ecuador. 1997. XVIII, 259 S., 58 Tab. und 55 Abb. ISBN 3-923887-36-1.

25,90 DM

Band 95

Pez, Peter: Verkehrsmittelwahl im Stadtbereich und ihre Beeinflußbarkeit. Eine verkehrsgeographische Analyse am Beispiel von Kiel und Lüneburg. 1998. XVIII, 396 S., 52 Tab. und 86 Abb. ISBN 3-923887-37-X.

33,90 DM

Band 96

Stewig, Reinhard: Entstehung der Industriegesellschaft in der Türkei. Teil 1: Entwicklung bis 1950. 1998. XV, 349 S., 35 Abb., 4 Graph., 5 Tab. und 4 Listen. ISBN 3-923887-38-8.

30,10 DM

Band 97

Higelke, Bodo (Hrsg.): Beiträge zur Küsten - und Meeresgeographie. Heinz Klug zum 65. Geburtstag gewidmet von Schülern, Freunden und Kollegen. 1998. XXII, 338 S., 29 Tab., 3 Fotos und 3 Klappkarten. ISBN 3-923887-39-6.

35,90 DM

Band 98

Jürgens, Ulrich: Einzelhandel in den Neuen Bundesländern - die Konkurrenzsituation zwischen Innenstadt und "Grüner Wiese", dargestellt anhand der Entwicklungen in Leipzig, Rostock und Cottbus. 1998. XVI, 395 S., 83 Tab. und 52 Abb. ISBN 3-923887-40-X.

31,80 DM

Band 99

Stewig, Reinhard: Entstehung der Industriegesellschaft in der Türkei. Teil 2: Entwicklung 1950 - 1980. 1999. XI, 289 S., 36 Abb., 8 Graph., 12 Tab. und 2 Listen. ISBN 3-923887-41-8.

27,00 DM

Band 100

Eglitis, Andri: Grundversorgung mit Gütern und Dienstleistungen in ländlichen Räumen der neuen Bundesländer. Persistenz und Wandel der dezentralen Versorgungsstrukturen seit der deutschen Einheit. 1999. XXI, 422 S., 90 Tab. und 35 Abb. ISBN 3-923887-42-6.

40,20 DM

Band 101

Dünckmann, Florian: Naturschutz und kleinbäuerliche Landnutzung im Rahmen Nachhaltiger Entwicklung. Untersuchungen zu regionalen und lokalen Auswirkungen von umweltpolitischen Maßnahmen im Vale do Ribeira, Brasilien. 1999. XII, 294 S., 10 Tab., 9 Karten und 1 Klappkarte. ISBN 3-923887-43-4.

45,70 DM